艺术设计精品课系列教材

视频特效与后期合成

朱红华　冯冬梅　主编

化学工业出版社

·北京·

内容简介

本书立足于行业应用，以案例为主导，以技能培养为中心，按照从软件（Premiere Pro、After Effects）基本功能及操作方法讲解到典型案例制作思路的顺序进行编写。教材由简入繁设置了十个模块，分别介绍了非线性编辑入门的基础知识，Premiere Pro 软件的基本操作、剪辑操作及效果应用，After Effects 软件的基本操作、内置特效的应用以及常见插件和三维效果的应用，并通过综合实例制作巩固和熟练所学的专业技能。本书内容新颖、案例资源丰富，从理论到实践，分模块、分任务安排教学内容，使学习贴近真实的岗位工作内容和工作过程。

本书可作为高等职业院校影视、动漫、数字媒体艺术等课程的专业教材，也可供相关专业设计人员及视频制作爱好者阅读、参考。

图书在版编目（CIP）数据

视频特效与后期合成 / 朱红华，冯冬梅主编 . —北京：化学工业出版社，2024. 8

ISBN 978-7-122-45662-5

Ⅰ.①视… Ⅱ.①朱…②冯… Ⅲ.①视频编辑软件-高等职业教育-教材 Ⅳ.①TP317.53

中国国家版本馆 CIP 数据核字（2024）第 097608 号

责任编辑：毕小山　　文字编辑：邹　宁
责任校对：宋　玮　　装帧设计：刘丽华

出版发行：化学工业出版社
（北京市东城区青年湖南街 13 号　邮政编码 100011）
印　　装：北京瑞禾彩色印刷有限公司
787mm×1092mm　1/16　印张 21¼　字数 450 千字
2024 年 8 月北京第 1 版第 1 次印刷

购书咨询：010-64518888　　售后服务：010-64518899
网　　址：http：//www.cip.com.cn
凡购买本书，如有缺损质量问题，本社销售中心负责调换。

定　　价：86.00 元

编写人员名单

主　编:

朱红华（辽宁生态工程职业学院）

冯冬梅（辽宁生态工程职业学院）

副主编:

唐　早（辽宁生态工程职业学院）

陈晓梅（辽宁生态工程职业学院）

参　编:

朱　琳（辽宁生态工程职业学院）

王扶风（沈阳市苏家屯区广播电视管理中心）

前言

视频特效与后期合成是影视、动漫、数字媒体艺术等专业的核心专业技能课程。当前，随着互联网技术和多媒体技术的快速发展，越来越多的产业需要通过视频的形式进行宣传。党的二十大报告中也提出“加快发展数字经济，促进数字经济和实体经济深度融合，打造具有国际竞争力的数字产业集群。”未来的产业集群将构建大视听发展格局，全面推进未来电视发展，着力提高行业人才核心竞争力，发挥高层次人才的引领作用，打造支撑高质量发展的广播电视和网络视听人才梯队。当今市场对视频编辑与特效制作人才的需求量越来越大，视频特效制作与后期合成技术人才将成为制约产业发展的关键。为了迎合企业对专业人才的设计和制作能力的要求，同时也为了满足视频制作爱好者的需求，我们几位长期在高等职业院校从事视频特效制作与后期合成教学的教师和专业影视制作公司经验丰富的制作人员合作，共同编写了这本教材。

本书具有完整的知识结构体系，按照“任务描述→知识储备→典型案例制作→课后拓展实训”这一思路进行编写，目的是通过软件功能解析，使学习者快速熟悉软件功能和操作技巧；通过典型案例，使学习者深入了解软件功能，拓宽视频后期设计思路；通过拓展实训，巩固学生的实际应用能力。教材体例设计符合边学边做的认识规律，体系完整，条理清楚，内容由浅入深进行实操学习，适合作为高等学校视频特效与后期制作方面课程的专用教材，也可以作为视频编辑人员自学的参考资料。

由于编者水平有限，书中难免存在不妥和疏漏之处，敬请读者批评指正。

编者

2024 年 1 月

目录

模块一 非线性编辑入门概述

模块二 Premiere Pro的基本操作

模块三 Premiere Pro的剪辑操作

模块四 Premiere Pro 效果的应用

模块五 影音文件的输出

模块六　After Effects 操作基础

模块七 After Effects 内置特效应用

模块八 After Effects 常见插件的应用

视频特效与后期合成

非线性编辑入门概述

【模块导读】

本模块对视频后期制作的基础知识进行讲解，首先对帧、场、电视制式及屏幕宽高比进行介绍，然后对视频编辑的镜头表现手法、视音频关系的艺术衔接、非线性编辑操作流程进行介绍。

【知识目标】

了解非线性编辑技术

了解视频编辑常用的专业术语

了解视频编辑中常用的格式

掌握视频编辑的基本流程

掌握非线性编辑的艺术要求

【能力目标】

能够熟悉视频编辑的基本流程

任务描述

了解视频和视频编辑中最基本的概念。视频是承载各种动态影像的媒体类型，视频编辑是使用专业软件对视频后期编辑和加工的过程。

一、认识视频与视频编辑

1. 什么是视频

简单地说，视频就是动态图像。就其本质而言，连续的图像变化每秒超过24帧（frame）画面以上时，根据视觉暂留原理，人眼无法辨别单幅的静态画面，看上去是平滑连续的视觉效果，这样连续的画面就叫作视频。

2. 视频编辑

视频编辑是使用软件对视频源进行非线性编辑，加入图片、背景音乐、特效、场景等素材与视频进行重新组合，对视频源进行切割、合并，通过二次编码生成具有不同表现力的新视频。

二、线性编辑与非线性编辑

线性编辑和非线性编辑是不同的视频编辑方式，也是进行视频编辑前必须了解的基础知识。

1. 线性编辑

线性编辑是指以连续的磁带存储视音频符号的方式，信息存储的物理位置与接收信息的顺序是完全一致的，即录在前面的信息存储在磁带的开头，录在后面的信息存储在磁带的末端，信息存储的样式与接收信息的顺序密切相关。这就是“线性”的概念，基于磁带的编辑系统则称为线性编辑系统。

线性编辑方式的优点是操作直观、简洁、简单。缺点之一是素材的搜索和录制都要按时间顺序进行排序，编辑完成后，一旦需要中间插入新的素材或改变某个镜头的长度，整个后面的内容就全得重来。

2. 非线性编辑

非线性编辑是指素材可以进行任意编排和剪辑的编辑方式。非线性编辑用数字硬盘、光盘等介质存储数字化视音频信息，表达出数字化信息的特点，信息存储的位置是并列平行的，与接收信息的先后顺序无关。

非线性编辑的特点是借助计算机进行数字化操作，在计算机的软件编辑环境中可以随时、随地、多次反复地编辑和处理。非线性编辑系统在实际编辑过程中只是编辑点和特技效果的记录，因此任意地剪辑、修改、复制、调动画面前后顺序都不会引起画面质量的下降，克服了传统设备的弱点。非线性编辑系统设备小型化，功能集成度高，与其他非线性编辑系统或普通个人计算机易于联网形成网络资源的共享。

任务描述

了解视频编辑中的常用专业术语。掌握专业术语能够帮助我们理解视频编辑原理，更好地进行视频编辑操作。

一、帧和帧速率

帧和帧速率都是视频后期制作中常见的专用术语，对视频画面的流畅度、清晰度、文件大小等都有影响。

1. 帧

帧相当于电影胶片上的每一格镜头，一帧就是一幅静止的画面，是视频中最小的时间单位，连续的多帧就能形成动态效果。

2. 帧速率

帧速率是指画面每秒传输的帧数（即动画或视频的画面数），以帧 / 秒为单位来表示，如“24 帧 / 秒”是指在一秒内播放 24 张画面。一般来说，帧速率越大，视频画面越流畅、连贯、真实，但同时相应的视频文件越大。

视频中常见的帧速率主要有 23.976 帧 / 秒、24 帧 / 秒、25 帧 / 秒、29.97 帧 / 秒和 30 帧 / 秒。不同用途的视频可选择不同的帧速率，如胶片电影的帧速率一般为 24 帧 / 秒，而为了让电影能在电视上播放，也可以选择 23.976 帧 / 秒的帧速率。此外，不同的地区也可以选择不同的帧速率，如我国的电视或互联网常用的帧速率一般为 25 帧 / 秒；有些国家电视使用的帧速率为 29.97 帧 / 秒、30 帧 / 秒。

伴随着时代和电影技术的发展，为了给观众带来更极致的视觉体验，有些电影选择了更高的帧速率。如电影《阿凡达 2：水之道》某些场景以每秒 48 帧的速度播放，与标准的 24 帧 / 秒相比，它们更具有更流畅、更逼真的光泽，营造出令人身临其境的 3D 动画场景。

二、场

场是一种视频扫描的方式。视频素材的信号分为隔行扫描和逐行扫描。隔行扫描的每一帧由两个场组成，一个是奇场，是扫描帧的全部奇数场，又称为上场；另一个是偶场，是扫描帧的全部偶数场，又称为下场。场以水平分隔线的方式隔行保存帧的内容，显示时会先显示第 1 个场的交错间隔内容，再显示第 2 个场，其作用是填充第一个场留下的缝隙。逐行扫描将同时显示每帧的所有像素，从显示屏的左上角一行接一行地扫描到右下角，扫描一遍就能够显示一幅完整的图像，即为无场。

三、常见电视制式

电视的制式就是电视信号的标准，它的区分主要在帧频、分辨率、信号带宽以及载频、色彩空间的转换关系上。不同制式的电视机只能接收和处理相应制式的电视信号。但现在也出现了多制式或全制式的电视机，为处理不同制式的电视信号提供了极大的方便。全制式电视机可以在各个国家的不同地区使用。目前各个国家的电视制式并不统一，全世界有 3 种彩色制式，下面分别进行讲解。

1. NTSC 制式（N 制）

NTSC 是 National Television System Committee 的英文缩写，NTSC 制式是由美国国家电视标准委员会于 1952 年制定的彩色广播标准，它采用正交平衡调幅技术（正交平衡调幅制）。NTSC 制式有色彩失真的缺陷。NTSC 制式电视的帧速率为每秒 29.97 帧，场频为每秒 60 场。美国、加拿大等大多数西半球国家以及日本、韩国等采用这种制式。

2. PAL 制式

PAL 制式又称为帕尔制式。它是为了克服 NTSC 制对相位失真的敏感性，在 1962 年，由前联邦德国在综合 NTSC 制的技术成就基础上研制出来的一种改进方案。PAL 是英文 Phase Alternation Line 的缩写，意思是逐行倒相，也属于同时制。它对同时传送的两个色差信号中的一个色差信号采用逐行倒相，另一个色差信号采用正交调制方式。这样，如果在信号传输过程中发生相位失真，则会由于相邻两行信号的相位相反起到互补作用，从而有效地克服了因相位失真而引起的色彩变化。

PAL 制式用于中国、欧洲等国家和地区，它规定视频每秒 25 帧，每帧 625 行，水平分辨率为 240 ～ 400 个像素点。视频采用隔行扫描，场频为每秒 50 场。

3. SECAM 制式

SECAM 是法文 Sequentiel Couleur A Memoire 的缩写，含义为“顺序传送彩色信号与存储恢复彩色信号制”，是由法国在 1956 年提出，1966 年制定的一种新的彩色电视制式。SECAM 制式也克服了 NTSC 制式相位失真的缺点，采用时间分隔法来逐行依次传送两个色差信号，不怕干扰，色彩保真度高，但是兼容性较差。目前法国、东欧国家及部分中东国家使用 SECAM 制式。

四、视频时间码

一段视频片段的持续时间和它的开始帧、结束帧通常用时间单位和地址来计算，这些时间和地址称为时间码（简称时码）。时码用来识别和记录视频数据流中的每一帧，从一段视频的起始帧到终止帧，每帧都有一个唯一的时间码地址，这样在编辑时利用它可以准确地在素材上定位出某一帧的位置，方便安排编辑和实现视频和音频的同步，这种同步方式叫作帧同步。“动画和电视工程师协会”采用的时码标准为 SMPTE，其格式为“小时 : 分钟 : 秒 : 帧”。例如，一个 PAL 制式的素材片段表示为 00:01:20:10，那么意思是它持续 1 分钟 20 秒 10 帧，如图 1-1 所示。

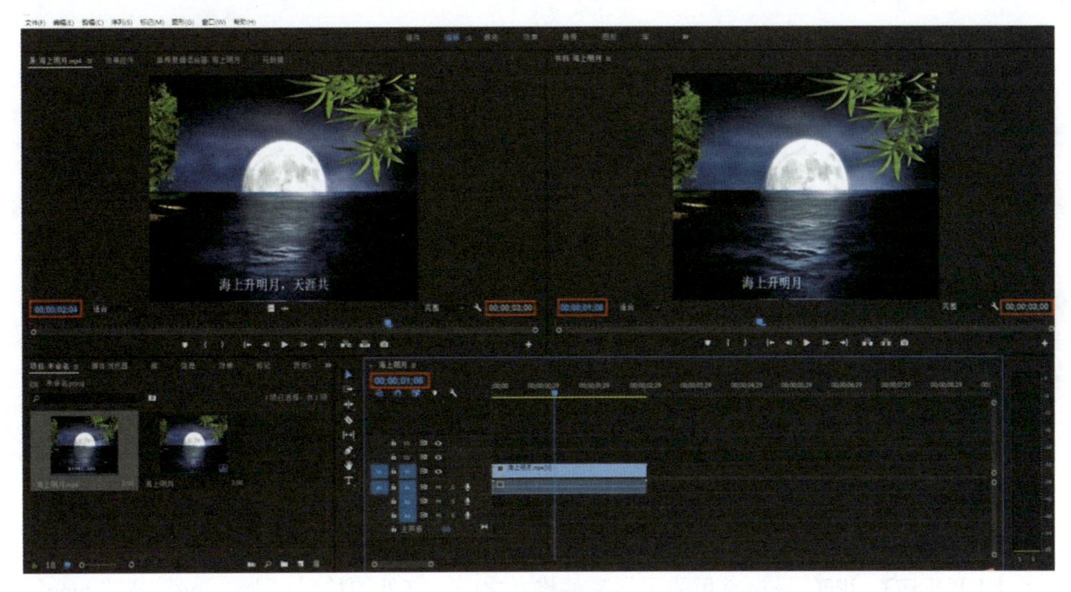

图 1-1　时间码

五、屏幕宽高比

屏幕宽高比是指屏幕画面横向和纵向的比例。在不同的显示设备上，屏幕宽高比也会有所不同。一般来说，标准清晰度电视采用的屏幕宽高比为 4∶3，高清晰度电视采用的屏幕宽高比为 16∶9。

（1）4∶3：视频画面横向和纵向的比例为4∶3，通常是计算机、数据信号和普通电视信号最常用的比例，如图1-2所示。

（2）16∶9：视频画面的横向和纵向的比例为16∶9，是电影、DVD和高清晰度电视最常用的比例，如图1-3所示。

图1-2　4∶3画面效果

图1-3　16∶9画面效果

任务三 视频编辑中常用的文件格式

任务描述

了解视频编辑中常用的文件格式。在视频编辑时，通常会使用各种不同的文件格式素材，如图像格式、视频格式、音频格式等。了解这些文件格式有助于视频编辑者更好地编辑视频。

一、图像格式

图像的格式非常多，不同格式素材应用的场合也不同。下面介绍几种Premiere Pro常用的素材格式。

（1）JPEG：JPEG是最常用的图像文件格式之一，文件的扩展名为“.jpg”或“.jpeg”。该格式属于有损压缩格式，能够将图像压缩在很小的存储空间中，会减小文件的大小，但在一定程度上也会造成图像质量的损失。

（2）GIF：GIF是一种无损压缩的图像文件格式，文件的扩展名为“.gif”。GIF格式使用无损压缩来减小图像，可以缩短图像文件在网络上传输的时间，还可以保存动态效果，但最多只能支持256色，适用于线条图的剪贴画以及使用大块纯色的图像。

（3）TIFF：TIFF是一种灵活的位图格式，主要用来存储包括照片和艺术图等在内的图像，文件的扩展名为“.tif”。TIFF 格式常用于扫描仪，对黑白位图压缩率较高，可以自带 Alpha 通道，较多应用于视频合成。

（4）PNG：PNG 是一种采用无损压缩算法的位图格式，文件的扩展名为“.png”。PNG 格式的设计目的是试图替代 GIF 格式和 TIFF 格式，同时增加一些 GIF 格式所不具备的特性。PNG 格式的优点包括文件小、无损压缩、支持透明效果等，因此被广泛应用于互联网领域。

（5）PSD：PSD 是 Adobe 公司的图形软件 Photoshop 默认的文件格式，文件的扩展名为“.psd”。PSD 格式重要的特点是可以保留图层、通道、遮罩等多种信息，便于对信息单独编辑修改，但这种格式的文件在存储时会占用较多的磁盘空间。

（6）TGA：TGA 是光栅图像文件存储格式，文件的扩展名为“.tga”，在非线性编辑软件中应用最多。其特点是具有通道效果、体积小和效果清晰，在动画制作领域常作为影视动画的 tga 序列格式输出，可以用于 Premiere、After Effects 等软件。

（7）AI：AI 是 Adobe 公司的矢量制作软件 Illustrator 生成的文件格式，文件的扩展名为“.ai”。与 PSD 格式相同，AI 也是一种分层文件格式，文件中的每个对象都是独立的，都具有各自的属性，如大小、形状、轮廓、颜色、位置等。将其导入 Premiere 中以后，这些格式的属性也会完全保留。

（8）SVG：SVG 是一种可缩放的矢量图形格式，文件的扩展名为“.svg”。这种图像文件格式基于 XML（Extensible Markup Language，可扩展标记语言）的二维矢量图形标准，具有强大的交互能力，可以提供高质量的矢量图形渲染，并能够与其他网络技术进行无缝集成。

二、视频格式

视频的来源不同，格式也就不相同。下面介绍一些主流的视频文件格式以及一些用特定设备拍摄的视频格式。

（1）AVI：AVI 是一种音频视频交错的视频文件格式，由 Microsoft 公司于 1992 年 11 月推出，文件的扩展名为“.avi”。该视频格式将音频数据和视频数据包含在一个文件容器中，允许音视频同步回放，类似于 DVD 视频格式，用来保存电视、电影等各种影像信息。

（2）WMV：WMV 是 Microsoft 公司开发的一系列视频编解码和其相关的视频编码格式的统称，文件的扩展名为“.wmv”。这是一种视频压缩格式，在画质几乎没有影响的情况下，可以将文件大小压缩至原来的 1/2。

（3）MPEG：MPEG 是包含 MPEG-1、MPEG-2 和 MPEG-4 在内的多种视频格式的统一标准，文件的扩展名为“.mpeg”。其中，MPEG-1、MPEG-2 属于早期使用的第一代数据压缩编码技术，MPEG-4 则是基于第二代压缩编码技术制定的国际标准，以视听媒体对象为基本单元，采用基于内容的压缩编码，以实现数字视音频、图形的合成应用以及交互式多媒体的集成。

（4）MOV：MOV 是 Apple 公司开发的 QuickTime 技术下的视频格式，文件的扩展名为“.mov”。MOV 格式支持 25 位彩色和领先的集成压缩技术，提供 150 多种视频效果，并配有 200 多种 MIDI 兼容音响和设备的声音装置，无论是在本地播放还是作为视频流格式在网上传播，都是一种优良的视频编码格式。

（5）F4V： F4V 是一种新颖的流媒体视频格式，文件的扩展名为“.f4v”。该格式的文件小、清晰度高，非常适合在互联网上传播。

（6）MP4： MP4（MPEG.4）是一种标准的数字多媒体容器格式，文件的扩展名为“.mp4”，主要存储数字音频及数字视频，也可以存储字幕和静止图像。

三、音频格式

视频编辑中有时需要加入音频素材，以更好地体现设计者的意图和情感。了解视频编辑中常用的音频格式，可帮助我们更好地处理音频素材。

（1）WAV： WAV 是一种非压缩的音频格式，文件的扩展名为“.wav”。该格式是 Microsoft 公司专门为 Windows 系统开发的一种标准数字音频文件格式，能记录各种单声道或立体声的声音信息，并能保证声音不失真，但占用的磁盘空间较大。

（2）MP3： MP3 是一种有损压缩的音频格式，文件的扩展名为“.mp3”。该格式能够大幅度地减少音频的数据量，如果是非专业需求，则 MP3 格式在质量上基本没有明显变化，可以满足绝大多数人对音频文件的要求。

（3）WMA： WMA 是 Microsoft 公司推出的与 MP3 格式齐名的一种音频格式，文件的扩展名为“.wma”。该格式在压缩比和音质方面都超过了 MP3 格式，即使在较低的采样频率下也能产生较好的音质。

（4）AIFF： AIFF 是 Apple 公司开发的一种音频格式，属于 QuickTime 技术的一部分，文件的扩展名为“.aiff”。该格式是 IOS 系统的标准音频格式，质量与 WAV 格式相似。

任务描述

任何非线性编辑的工作流程，都可以简单地看成输入、编辑、输出这样三个步骤。当然由于不同软件功能的差异，其流程还可以进一步细化。本节任务为：了解视频编辑的工作流程，提高工作效率。

一、总体规划和素材收集

在视频编辑前，应先明确创作意图和表达主题，应该根据主题创作分镜头脚本，确定作品风格。主要内容应该包括拍摄、剪辑、录音、配音、特效、合成输出等环节的细节描述，使脚本尽量完整。这样不管是在前期的准备中，还是在后期的制作过程中，都可以保证视频编辑工作有条不紊地进行，并且更便于对编辑过程进行控制，提高视频制作的速度和质量。

剪辑开始前，应先根据编辑视频的需要，进行素材的收集。可以通过各种资源网站下载需要的文字素材、图像素材、音频素材。应注意版权问题，还要注意要下载高清图片，避免编辑后模糊不清，一些有特殊要求的素材还需要通过实地拍摄、软件制作等途径获取素材资源。

二、素材后期处理

前期准备完成后，就可以应用视频编辑软件对素材进行编辑处理了。根据前期创作的脚本对收集的视频素材进行剪辑，删除不需要的片段，重新组合素材顺序等，使其符合实际设计需求；然后为视频添加特效、转场过渡、关键帧动画等，制作完善影片效果；再对视频进行调色等操作，提升画面的视觉美感；最后根据需要为视频添加字幕效果和音频文件，完成整个影片的制作。

三、输出视频

完成策划、收集、处理素材的操作后，一个完整的视频基本上就制作完成了。此时，可输出视频，使视频能通过移动设备传播，并能通过视频播放器播放，以便其他用户能轻松观看视频。需要注意的是，在输出视频前需要先保存视频源文件，避免源文件丢失导致无法对视频效果进行调整或修改。

任务描述

初学者最困扰的问题是如何制作出高质量的视频。视频剪辑不是单纯地把素材串在一起，而是要有好的创意策划，明确视频内容，用巧妙的拍摄手法，配合软件的后期制作及剪辑，才能完美地制作出高质量的优质视频。

一、镜头特性

镜头是视频作品最基本的信息和材料。镜头是摄像机实拍的产物，对动画而言，“镜头”是虚拟拍摄的产物。镜头拍摄下来的视频素材，在一定程度上影响着作品最终的效果，所以拍摄人员要熟悉和掌握镜头语言的特性。在具体拍摄中，一般把景别分为远景、全景、中景、近景、特写五种。远景是视距最远的景别，主要表现巨大的整体空间环境，其包含内容较多，所以镜头时间应该是最长的，以便将大量的内容细节传达给观众。特写用于表现拍摄对象的某一局部特点，如人的头部、手部等，特写镜头包含的内容最少但重点突出，给观众强烈的视觉冲击。特写镜头的时间应该是最短的。全景、中景、近景这三种景别介于远景和特写之间，包含多少不同的内容和信息，表达不同的镜头语言。除景别外，镜头的特点还表现在不同的拍摄角度（仰、俯、斜、远、近等）、光线与色彩、镜头的运动（推、拉、摇、移、跟、升降）等诸多方面。不同特点的镜头表现不同的内容，实现不同的效果。在后期非线性编辑中，我们不仅应自由运用这些拍摄好的各种镜头，还要能应用非线性编辑中的特技效果，创造更多的特色镜头，实现多种编辑效果。

二、蒙太奇表现手法

“蒙太奇”是法语名词的音译，原指建筑学上的搭配、构成，现在“蒙太奇”则成为影视艺术领域的专用名词，含义非常广泛。“蒙太奇”的含义有广义和狭义之分。狭义的蒙太奇专指对镜头画面、声音、色彩诸元素编排组合的手段，其中最基本的意义是画面的组合。而广义的蒙太奇不仅指镜头画面的组接，也指影视剧作开始直到作品完成整个过程中艺术家的一种独特的艺术思维方式。

在实践中人们总结出几种蒙太奇的模式，如叙述蒙太奇、表现蒙太奇、积累蒙太奇、平行蒙太奇等。每种模式都有自己的特点，表现不同的思想内容。在进行非线性编辑时，可以充分利用蒙太奇的表现技法来组合素材的内容，创造独特的时空感，形成变化多样的节奏，使视频作品生动自然、感染力强，把视频内容的思想展示给观众，激发观众参与思考。

三、视频中声画的艺术衔接

声音和画面是影视语言的两大元素，在处理声音与画面的关系上，我们要确立“视听造型”的观念，因为银屏空间和银屏形象是由画面和声音共同构筑，并由视觉和听觉共同感受的。在形象塑造上，声音与画面相辅相成，画面需要声音元素作为支持，声音离不开视觉形象的展现。而在情绪感受上，画面与声音各自承担的职能及其自身的多义性，决定了不同的声画组合会产生不同，甚至完全相反的情绪和含义。

声画结合的关系主要分为三种。

（1）声画同步：指影片中画面中发声的动作与它所发出的声音同时呈现，并且同时消失。例如汽车由远及近地开过，画面中呈现的汽车行驶状态与声音的变化、声场的位置变化相吻合。当声音与画面两者紧密配合，保持高度匹配时，会引起观众心理上的联觉反应，可以让影片本身具有非常强烈的真实感和临场感。

（2）**声画分离**：指影片中画面的声音与形象不同步、不匹配，即声音与发声体不在同一画面内，通常以画外音的形式呈现。声画分离突出了声音的表现作用，强化了声音在影片中的艺术功能，起到表达人物主观情绪的作用。连续进行的声音可以将一系列不同场景、不同内容的画面组接起来，衔接画面、剧情，转换时空，刻画人物形象，形成独特的叙事结构和意义。

（3）**声画对位**：指声音与画面各自相互独立，又相互作用，从不同方面表达同一含义。形式上与声画分离类似，声音与画面不同步、相互独立。但是在内容上，画面所提供的信息和声音上传达的信息在性质、情绪基调上存在非常大的反差，甚至完全对立。能够使观众产生一种想象和联想，从而达到一种象征、隐喻的表达效果。

【课后拓展实训】纪录短片《匠人》的视听语言赏析

1. 实训目的

对影片进行分析，学会再现，从而达到创新的目的。

2. 实训要求

打开配套资源“素材\模块一\纪录短片 . 匠人 .mp4”进行欣赏，体会编辑技术与编辑技巧在视频制作中的重要性。

观看过程中，对该短片中运用的“景别”“机位”“声音”“内容”等元素进行分析，进一步熟悉巩固相关知识，并能举一反三，制作短片。

拓展阅读

线性编辑与非线性编辑的区别

线性编辑与非线性编辑的区别主要在制作方式、编辑自由度和应用场景等方面。

1. 线性编辑

制作方式：依赖于物理媒介（如磁带）和时间顺序进行编辑。

编辑特点：必须在磁带上找到所需视频画面，然后进行剪辑。

应用场景：适用于不需要频繁调整顺序的传统项目。

2. 非线性编辑

制作方式：利用计算机及其相关软件进行数字化制作，不依赖物理媒介。

编辑特点：可以在任何时候、任何地方对素材进行剪切、复制、粘贴、组合等操作，且不受时间顺序的限制。

应用场景：广泛应用于影视制作、特效处理等领域，能够应对复杂的项目需求。

3. 总结

总体来说，非线性编辑提供了更多的编辑自由度和便利性，尤其是在处理时间和空间上的灵活性方面，而线性编辑则相对固定且有限制。

笔记

视频特效与后期合成

Premiere Pro 的基本操作

【模块导读】

Premiere Pro 是视频编辑常用的专业软件之一，具有强大的视频和音频编辑功能。本模块主要介绍 Premiere Pro 的作用功能、应用领域，Premiere Pro 程序的安装和卸载，以及 Premiere Pro 的工作界面。

【知识目标】

了解 Premiere Pro 的作用和功能

了解 Premiere Pro 的应用领域

了解 Premiere Pro 的工作界面

掌握 Premiere Pro 的基本应用

掌握 Premiere Pro 音频编辑的基本操作

【能力目标】

能够创建项目、导入项目所需素材

能够对项目文件进行打包保存

能够对音频素材进行特效处理

任务一 初识 Premiere Pro

任务描述

Premiere Pro 是 Adobe 公司推出的一款非线性视频编辑软件，其功能强大，是视频编辑爱好者和专业人士必不可少的视频编辑软件之一。本次任务让我们一起了解下 Premiere Pro 的作用和功能，应用于哪些领域，认识 Premiere Pro 的工作界面。

一、了解 Premiere Pro

（一）Premiere Pro 的作用和功能

Premiere Pro 的功能非常强大，可以轻松实现视频、音频素材的编辑、合成和输出。

（1）视频和音频编辑： 可以添加、剪辑、调整和组合多个视频和音频轨道，以创建高质量的视频。

（2）视频效果： 包括调整颜色、对比度和亮度，添加过渡、文本和标记等，如图 2-1、图 2-2 所示。

图 2-1 调色前

图 2-2 调色后

（3）音频效果： 可以应用音频效果和过渡，添加音频合成器、减噪和音频重定时等。

（4）转场： 可以使用不同类型的转场效果，如淡入淡出、剪切和十字形，来平滑剪辑之间的过渡，如图 2-3 所示。

图 2-3　视频转场效果

（5）**多摄像头编辑**：可以将多个摄像头角度组合到一个视频中，以创造多角度的视频。

（6）**形状和文本**：可以添加文本、形状、标签和图形等，以制作吸引人的标题和注释。

（7）**速度调整**：可以调整视频和音频的速度和持续时间，以创建慢动作、快动作和时间倒流效果。

（8）**多媒体导出**：可以将视频和音频导出为多种格式，包括 mp4、avi、mkv 等。

（二）Premiere Pro 的应用领域

Premiere Pro 软件可以对素材片段进行移动、旋转、放大、延迟、变形，为其添加文字及音频等方式，制作出广播、电影、电视剧、短视频、宣传片、MTV 音乐电视等，可应用在媒体平台、教育、医疗、影视、广告、金融等广泛领域内。Premiere Pro 制作的校园微电影如图 2-4 所示。

图 2-4　Premiere Pro 制作的校园微电影

二、认识 Premiere Pro 的工作界面

（一）认识用户操作界面

Premiere Pro 的操作界面由标题栏、菜单栏、工具栏、源监视器面板（源面板）、节目监视器面板（节目面板）、项目面板、时间轴面板、效果等组成，如图 2-5 所示。

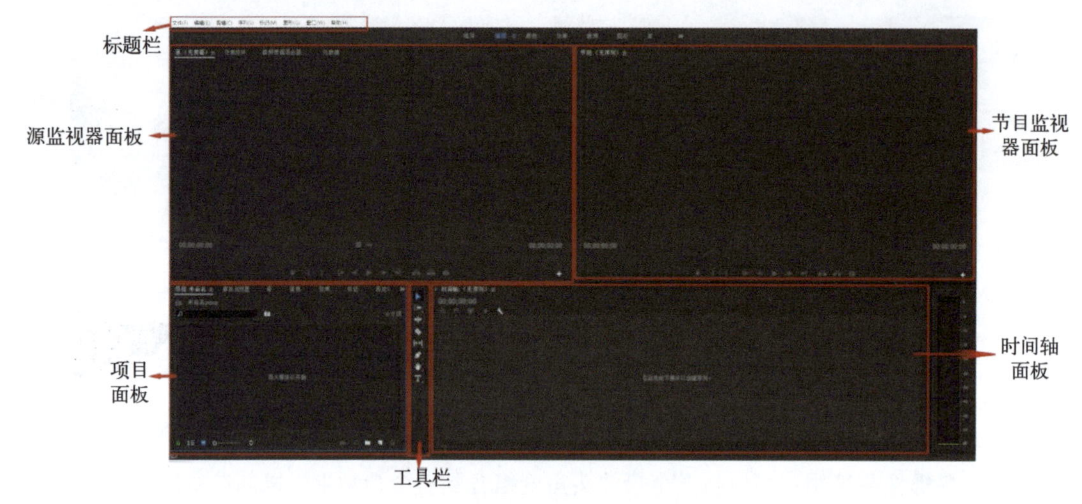

图 2-5　Premiere Pro 的操作界面

(二)熟悉 Premiere Pro 功能面板

Premiere Pro 的功能面板主要包括项目面板、时间轴面板、监视器面板、工具面板、效果面板、信息面板、历史记录面板、音轨混合器面板等。只有了解这些面板的用途，才能在视频编辑过程中发挥软件的更大功能。

1. 项目面板

项目面板用于显示和管理导入的素材和项目文件，如果素材包含视频和音频文件，则可以单击按钮播放或暂停文件。将其向右拉伸，项目面板中会显示出素材的名称、素材类型、开始时间、结束时间、持续时间、视频出点、视频入点等详细信息内容，如图 2-6 所示。

项目: 未命名　媒体浏览器　库　信息　效果　标记　历史记录

未命名.prproj　　4 个项

名称	帧速率	媒体开始	媒体结束	媒体持续时间	视频入点	视频出点	视频持续时间	子
新寝室内部	25.00 fps	00:00:00:00	00:03:28:21	00:03:28:22	00:00:00:00	00:03:28:21	00:03:28:22	
新寝室内部.avi	25.00 fps	00:00:00:00	00:00:04:00	00:00:04:01	00:00:00:00	00:00:04:00	00:00:04:01	
新寝室内部2.avi	25.00 fps	00:00:00:00	00:00:02:06	00:00:02:07	00:00:00:00	00:00:02:06	00:00:02:07	
昨天今天明天.avi	25.00 fps	00:00:00:00	00:04:46:22	00:04:46:23	00:00:00:00	00:04:46:22	00:04:46:23	

图 2-6　项目面板

2. 时间轴面板

时间轴面板是对序列中的素材进行组织和编辑的主要场所，每个序列的时间轴都由多个视频轨道（用来组织图片和视频等素材）和音频轨道（用来组织音频素材）组成，如图 2-7 所示。输出制作好的作品（序列）时，素材在时间轴中将按从左到右的顺序进行播放，上方视频轨道中的素材将遮挡下方视频轨道中的素材。

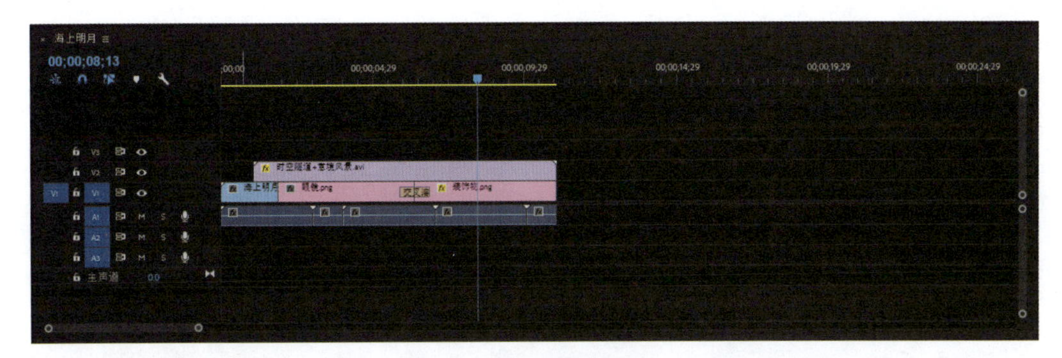

图 2-7　时间轴面板

时间轴轨道是时间轴面板最重要的组成部分。在制作视频时，可根据需要对当前序列的时间轴轨道进行添加、删除、重命名、设置目标轨道、锁定及隐藏等操作。

（1）**添加轨道：**时间轴面板默认有3个视频轨道和3个音频轨道，若想添加更多的轨道，则可打开【序列】/【添加轨道】菜单，打开“添加轨道”对话框，分别在“视频轨道”和“音频轨道”选项组中设置要添加的视频轨道和音频轨道的数量和位置，然后单击“确定”按钮，如图 2-8 所示，即可根据需要添加新轨道。

（2）**删除轨道：**视频制作完成后，可将没有使用的空轨道删除，以提高输出影片时的速度。选择【序列】/【删除轨道】菜单，打开“删除轨道”对话框，选择要删除的轨道类型，然后在其下方的下拉列表框中选择要删除的轨道，如图 2-9 所示，单击“确定”按钮，即可删除所选轨道。

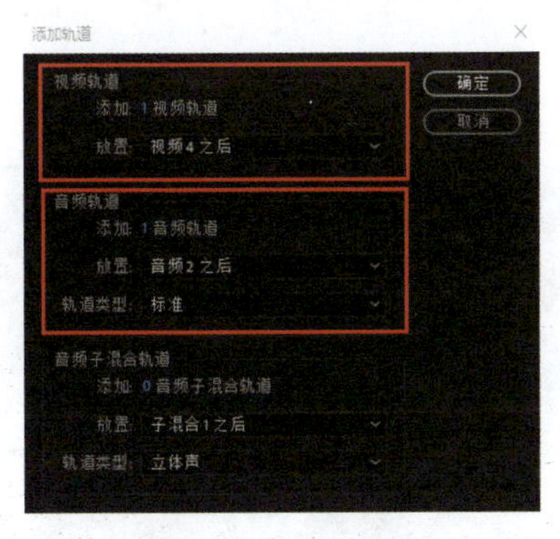

图 2-8　添加轨道

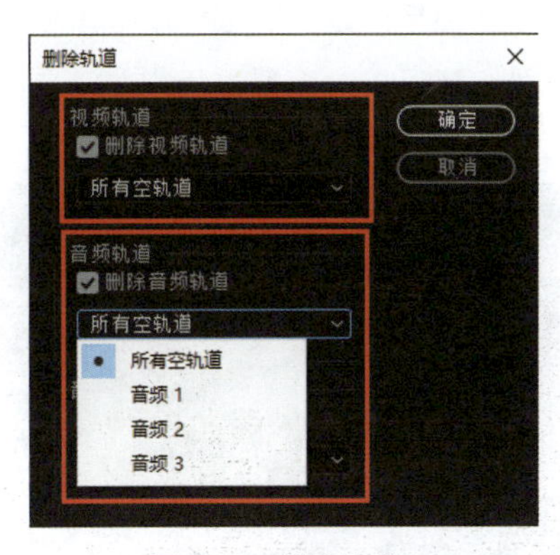

图 2-9　删除轨道

（3）**展开或折叠轨道：**双击轨道名称右侧的空白处可展开或折叠该轨道，展开轨道后，可对轨道进行更多操作。

（4）**重命名轨道：**展开轨道后，在时间轴面板的轨道控制区空白处右击要重命名的轨道，在弹出的快捷菜单中选择“重命名”项，然后输入新的轨道名称（可为轨道输入一个与其组织的素材相符的名称），即可重命名轨道，如图 2-10 所示。

（5）**设置目标轨道：**一个序列中通常包含多个视频轨道和音频轨道，在使用拖拽以外的方式向轨道中添加素材前，应先设定好此素材占用哪个轨道，即设置目标轨道。

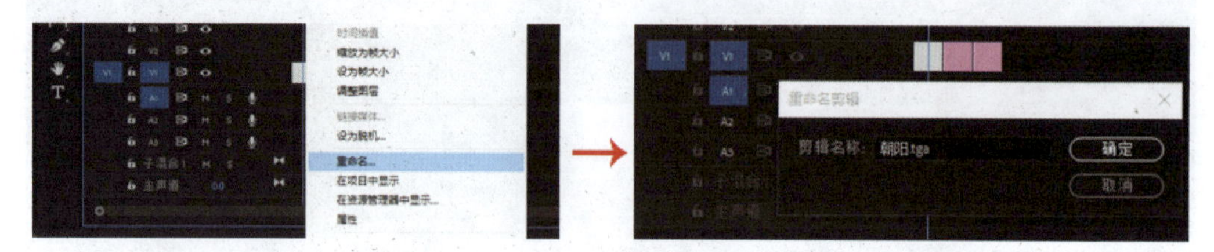

图 2-10　重命名轨道

（6）隐藏和静音轨道： 在轨道控制区中单击视频轨道名称上方的图标，或音频轨道名称上方的图标，可将视频轨道隐藏或将音频轨道静音。被隐藏或静音轨道上的素材无法预览和输出。再次单击隐藏或静音轨道的或图标可重新显示轨道或取消轨道的静音。

（7）锁定轨道： 在轨道控制区单击轨道名称左侧的图标，该图标会显示为，同时该轨道上会显示斜线，表示其被锁定。将编辑好的轨道锁定可有效防止误操作。单击被锁定轨道的图标，可将该轨道解锁。

3. 监视器面板

Premiere Pro 的监视器面板由源监视器面板和节目监视器面板组成，如图 2-11 所示。

源监视器面板：该面板的主要作用是预览和剪辑素材，在编辑影片时只需双击“项目”面板中的素材图标，即可将其载入源监视器面板中。

节目监视器面板：该面板主要用于预览时间轴面板当前序列中的内容，即预览序列的制作效果。此外，还可以对序列进行一些简单的编辑。

图 2-11　监视器面板

源监视器面板和节目监视器面板的组成基本相同，下面我们以源监视器面板为例，简单介绍一下其底部各主要选项的作用。源监视器面板如图 2-12 所示。

（1）时间标尺： 使用时间码刻度来显示当前时间指针的位置以及测量素材或序列的播放时间。其使用的时间码格式可在新建项目时设置。

图 2-12　源监视器面板

（2）当前时间指针：指示当前帧的位置。在 Premiere Pro 中进行的许多操作都是针对当前帧进行的，可以通过拖拽当前时间指针来更改当前帧位置。节目监视器面板中的当前时间指针位置与时间轴面板中的位置是一致的。

（3）持续时间显示：显示素材片段或序列的持续时间。在未设置入点和出点时，持续时间就是源监视器中整段素材或时间轴面板中序列的播放时间；若设置了入点和出点，则持续时间就是入点到出点之间的视频片段播放时间。

（4）显示区域条：用于设置时间标尺上的可视区域。拖动显示区域条的两端可改变其长度，从而放大或缩小显示时间标尺，以便更精确或更完整地查看播放时间。

（5）底部控制面板：利用其中的按钮可以播放视频、设置入点和出点、微调当前时间指针的位置、显示安全边距和设置视频显示方式等。单击底部控制面板右方的“按钮编辑器”按钮，会打开图 2-13 所示的“按钮编辑器”对话框，用户可将该对话框中的按钮拖到底部控制面板中。

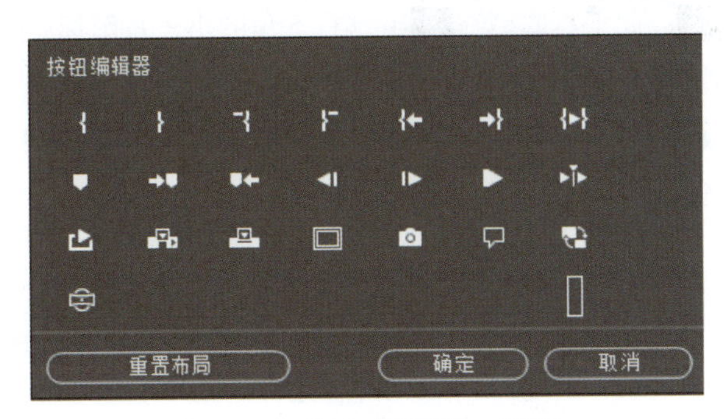

图 2-13　“按钮编辑器”对话框

4. 工具面板

为了便于编辑素材，Premiere Pro 提供了“工具”面板。这些工具主要用于对“时间轴”中的素材进行编辑。工具的简介如下。

（1）选择工具：用于选择和移动素材、调整素材的关键帧，以及设置素材的入点和出点。

（2）向前选择轨道工具：此工具隐藏在工具右下角的小三角图标中，用于选择指定素材前的所有素材。

（3）向后选择轨道工具：此工具隐藏在工具右下角的小三角图标中，用于选择指定素材后的所有素材。

（4）波纹编辑工具：通过拖动素材的摆放点来更改素材的长度，但相邻素材的长度保持不变，项目片段的总长度也会随之发生变化。

（5）滚动编辑工具：此工具隐藏在工具右下角的小三角图标中，在需要剪辑的素材边缘上拖动，可以从相邻素材中减去添加到素材中的帧数，也就是说项目的总长度不变。

（6）剃刀工具：用来分割时间轴上的素材，选择此工具后，单击素材即可将素材分为两部分，从而创建新的入点和出点。

（7）外滑工具：选择此工具时，可同时更改“时间轴”内某剪辑的入点和出点，并保留入点和出点之间的时间间隔不变。

（8）内滑工具：此工具隐藏在工具右下角的小三角图标中，选择此工具时，可将“时间轴”内的某个剪辑向左或向右移动，同时修剪其相邻的两个剪辑。三个剪辑的组合持续时间以及该组合在“时间轴”内的位置将保持不变。

（9）钢笔工具：按住工具右下角有个小三角图标，可显示隐藏的矩形工具和椭圆形工具。这三个工具都用于创建形状和路径，其中钢笔工具还可设置或选择关键帧，或调整“时间轴”内的连接线。

（10）手形工具：选择此工具时，可向左或向右移动“时间轴”的查看区域。在查看区域内的任意位置向左或向右拖动。

（11）缩放工具：此工具隐藏在工具右下角的小三角图标中，选择此工具时，可放大或缩小“时间轴”的查看区域。

（12）文字工具：按住工具右下角的小三角图标，可显示隐藏的垂直文字工具。使用文字工具可在素材中输入横排文字，使用垂直文字工具可在素材中输入垂直排版文字。

5. 效果面板

效果面板里存放了 Premiere Pro 自带的各种音频、视频特效，切换效果和预设效果。用户可以方便地为时间轴窗口中的各种素材片段添加特效。效果按分类分为五个文件夹，而每一大类又细分为很多小类。如果用户安装了第三方特效插件，也会出现在该面板相应类别的文件夹下，如图 2-14 所示。

6. 信息面板

信息面板显示有关选定素材和当前序列中素材的信息。信息面板包含素材本身的帧速率、分辨率、素材长度、素材在序列中的位置等，如图 2-15 所示。在 Premiere Pro 中，信息面板中显示的内容取决于素材类型。

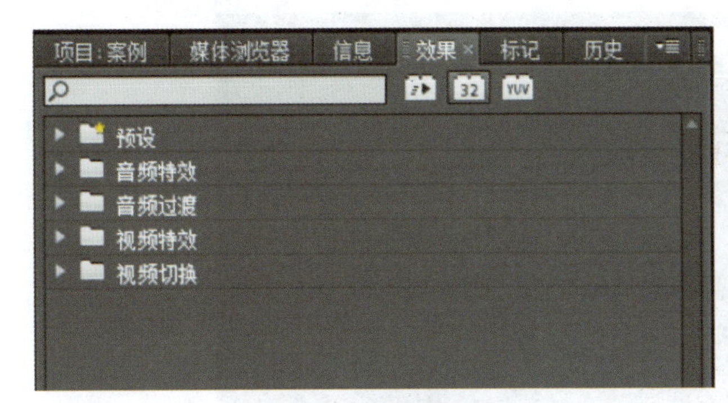

图 2-14　效果面板

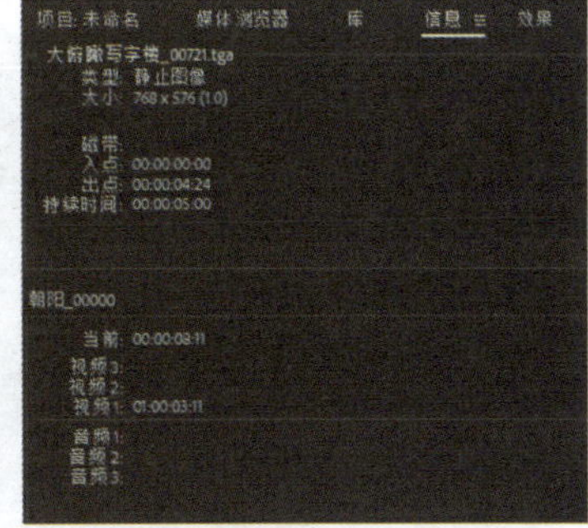

图 2-15　信息面板

7. 历史记录面板

历史记录面板记录了剪辑操作的各种步骤顺序，想要跳转或撤回到某一步骤直接点击该步骤即可。

8. 音轨混合器面板

使用“音轨混合器”面板可以混合不同的音轨，创建音频效果以及录制叙述材料，轨道混合器实时工作，用户可以在查看伴随视频的同时混合音频轨道并应用音频效果。

任务描述

了解 Premiere Pro 基础知识后，我们就可以使用 Premiere Pro 编辑视频了。在编辑视频前，首先要掌握项目与序列的新建、素材的导入与替换以及新元素的创建等基本操作。

一、新建项目

新建项目是使用 Premiere Pro 进行视频编辑的第一步，也是最基本的操作之一。

（一）新建项目方法一

启动 Premiere Pro，在欢迎界面单击 新建项目... 按钮，打开“新建项目”对话框，设置项目参数后，点击确定按钮，即可创建新的项目，如图 2-16 所示。

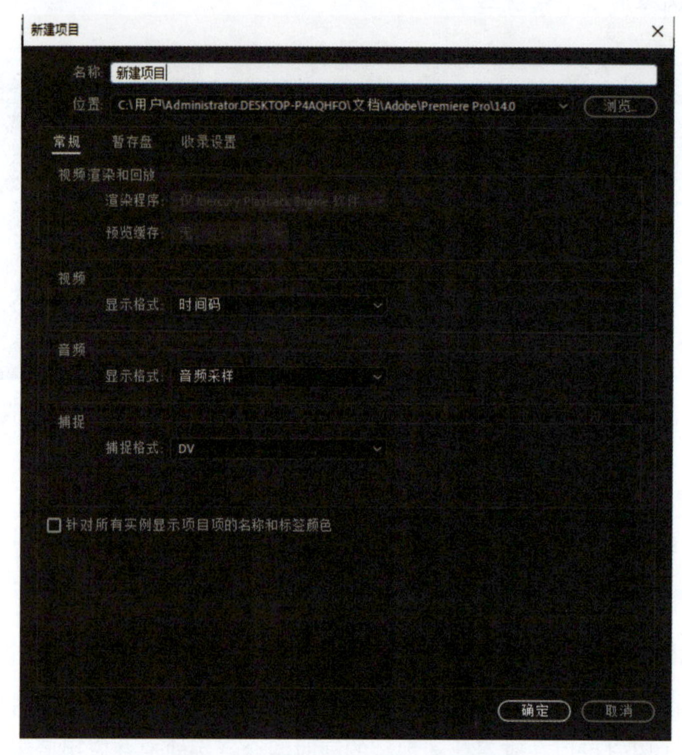

图 2-16　Premiere Pro 新建项目

在“新建项目”对话框中可以进行常规设置、暂存盘设置和收录设置，每部分的设置重点都不同。因此需要先了解“新建项目”对话框中各种设置的含义，以后根据实际需要进行设置。

1. 常规设置

（1）名称：用于对项目进行命名，应尽量不使用默认的名称，以便管理项目。

（2）位置：主要用于设置存储项目的路径，默认位置是 C 盘，一般需要更改到当前计算机中内存空间较大的磁盘，以免 C 盘文件过多影响计算机正常运行。单击浏览...按钮，在打开的“请选择新项目的目标路径”对话框中指定文件的存储路径。

（3）渲染程序：渲染程序默认选择“仅 Mercury Playback Engine 软件”选项，表示直接使用计算机的 CPU 渲染处理。若当前计算机中有合适的显卡，则可在渲染程序中选择“Mercury Playback Engine GPU 加速（CUDA）”，以提高渲染速度。

（4）视频显示格式：用于设置播放视频时的视频显示格式，有“时间码”“英尺 + 帧 16mm”“英尺 + 帧 35mm”和“画框”4 种格式。默认选择“时间码”格式，该格式可以对视频格式的时、分、秒、帧进行计数；“英尺 + 帧 16mm”格式和“英尺 + 帧 35mm”格式分别用于输出 16mm 和 35mm 胶片的视频。“画框”格式仅统计视频帧数，常在结合三维软件制作媒体时采用。

（5）**音频显示格式：**用于更改时间轴面板和节目面板中音频的显示格式，有音频采样和毫秒两种格式。

（6）**捕捉格式：**用于设置音频和视频采集时的捕捉方式，并设置为 DV 或 HDV 格式。DV 是指数字视频格式，HDV 是指高清视频格式。用户可根据需要选择捕捉格式。

2. 暂存盘设置

在“暂存盘”选项卡中可查看捕捉音频、捕捉视频、视频预览、音频预览和项目临时文件自动保存的路径，一般选择“与项目相同”选项。这里也可单击“浏览”按钮，重新选择保存路径，如图 2-17 所示。

3. 收录设置

若需要对项目中的每个视频剪辑做预处理，或者计算机性能不高，无法顺畅地处理高清视频时，都可以在“收录设置”选项卡中进行操作，如图 2-18 所示。

图 2-17　暂存盘设置

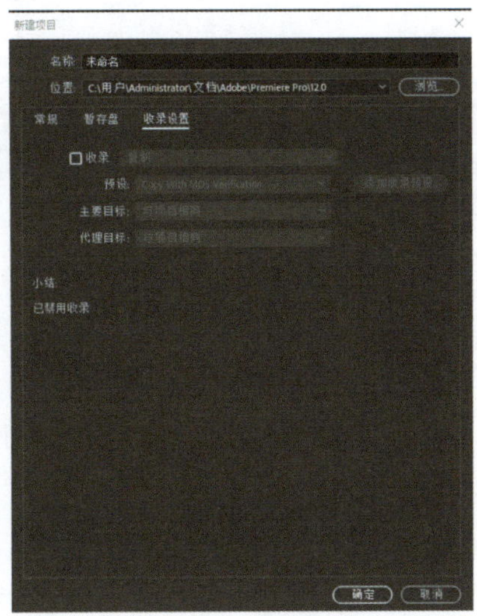

图 2-18　收录设置

（二）新建项目方法二

若已经在 Premiere Pro 中打开项目，可以选择“文件→新建→项目”命令或按【Ctrl+Alt+N】组合键新建项目，此时已打开的项目将被关闭，如图 2-19 所示。

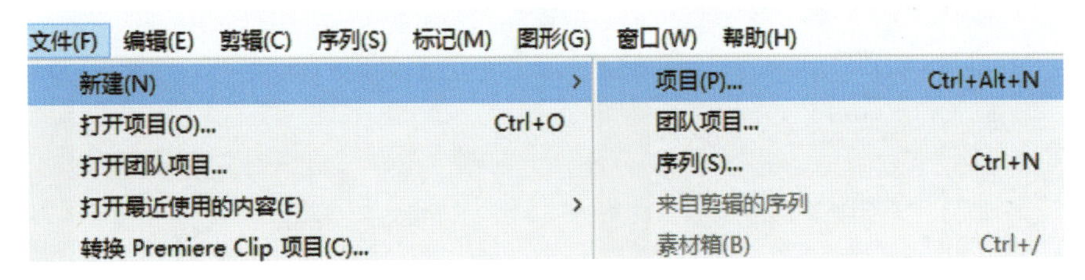

图 2-19　创建新建项目

二、打开项目

要修改和处理原有项目，应先打开项目。打开项目可以通过“打开项目”和“打开最近使用的内容”命令，以及欢迎界面中的 打开项目... 按钮。

（1）使用“打开项目”命令：选择“文件→打开项目”命令，打开“打开”对话框。选择项目所在路径，然后在文件列表中选择文件，单击 打开(O) 按钮，可打开所选项目，如图 2-20 所示。单击 取消 按钮，可取消打开项目的操作。

（2）使用“打开最近使用内容”命令：选择【文件】/【打开最近使用过的内容】命令，在弹出的菜单中会显示出最近使用过的项目名，选择想要打开的项目单击，即可打开该文件，如图 2-21 所示。

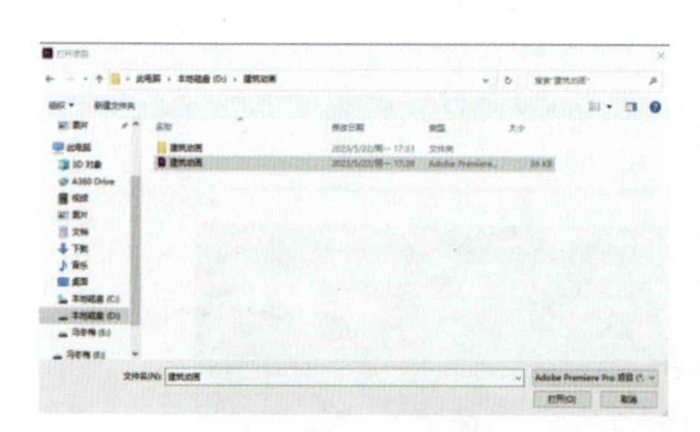

图 2-20　打开项目

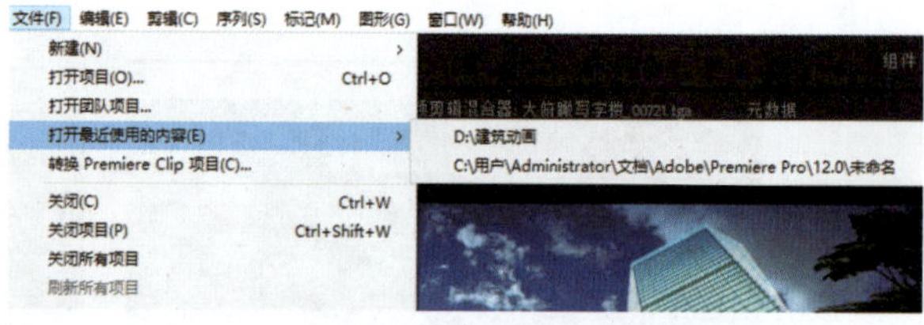

图 2-21　打开最近使用内容

三、导入素材

Premiere Pro 制作项目需要先进行素材的导入，然后对其进行编辑。一般的导入方式为选择“文件→导入”命令或快捷键【Ctrl+I】，Premiere Pro 支持导入的素材类型很多，各种素材导入的方法也有所区别。

（1）导入单个素材：在“导入”对话框中选择需导入的素材，单击 打开(O) 按钮可导入单个素材，如图 2-22 所示。

图 2-22　导入单个素材

（2）**同时导入多个素材：** 如果想同时导入多个素材，在“导入”对话框中按住【Shift】键连续选中所需素材，或按住【Ctrl】键间隔选中所需素材，单击 打开(O) 按钮可导入文件夹素材，如图 2-23、图 2-24 所示。

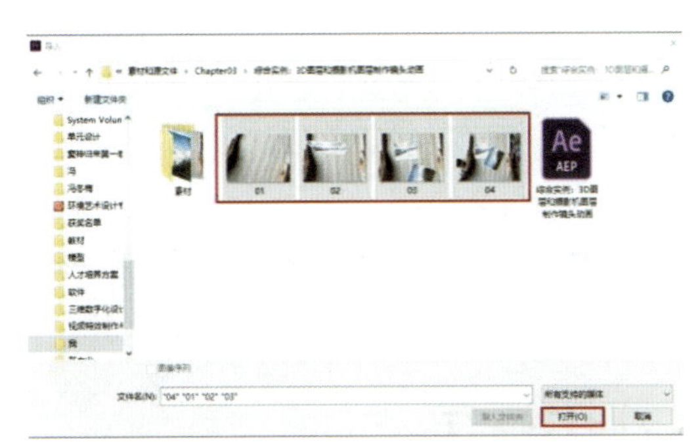

图 2-23　按住【Shift】键打开多个文件

图 2-24　按住【Ctrl】键打开多个文件

（3）**导入图像序列素材：** 图像序列文件是非常重要的源素材。它由若干张按序排列的图片组成。导入图像时，必须保证图像的名称是连续的序列，每个图像名称之间的数值差为 1，如“1、2、3”或“01、02、03”等，并且需要在“导入”对话框中勾选“图像序列”复选框，如图 2-25 所示。以序列的方式导入图像后，系统会按照图像排列的方式自动产生一个序列，可以打开该序列设置动画并对其进行编辑，如图 2-25 所示。

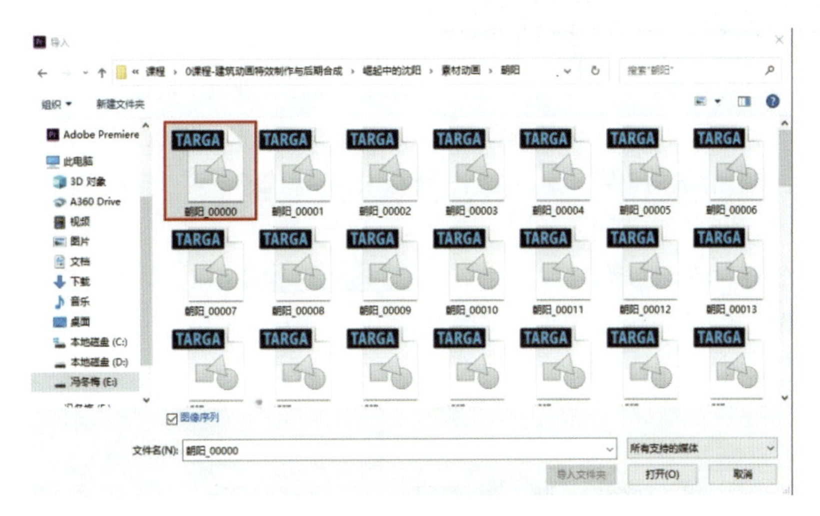

图 2-25　打开序列文件素材

四、保存项目

在制作过程中，需要对项目进行保存，便于以后再操作。另外，系统还会隔一段时间自动保存一次项目文件。

（一）“保存”与“另存为”

保存项目，可以将对影片的编辑管理、源文件的相关信息以及当时视窗的序列情况保存下来。要养成在编辑过程中经常保存项目文件的习惯。

【操作步骤】

（1）通过“保存”命令：直接选择“文件→保存”命令或按【Ctrl+S】组合键，即可将其直接保存。另外，系统还会隔一段时间自动保存一次项目文件。

（2）通过“另存为”命令：选择“文件→另存为”命令或按【Ctrl+Shift+S】组合键，弹出“保存项目”对话框，设置完成后，单击“保存”按钮，可以保存项目文件的副本。

（二）打包保存

在编辑视频时，一般都会用到视频、音频、图片等多种素材，如果不小心删除素材，在后期需要对项目文件进行修改时，就可能会出现素材缺少的情况。因此可以将项目中的所有素材放到一个文件夹中，也就是将项目文件打包为工程文件。

【操作步骤】

步骤 1. 选择“文件→项目管理”命令，打开“项目管理器”对话框。

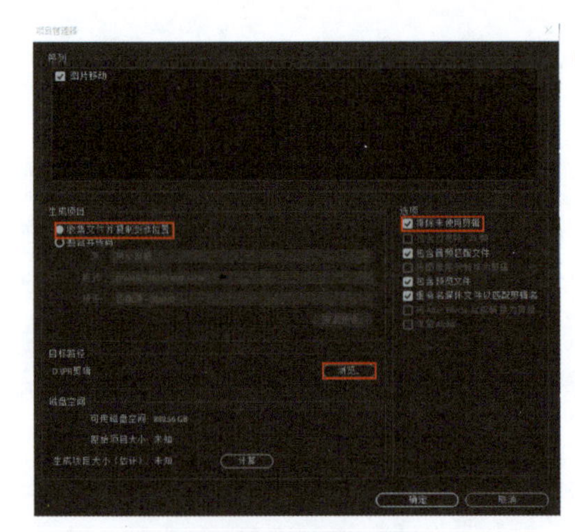

图 2-26　参数设置

步骤 2. 在“项目管理器”对话框中单击“收集文件并复制到新位置”，点击“浏览”可选择工程打包文件存放的位置。然后勾选“排除未使用剪辑”，可以自动清理工程文件中没有使用的素材，如图 2-26 所示。

步骤 3. 返回“项目管理器”对话框，单击 确定 按钮，待进度条提示完成即可完成导出操作。此时打开保存文件的文件夹，可以看到已经打包完成的文件夹，双击打开该文件夹，可以看到项目中用到的所有素材以及项目源文件，从而避免了素材的丢失，如图 2-27 所示。

图 2-27　打开工程文件文件夹

任务描述

了解音频素材的剪辑、音量的调节及音频特效等方面的制作技巧，提高整个视频的制作水准。

一、音频的剪辑

Premiere Pro 具有强大的音频编辑功能，在制作的项目中添加并编辑音频，可以丰富视频的视听效果，提升观看者的观看体验。

【操作步骤】

步骤 1. 将素材窗口中的声音文件拖拽到时间轴中的音频轨道上。

步骤 2. 点击音频轨道左边的三角形图标展开轨道，这时可以看到声音的波形。为查看声音文件的每一个细节，可用工具栏中的缩放工具进行素材的放大。

步骤 3. 选择工具栏中的剃刀工具，就可以将一整段声音文件切成多段，然后选中不想要的一段，按【Delete】键删除。

步骤 4. 在选择工具模式下，将鼠标放在需要移动的素材上，按住鼠标左键不放可以拖动素材并放在适当的位置上。如果需要非常精确的位置，可以借助缩放比例滑块和吸附功能按钮。

二、音量的调节

在制作视频配音的时候，为了取得更好的观影效果，通常会对音频的音量进行调节（调大或调小）。在 Premiere Pro 中音量可用很多方法进行调节，下面介绍四种常用且简单的调节音频素材音量的方法。

将导入的音频素材拖到时间轨道上，如图 2-28 所示。

方法一：在时间轨道上点击素材后，选择【效果控件】/【音频】栏点击展开“音量”，在“级别”中左右滑动圆点就可以调节音量。向左滑动，参数值变为负值，是减小音量；反之，参数值变为正值，就是增大音量，如图 2-29 所示。

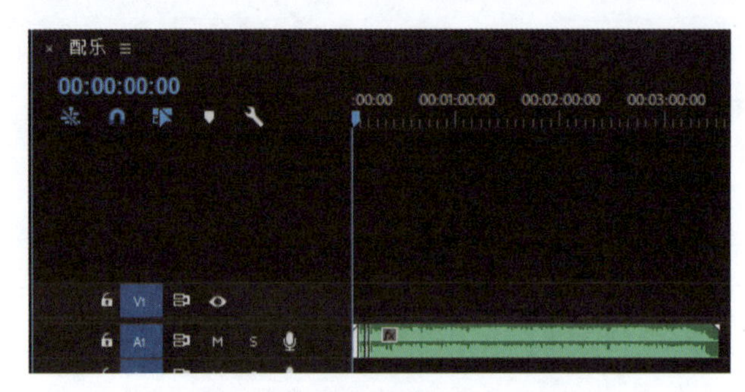

图 2-28　将音频素材拖入轨道

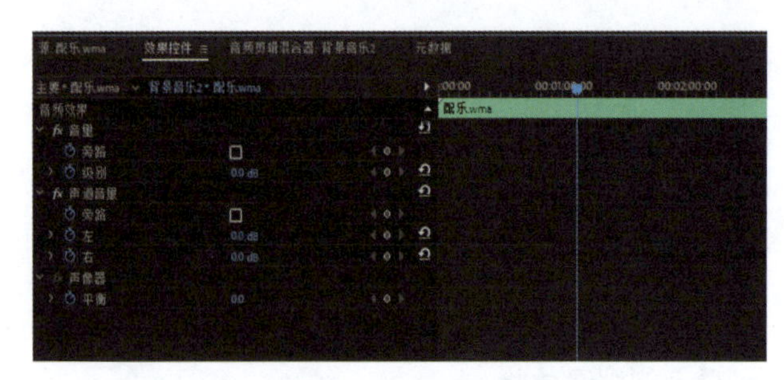

图 2-29　用“级别”调节音量

方法二：在“时间轴显示设置”图标后的子选项中点击勾选“显示音频关键帧”，然后可以在时间轴右侧拖动的滑块中调整素材的显示比例，在素材中上下拖动可以调整音量，向下拖动是减小音量，向上拖动是增大音量。

方法三：选择【音频剪辑混合器】，上下拖动调整滑块。向下滑动，参数值变为负值，是减小音量，反之是增大音量，如图 2-30 所示。

方法四：点击时间轴上的音频素材，点击鼠标右键，在选项中点击【音频增益】，在对话框中输入合适的数值，点击“确定”按钮，如图 2-31 所示。

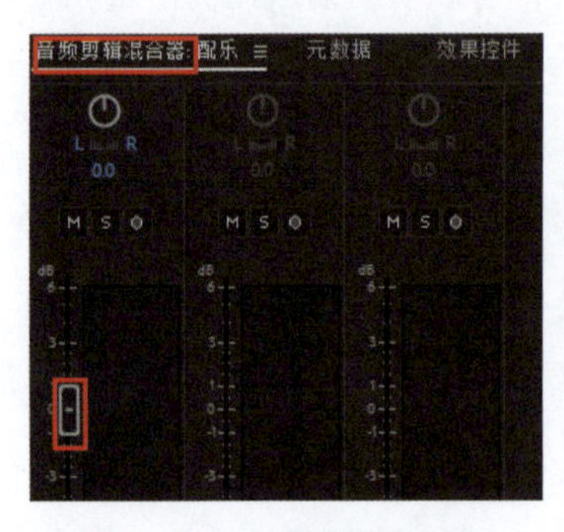

图 2-30　音频剪辑混合器

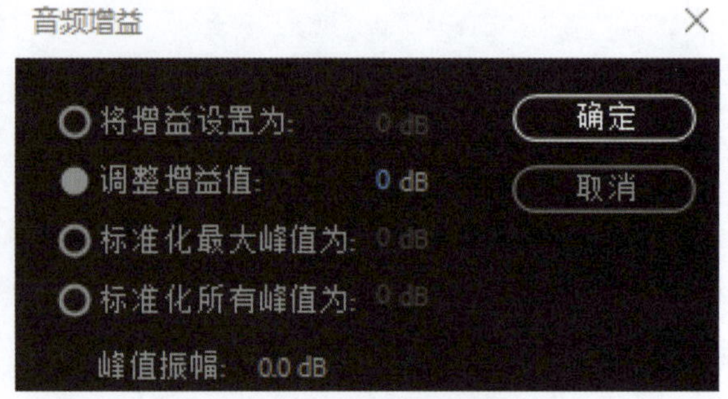

图 2-31　音频增益

三、音频的淡化处理

在音效制作中，音频淡入淡出可以用来平滑过渡不同部分的声音，比如从一个乐器过渡到另一个乐器，或者从一个乐章到另一个乐章。通过使用淡入淡出，可以避免音频出现突兀的转换，从而创造出更加流畅和自然的收听体验。

【操作步骤】

步骤 1. 在“效果”栏，输入“指数淡化”关键词并按 Enter 键进行搜索，也可以点击展开“音频过渡”/“交叉淡化”后进行查找，然后将效果拖动到音频开头的位置。

步骤 2. 添加成功后，在时间轴中点击“指数淡化”图标，在左上方的“效果控件”下可以拖动调整淡化的持续时间，也可以直接进行手动输入。在时间轨道中双击“指数淡化”图标，也可以在打开的窗口中设置想要的持续时间。或者右键点击效果后选择“设置过渡持续时间”，打开窗口，进行同样的设置。

步骤 3. 使用同样的方法为音频末尾添加指数淡化效果后进行持续时间的调整就可以了。

四、音频特效

Premiere Pro 为音频素材的制作提供了很多种特效效果，在“效果控件”面板中展开“音频效果”文件夹，在展开的列表中就可以看到 Premiere Pro 提供的多种音频特效，如图 2-32 所示。选择需要应用的音频特效，将其直接拖到音频轨道上需要应用效果的音频素材上，添加音频效果后，在“效果控件”中通过设置特效参数实现想要的效果。

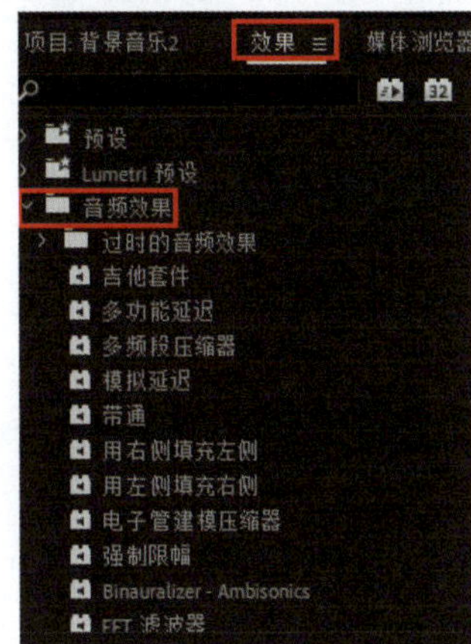

图 2-32　音频特效

【课后拓展实训】搭建自己的工作环境

1. 实训目的

根据个人工作特点和操作要求，完成 Premiere 工作界面的创建，布局直观、简洁，充分体现视频剪辑对素材编辑和时间线预览的需求，保证工作的高效率。

2. 实训内容

① 运行 Premiere Pro 软件，创建一个新项目文件夹，命名为“我的 PR”。

② 在该项目中搭建不同风格的工作界面，调整界面颜色，自定义面板快捷键。

③ 将图片、视频或音频素材导入到项目“我的 PR”中，在“源监视器”窗口中预览素材，然后按素材文件的列表顺序添加到序列轨道中。

④ 在“节目监视器”中预览序列效果。

⑤ 打包保存项目文件。

拓展阅读

非线性视频编辑的应用前景

传统线性视频编辑是按照信息记录顺序，从磁带中重放视频数据来进行编辑，需要较多的外部设备，如放像机、录像机、特技发生器、字幕机等，工作流程十分复杂。

随着 DV 的流行普及，非线性编辑越来越被大家熟悉，它集录像机、切换台、数字特技机、编辑机、多轨录音机、调音台、MIDI 创作、时基设备等于一体，几乎包括了所有的传统后期制作设备。这种高度的集成性，使得非线性编辑系统的优势更为明显。因此它能在广播电视界占据越来越重要的地位，在越来越发达的数字经济加持下，各个行业都非常依赖数字媒体宣传自己，视频剪辑和后期制作专业人才成为了稀缺资源，就业前景十分看好。

笔记

视频特效与后期合成

Premiere Pro 的剪辑操作

【模块导读】

本模块将介绍 Premiere Pro 短视频剪辑的入门知识，学习根据场景进行一些技巧性剪辑，通过添加效果或多种素材的组合使短视频呈现出不同的风格。

【知识目标】

掌握创建序列、粗剪与精剪视频、制作分屏效果的方法

掌握制作动作重复、暂停、倒放效果，视频曲线变速效果，音乐踩点效果的方法

掌握文字工具、旧版标题、开放式字幕的添加与编辑方法

掌握创建新元素的方法

掌握嵌套与多机位剪辑的方法

【能力目标】

能对视频进行粗剪及精剪

能对视频进行技巧性剪辑

能添加及编辑字幕

能创建新元素

能进行嵌套与多机位剪辑

任务一 剪辑的基本操作

任务描述

下面将介绍使用 Premiere Pro 剪辑短视频的基本操作，包括创建序列、视频快速粗剪、视频的精剪以及分屏效果的制作。

一、创建序列

在添加剪辑前，需要先创建序列。序列相当于一个容器，添加到序列内的剪辑会形成一段连续播放的视频。

【操作步骤】

步骤 1. 新建“剪辑”项目文件，导入视频素材，在“项目”面板中将视频素材拖至“新建项”按钮■上，如图 3-1 所示。还可以用右键单击视频素材，在弹出的快捷菜单中选择“从剪辑新建序列”命令来创建序列。

步骤 2. 在时间轴面板中可以看到创建的序列，序列名称与素材名称相同，如图 3-2 所示。在“项目”面板中单击序列名称，可以重命名序列。

图 3-1　新建项

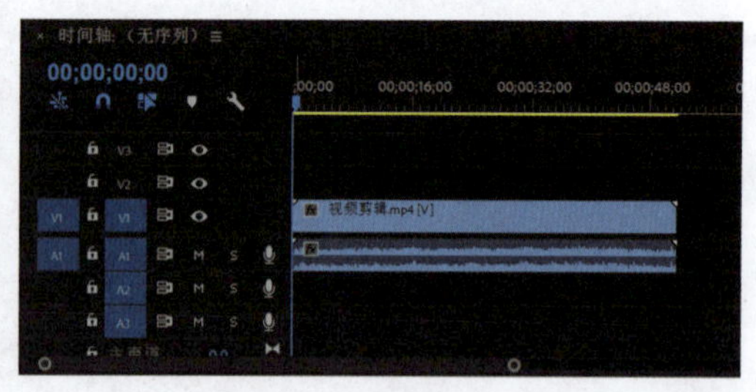

图 3-2　创建序列

步骤 3. 要重新设置序列参数，可以在时间轴面板中选中序列，然后单击“序列→序列设置”命令，弹出“序列设置”对话框，在“编辑模式”下拉列表框中选择“自定义”选项，然后自定义“时基”“帧大小”“像素长宽比”等参数，如图 3-3 所示。设置完成后，单击“确定”按钮。

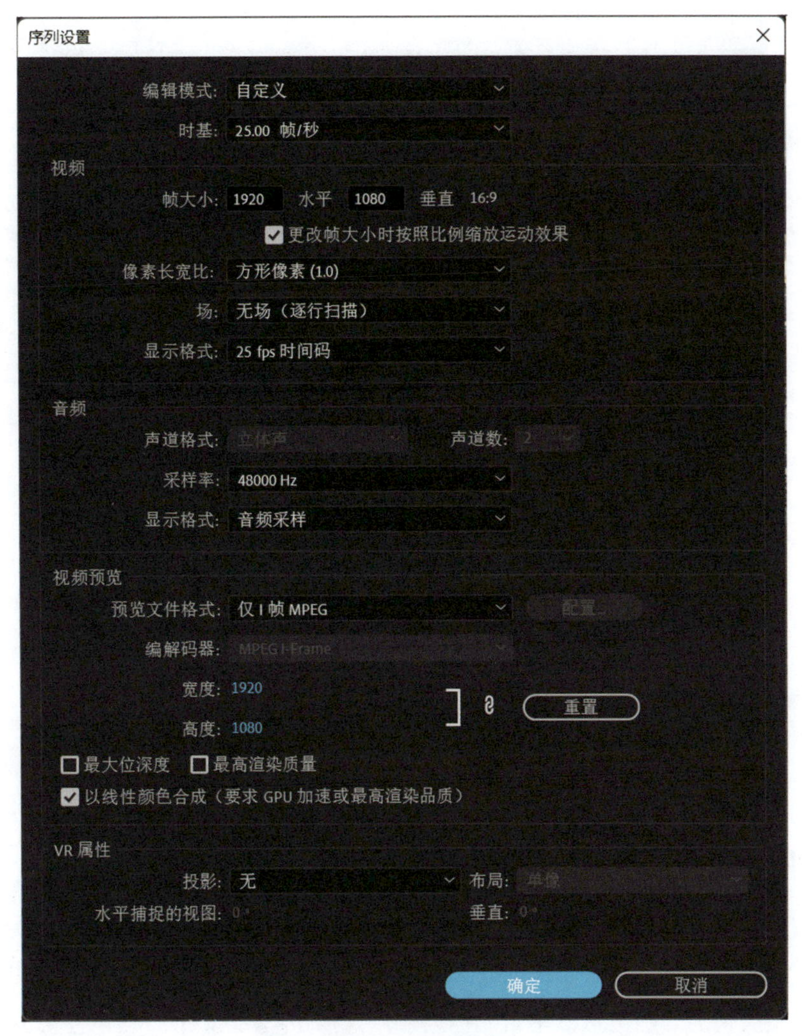

图 3-3　序列设置

要创建一个新的序列，而不是从剪辑创建序列，可以在“项目”面板中单击“新建项”按钮，选择“序列”命令，弹出“新建序列”对话框，在“序列预设”选项卡中选择所需的预设选项，然后单击“确定”按钮即可，如图 3-4 所示。

“序列预设”选项卡的列表中几乎覆盖了市场上所有主流相机和电影机的预设以及与它们相对应的描述。在选择序列预设时，应先选择机型和格式，然后选择分辨率，最后选择帧速率。

二、视频的粗剪

在 Premiere Pro 中进行视频的粗剪时，可以采用两种方法：一种方法是在预览素材时将用到的视频片段剪辑出来，另一种方法是将素材放到时间轴上，对视频进行快速剪辑。

图 3-4　新建序列

【操作步骤】

步骤 1. 打开“素材文件 \ 模块三 \ 剪辑 \ 剪辑 .prproj”项目文件，导入“素材文件 \ 模块三 \ 剪辑 \ 视频剪辑 .mp4”文件。在“项目”面板中双击视频素材，在源面板中预览素材。将播放头拖至剪辑的开始位置，单击“标记入点”按钮{或按【I】键，标记剪辑的入点，如图 3-5 所示。

步骤 2. 将播放头定位到剪辑的出点位置，单击“标记出点”按钮}或按【O】键，然后拖动“仅拖动视频”按钮到时间轴面板中，如图 3-6 所示。拖动视频画面，可以将剪辑中的视频和音频一起拖至时间轴面板中。

图 3-5　标记入点

图 3-6　标记出点

步骤 3. 此时，即可将选中的剪辑添加到时间轴面板上，同时自动创建一个新序列。将时间指针定位到剪辑的结束位置，然后单击 V2 轨道最左侧的“对插入和覆盖进行源修补”按钮，如图 3-7 所示。

步骤 4. 在源面板中按【Ctrl+Shift+O】组合键清除出点，拖动入点标记到要剪辑的位置，然后在工具栏中单击“插入”按钮，如图 3-8 所示。

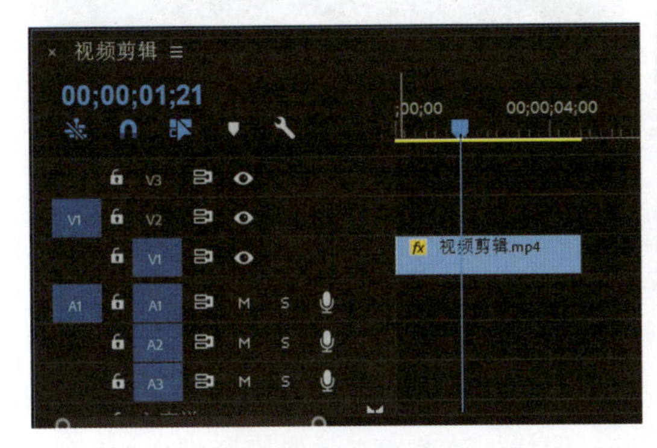

图 3-7　将选中的剪辑添加到时间轴面板

图 3-8　插入剪辑

步骤 5. 此时，即可将剪辑插入到 V2 轨道中的时间指针位置。选中下方的音频素材，按退格键或【Delete】键可以删除音频，如图 3-9 所示。

除了通过“源”面板剪辑素材外，还可以在时间轴面板中对视频素材进行快速剪辑。将时间指针定位到要裁剪的位置，按【C】键调用剃刀工具，使用剃刀工具在视频素材上单击即可进行裁剪，如图 3-10 所示。将时间指针定位到要裁剪的位置后，也可以直接按【Ctrl+K】组合键进行裁剪。

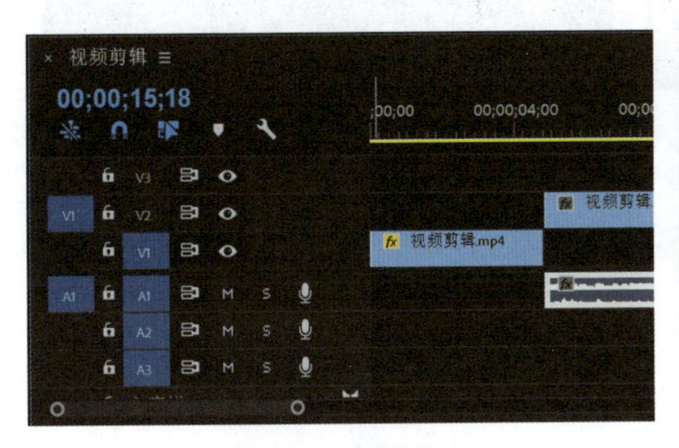

图 3-9　删除音频

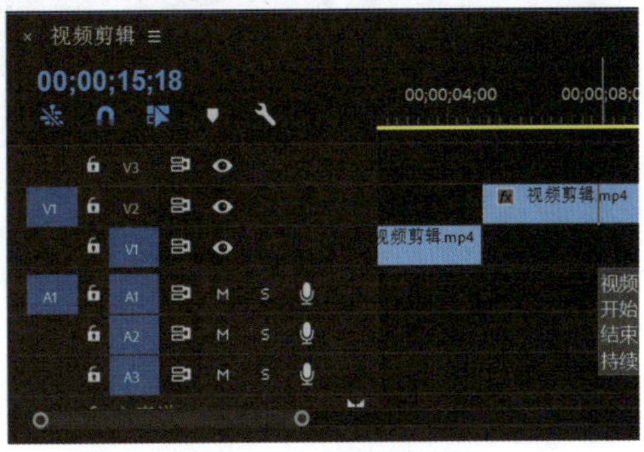

图 3-10　剪裁素材

此外，还可以边播放视频边粗剪视频。在时间轴面板中选中要裁剪的视频素材，然后按空格键播放视频，在“节目”面板中预览视频素材，当播放到要裁剪的位置时，快速按【Ctrl+K】组合键裁剪视频，如图 3-11 所示。

根据需要继续裁剪视频素材，然后删除不需要的视频片段，如图 3-12 所示。若要删除素材并封闭间隙，可以按住【Shift】键的同时按【Delete】键。

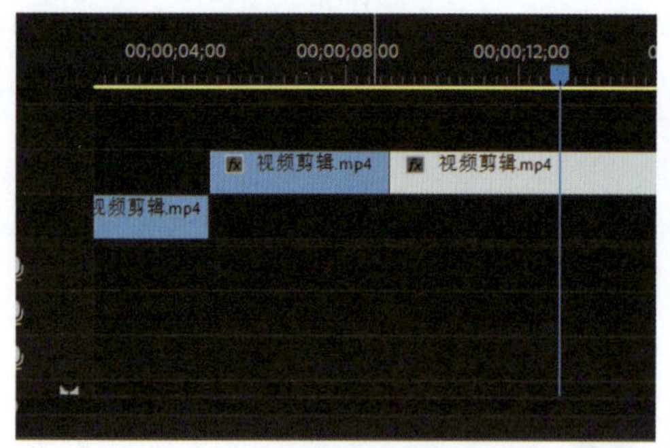

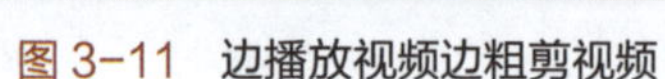

图 3-11　边播放视频边粗剪视频

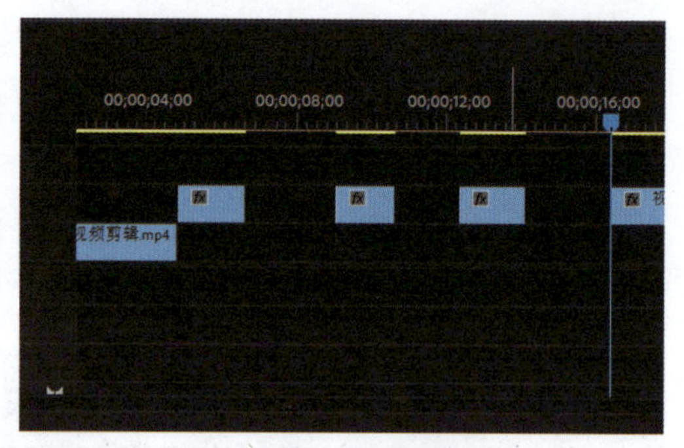

图 3-12　删除视频片段

单击“序列→封闭间隙”命令，删除剪辑之间的空隙，如图 3-13 所示。若要删除单个间隙，可以选中间隙后按【Delete】键。

将 V2 轨道中的剪辑拖至 V1 轨道中，若要调换剪辑的顺序，可以按住【Ctrl+Alt】组合键的同时拖动剪辑到目标位置。若直接拖动剪辑到目标位置，则将覆盖原来的剪辑。按住【Ctrl】键的同时拖动剪辑，可以在目标位置插入该剪辑。最终视频排列如图 3-14 所示。

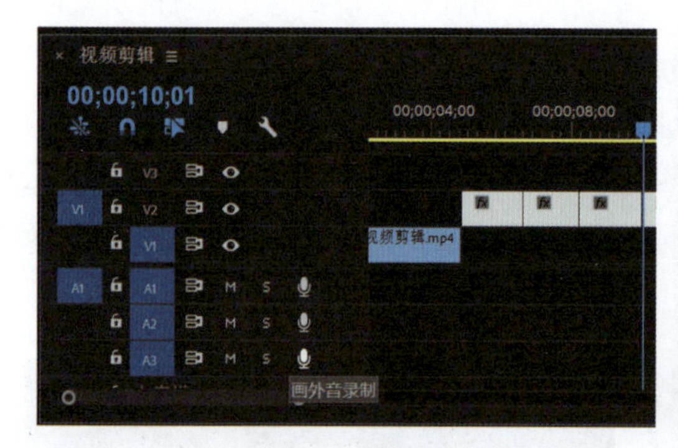

图 3-13　删除空隙

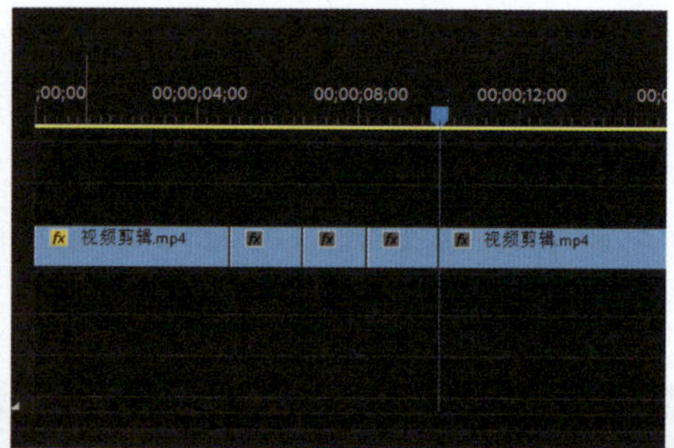

图 3-14　插入剪辑

三、视频的精剪

使用剪辑工具可以对视频剪辑的编辑点进行精细调整，以达到节奏上的变化或者实现镜头之间衔接的一些蒙太奇手法。

按【B】键调用波纹编辑工具，将鼠标指针置于剪辑的入点或出点位置，按住鼠标左键并左右拖动，即可对素材进行波纹修剪，如图 3-15 所示。使用波纹修剪仅改变编辑点所有后接剪辑的位置，不会影响后接剪辑的入点和出点位置。

按住【Ctrl】键，将波纹编辑工具转换为滚动编辑工具。使用滚动编辑工具可以同时修剪一个剪辑的入点和另一个剪辑的出点，并保持两个剪辑组合的持续时间不变，且不会对两个剪辑之外的其他剪辑造成影响，如图 3-16 所示。

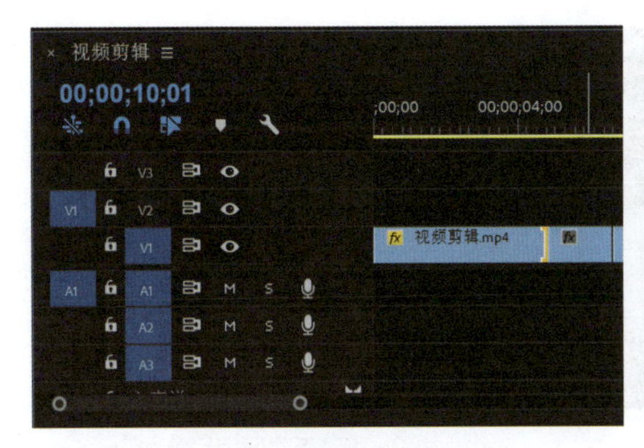

图 3-15　使用波纹编辑工具

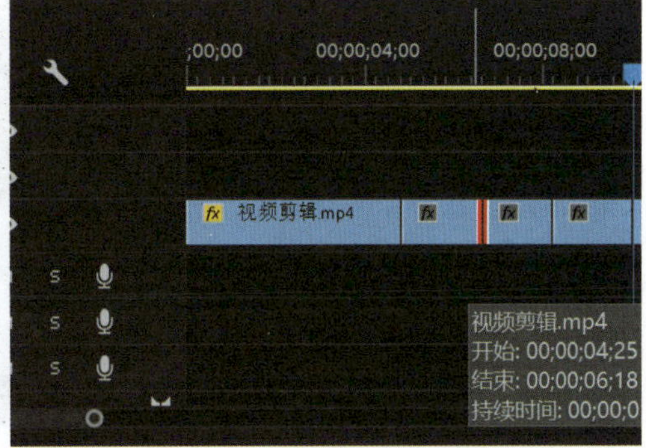

图 3-16　使用滚动编辑工具

使用波纹编辑工具或滚动编辑工具双击剪辑点，进入修剪模式，在“节目”面板中将显示剪辑点处的两屏画面，单击画面下方的按钮可以向后或向前修剪 1 帧或 5 帧。如图 3-17 所示。

若要精修剪辑点，还可以选中该剪辑点后，按住【Ctrl】键的同时按方向键【←】或【→】逐帧修剪剪辑点，如图 3-18 所示。

图 3-17　修剪模式

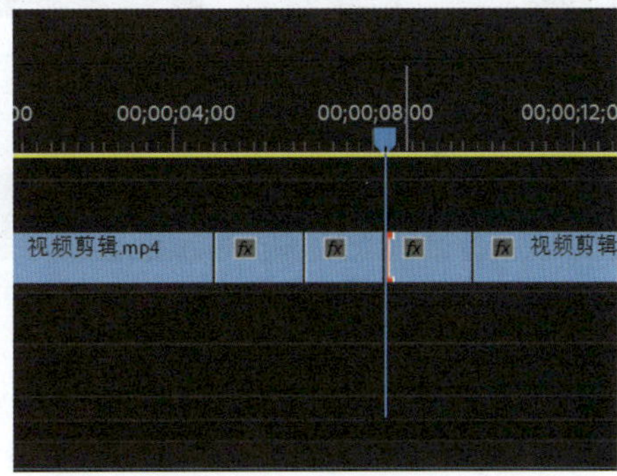

图 3-18　逐帧修剪剪辑点

四、制作分屏效果

分屏多画面效果是通过将一个屏幕分为两个或多个的方法，将相同或不同的时间或空间发生的不同画面同时展现在观众面前。

【操作步骤】

步骤 1. 打开“素材文件 \ 模块三 \ 分屏效果 \ 分屏效果 .prproj”项目文件，可以看到时间轴面板的三个轨道中包含了三个视频剪辑，如图 3-19 所示。

步骤 2. 点击“文件→新建→旧版标题”命令，在弹出的“新建字幕”对话框中单击“确定”按钮，打开“字幕”面板。使用矩形工具绘制两个白色矩形形状，将画面分割为三部分，如图 3-20 所示。

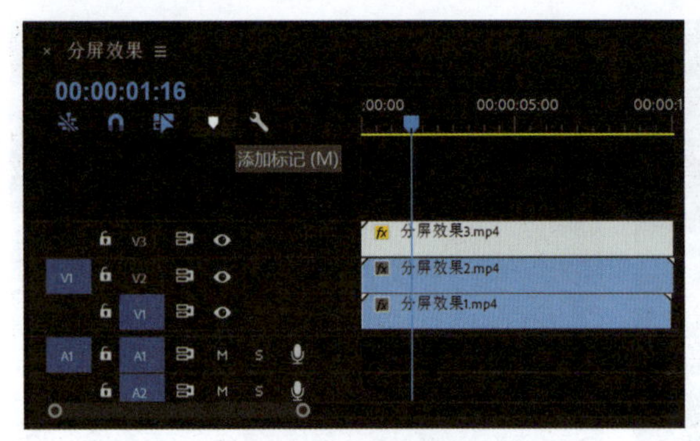

图 3-19　打开项目

图 3-20　新建旧版标题

步骤 3. 创建字幕素材并将其添加到 V4 轨道上，如图 3-21 所示。

步骤 4. 根据分屏版面，在“效果控件”面板中分别设置视频素材的“位置”和“缩放”参数，效果如图 3-22 所示。

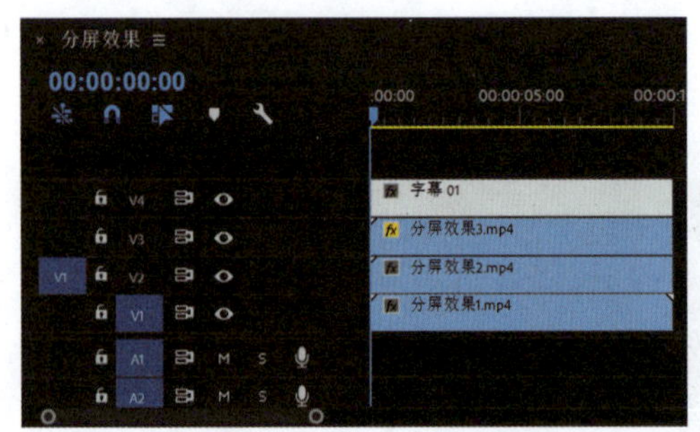

图 3-21　添加字幕至轨道

图 3-22　分屏的最终效果

任务描述

在短视频剪辑过程中，除了正常的素材拼接以外，有时还需要根据场景进行一些技巧性剪辑。本章将通过实例详细介绍短视频创作中常用的技巧性剪辑方法。

一、制作重复、暂停、倒放效果

在 Premiere Pro 中可以制作视频的画面重复、暂停和倒放效果。

【操作步骤】

步骤 1. 打开“素材文件\模块三\重复暂停倒放\重复暂停倒放.prproj”项目文件，在“节目”面板中标记要重复片段的入点和出点，如图 3-23 所示。

步骤 2. 在时间轴面板中单击 A1 音频轨道中的“以此轨道为目标切换轨道”按钮A1，取消该轨道的目标定位，在视频轨道中只保留 V1 轨道的目标定位，可以看到入点和出点范围内只选中了 V1 轨道中的视频片段。按【Ctrl+C】组合键复制该视频片段，如图 3-24 所示。

图 3-23 标记出入点

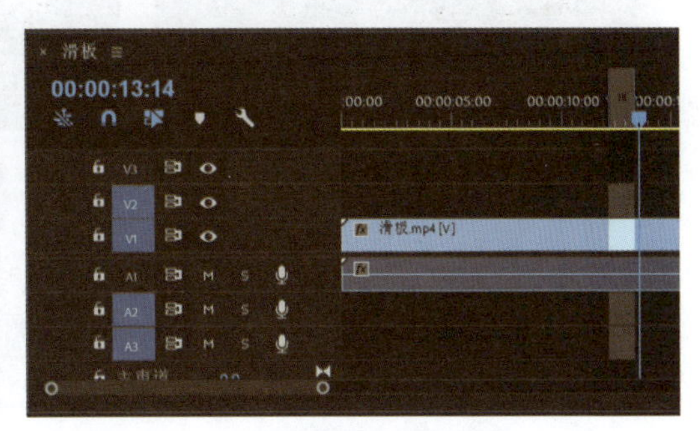

图 3-24 复制视频片段

步骤 3. 单击 V2 轨道中的“以此轨道为目标切换轨道”按钮V2，关闭 V1 轨道目标定位，按【Ctrl+V】组合键将复制的视频片段粘贴到 V2 轨道中，如图 3-25 所示。当有多个轨道目标定位时，复制的视频片段将被粘贴到图层顺序最低的轨道上。

步骤 4. 在“效果控件”面板中设置“缩放”参数为 150.0，根据需要调整“位置”参数，如图 3-26 所示。

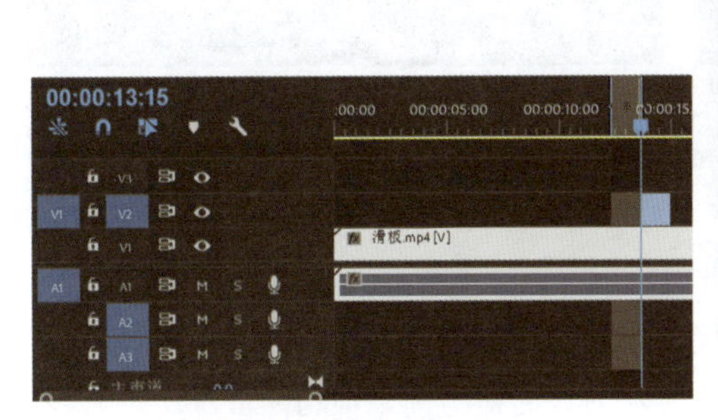

图 3-25 粘贴的视频片段

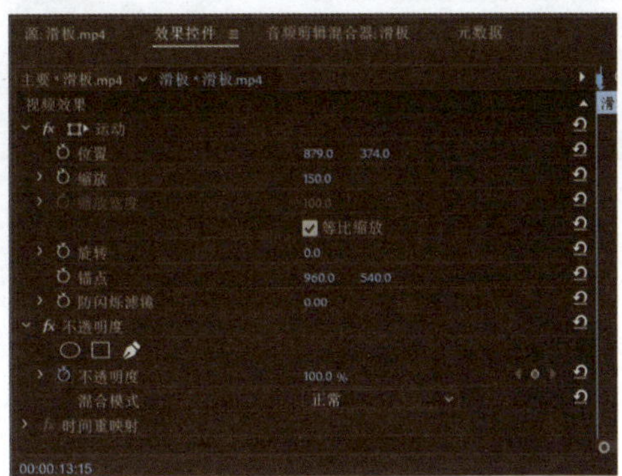

图 3-26 调整参数

步骤 5. 在时间轴面板中用右键单击 V2 轨道中的视频片段，在弹出的快捷菜单中选择“速度 / 持续时间”命令，在弹出的对话框中设置“速度”为 20%，在“时间插值”下拉列表框中选择“帧混合”选项，然后单击“确定”按钮，如图 3-27 所示。使用“帧混合”时，渲染时会合并上下两帧以形成一个新的帧，从而提升动作的流畅度。

步骤 6. 此时即可设置慢动作视频。用右键单击视频剪辑左上方的fx图标，在弹出的快捷菜单中选择“时间重映射→速度”命令，将轨道上的关键帧更改为速度关键帧，如图 3-28 所示。

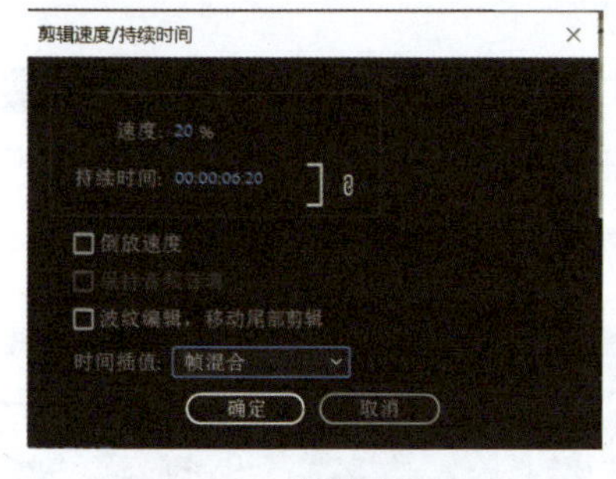

图 3-27　设置帧混合

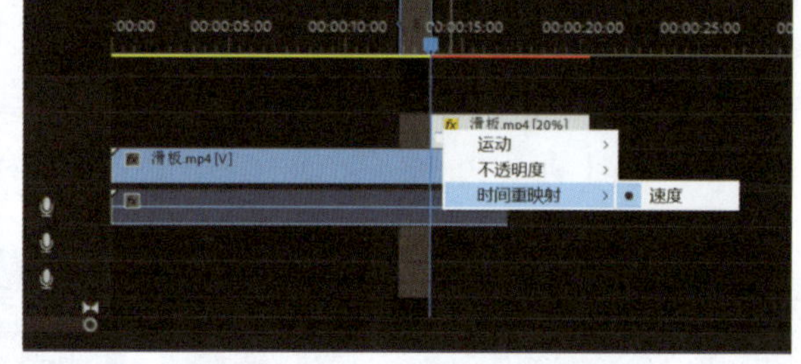

图 3-28　更改为速度关键帧

步骤 7. 在时间轴面板左侧双击 V2 轨道将其展开，按住【Ctrl】键的同时在视频片段的速度轨道上单击，即可添加速度关键帧，如图 3-29 所示。添加关键帧后，可以按住【Alt】键的同时拖动关键帧调整其位置。

步骤 8. 按住【Ctrl+Alt】组合键的同时向右拖动关键帧，即可设置画面暂停，将关键帧拖至暂停结束的位置，如图 3-30 所示。

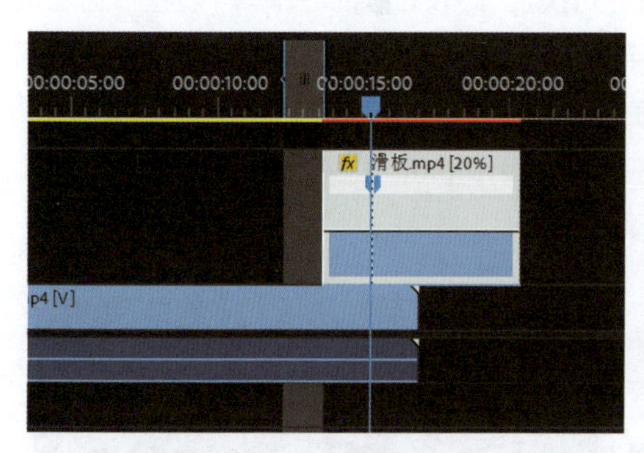

图 3-29　添加速度关键帧

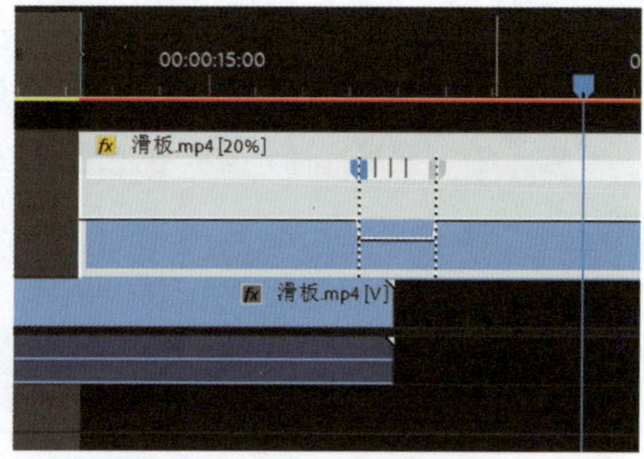

图 3-30　设置画面暂停

步骤 9. 按住【Ctrl】键的同时拖动第 2 个关键帧，将其拖至倒放终点的位置，即可设置所选时间内的视频先倒放再正放，如图 3-31 所示。

步骤 10. 设置完成后，按住【Ctrl】键的同时将 V2 轨道中的视频片段拖至 V1 轨道标记出点的位置，插入该视频片段，如图 3-32 所示。在节目面板中预览视频，查看动作的重复、暂停、倒放效果。

二、制作视频曲线变速效果

要使视频素材中既有加速画面又有减速画面，可以使用“时间重映射”效果调整视频中不同部分的速度，使视频播放速度呈曲线变化。视频中的快动作和慢动作切换自如，具有节奏感。

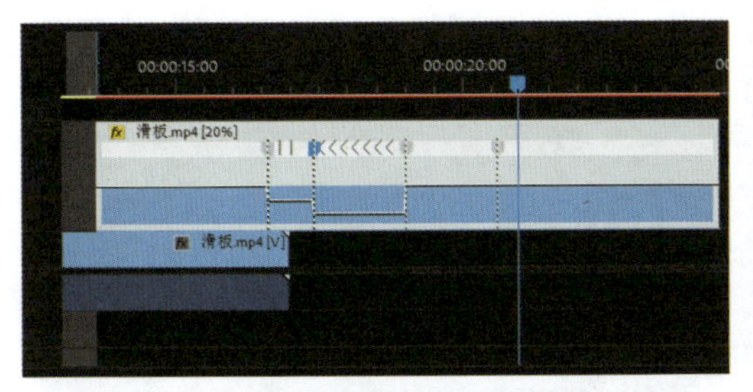

图 3-31　设置先倒放再正放

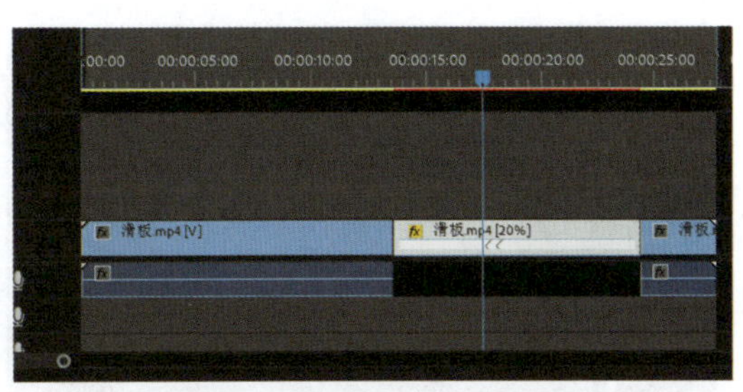

图 3-32　插入视频片段

【操作步骤】

步骤 1. 打开“素材文件 \ 模块三 \ 曲线变速 \ 曲线变速 .prproj”项目文件，播放视频，然后将时间指针定位到要变速的位置，选中音频素材，按【M】键添加标记，如图 3-33 所示。

步骤 2. 双击 V1 轨道将其展开，用右键单击视频素材左上方的fx图标，在弹出的快捷菜单中选择“时间重映射→速度”命令，如图 3-34 所示。

图 3-33　添加标记

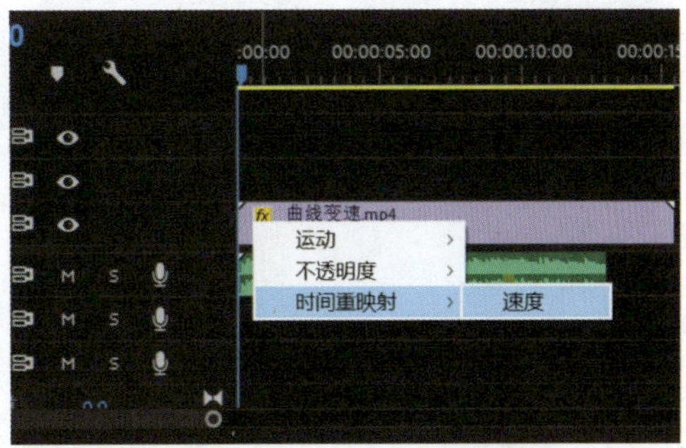

图 3-34　更改为速度关键帧

步骤 3. 按住【Ctrl】键的同时在视频素材的速度轨道上单击，添加速度关键帧，在此添加两个速度关键帧。按住【Alt】键的同时拖动左侧的关键帧，将其移至音频中标记的位置，然后向上拖动两个关键帧之间的控制线直到 500%，即可对两个关键帧之间的视频片段进行 5 倍的加速，根据音乐节奏调整第 2 个关键帧的位置，如图 3-35 所示。

步骤 4. 拖动速度关键帧，将其拆分为左、右两个部分，出现的两个标记分别表示速度变化开始和结束的关键帧，两个标记之间形成斜坡，表明它们之间速度的逐渐变化，拖动斜坡上的手柄可以使坡度变得平滑，如图 3-36 所示。

步骤 5. 采用同样的方法，调整第 2 个速度关键帧。继续添加第 3 个速度关键帧并进行调速，使剪辑出点位置的速度变快，如图 3-37 所示。

步骤 6. 在时间轴面板中添加第 2 个视频素材，并按照前面的方法进行速度调整，如图 3-38 所示。在调速时，通过加快两个镜头衔接处的速度，即可形成变速无缝转场。

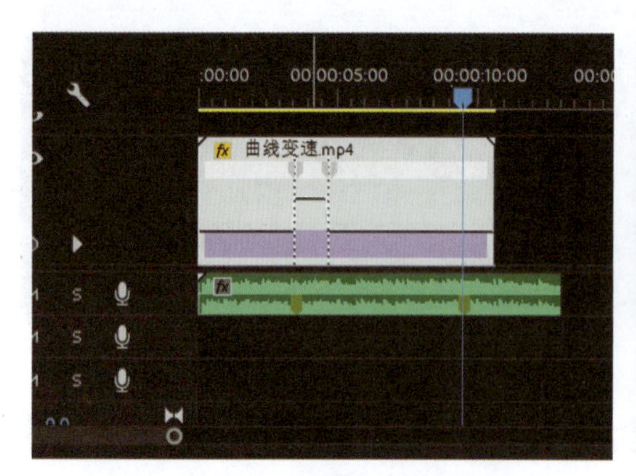

图 3-35　调整关键帧位置

图 3-36　设置速度变化的快慢

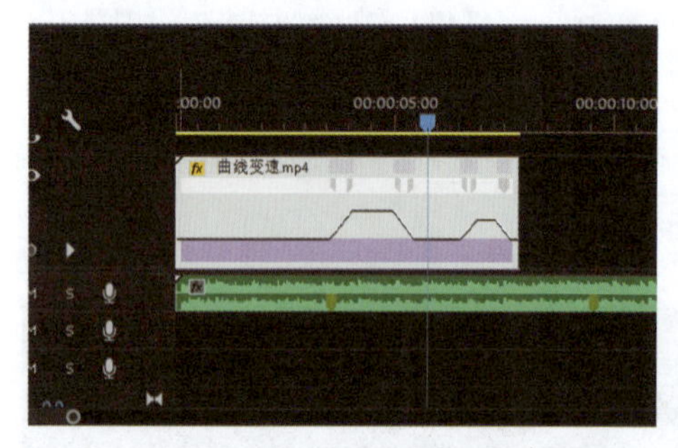

图 3-37　设置速度关键帧

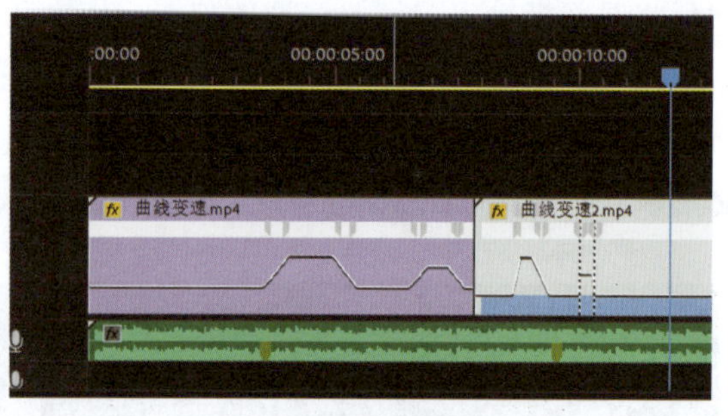

图 3-38　调整速度

步骤 7. 在“节目”面板中播放视频，预览视频曲线变速效果，如图 3-39 所示。

图 3-39　最终效果

三、制作音乐踩点效果

短视频音乐踩点效果，即短视频画面随着音乐的节奏发生变化，使短视频的播放张弛有度、快慢结合、节奏流畅。

【操作步骤】

步骤 1. 打开“素材文件 \ 模块三 \ 音乐踩点 \ 音乐踩点 .prproj”项目文件，在“项目”面板中用右键单击视频素材，在弹出的快捷菜单中选择“速度/持续时间”命令，如图3-40所示。

步骤 2. 在弹出的“速度 / 持续时间”对话框中设置“速度”为 200%，然后单击“确定”按钮，如图 3-41 所示。

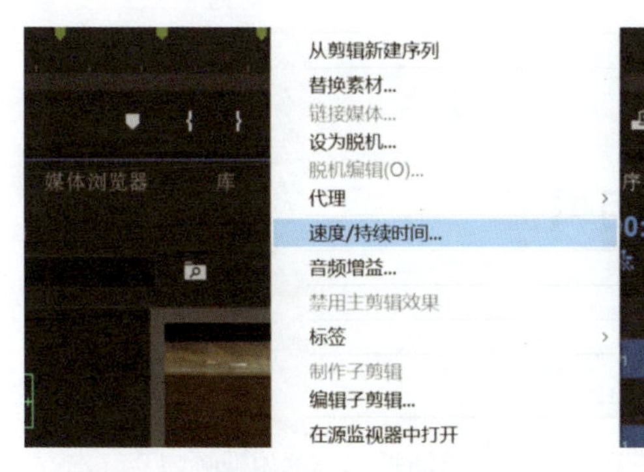

图 3-40　选择“速度 / 持续时间”命令　　图 3-41　设置速度参数

步骤 3. 在“项目”面板中双击音频素材，在源面板中播放音频。在播放过程中按【M】键，在音乐节奏点位置添加标记，如图 3-42 所示。

步骤 4. 分别将视频素材和音频素材添加到时间轴面板中，然后在音频标记位置裁剪视频素材，如图 3-43 所示。

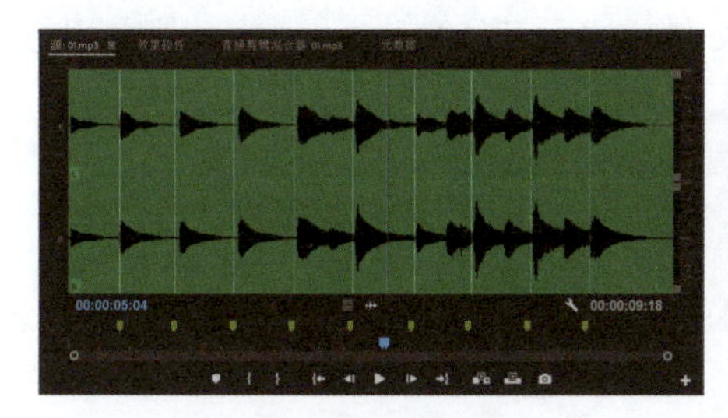

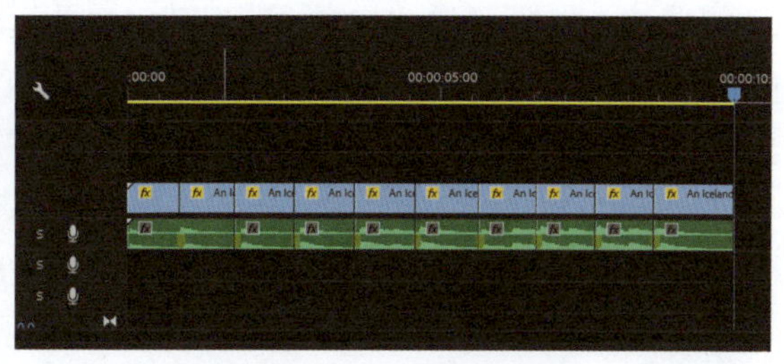

图 3-42　添加标记　　图 3-43　裁剪视频素材

步骤 5. 下面对裁剪的视频剪辑进行替换。在“源”面板中打开视频素材，在要进行替换的位置标记入点，然后按住【Alt】键的同时拖动“仅拖动视频”按钮到时间轴面板的第 1 个视频片段上进行视频剪辑替换，如图 3-44 所示。

图 3-44　视频剪辑替换　　图 3-45　替换所选素材

此外，还可以拖动“仅拖动视频”按钮到“节目”面板中，将显示相应的操作选项，选择“替换”选项即可替换所选素材，如图3-45所示。采用同样的方法，替换时间轴面板中的其他视频剪辑，完成音乐踩点视频的制作。

任务三 字幕的添加与编辑

任务描述

字幕在短视频内容表现形式中占有重要地位，它可以让用户更清晰地理解短视频内容。本章将详细介绍如何在Premiere Pro中为短视频添加与编辑字幕。

一、使用文字工具添加与编辑字幕

使用Premiere Pro中的文字工具可以很方便地在短视频中添加字幕，还可以结合图形工作区和“基本图形”面板为字幕添加响应式设计，如锁定文本开场和结尾的持续时间以及创建文本样式、为文本添加背景形状。

（一）添加字幕与设置格式

下面介绍如何使用文字工具为短视频添加字幕并设置文本格式，然后为字幕制作开场和结尾动画。

【操作步骤】

步骤1. 打开“素材文件\模块三\字幕练习\字幕练习.prproj”项目文件，在时间轴面板中将时间指针定位到要添加文字的位置，按【T】键调用“文字”工具T，然后在短视频画面中单击即可添加文字。也可以直接按【Ctrl+T】组合键新建文本图层，调整文本图层的位置并输入文字，如图3-46所示。

步骤2. 在“效果控件”面板中设置文字的字体样式、大小、对齐方式、字距、填充颜色、描边颜色及描边宽度，如图3-47所示。

步骤3. 在“节目”面板中预览文字效果，如图3-48所示。

步骤4. 为文字添加“裁剪”效果，在“效果控件”面板的“裁剪”效果中设置“羽化边缘”为50，启用“右侧”动画，添加两个关键帧，设置“右侧”参数分别为100.0%、0.0%，如图3-49所示。

图 3-46　输入文字

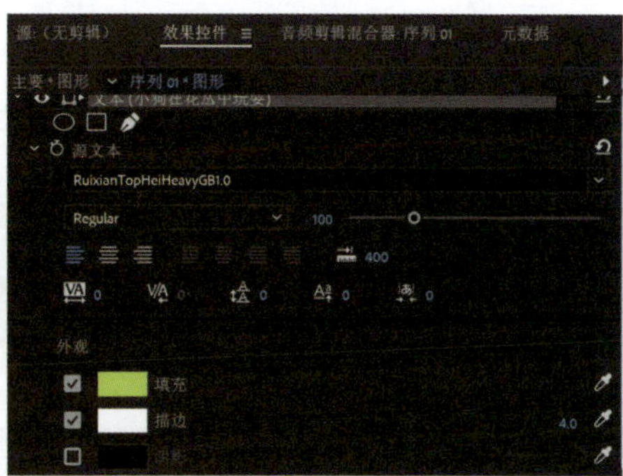

图 3-47　调整文字参数

图 3-48　预览文字效果

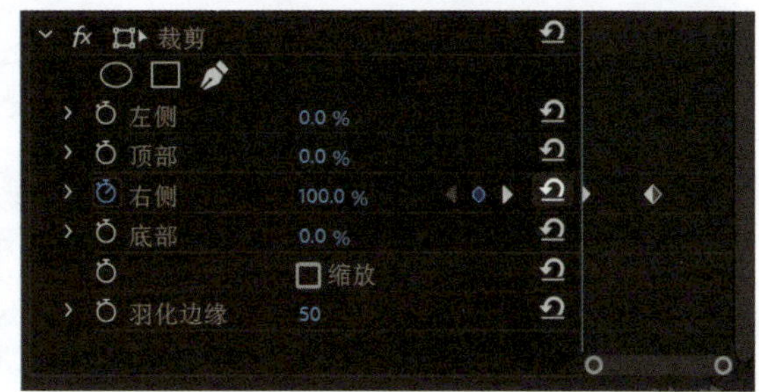

图 3-49　设置裁剪参数

步骤 5. 启用“左侧”动画，添加两个关键帧，设置“左侧”参数分别 0.0%、100.0%。如图 3-50 所示。

步骤 6. 在“节目”面板中播放视频，预览文字出现和消失动画，如图 3-51 所示。

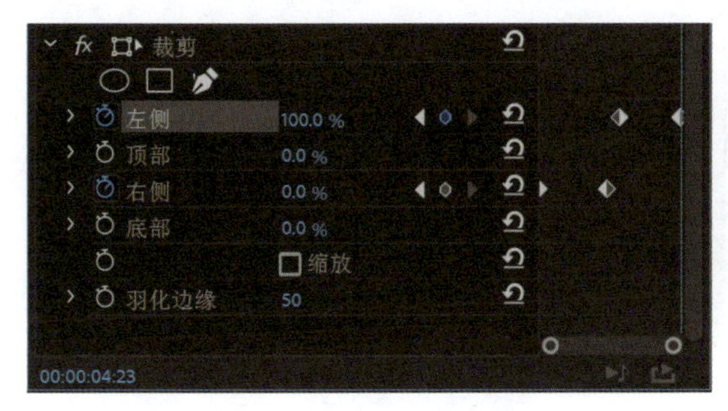

图 3-50　启用左侧动画

图 3-51　预览动画

（二）创建文本样式

使用 Premiere Pro 的文本样式功能可以将字体、颜色和大小等文本属性定义为样式，并对时间轴中不同图形的多个图层快速应用相同的文本样式。

【操作步骤】

步骤 1. 在时间轴面板中按住【Alt】键向右拖动文本进行复制，然后根据需要修改文本，如图 3-52 所示。

步骤 2. 在“节目”面板中选中文本，如图 3-53 所示。

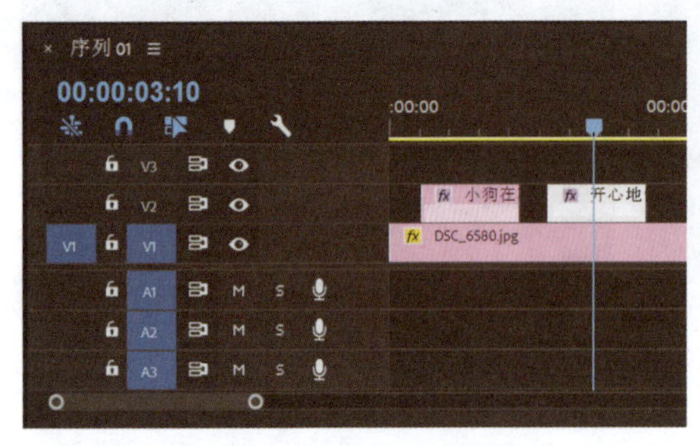

图 3-52 复制并修改文本

图 3-53 选中文本

步骤 3. 打开“基本图形”面板，在“主样式”中设置字体样式、大小、外观等参数。单击“样式”下拉按钮，选择“创建主文本样式”选项，如图 3-54 所示。

步骤 4. 在弹出的“新建文本样式”对话框中输入文本样式的名称，然后单击“确定”按钮，如图 3-55 所示。需要注意的是，样式中不包括“对齐”和“变换”属性。

图 3-54 创建主文本样式

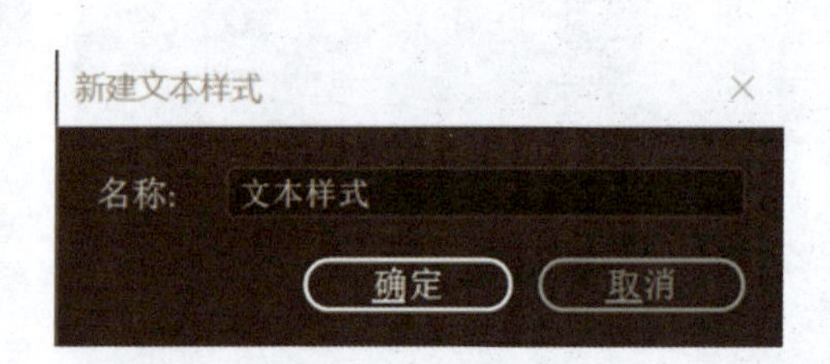

图 3-55 输入名称

创建文本样式后，即可将样式文件添加到“项目”面板中，如图 3-56 所示。

要为短视频中的其他文本应用该样式，只需将文本样式从“项目”面板拖放到时间轴面板中的文本上即可。在“节目”面板中预览应用文本样式后的效果，如图 3-57 所示。

（三）为文本添加背景形状

下面学习为文本添加背景形状，并使形状自动适应文本的长度。

图 3-56　添加样式到项目中

图 3-57　预览效果

【操作步骤】

步骤 1. 在“节目”面板中选中文本，在“基本图形”面板中单击“新建图层”按钮，在弹出的列表中选择“矩形”选项，如图 3-58 所示。

步骤 2. 此时，即可在文本剪辑中添加矩形形状，在“基本图形”面板中将形状图层拖至文本图层下方，并设置形状的不透明度、外观等参数，如图 3-59 所示。

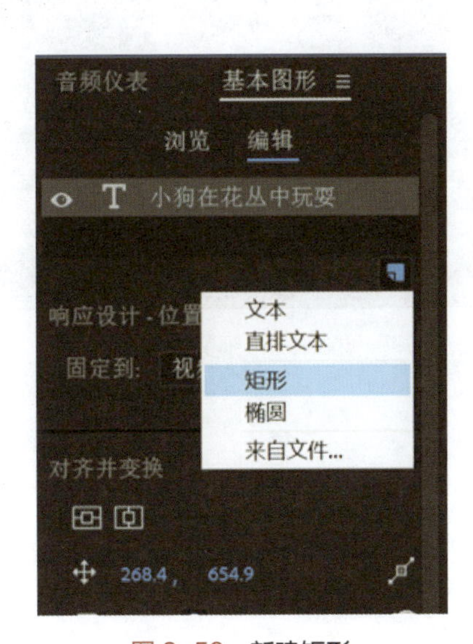

图 3-58　新建矩形

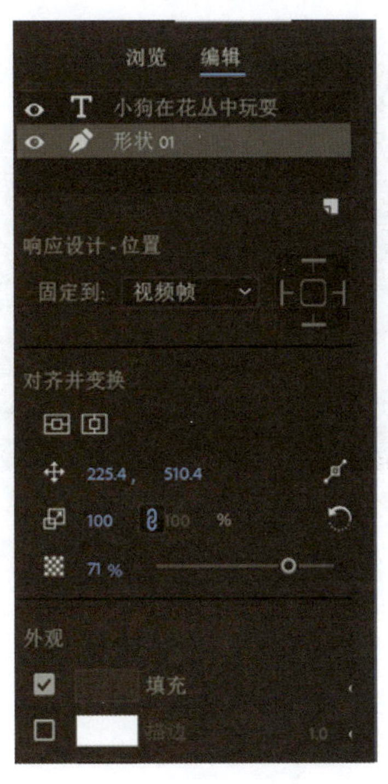

图 3-59　设置参数

步骤 3. 在“节目”面板中调整矩形形状的大小和位置，如图 3-60 所示。

步骤 4. 在“基本图形”面板中选中形状，在“固定到”下拉列表框中选择文字对象，如图 3-61 所示。若将形状固定到“视频帧”，则可以使形状自动适应视频长宽的变化。

图 3-60　调整大小和位置

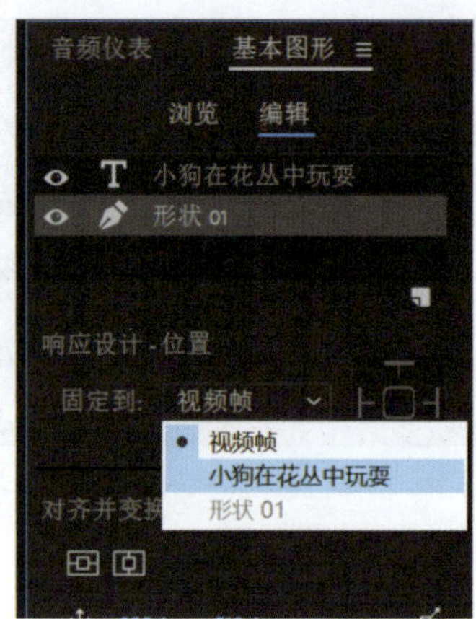

图 3-61　固定到视频帧

步骤 5. 在“固定到”选项右侧的方位锁中间位置单击，设置固定四个边，如图 3-62 所示。

步骤 6. 此时，在“节目”面板中编辑文字时，形状也将随之同步变化，效果如图 3-63 所示。

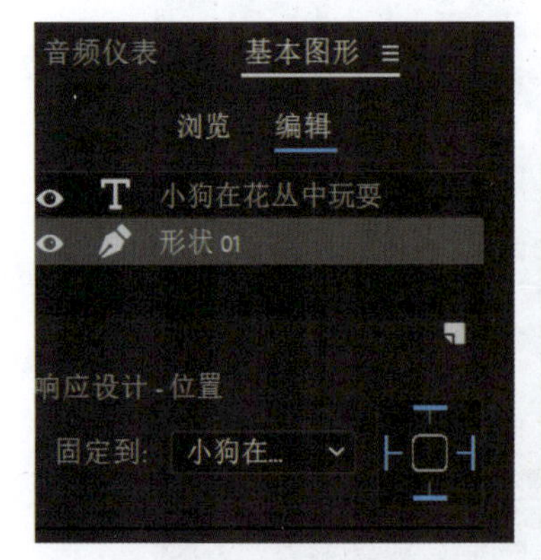

图 3-62　固定四边

图 3-63　预览效果

二、制作滚动字幕

使用旧版标题可以制作滚动字幕。这里使用了一个背景图像、三个图标文件、一段音乐素材以及相关的字幕文本，制作影片结尾的字幕动画。

【操作步骤】

步骤 1. 启动 Premiere Pro 软件，新建项目文件。在项目面板中双击空白处，弹出导入窗口，将本例制作所需要的图像素材和一段自备的音频素材导入项目面板中，其中图像素材如图 3-64 所示。

步骤 2. 选择菜单“文件→新建→序列”，打开“新建序列”窗口，在“序列预设”下展开 HDV，选中“HDV 720p25”，在“序列名称”后输入“滚动字幕”，单击确定按钮，建立一个序列。

步骤 3. 将音频文件从项目面板中放置到 A1 轨道，将图像素材放置到 V1 轨道，并将长度调整为与音频一致的 15 秒，如图 3-65 所示。

图 3-64　图像素材

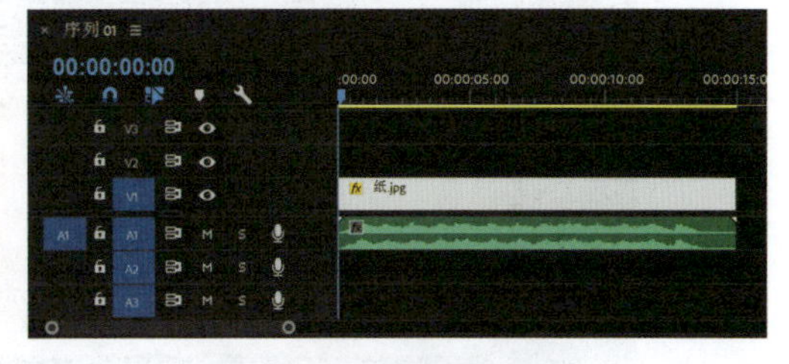

图 3-65　调整素材长度

步骤 4. 准备一个“片尾字幕文本 .txt”文件，模拟电影片尾的中英文对照字幕。选中其中的英文部分，按【Ctrl+C】键复制。选择菜单“文件”→“新建”→“旧版标题”，将字幕名称设为“滚动字幕”，在字幕窗口中选择区域文字工具，在屏幕左半部拖拽出一个文字框，按【Ctrl+V】键粘贴，如图 3-66 所示。

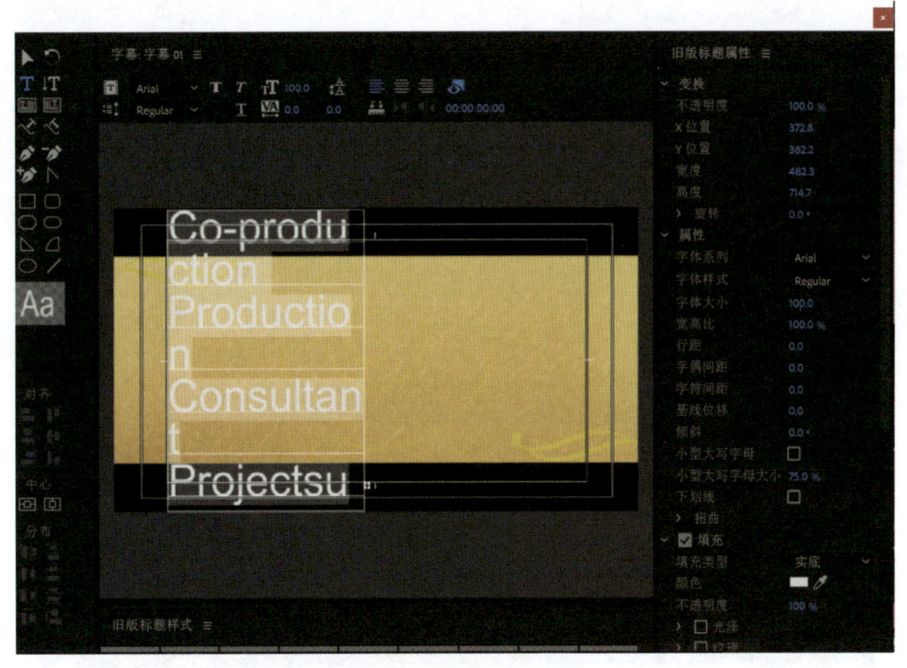

图 3-66　设置滚动字幕

步骤 5. 点击“滚动 / 游动选项”按钮，选择“滚动”。对文字的字体、大小、行距、填充颜色进行设置，将文字右对齐，并将文字框的下部向下拉长，显示出所有的文字，如图 3-67 所示。

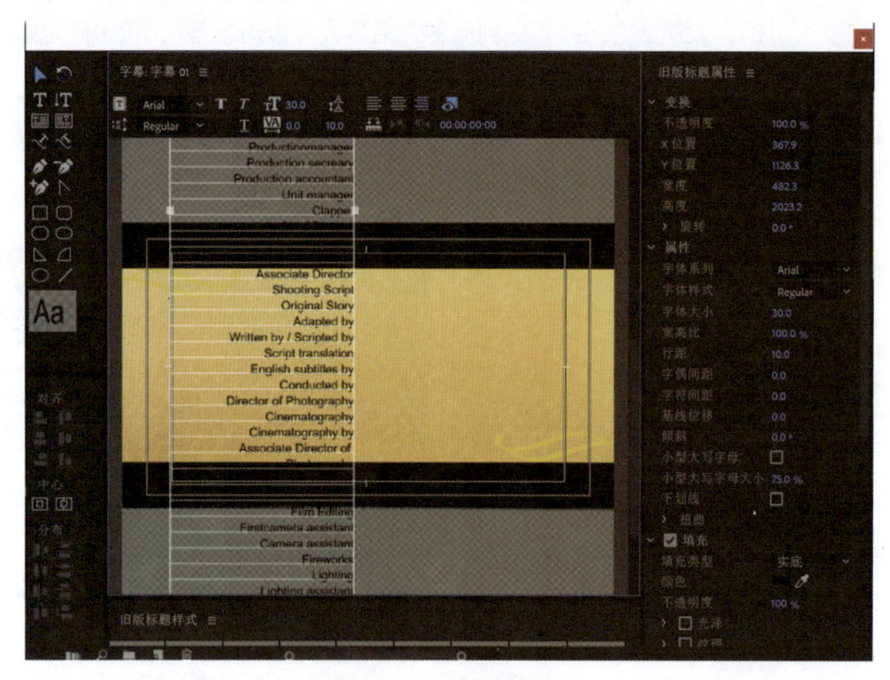

图 3-67　设置滚动参数

步骤 6. 准备在英文右侧建立对应的中文字幕，先按住【Alt】键将英文字幕的文本框向右拖动，创建一个副本，并排放置，将文字左对齐。再打开字幕文本文件，选中其中的中文部分，按【Ctrl+C】键复制。在窗口中全选右侧文字框中的文字，按【Ctrl+V】键粘贴，替换为中文，并对宽高比和字符间距进行调整，如图 3-68 所示。

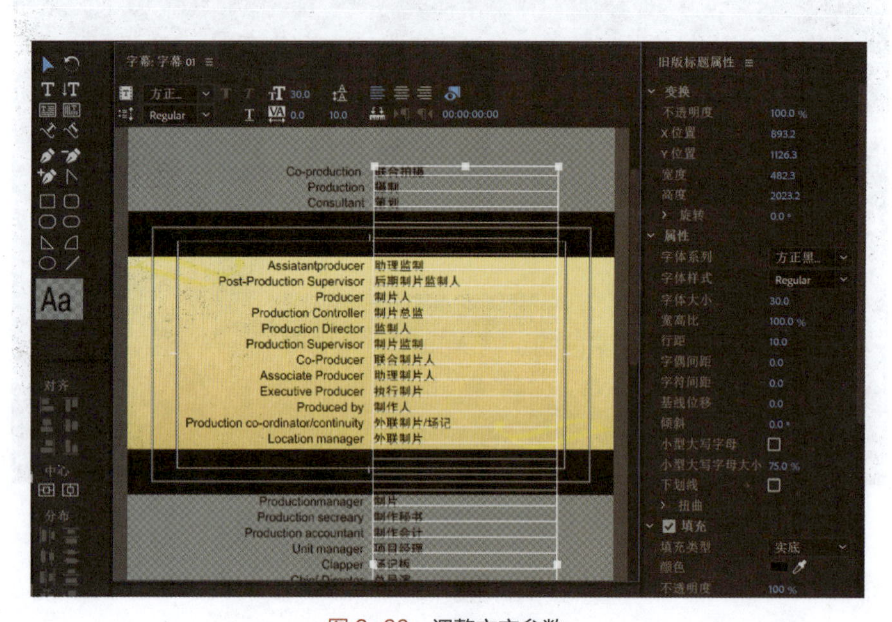

图 3-68　调整文字参数

步骤 7. 在"滚动字幕"的右侧向下拖动滑条，显示出字幕底部。选择文字工具，在底部单击并输入“特别鸣谢：After Effects”，对文字的字体、大小、字符间距、填充颜色进行设置，放置在已有字幕的底部，单击“水平居中”按钮将文字在屏幕的水平位置居中，如图 3-69 所示。

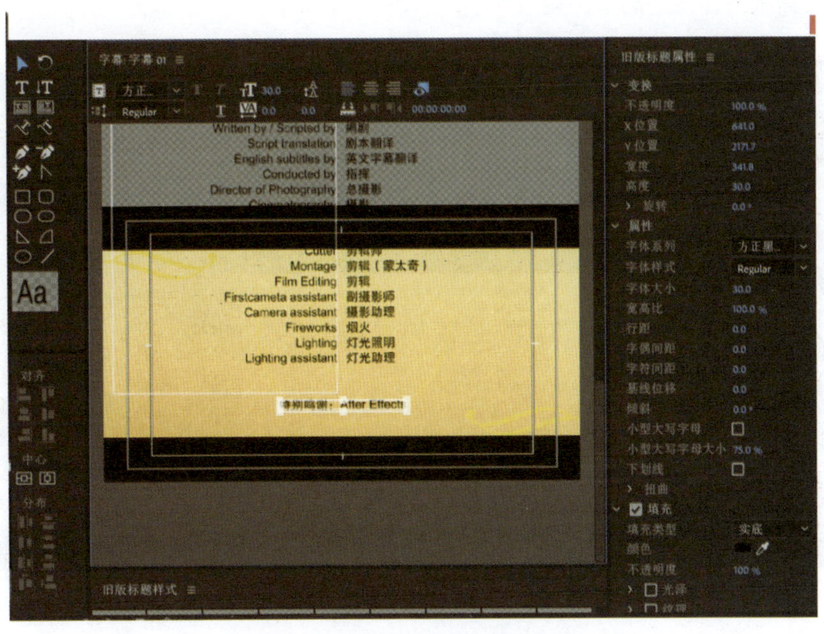

图 3-69 设置“特别鸣谢”参数

步骤 8. 选择“矩形工具”按钮，在文字底部绘制矩形，按【Alt】键将绘制的矩形向右拖动，创建一个副本；重复操作，再复制一个副本，如图 3-70 所示。

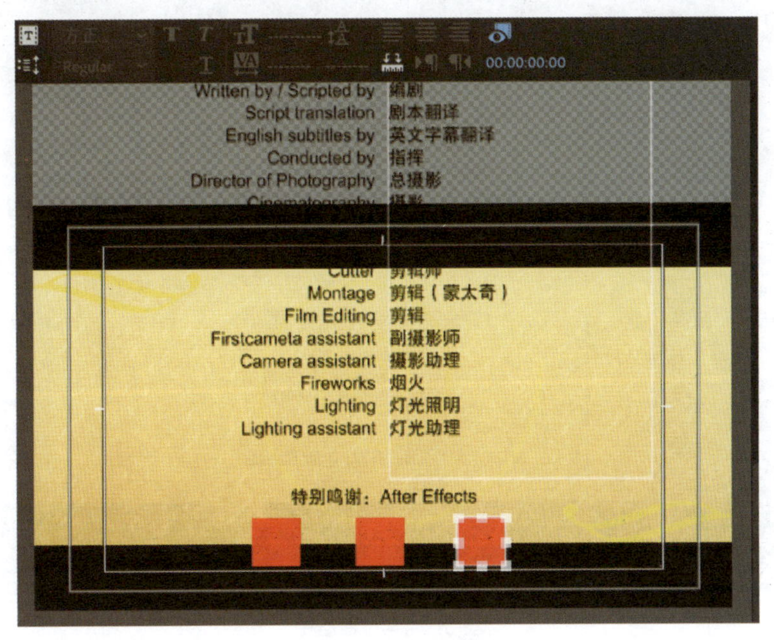

图 3-70 创建图形

准备好三个png格式的图标，分别重命名为Logo1、Logo2、Logo3。在“填充”选项中，勾选“纹理”选项，展开纹理菜单，点击“纹理”选项旁的，在弹出的菜单中选择“Logo1.png”文件，将其插入到当前的字幕中，通过调整图形的宽度和高度来重新确定图形的大小。同样，插入另外两个图形，调整大小，如图3-71所示。

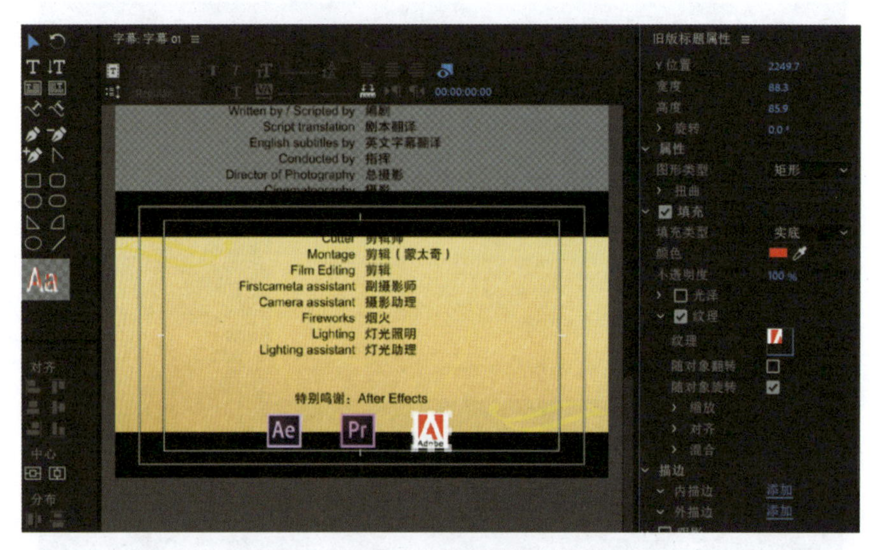

图3-71 添加纹理

步骤9. 选中这3个图形，依次单击“水平居中分布”按钮、“垂直居中分布”按钮和“水平居中”按钮，将图标进行居中排列，如图3-72所示。

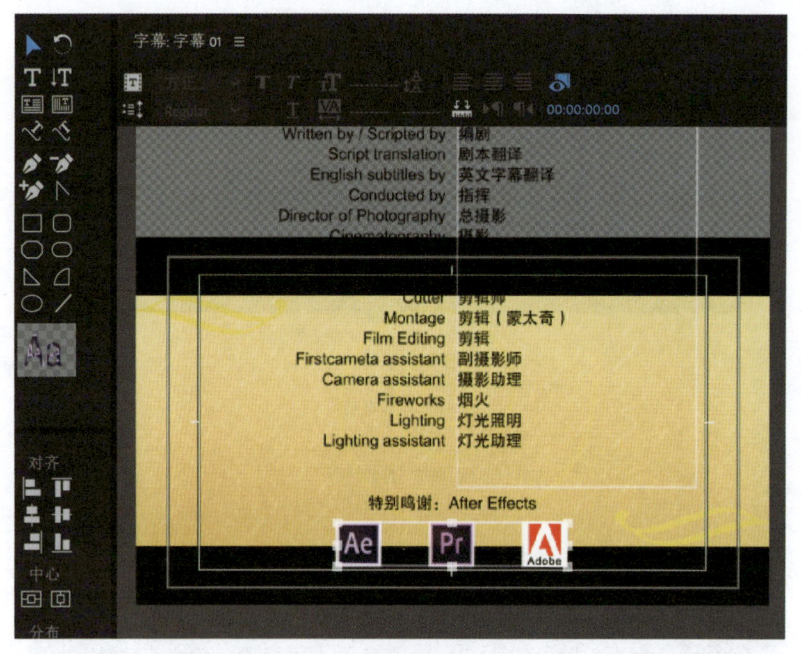

图3-72 设置居中

步骤 10. 单击字幕窗口上部的“滚动 / 游动选项”按钮，将“开始于屏幕外”和“结束于屏幕外”勾选上，单击“确定”按钮，如图 3-73 所示。

步骤 11. 从项目面板中将“上滚字幕”拖入时间轴的 V2 轨道开始位置，将长度调整为 12 秒。

步骤 12. 新建一个“日期”旧版标题，输入一个日期，放置在 V2 轨道的第 12 至第 15 秒处，并在其入点处添加一个默认的“交叉溶解”过渡效果，如图 3-74 所示。

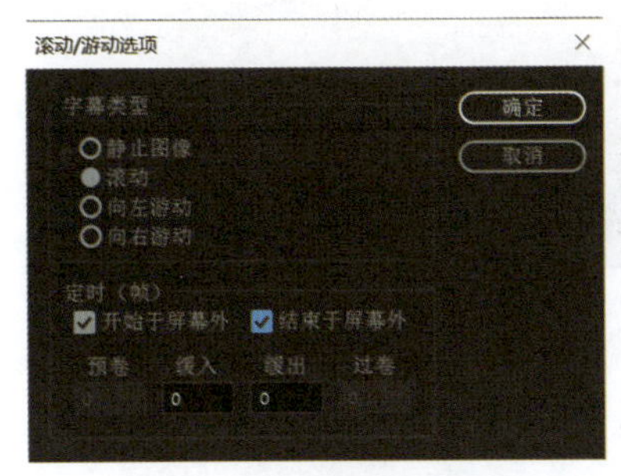

图 3-73　设置滚动参数

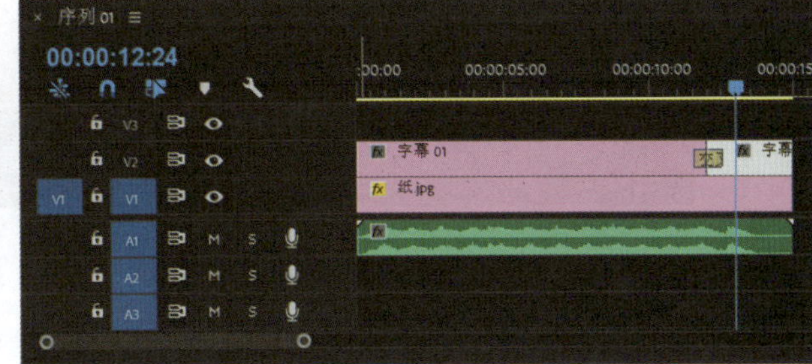

图 3-74　添加“交叉溶解”

步骤 13. 在“效果”面板中展开“视频效果”，将“变换”下的“裁剪”拖至 V2 轨道上的“字幕 02”上，参照背景图中上下的黑色遮罩边缘，调整顶部和底部对齐的数值。如图 3-75 所示。

图 3-75　添加“裁剪”

至此，完成了本实例的制作，如图 3-76 所示。

三、添加开放式字幕

利用 Premiere Pro 可以为短视频添加开放式字幕，为短视频中的人物对话、解说音频等添加同步台词。

图 3-76　最终效果

【操作步骤】

步骤 1. 打开“素材文件 \ 模块三 \ 添加开放式字幕 \ 添加开放式字幕 .prproj”项目文件，在项目面板中单击“新建项”按钮，在弹出的列表中选择“字幕”选项，如图 3-77 所示。

步骤 2. 弹出“新建字幕”对话框，在“标准”下拉列表框中选择“开放式字幕”选项，然后单击“确定”按钮，如图 3-78 所示。

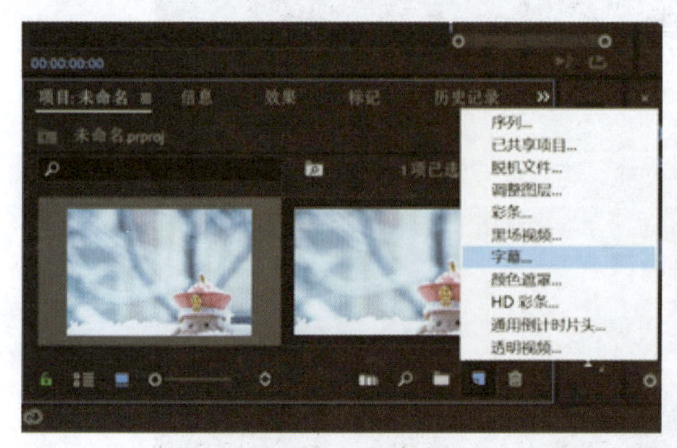

图 3-77　新建字幕

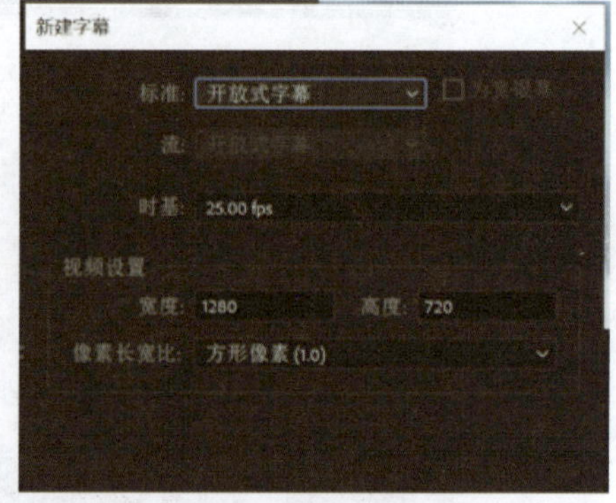

图 3-78　设置开放式字幕

步骤 3. 将创建的“开放式字幕”素材添加到 V2 轨道上，在 A1 轨道上导入一个音频素材并将开放式字幕与音频对齐，如图 3-79 所示。

步骤 4. 双击字幕文件，打开“字幕”面板，输入字幕文字，如图 3-80 所示。

步骤 5. 在“字幕”面板下方单击按钮添加字幕，然后输入所需的文本，如图 3-81 所示。

步骤 6. 在时间轴面板的“开放式字幕”素材中根据音频修剪每个字幕的入点和出点位

置，如图 3-82 所示。

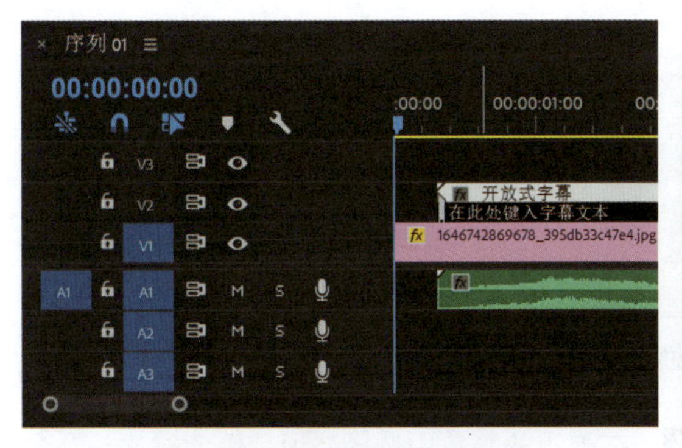

图 3-79　添加字幕到视频轨道

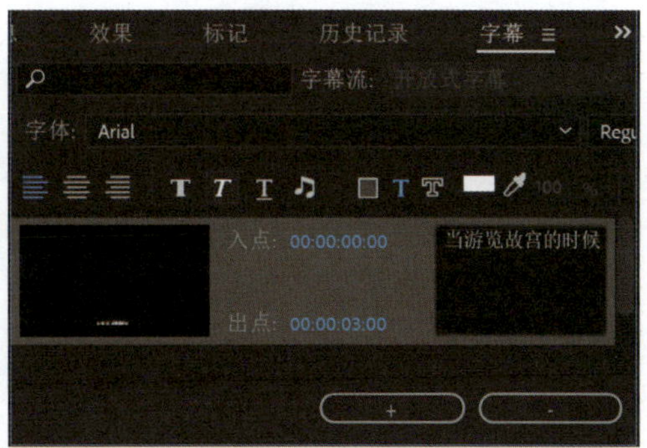

图 3-80　输入文字

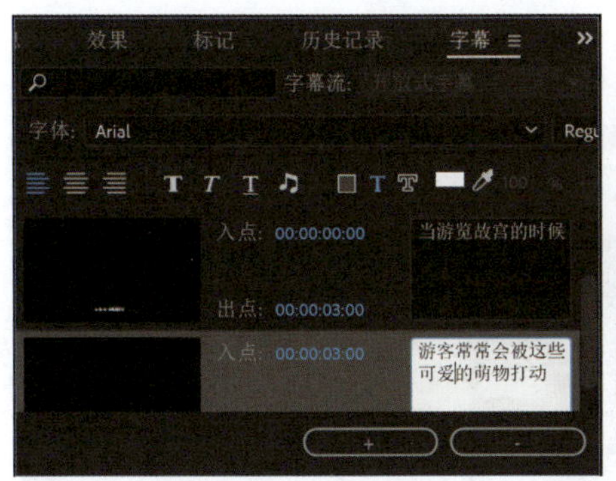

图 3-81　添加文本

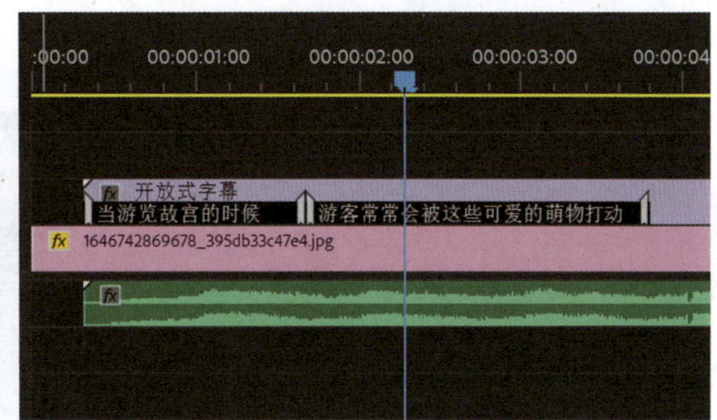

图 3-82　设置出入点

任务描述

在视频剪辑中，有很多“借”用其他非专用素材的情况，例如其他影片中的部分内容、截取画面、多种来源和不同格式的素材资料等，在使用过程中需要对来源的素材进行符合当前制作要求的修改校正。

一、通用倒计时片头

通用倒计时片头通常用于影片开始前的倒计时准备。Premiere Pro 为用户提供了现成的通用倒计时片头，用户可以非常便捷地创建一个标准的倒计时素材，并可以在 Premiere Pro 中随时对其进行修改，如图 3-83 所示。

图 3-83　通用倒计时片头

单击项目面板下方的“新建项”按钮，在弹出的菜单中选择“通用倒计时片头”命令，弹出“新建通用倒计时片头”对话框，如图 3-84 所示。设置完成后，单击“确定”按钮，弹出“通用倒计时设置”对话框，如图 3-85 所示。

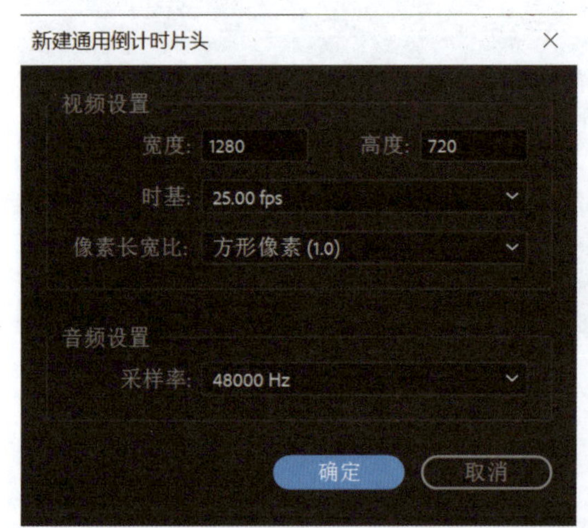

图 3-84　新建片头

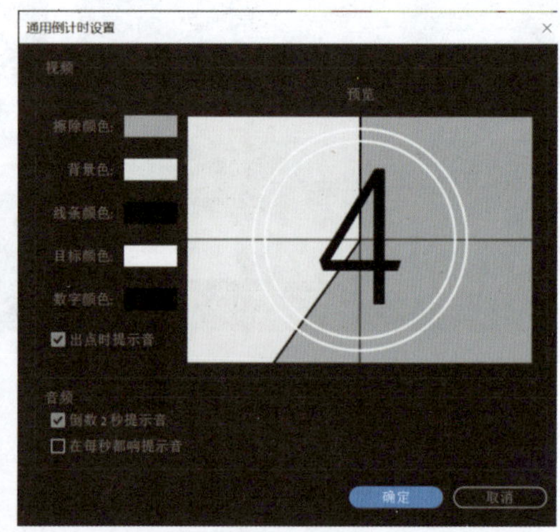

图 3-85　参数面板

设置完成后，单击“确定”按钮，Premiere Pro 自动将该倒计时片头加入“项目”面板中。

在项目面板或时间轴面板中双击倒计时素材，随时可以在弹出的“通用倒计时设置”对话框中进行修改。

二、彩条和黑场

1. 彩条

Premiere Pro 可以为影片在开始前加入一段彩条，如图 3-86 所示。

在项目面板下方单击“新建项”按钮，在弹出的菜单中选择“彩条”命令，即可创建彩条。

图 3-86　彩条

2. 黑场

Premiere Pro 可以在影片中创建一段黑场。在项目面板下方单击“新建项”按钮 ，在弹出的菜单中选择“黑场”命令，即可创建黑场。

三、彩色蒙版

Premiere Pro 还可以为影片创建一个彩色蒙版。用户可以将彩色蒙版当作背景，也可利用“不透明度”命令来设定与其相关的色彩的透明度。

【操作步骤】

步骤 1. 在项目面板下方单击“新建项”按钮 ，在弹出的菜单中选择“颜色遮罩”选项，弹出“新建颜色遮罩”对话框，如图 3-87 所示。进行参数设置后，单击“确定”按钮，弹出“拾色器”对话框，如图 3-88 所示。

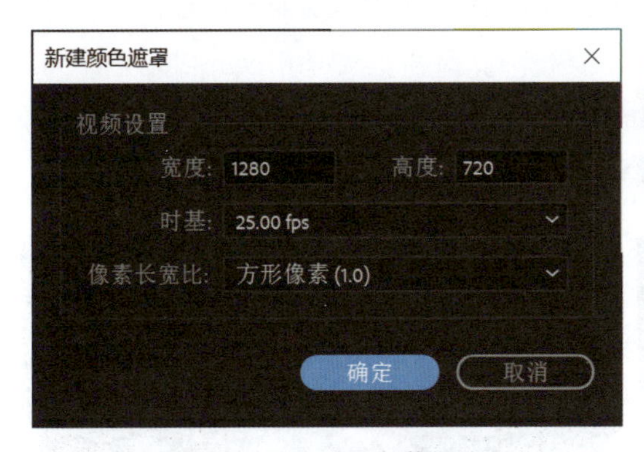

图 3-87　新建彩色蒙版

图 3-88　设置颜色

步骤 2. 在“拾色器”对话框中选中蒙版所要使用的颜色，单击“确定”按钮。

在项目面板或时间轴面板中双击彩色蒙版，随时可以在弹出的“拾色器”对话框中进行修改。

四、透明视频

在 Premier Pro 中，用户可以创建一个透明的视频层，它能够将特效应用到一系列的影片剪辑中而无须重复地复制和粘贴属性。只要将一个特效应用到透明视频轨道中，特效就会自动出现在其下的所有视频轨道中。

任务五 嵌套与多机位剪辑

任务描述

在 Premiere Pro 的一个项目文件中可以建立多个序列，而每个序列都可以是由多个素材组成的影片，多个序列即可以是多个影片。同时可以将一个序列作为影片素材放置在另一个序列的时间轴中，这样便称为嵌套操作。

多机位编辑则是部分利用序列嵌套的功能，将多个机位拍摄的场景素材嵌套在一个序列中，以一段素材同时处理多个机位镜头的方式进行镜头的挑选剪辑。序列嵌套的使用，为编辑制作中的规划、简化以及特殊效果的实现都带来了方便。

一、嵌套的使用

Premiere Pro 中的序列之间可以建立嵌套的关系，即可以将一个包括多个素材的序列当作一段视频素材，将其放置到另一个序列时间轴的轨道中，与其他素材一样进行剪辑、添加过渡、应用效果、设置变速等操作。

打开“素材文件 \ 模块三 \ 嵌套与多机位剪辑 \ 嵌套与多机位操作 .prproj”项目中“平板一个”序列的时间轴，其中有一个平板的图像素材和一个添加渐变的遮罩，如图 3-89 所示。

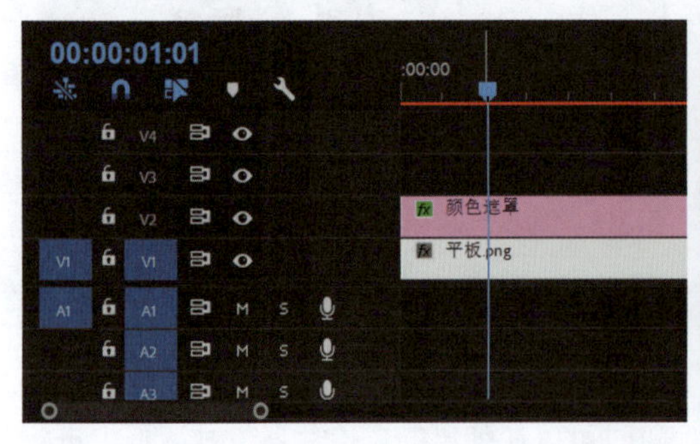

图 3-89 打开素材

再打开“平板四个”项目，其中有一个背景和四个“平板一个”序列，即后一序列嵌套了前一序列，如图 3-90 所示。

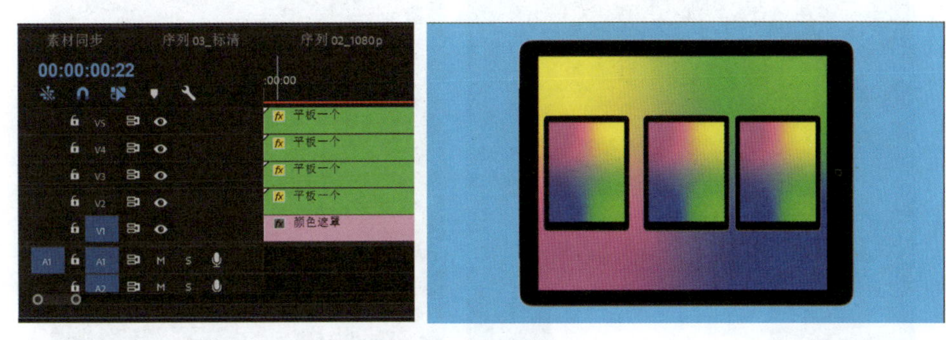

图 3-90　序列嵌套

这个嵌套只是一层简单的嵌套关系，在 Premiere Pro 中还可以进行多层嵌套，同时嵌套又具有层级关系，此外后一序列嵌套了前一序列，前一序列就不能再嵌套后一序列。

二、创建多机位源序列

Premiere Pro 允许用户使用来自不同角度的多个摄像机素材创建能够即时编辑的序列，也可使用特定场景的不同素材创建源序列。使用“创建多机位源序列”对话框，可以将具有相同入点、出点或重叠时间码的素材组合到多机位序列中。

1. 在项目面板中创建多机位源序列

新建一个项目，导入“素材文件 \ 模块三 \ 嵌套与多机位剪辑 \”中的“马车 01.mov”“马车 02.mov”“马车 03.mov”“马车 04.mov”“马车 05.mov”。之后点击项目面板下的，新建素材箱，命名为“素材箱 01”，将导入的马车视频拖入素材箱中。在“素材箱 01”上单击鼠标右键，在弹出菜单中选择“创建多机位源序列”，打开其设置对话框，其中可以设置名称、同步点等。这里将名称自定义为“马车多机位”，单击“确定”按钮，将生成“马车多机位”序列，并将使用的素材放置到“处理的剪辑”中，如图 3-91 所示。

2. 多机位源序列的打开方式

在创建多机位源序列之后，可以在按住【Ctrl】键的同时双击时间轴上的“马车多机位”，打开其序列时间轴，如图 3-92 所示。

三、多机位剪辑操作

创建多机位源序列之后，就可以在其基础上进行多机位的剪辑操作了。在进行多机位剪辑之前，首先要对多机位源序列中的各段素材进行同步。在创建多机位源序列时以所选择的同步点为入点。通常多机位的各段原始素材需要利用进行拍摄的时间码或手动添加的标记点来进行同步，这里用手动添加标记点的方法模拟 4 个机位的镜头同步。

图 3-91 生成多机位序列

图 3-92 打开序列时间轴

【操作步骤】

步骤 1. 打开“素材文件 \ 模块三 \ 嵌套与多机位剪辑 \ 嵌套与多机位操作 .prproj”，在项目面板中双击多机位序列“马车多机位”。确认素材标记点在最右侧的 V4 轨道为目标轨道，同时选中这 4 段素材，在其上单击鼠标右键，在弹出的菜单中选择“同步”，然后选择“剪辑标记”，单击“确定”按钮，将这 4 段素材按标记点对齐同步，如图 3-93 所示。

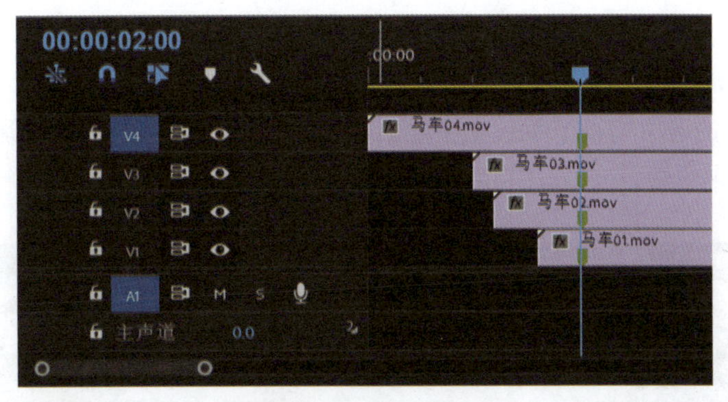

图 3-93　对齐标记点

步骤 2. 从项目面板中将“马车多机位”拖至下部的“新建项”按钮上释放，建立新序列，并重新命名序列为“马车多机位剪辑”。

步骤 3. 在打开的“马车多机位剪辑”时间轴轨道中，默认启用了“马车多机位”的多机位编辑，在节目面板中单击右下角的“按钮编辑器”，在弹出的面板中将“切换多机位视图”按钮拖拽到下方蓝框内，并点击确定，如图 3-94 所示。点击“切换多机位视图”按钮，显示多机位视图，如图 3-95 所示。

图 3-94　切换多机位视图

图 3-95　显示多机位视图

步骤 4. 这样，在播放的同时单击左侧某个机位的画面，就可以即时切换对应机位的镜头，同时在时间轴中产生对应的剪辑点，显示对应的机位，如图 3-96 所示。

在实时播放的同时切换多机位镜头之后，可以使用滚动编辑工具对剪辑点进行微调，消除实时切换时的误差。

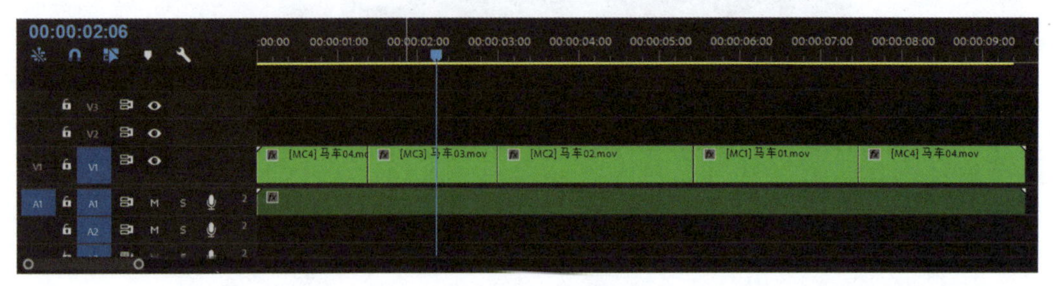

图 3-96　显示对应机位

【课后拓展实训】嵌套动画制作

1. 实训目的

能够根据实例的素材，制作在一个屏幕中有多个手机的动画效果，并在手机屏幕中也放置画面内容。

2. 实训内容

本例使用多个图像素材和一段音频素材，制作在平板电脑中包含手机、手机中又包含平板电脑的动画效果。要求使用嵌套功能来进行制作，使这几种动画元素之间本来复杂的动画关系在分开的每个序列中变得简单、清晰。部分效果如图 3-97 所示。

图 3-97　嵌套动画效果

拓展阅读

剪辑影像必备技能

1. 剪辑师应具备的能力

剪辑师应具备在有限的素材中找出最好的表情和动作的能力、剪辑素材并发现它们与下一画面连接的时机与方式的能力、运用影像和选择音乐的能力、制造旋律和情节的创造能力。

剪辑者还要赋予由连续的静止画面所组成的电影以跳动感，给影像注入生命。

剪辑者会自然而然地在众多的镜头中找出最棒的表情，找出哪一点是剪切点，这就是剪辑的旋律感。与此同时作品的全貌也会在许许多多的摄影素材中慢慢呈现出来。透过素材，剪辑师应能看到作品应有的面貌。

2. 寻找剪切点的方法

应该在哪些地方进行剪切和连接呢？寻找剪切点无疑是剪辑师的重要工作之一。其中画面的顶点应引起格外的重视。所谓画面的顶点，是指画面是动作、表情的转折点，比方人物手臂完全伸展时，点头打招呼后低头动作结束时，球体上升即将下落时，收回笑容的瞬间等。

影像是一连串静止画面的连续，因为前面的胶片在人眼中会形成残留的影像，所以胶片上的画面看起来才是动态的。因此，越是激烈的运动，在画面的顶点或者在动作开始的前一刻进行剪切，越会在后面的胶片上产生强烈的残留影像的效果，给观众留下深刻的印象。

笔记

笔记

视频特效与后期合成

Premiere Pro 效果的应用

【模块导读】

本模块详细介绍技巧转场特效的制作方法以及如何在视频、图片、文字、音频上添加特效。通过学习，读者可以快速了解并掌握特效制作的精髓，自由地制作出丰富多彩的效果。

【知识目标】

掌握视频转场特效的制作方法

了解特效的应用

掌握调色的基本流程和创意调色方法

掌握音频特效的制作方法

【能力目标】

能为视频添加转场特效

能应用特效对视频进行调整

能制作创意色彩

能为音频添加特效

任务一 制作转场效果

任务描述

在短视频剪辑中，两段视频之间的转换称为转场。转场可分为技巧转场和无技巧转场两种。技巧转场是在两段视频素材之间添加某种转场特效，使视频素材之间的转场更具创意性。无技巧转场是用镜头的自然过渡来连接上下两个镜头的内容，主要用于蒙太奇镜头之间的转换。

一、穿梭转场

穿梭转场效果具有时空过渡的空间感，可以使镜头之间的切换逐渐递进，整体效果逻辑感较强。

【操作步骤】

步骤 1. 打开“素材文件 \ 模块四 \ 穿梭转场 \ 穿梭转场 .prproj”项目文件，在时间轴面板的 V3、V2 和 V1 轨道上分别添加第 1 段、第 2 段和第 3 段视频素材，并使相邻视频素材的尾部和头部重叠一部分。选中第 1 段视频素材，在其尾部添加“交叉缩放”过渡效果，如图 4-1 所示。

步骤 2. 在效果控件面板中启用“不透明度”效果中的“不透明度”动画，添加两个关键帧，设置“不透明度”参数分别为 100.0%、0.0%，如图 4-2 所示。

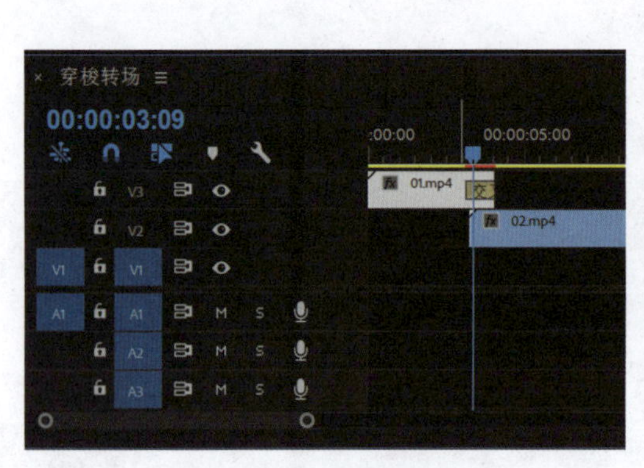

图 4-1　添加交叉缩放

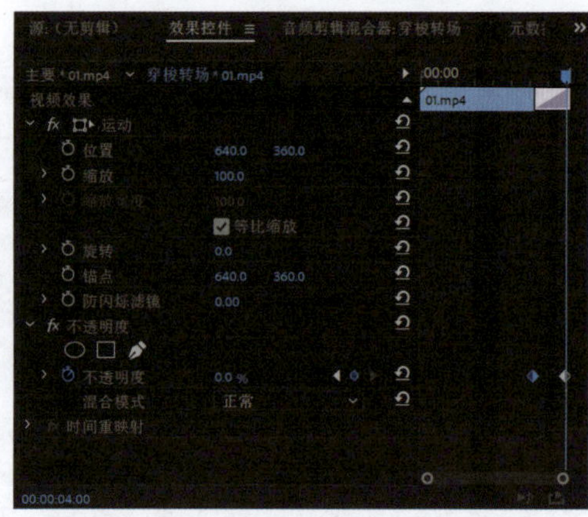

图 4-2　设置不透明度关键帧

步骤 3. 在“项目”面板中创建调整图层，然后将调整图层添加到 V4 轨道上，并修剪调整图层，如图 4-3 所示。

步骤 4. 调整图层添加“残影”效果，在效果控件面板中设置“残影”效果参数，如图 4-4 所示。

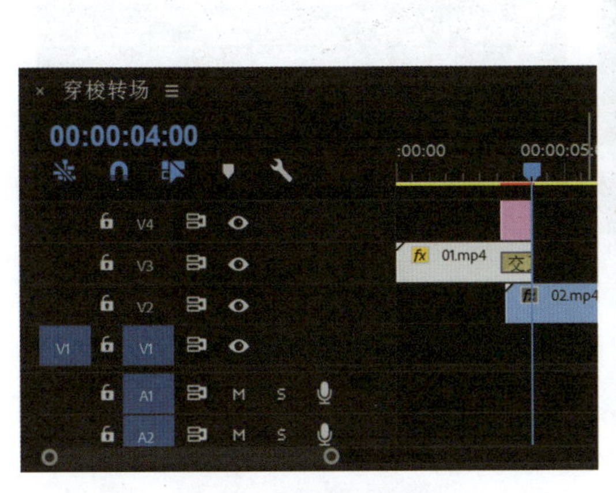

图 4-3　添加调整图层

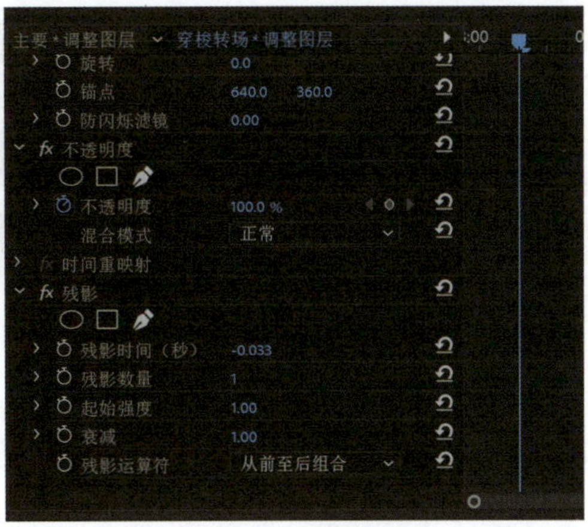

图 4-4　添加残影

步骤 5. 在时间轴面板中添加自备的背景音乐和转场音效素材，如图 4-5 所示。

步骤 6. 采用同样的方法，在第 2 段和第 3 段之间制作穿梭转场效果。此时，即可在节目面板中预览穿梭转场效果，如图 4-6 所示。

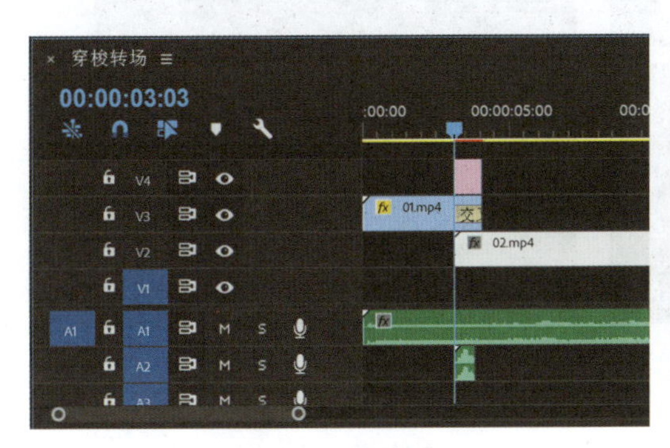

图 4-5　添加音频

图 4-6　预览效果

二、渐变擦除转场

渐变擦除转场是以画面的明暗作为渐变的依据，在两个镜头之间实现画面从亮部到暗部或从暗部到亮部的渐变过渡。

【操作步骤】

步骤 1. 打开“素材文件 \ 模块四 \ 渐变擦除转场 \ 渐变擦除转场 .prproj”项目文件，将视频素材分别添加到 V5、V4、V3、V2 和 V1 轨道上，使相邻的视频素材之间有重叠部分，如图 4-7 所示。

步骤 2. 分别对视频素材尾部的重叠部分进行裁剪，选中 V5 轨道上重叠部分的视频素材，如图 4-8 所示。

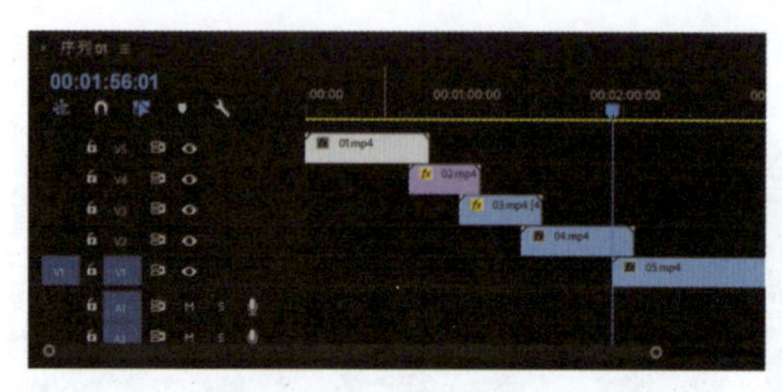

图 4-7　添加素材

图 4-8　重叠裁剪

步骤 3. 在效果面板中搜索“渐变擦除”，然后双击“渐变擦除”效果，将该效果添加到所选视频素材中，如图 4-9 所示。

步骤 4. 在效果控件面板中启用“渐变擦除”效果中的“过渡完成”动画，添加两个关键帧，设置“过渡完成”参数分别为 0%、100%，设置“过渡柔和度”参数为 30%，如图 4-10 所示。选中“反转渐变”复选框，即可实现画面亮部和暗部的反向渐变效果。

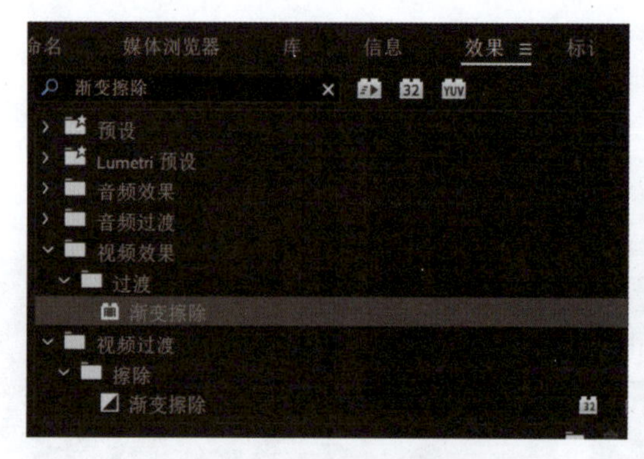

图 4-9　添加渐变擦除

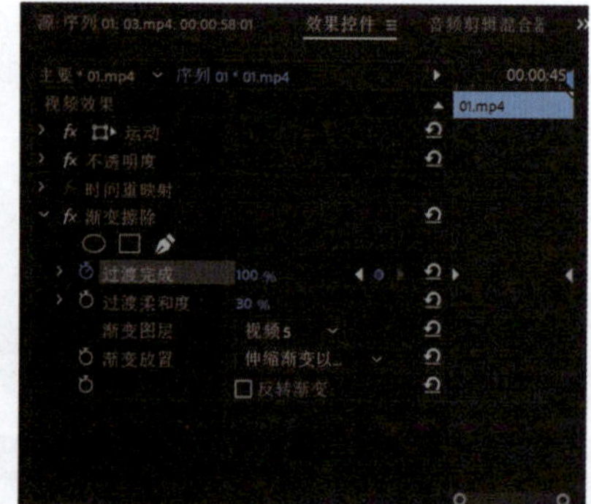

图 4-10　设置参数

步骤 5. 设置完成后，将“渐变擦除”效果复制到其他重叠的视频素材上。此时，即可在节目面板中预览渐变擦除转场效果，如图 4-11 所示。

图 4-11　最终效果

三、折叠转场

折叠转场是在两个镜头进行切换时形成折叠翻页的过渡画面，常用于视频花絮部分。

【操作步骤】

步骤 1. 打开“素材文件 \ 模块四 \ 折叠转场 \ 折叠转场 .prproj”项目文件，在时间轴面板中添加视频素材，如图 4-12 所示。

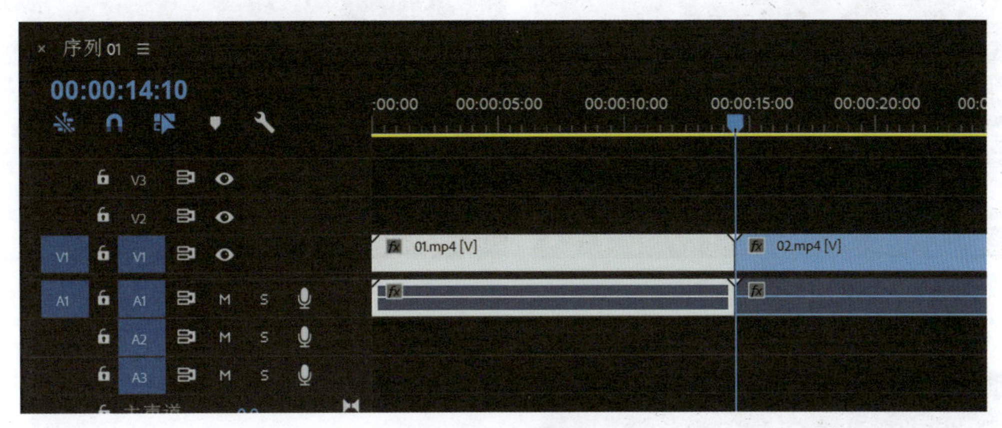

图 4-12　添加素材

步骤 2. 在时间轴面板中将时间指针定位到两个视频素材之间，然后按 6 次【Shift+ ←】组合键后退 30 帧，按【Ctrl+K】组合键裁剪第 1 段视频素材，如图 4-13 所示。

步骤 3. 选中裁剪的视频素材，按【Alt+ ↑】组合键将其移至 V2 轨道，如图 4-14 所示。

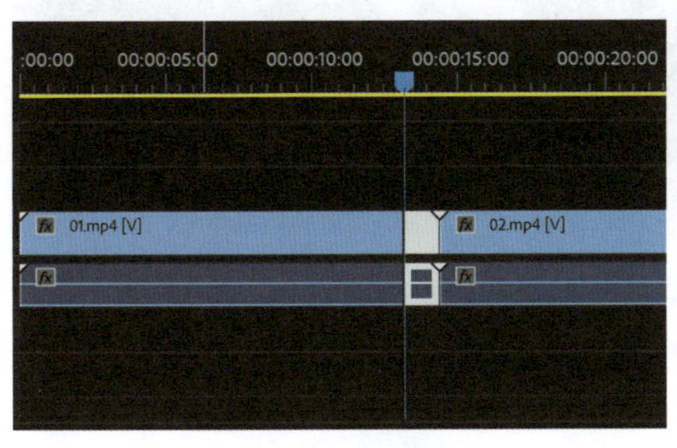

图 4-13　裁剪素材

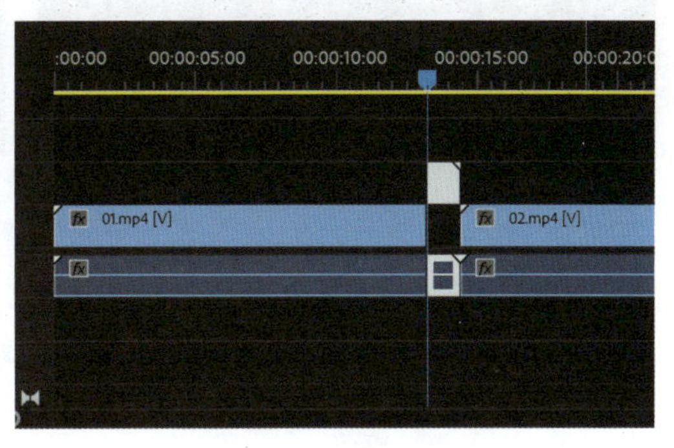

图 4-14　调整轨道

步骤 4. 为所选的视频素材添加“变换”效果，在效果控件面板中设置“锚点”选项中 x 坐标参数为 0.0，如图 4-15 所示。

步骤 5. 在节目面板中可以看到锚点的位置移到了最左侧，如图 4-16 所示。

步骤 6. 在效果控件面板中设置“位置”选项中 x 坐标参数为 0.0，如图 4-17 所示。

步骤 7. 在节目面板中可以看到画面恢复到了原来位置，如图 4-18 所示。

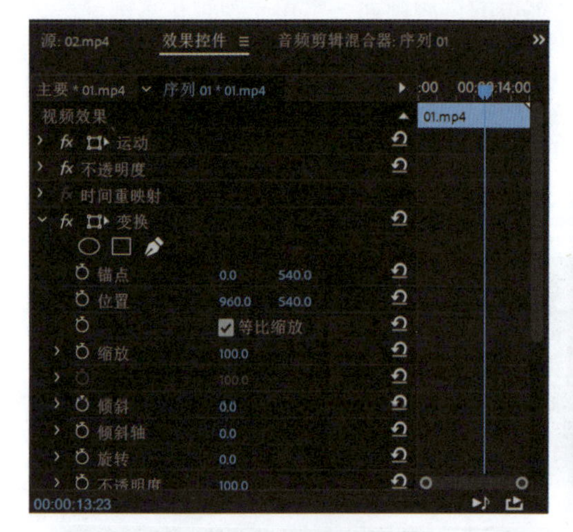

图 4-15　添加变换　　　图 4-16　观察锚点

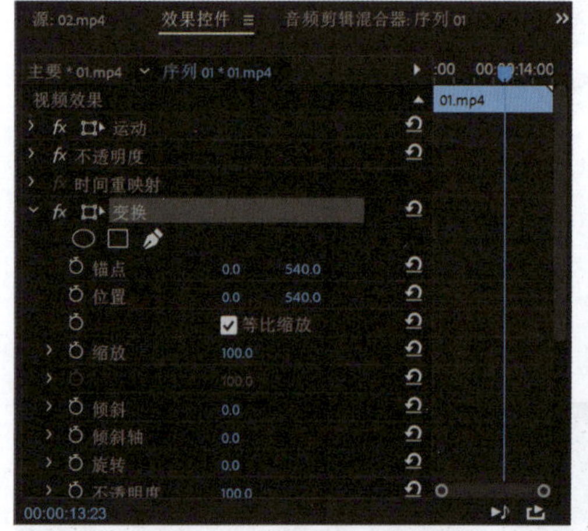

图 4-17　设置位置参数　　　图 4-18　节目面板画面

步骤 8. 在时间轴面板中删除视频素材之间的间隙，将时间指针定位到 V2 轨道上视频素材的最右侧，选中 V1 轨道上的第 2 段视频素材，如图 4-19 所示。

步骤 9. 为所选视频素材添加“变换”效果，在效果控件面板中设置“锚点”X 坐标参数为 1920.0，“位置”X 坐标参数为 1920.0，如图 4-20 所示。

步骤 10. 在节目面板中可以看到视频中的锚点移到了最右侧，如图 4-21 所示。

步骤 11. 选中 V2 轨道上的视频素材，在效果控件面板中取消选中“变换”效果中的“等比缩放”复选框，然后启用“缩放宽度”动画，添加两个关键帧，分别设置“缩放宽度”参数为 100.0、0.0，如图 4-22 所示。

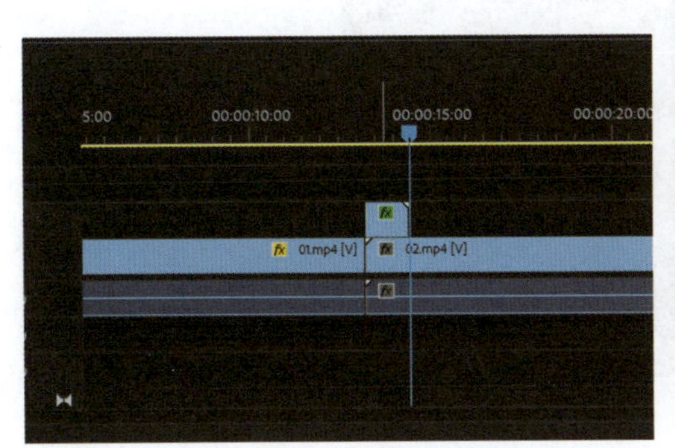

图 4-19 定位时间指针

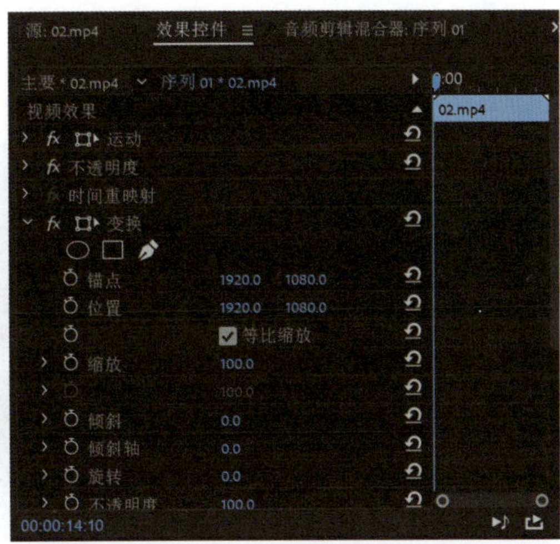

图 4-20 设置位置参数

图 4-21 观察锚点

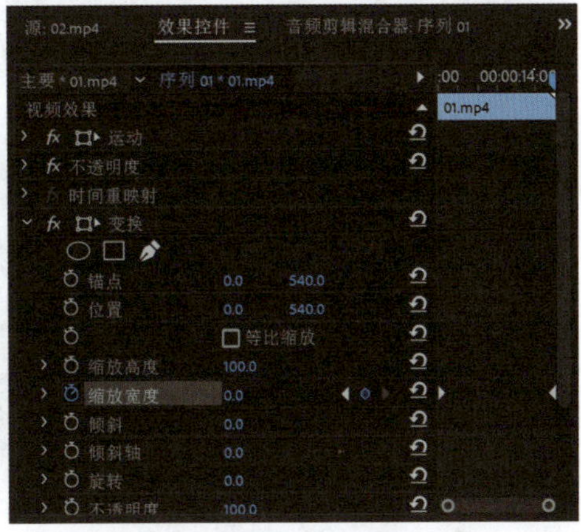

图 4-22 设置变换参数

步骤 12. 在时间轴面板中选中 V1 轨道上的第 2 段视频素材，在效果控件面板中取消选中“变换”效果中的“等比缩放”复选框，然后启用“缩放宽度”动画，添加两个关键帧，分别设置“缩放宽度”参数为 0.0、100.0，如图 4-23 所示。

步骤 13. 在节目面板中预览折叠转场效果，如图 4-24 所示。

步骤 14. 在效果控件面板中向左拖动第 2 个关键帧，调整其位置，使视频转场之间没有黑色的缝隙，然后取消选中“使用合成的快门角度”复选框，设置“快门角度”为 360.00，增加画面的动态模糊，如图 4-25 所示。

步骤 15. 采用同样的方法，设置 V2 轨道上视频素材的“快门角度”参数，在节目板中预览折叠转场效果，如图 4-26 所示。

步骤 16. 在时间轴面板中选中 V2 轨道上的视频素材，在效果控件面板中调整“缩放宽度”关键帧贝塞尔曲线，如图 4-27 所示。

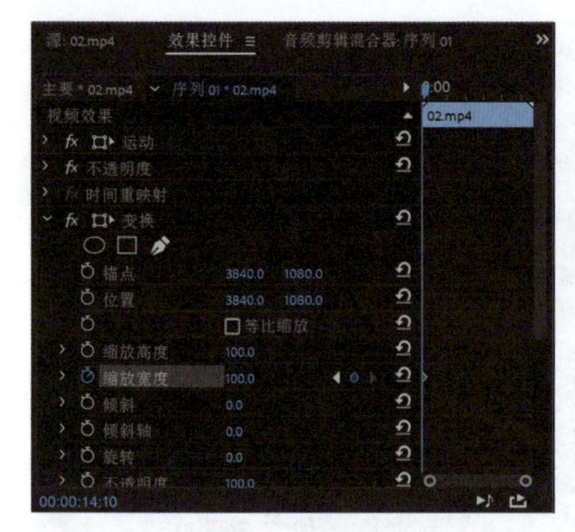

图 4-23　调整参数

图 4-24　预览效果

图 4-25　设置动态模糊　　图 4-26　效果预览

步骤 17. 在时间轴面板中选中 V1 轨道上第 2 段视频素材，在效果控件面板中调整“缩放宽度”关键帧贝塞尔曲线，使其形成一个向上凸的形状，如图 4-28 所示。

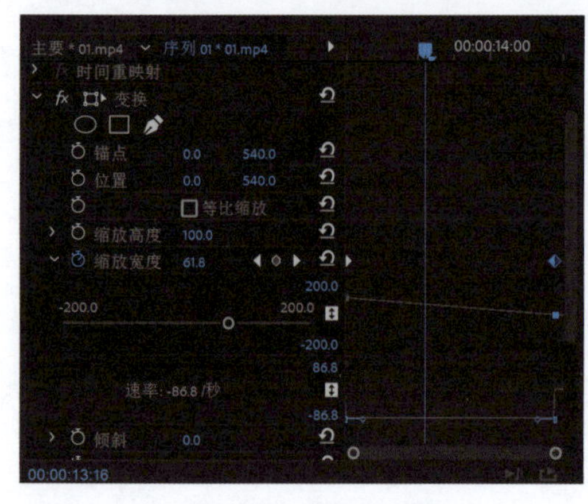

图 4-27　调整 V2 曲线

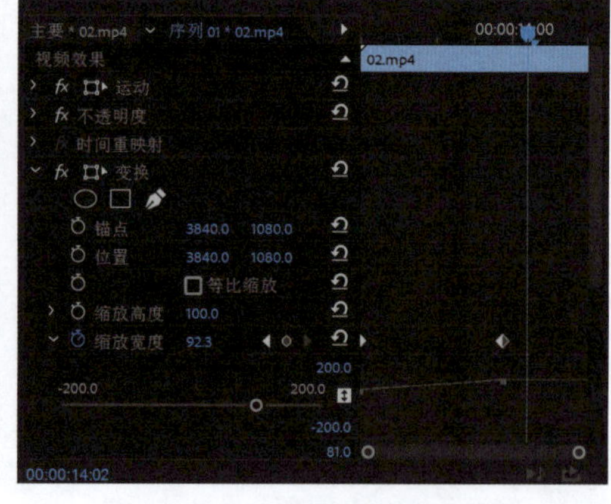

图 4-28　调整 V1 曲线

步骤 18. 在时间轴面板中添加背景音乐和转场音效，对 V1 轨道上的第 2 段视频素材进行裁剪，然后选中设置了转场效果的两段视频素材，如图 4-29 所示。

步骤 19. 按【Ctrl+R】组合键打开“剪辑速度 / 持续时间”对话框，设置“速度”为 150%，并选中“波纹编辑，移动尾部剪辑”复选框，然后单击“确定”按钮，即可调整转场速度，如图 4-30 所示。

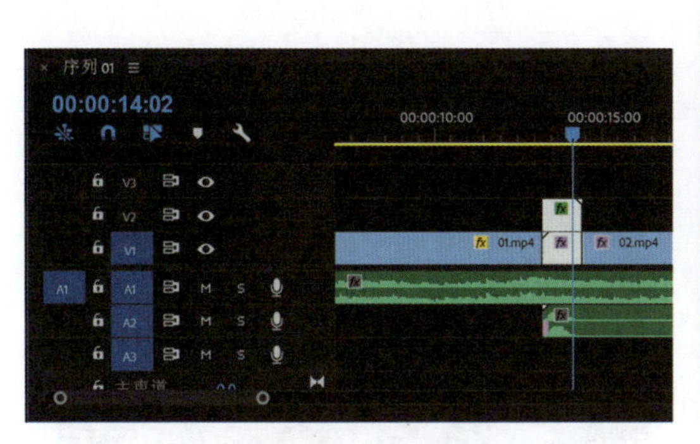

图 4-29　添加音效

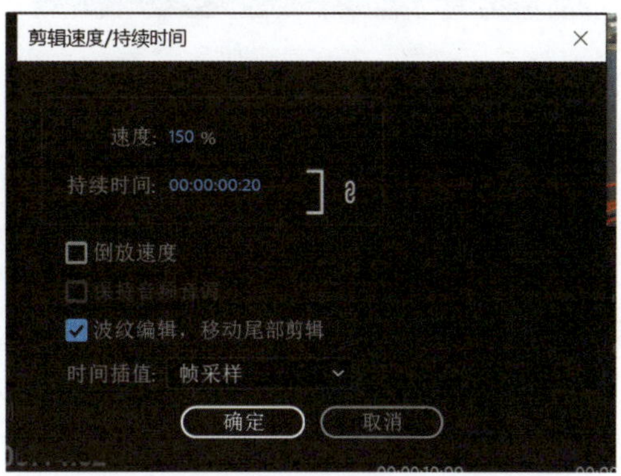

图 4-30　调整转场速度

四、水墨转场

水墨转场是通过水墨晕染的形式进行镜头之间的切换，颇具艺术效果。

【操作步骤】

步骤 1. 打开“素材文件 \ 模块四 \ 水墨转场 \ 水墨转场 .prproj”项目文件，将“花 1”视频素材拖至 V2 轨道，将“花 2”视频素材拖至 V1 轨道，使两段视频素材在转场的位置有重叠部分。然后将时间指针定位到 V1 轨道视频素材的开始位置，如图 4-31 所示。

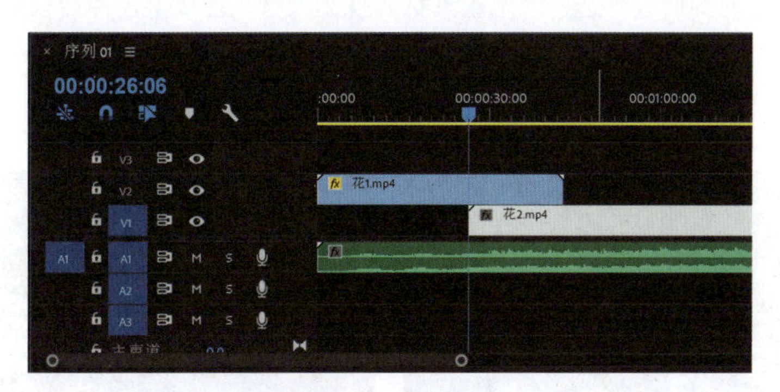

图 4-31　添加素材

步骤 2. 选中 V2 轨道上的视频素材，按【Ctrl+K】组合键裁剪视频素材，如图 4-32 所示。

步骤 3. 导入“水墨转场”视频，在“项目”面板中双击“水墨素材”视频素材，在“源”面板中标记入点和出点，选择要使用的部分，如图 4-33 所示。

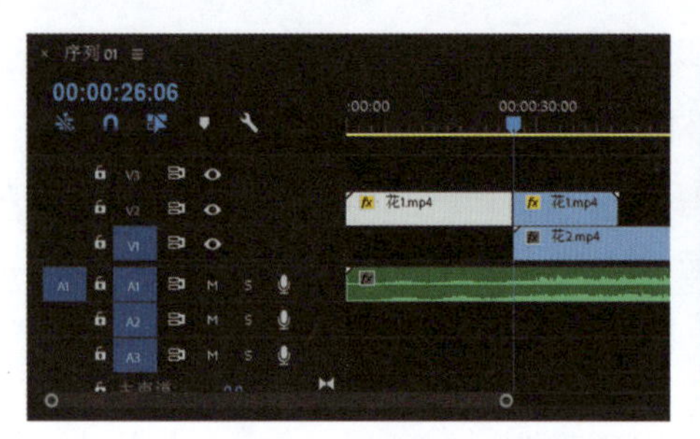

图 4-32　裁剪视频

图 4-33　标记出入点

步骤 4. 将“水墨素材”视频素材添加到 V3 轨道上，然后选中 V2 轨道右侧的视频素材，如图 4-34 所示。

步骤 5. 在效果面板中搜索“轨道”，双击“轨道遮罩键”效果，将其添加到所选视频素材上，如图 4-35 所示。

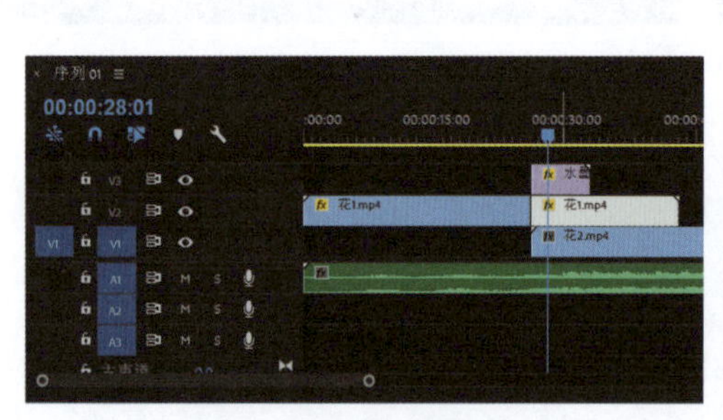

图 4-34　选中素材

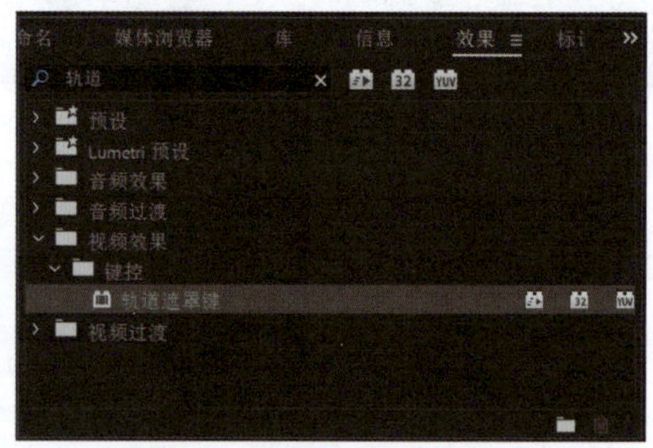

图 4-35　添加轨道遮罩键

步骤 6. 在效果控件面板中设置“轨道遮罩键”效果中的“遮罩”为“视频 3”（即 V3 轨道上的“水墨素材”视频素材），设置“合成方式”为“亮度遮罩”，如图 4-36 所示。

步骤 7. 在时间轴面板中选中“水墨素材”视频素材，在效果控件面板中启用“不透明度”效果中的“不透明度”动画，然后在右侧添加两个关键帧，设置“不透明度”参数分别为 100.0%、0.0%，如图 4-37 所示。

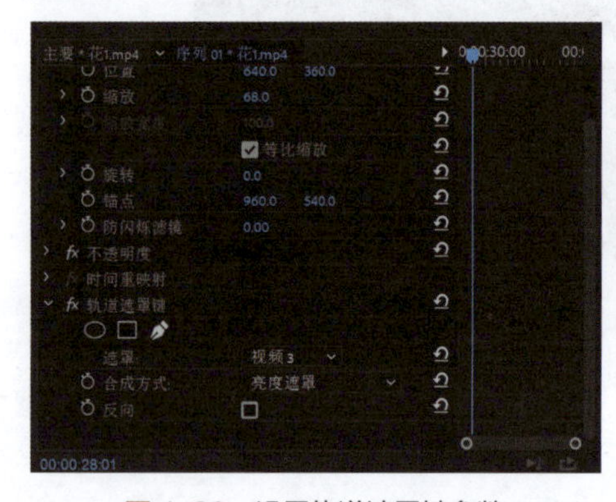

图 4-36　设置轨道遮罩键参数

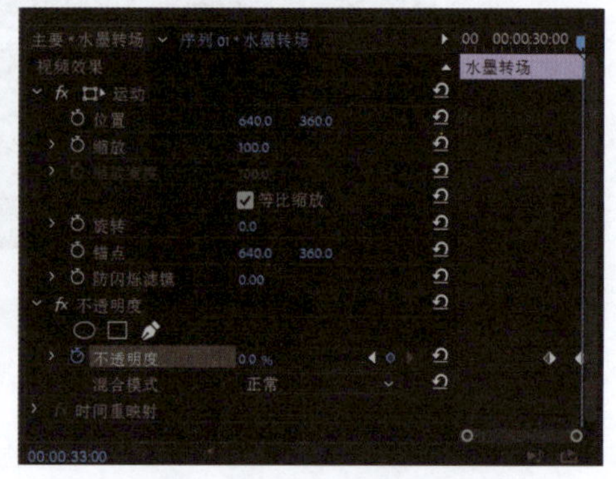

图 4-37　设置不透明度关键帧

步骤 8. 此时，即可在节目面板中预览水墨转场效果，如图 4-38 所示。

图 4-38　效果预览

任务二　视频效果的使用

任务描述

Premiere Pro 中的特效可以应用在视频图片和文字上。通过学习读者可以快速了解并掌握特效制作的精髓，自由地创作出丰富多彩的视觉效果。在本任务中，读者将学习电子相册的制作方法、如何制作颜色频闪效果及使用“键控”效果抠像的方法。

一、制作电子相册

使用“导入”命令导入素材文件，使用效果控件面板中的“缩放”选项调整图像大小，使用“高斯模糊”特效和“方向模糊”特效制作素材文件的模糊效果，使用效果控件面板制作动画。

【操作步骤】

步骤 1. 选择“文件→新建项目”命令弹出新建项目对话框，如图 4-39 所示，单击“确定”按钮，新建项目。选择“文件→新建→序列”命令，弹出新建序列对话框，选择“设置”选项进行设置，相关设置如图 4-40 所示，单击“确定”按钮，新建序列。

步骤 2. 选择“文件→导入”命令，弹出导入对话框，选中“素材文件 \ 模块四 \ 电子相册”中的“01”～“03”文件，单击“打开”按钮，将素材文件导入项目面板中，如图 4-41 所示。

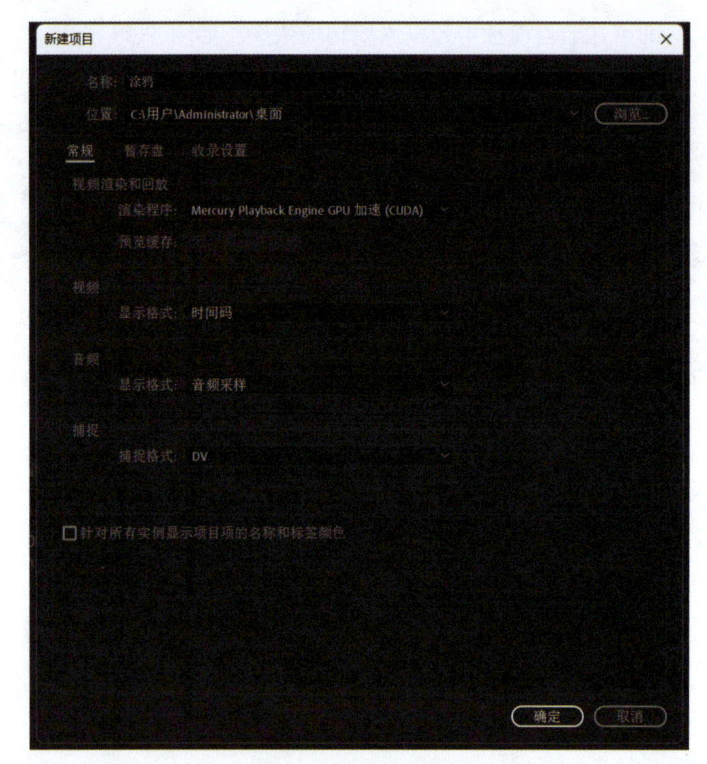

图 4-39　新建项目

图 4-40　新建序列

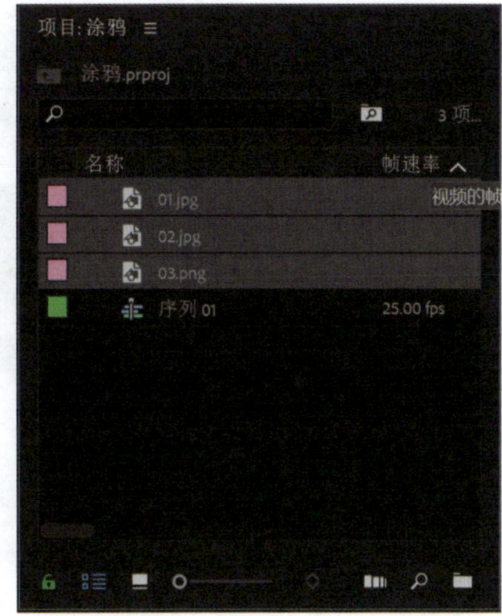

图 4-41　导入文件

步骤 3. 在项目面板中，按住【Shift】键选中“01”和“02”文件并将其拖到时间轴面板中的 V1 轨道，弹出“剪辑不匹配警告”对话框，单击“保持现有设置”按钮，在保持现有序列设置的情况下将文件放置在“V1”轨道中，如图 4-42 所示。选中时间轴面板中的“01”文件。选择效果控件面板，展开“运动”栏，将“缩放”选项设置为 40.0，如图 4-43 所示。使用相同的方法调整“02”文件的缩放效果。

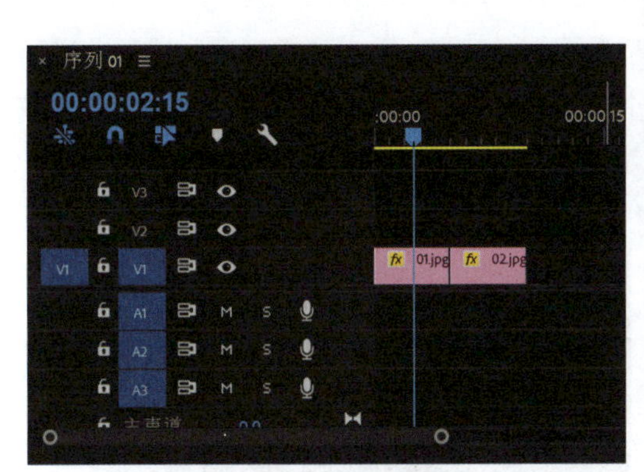

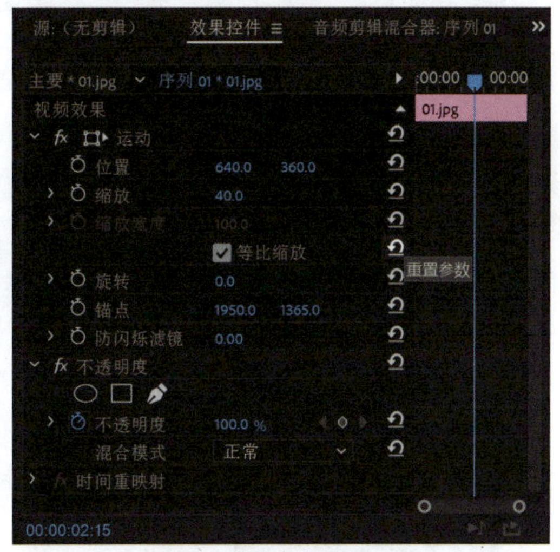

图 4-42　放置素材　　　　图 4-43　调整缩放

步骤 4. 将时间指针放置在“02”素材中间的位置。在项目面板中选中“03”文件并将其拖拽到时间轴面板中的 V2 轨道，如图 4-44 所示。将鼠标指针放置在“03”文件的结束位置并单击，显示编辑点，向左拖拽鼠标指针到“02”文件的结束位置，如图 4-45 所示。

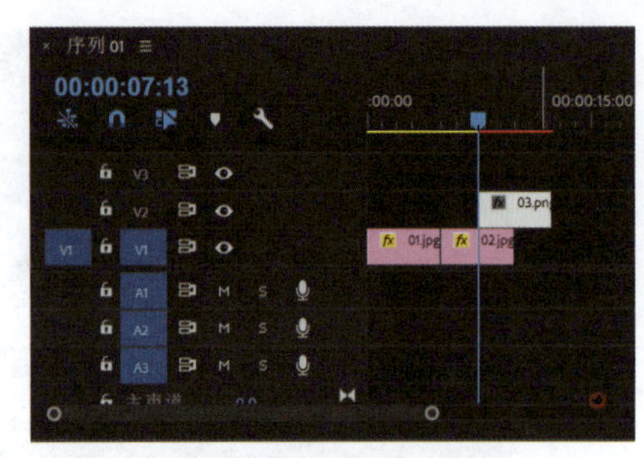

图 4-44 放置“03”

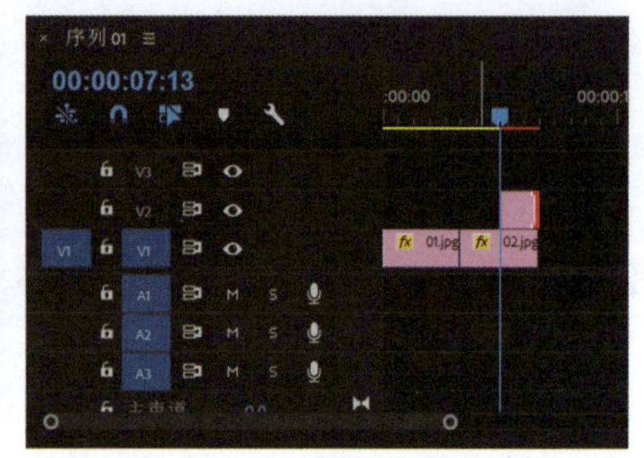

图 4-45 调整素材长度

步骤 5. 选择效果面板，展开“视频效果”栏，单击“模糊与锐化”文件夹前面的三角形按钮将其展开，选中“高斯模糊”特效，如图 4-46 所示。将“高斯模糊”特效拖拽到时间轴面板中 V1 轨道的“01”文件上，如图 4-47 所示。

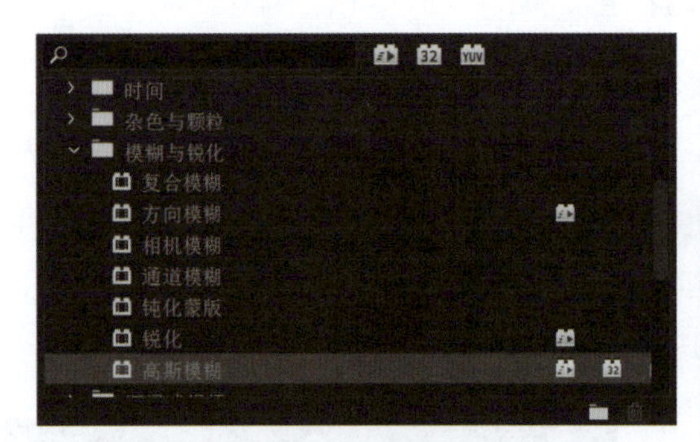

图 4-46 选择高斯模糊

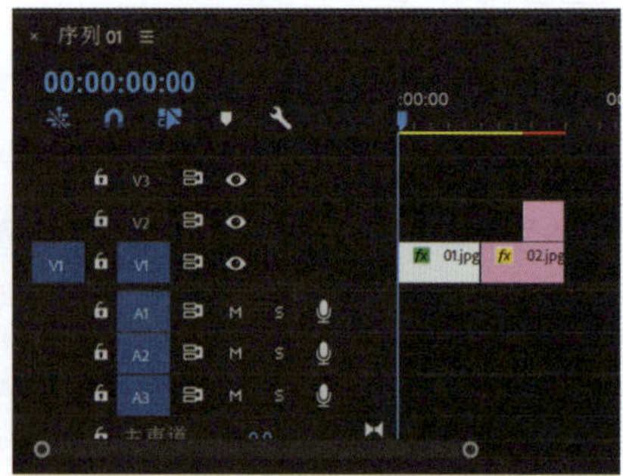

图 4-47 添加特效

步骤 6. 选中时间轴面板中的“01”文件。将时间指针放置在 0s 的位置，选择效果控件面板，展开“高斯模糊”栏，将“模糊度”选项设置为 200.0，单击“模糊度”选项左侧的“切换动画”按钮，如图 4-48 所示，记录第 1 个动画关键帧。将时间指针向后移动，将“模糊度”选项设置为 0.0，如图 4-49 所示，记录第 2 个动画关键帧。

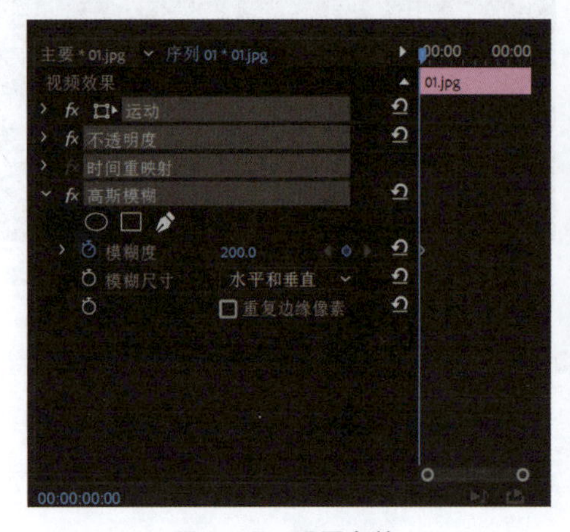

图 4-48 设置参数

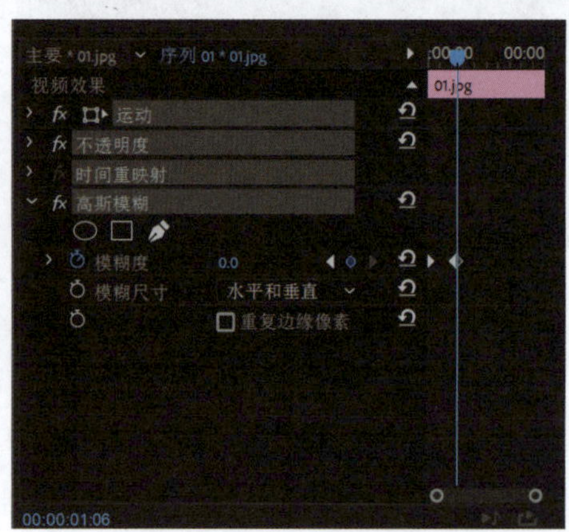

图 4-49 设置关键帧

步骤 7. 选择效果面板，展开“视频效果”栏，单击“模糊与锐化”文件夹前面的三角形按钮将其展开，选中“方向模糊”特效，如图 4-50 所示。将“方向模糊”特效拖拽到时间轴面板中 V1 轨道的“02”文件上，如图 4-51 所示。

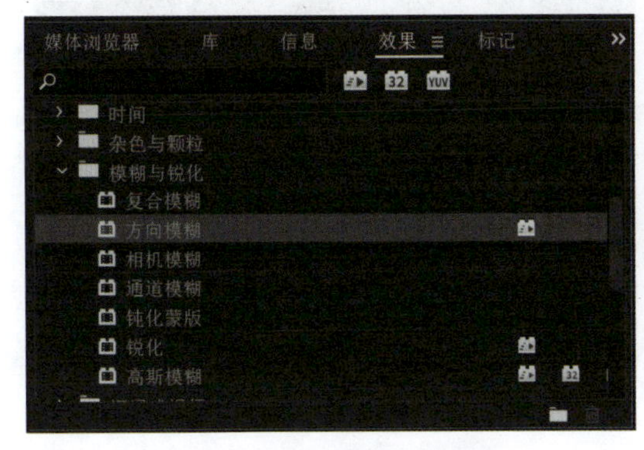

图 4-50　选择方向模糊

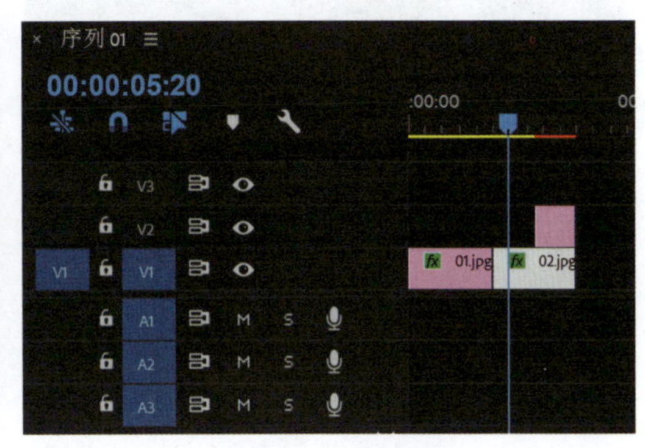

图 4-51　添加特效

步骤 8. 选中时间轴面板中的“02”文件。将时间指针放置在“02”素材开始的位置，选择效果控件面板，展开“方向模糊”栏，将“方向”选项设置为 0.0°，“模糊长度”选项设置为 200.0，单击“方向”和“模糊长度”选项左侧的“切换动画”按钮，如图 4-52 所示，记录第 1 个动画关键帧。向后移动时间指针，将“方向”选项设置为 30.0°，“模糊长度”选项设置为 0.0，如图 4-53 所示，记录第 2 个动画关键帧。

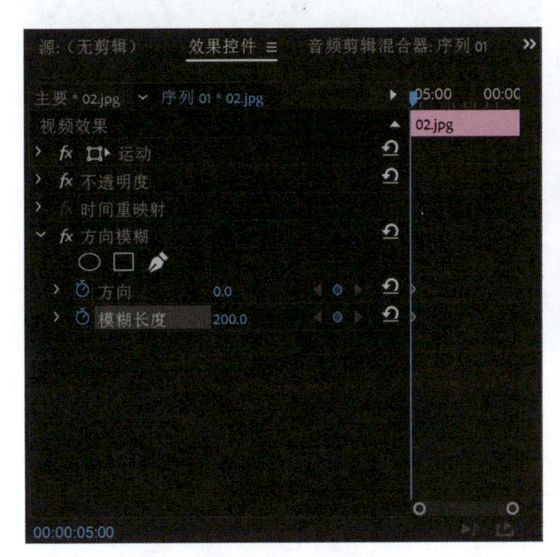

图 4-52　设置参数

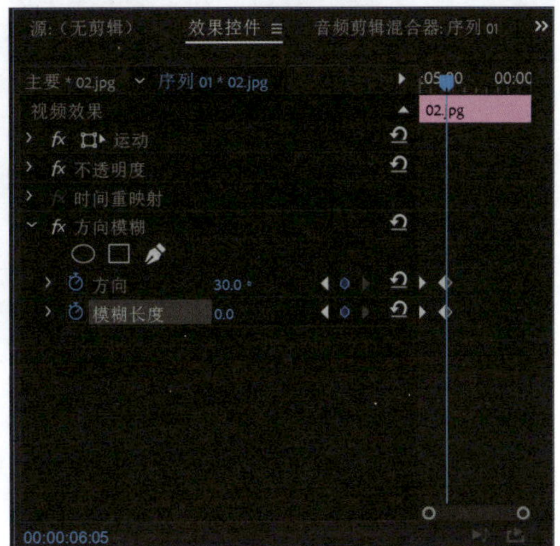

图 4-53　添加关键帧

步骤 9. 将时间指针放置在 V2 轨道上素材前端的位置，选中时间轴面板中的“03”文件，如图 4-54 所示。选择效果控件面板，展开“运动”栏，将“缩放”选项设置为 10.0，如图 4-55 所示。

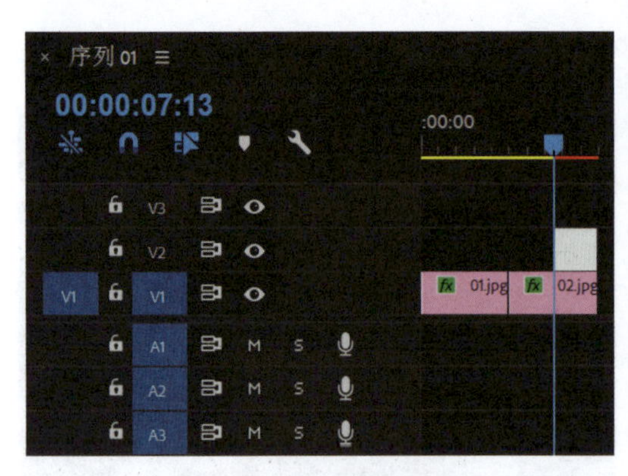

图 4-54　选中素材

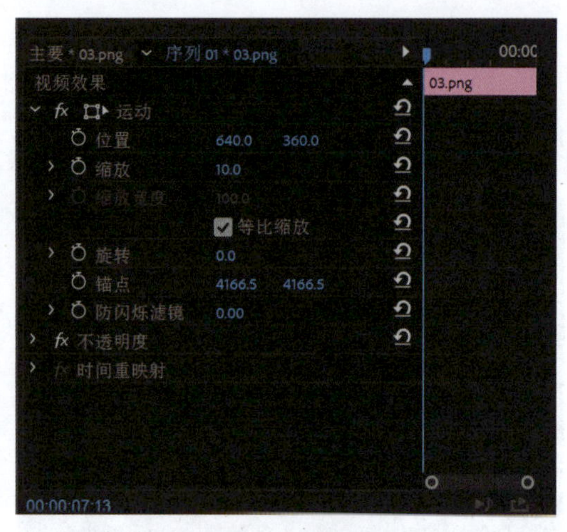

图 4-55　调整缩放

步骤 10. 选择效果控件面板，展开“不透明度”栏，将“不透明度”选项设置为 0.0%，如图 4-56 所示，记录第 1 个动画关键帧。将时间指针向后移动，将“不透明度”选项设置为 100.0%，如图 4-57 所示，记录第 2 个动画关键帧。至此，涂鸦女孩电子相册制作完成。

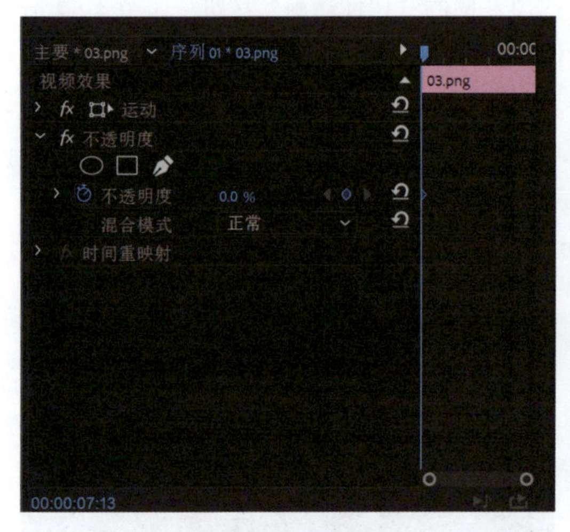

图 4-56　设置参数

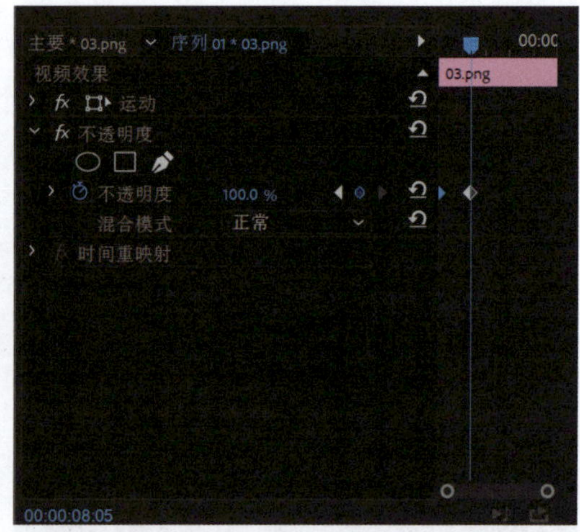

图 4-57　添加关键帧

二、制作颜色频闪效果

在短视频剪辑过程中，除了配合背景音乐制作视频踩点效果外，有时还需要配合音乐中一些节奏鲜明的鼓点添加画面震动的视频效果。在画面弹出震动效果的基础上设置颜色分离，可以达到增强情绪的目的。

【操作步骤】

步骤 1. 打开“素材文件 \ 模块四 \ 颜色频闪 \ 颜色频闪 .prproj”项目文件，将视频素材和音频素材拖入时间轴面板中，并进行视频剪辑，如图 4-58 所示。

步骤 2. 在节目面板中预览视频，将播放头拖至要发生画面震动的位置，如图 4-59 所示。

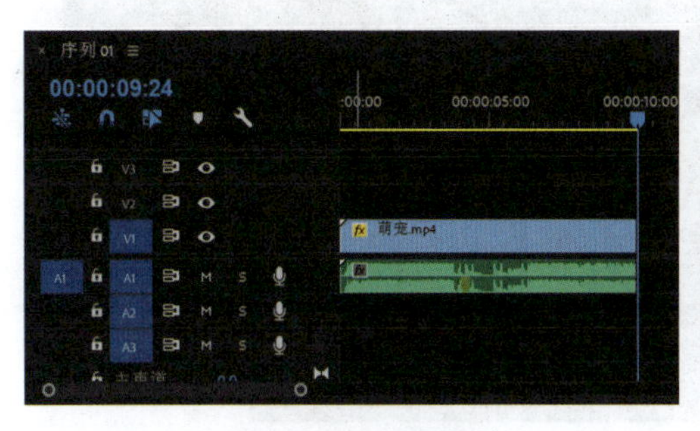

图 4-58　打开素材

图 4-59　调整播放头位置

步骤 3. 在项目面板中单击“新建项”按钮，选择“调整图层”选项，如图 4-60 所示。

步骤 4. 将调整图层拖至时间轴面板中，将其放置到要发生画面震动的位置，并修剪调整图层长度为 20 帧，如图 4-61 所示。

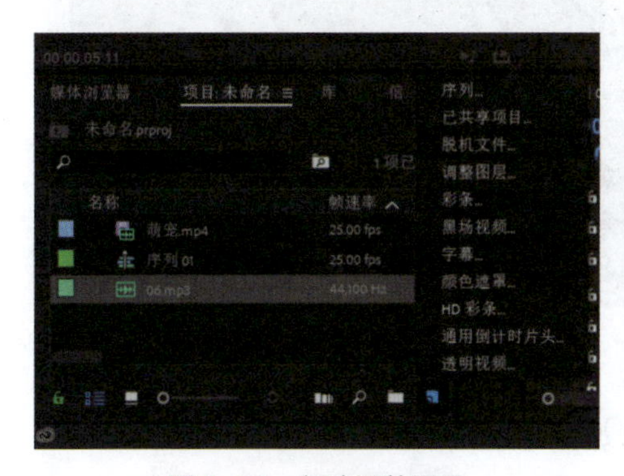

图 4-60　新建调整图层

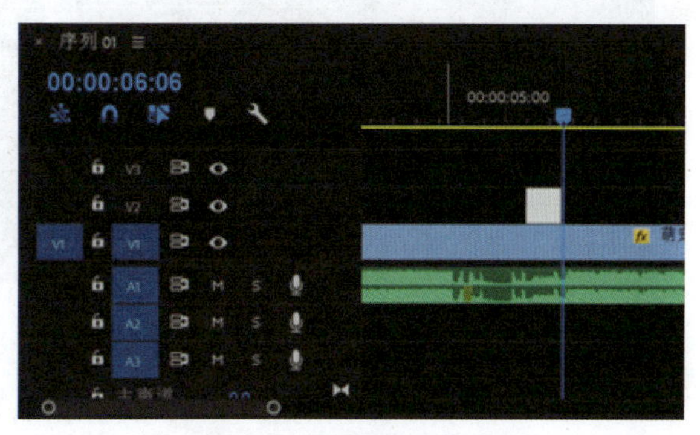

图 4-61　修剪图层长度

步骤 5. 为调整图层添加“变换”效果，在效果控件面板中启用“变换”效果中的“缩放”动画，添加 3 个关键帧，设置“缩放”参数分别为 100.0、110.0、100.0，如图 4-62 所示。

步骤 6. 选中 3 个关键帧，然后用鼠标右键单击所选的关键帧，在弹出的快捷菜单中选择“自动贝塞尔曲线”命令，如图 4-63 所示。

步骤 7. 在时间轴面板中按住【Alt】键的同时向上拖动调整图层，将其复制到 V3 轨道上，如图 4-64 所示。

步骤 8. 选中 V3 轨道中的调整图层，在效果控件面板中修改“缩放”的第 2 个关键帧参数为 120.0。启用“不透明度”效果中的“不透明度”动画，添加 3 个关键帧，设置“不透明度”参数分别为 0.0%、50.0%、0.0%，“混合模式”为“滤色”，如图 4-65 所示。

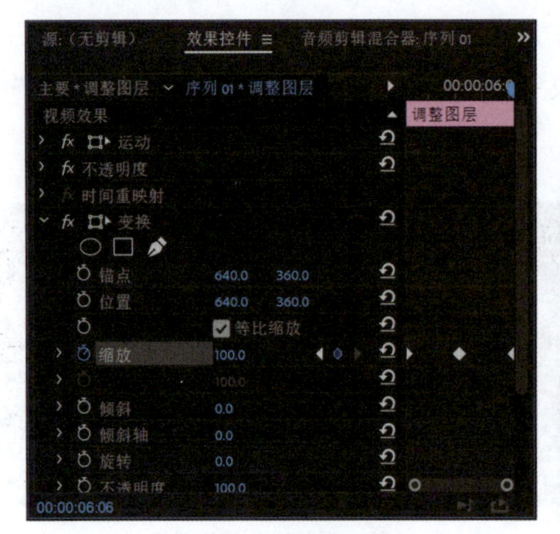

图 4-62 设置缩放参数

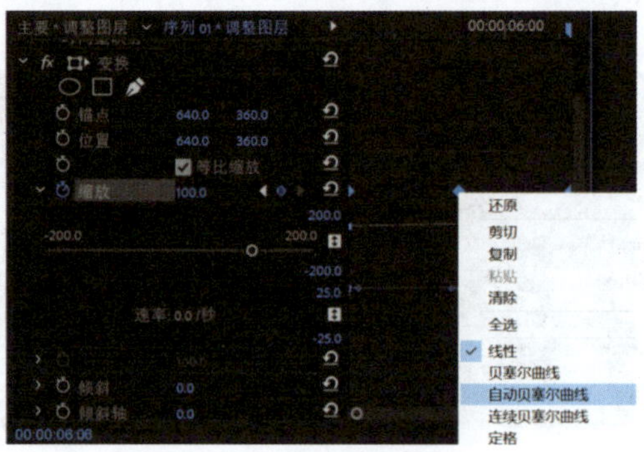

图 4-63 自动贝塞尔曲线

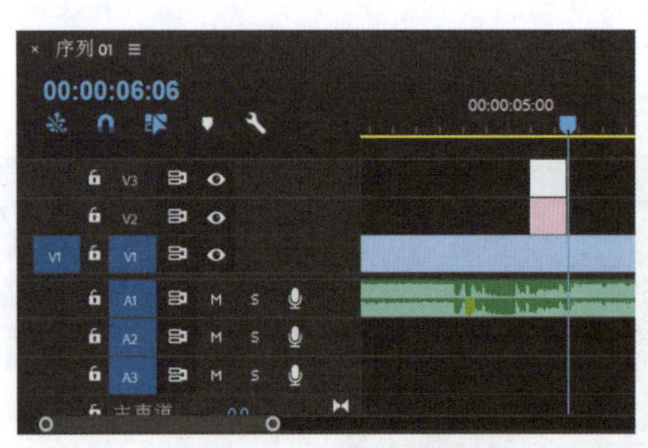

图 4-64 复制调整图层

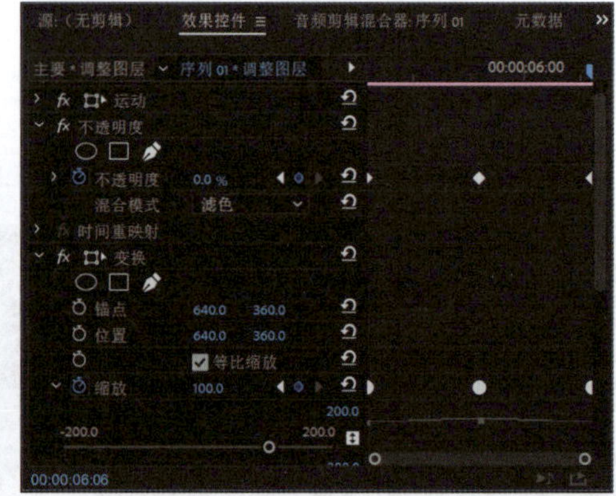

图 4-65 修改参数

步骤 9. 在节目面板中预览视频画面震动效果，如图 4-66 所示。

步骤 10. 在进行画面震动时，除了设置“缩放”参数外，还可以根据需要设置“位置”参数，使画面在震动时发生一些位移，如图 4-67 所示。

图 4-66 效果预览

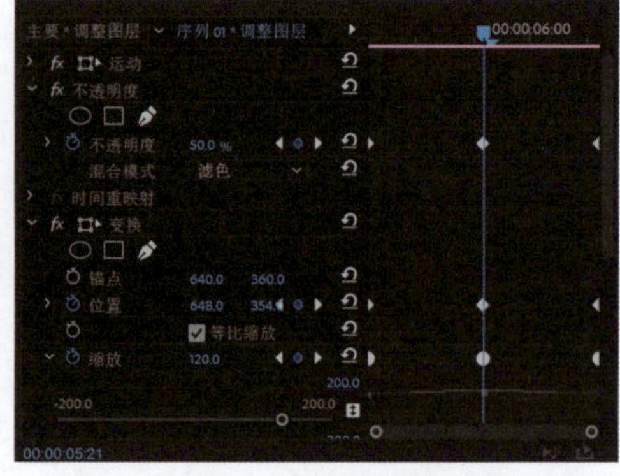

图 4-67 设置位置参数

步骤 11. 在时间轴面板中将前面制作好的两个调整图层向右复制一份，并将 V3 轨道上的调整图层向 V4 轨道复制一份，如图 4-68 所示。

步骤 12. 选中 V4 轨道上的调整图层，在效果控件面板中设置“变换”效果下“缩放”的第 2 个关键帧“缩放”参数为 130.0，如图 4-69 所示。

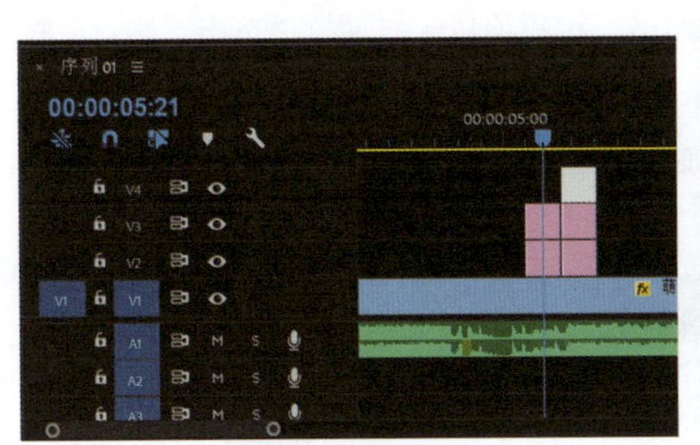

图 4-68　复制调整图层

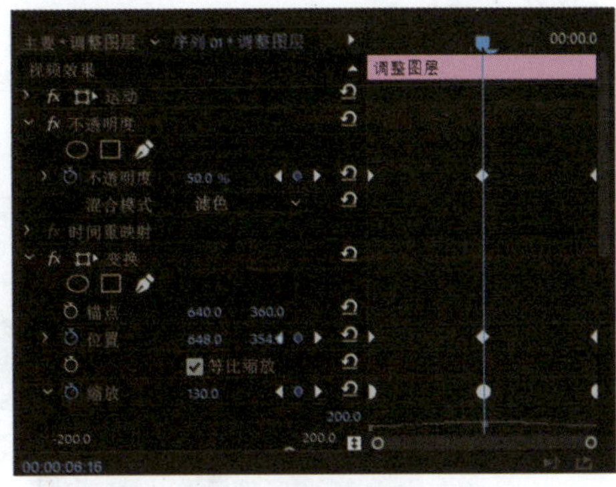

图 4-69　调整关键帧参数

步骤 13. 为 3 个调整图层分别添加“颜色平衡（RGB）”效果，效果参数设置分别如图 4-70 所示。

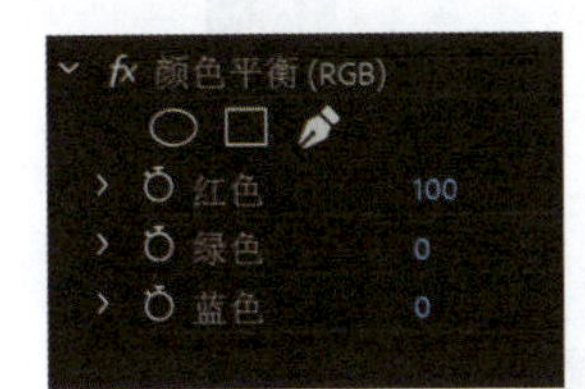

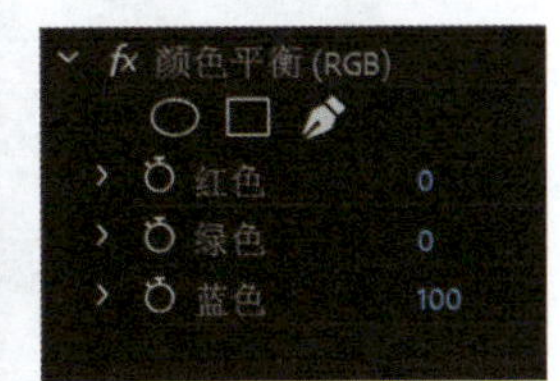

图 4-70　添加“颜色平衡（RGB）”效果

步骤 14. 选中 V2 轨道中的调整图层，在效果控件面板的“不透明度”效果中设置“混合模式”为“滤色”，并编辑“不透明度”动画，如图 4-71 所示。

步骤 15. 在节目面板中预览颜色偏移震动效果，如图 4-72 所示。

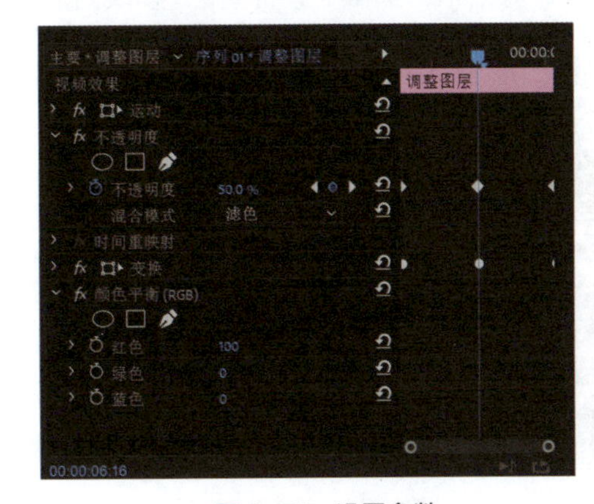

图 4-71　设置参数

图 4-72　效果预览

三、键控特效应用

使用“导入”命令导入视频文件，使用“颜色键”特效抠出折纸图像，使用效果控件面板制作文字动画。

【操作步骤】

步骤 1. 选择“文件→新建→项目”命令弹出“新建项目”对话框，单击“确定”按钮，新建项目。选择“文件→新建→序列”命令，弹出“新建序列”对话框，单击“设置”选项进行设置，相关设置如图 4-73 所示，单击“确定”按钮，新建序列。

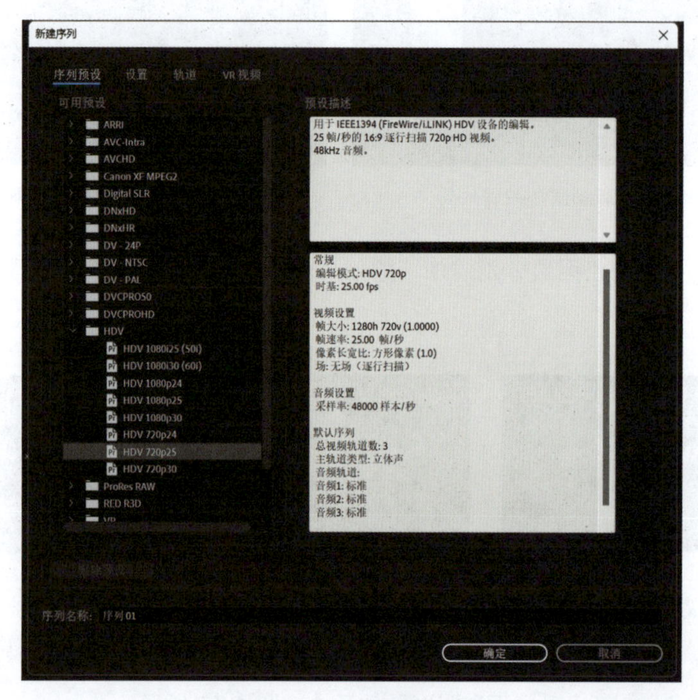

图 4-73　新建序列

步骤 2. 选择“文件→导入”命令，弹出“导入”对话框，选中“素材文件 \ 模块四 \ 键控特效 \”中的“01”～“03”文件，单击“打开”按钮，将素材文件导入项目面板中，如图 4-74 所示。

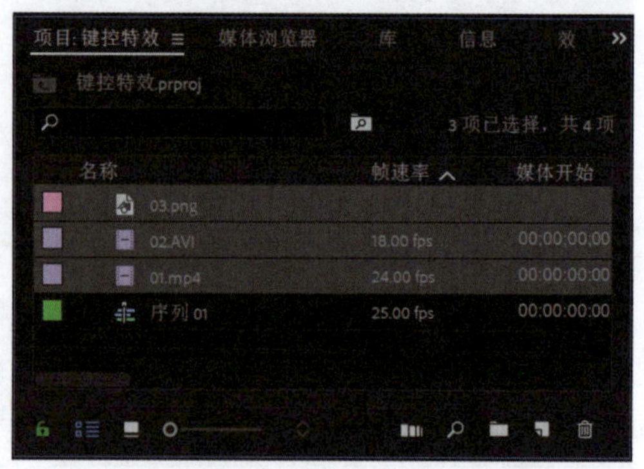

图 4-74　导入素材

步骤 3. 在项目面板中，选中“01”文件并将其拖拽到时间轴面板中的 V1 轨道，弹出“剪辑不匹配警告”对话框，单击“保持现有设置”按钮，在保持现有序列设置的情况下将“01”文件放置在 V1 轨道中，重复上述步骤，使时间加长，如图 4-75 所示。选中时间轴面板中的“01”文件。选择效果控件面板，展开“运动”栏，将“缩放”选项设置为70.0，如图4-76所示。

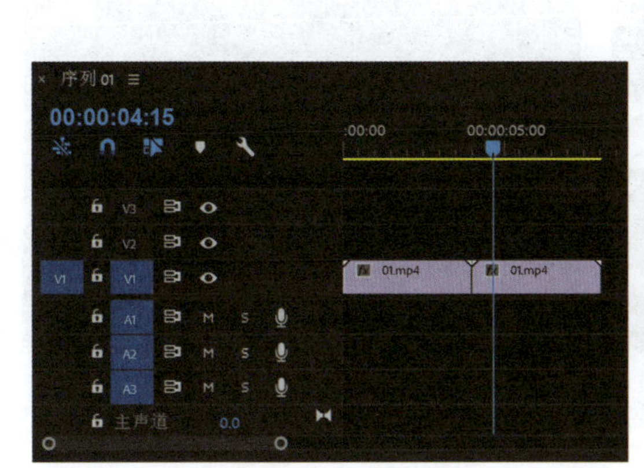

图4-75　添加素材

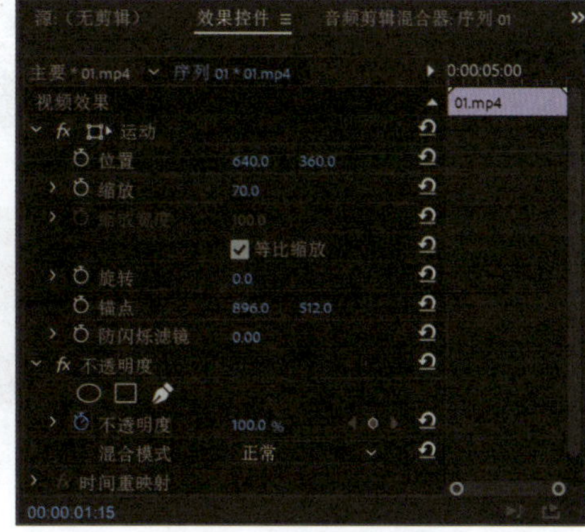

图4-76　设置缩放参数

步骤4. 在项目面板中，选中“02”文件并将其拖拽到时间轴面板中的V2轨道，选择“比率拉伸工具” 压缩素材时长，使素材持续时间与V1轨道时间相同，如图4-77所示。选择效果面板，展开“视频效果”栏，单击“键控”文件夹前面的三角形按钮将其展开，选中“颜色键”特效，如图4-78所示。

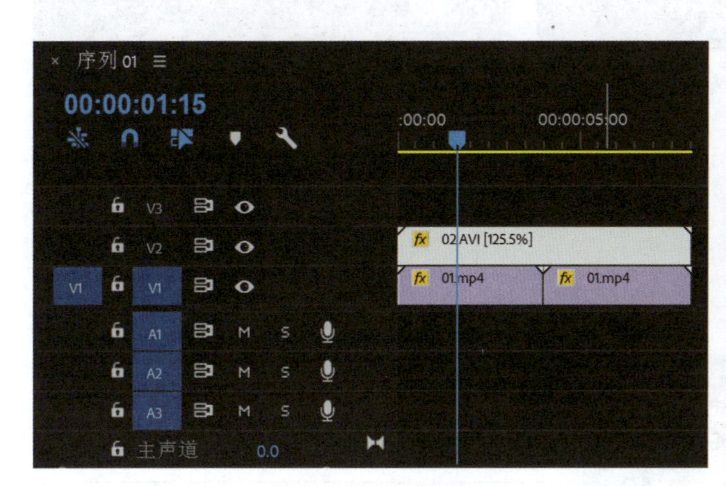

图4-77　压缩时长

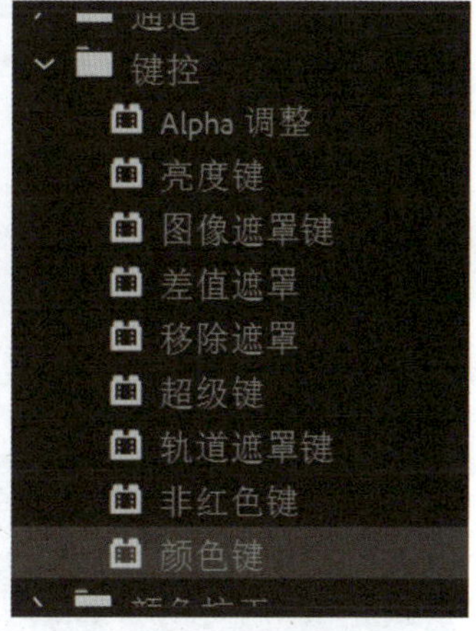

图4-78　选中特效

步骤5. 将“颜色键”特效拖拽到时间轴面板中V2轨道的“02”文件上，如图4-79所示。选择效果控件面板，展开“颜色键”栏，将“主要颜色”选项设置为蓝色（RGB值分别为4、1、167），“颜色容差”选项设置为32，“边缘细化”选项设置为3，如图4-80所示。

步骤6. 在项目面板中，选中“03”文件并将其拖拽到时间轴面板中的V3轨道，如图4-81所示。将鼠标指针放置在“03”文件的结束位置并单击，显示编辑点，将素材结尾用鼠标指针向右拖拽到“02”文件的结束位置，如图4-82所示。

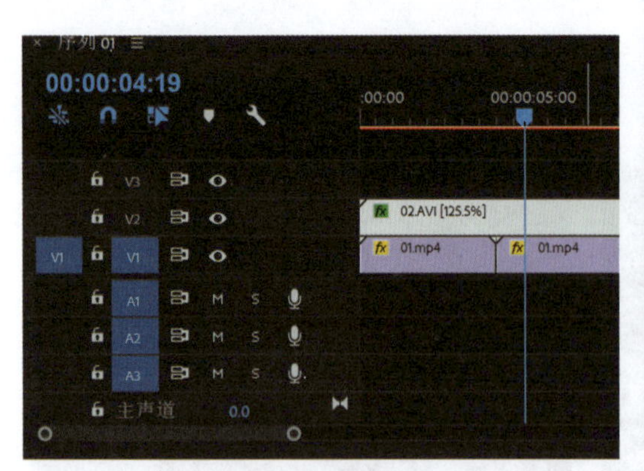

图 4-79　添加特效

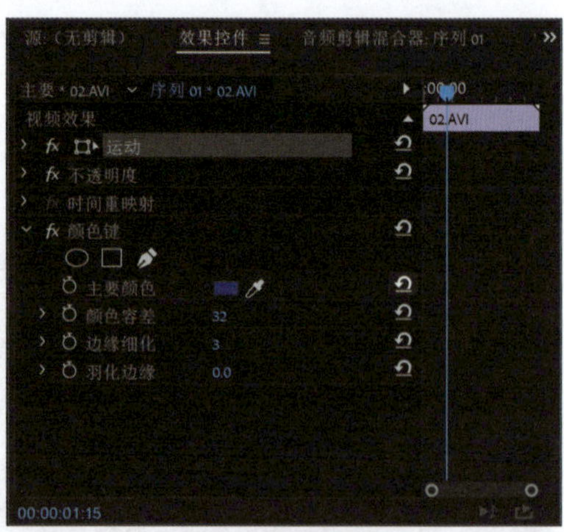

图 4-80　设置参数

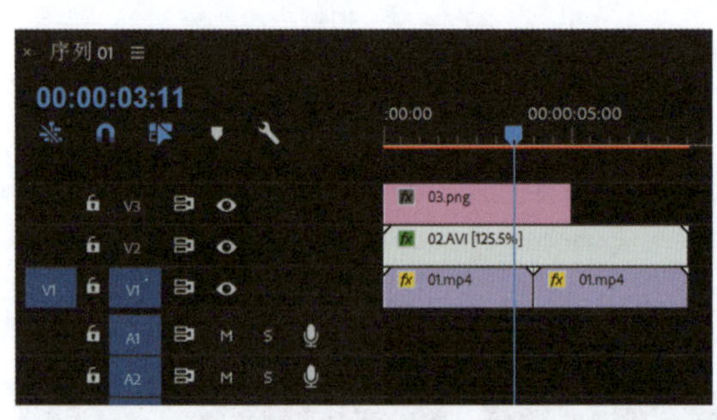

图 4-81　添加素材

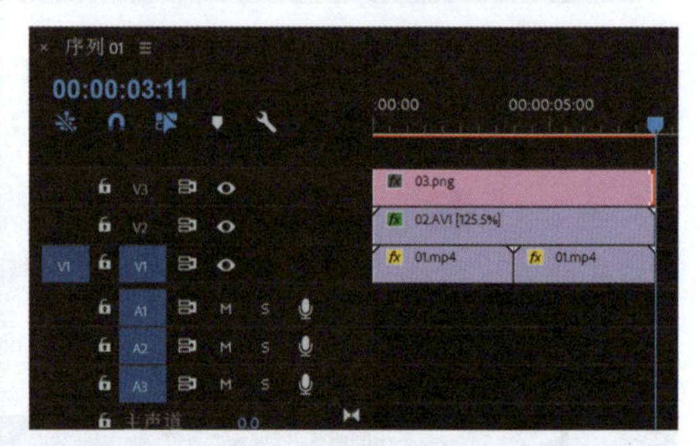

图 4-82　调整素材长度

步骤 7. 选中时间轴面板中的“03”文件。选择效果控件面板，展开“运动”栏，将“缩放”选项设置为 0.0，单击“缩放”选项左侧的“切换动画”按钮，记录第 1 个动画关键帧。将时间指针向后移动，将“缩放”选项设置为 20.0，记录第 2 个动画关键帧，如图 4-83 所示。至此，键控特效制作完成，效果如图 4-84 所示。

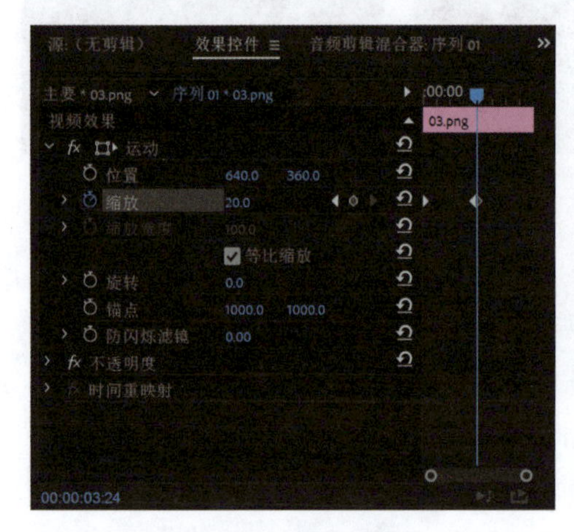

图 4-83　设置关键帧

图 4-84　最终效果

任务三 视频调色

任务描述

在短视频领域有这样一句话，“无调色，不出片”，可见调色对于短视频制作的重要性。色彩的合理选配不仅可以烘托气氛，还决定着短视频作品的风格。本任务将详细介绍如何在 Premiere Pro 中对短视频进行调色以增强短视频画面的表现力和感染力，让人们在观看短视频时更容易融入其中。

一、“Lumetri 颜色”调色

“Lumetri 颜色”是 Premiere Pro 中的调色工具，它提供了基本校正、创意、曲线、色轮和匹配、HSL 辅助灯等多种调色工具。在为短视频调色时，使用“Lumetri 颜色”工具可以完成一级调色和二级调色。下面将介绍如何利用“Lumetri 颜色”工具对短视频进行调色。

（一）认识示波器

在对短视频调色的过程中，人眼长时间看一种画面就会适应当前的色彩环境，从而导致调色产生误差，所以在调色时需要借助标准的色彩显示工具来分析色彩的各种属性。Premiere Pro 内置了一组示波器，用于帮助用户准确评估和修正剪辑的颜色。

首先认识一下 RGB 分量图。

RGB 分量图用于观察画面中红、绿、蓝的色彩平衡，并根据需要进行调整。利用分量范围，还可以轻松地找出图像中的偏色。

【操作步骤】

步骤 1. 新建一个项目文件，导入“素材文件 \ 模块四 \L 调色 \ 调色 .mp4”视频文件，将此素材拖入时间轴，新建一个序列。在窗口上方单击“颜色”按钮 颜色 切换为“颜色”工作区，工作区的左上方为 Lumetri 范围面板，默认为波形图，如图 4-85 所示。

步骤 2. 用右键单击 Lumetri 范围面板，在弹出的快捷菜单中选择“分量（RGB）命令，如图 4-86 所示。

步骤 3. 切换为“分量（RGB）”波形图，然后再次用右键单击 Lumetri 范围面板，在弹出的快捷菜单中取消选择“波形（RGB）”命令，如图 4-87 所示。

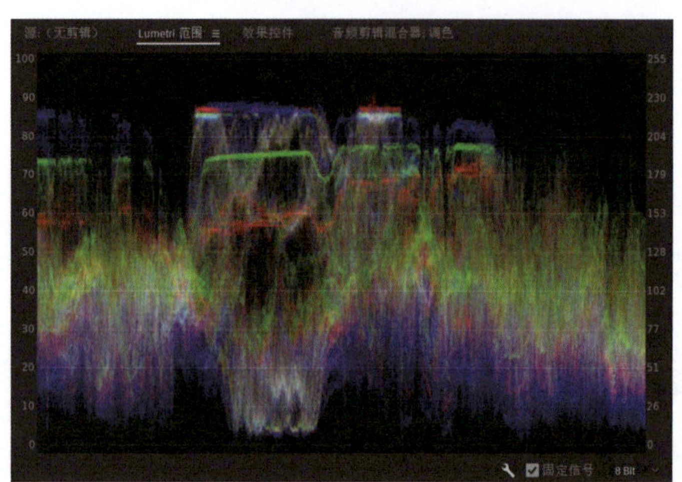

图 4-85　切换工作区

图 4-86　选择分量（RGB）

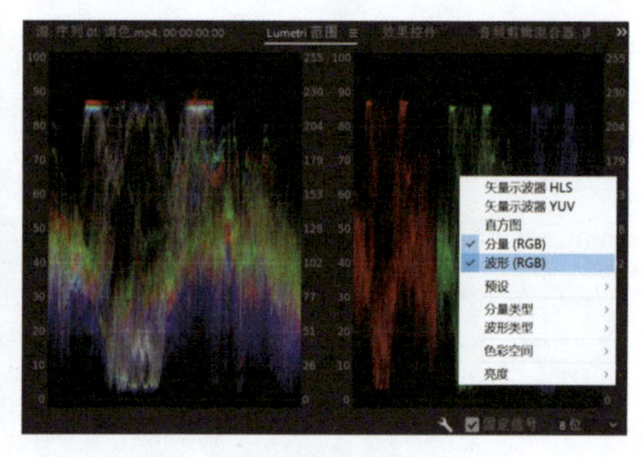

图 4-87　取消选择“波形（RGB）”

步骤 4. 此时，Lumetri 范围面板中只保留“分量（RGB）”波形图，如图 4-88 所示。在“分量（RGB）”波形图中，分量图左侧 0 ～ 100 的数值代表亮度值，从上到下大致分为高光区、中间调和阴影区。下方的 0 对应的是画面中的暗部，在调色时可以让下方的颜色分布接近于 0，但不要低于 0；上方的 100 是画面中最亮的区域，在调色时，可以让上方的颜色分布接近于 100，但不要超过 100；中间的 20 ～ 80 的数值为中间调的颜色分布。分量图右侧为 R、G、B 各通道所对应的数值，取值范围为 0 ～ 255。

步骤 5. 在窗口右侧的“Lumetri 颜色”面板中展开“色轮和匹配”选项，其中提供了三个色轮，可用于单独调整阴影、中间调和高光的亮度、色相与饱和度。向下拖动“高光”色轮左侧的滑块，即可降低高光，如图 4-89 所示。

图 4-88　当前波形图

图 4-89　显示色轮

步骤 6. 从图中可以看出绿色的高光有些偏高，此时可以单击“高光”色轮，向绿色的互补色方向（即相对方向）进行调整，如图 4-90 所示。

步骤 7. 向上拖动“中间调”色轮左侧的滑块，提高中间调的亮度。向下拖动“阴影”色轮左侧的滑块，降低阴影的亮度，如图 4-91 所示。

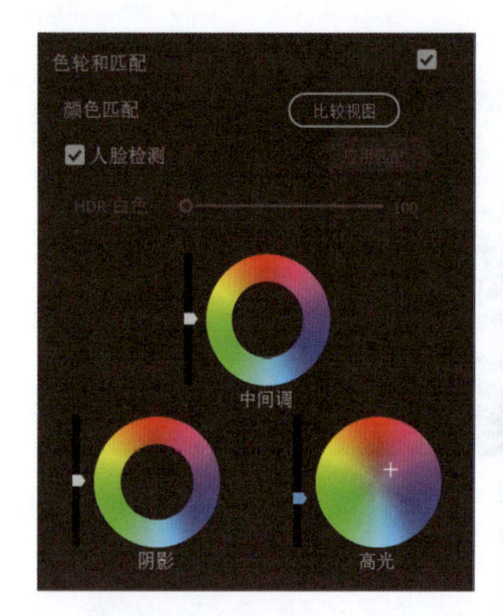

图 4-90　高光色轮

图 4-91　中间调及阴影色轮

（二）基本颜色校正

利用“Lumetri 颜色”面板中的“基本校正”功能不仅可以对视频素材进行颜色查找表（Look Up Table，LUT，一种色彩效果的预设文件）还原，还可以调整视频素材的白平衡。

【操作步骤】

步骤 1. 以“素材文件 \ 模块四 \L 调色 \01.mp4”新建一个序列，切换到“颜色”工作区，如图 4-92 所示。

步骤 2. 视频的白平衡反映拍摄视频时的采光条件，调整白平衡可以有效地改进视频的环境色。单击“白平衡选择器”按钮，然后单击画面中的白色或灰色区域，自动调整白平衡，如图 4-93 所示。也可以拖动“色温”或“色彩”滑块，手动调整白平衡。

图 4-92　颜色工作区

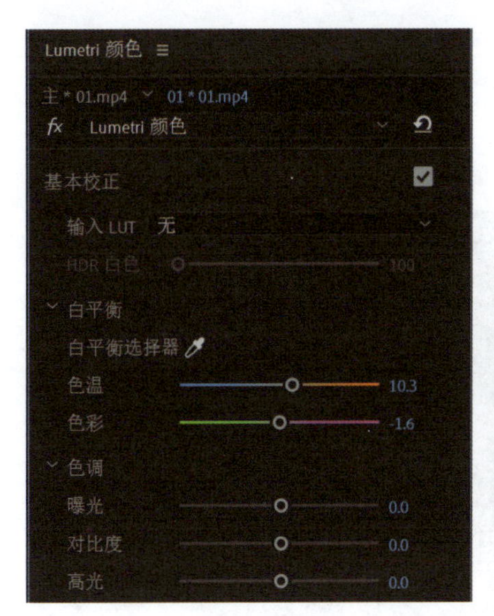

图 4-93　调整白平衡

步骤 3. “曝光”选项用于调整视频的亮度，向右拖动滑块可以增加曝光，向左拖动滑块可以降低曝光。一般调整的数值在 0 ～ 1，在此将“曝光”数值调整为 0.5，在分量图中可以看到三个通道向高光区扩展，如图 4-94 所示。

步骤 4. 调整对比度，即调整视频画面亮部与暗部的对比，可以使视频画面变得立体或扁平。在此增加对比度，将“对比度”数值调整为 60.0，使画面层次感更强，细节更突出，在分量图中可以看到三个通道向上下两端扩展，如图 4-95 所示。

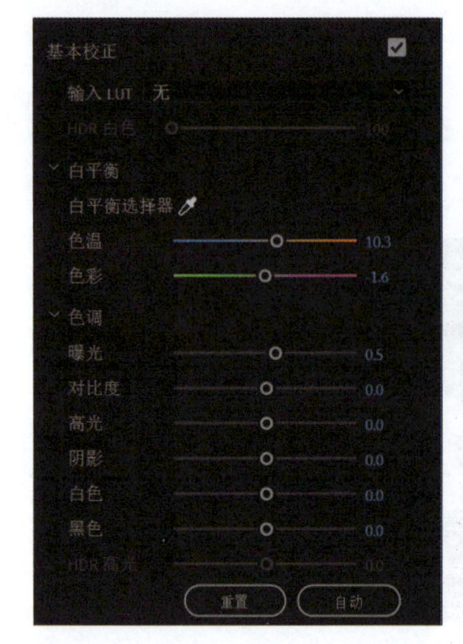

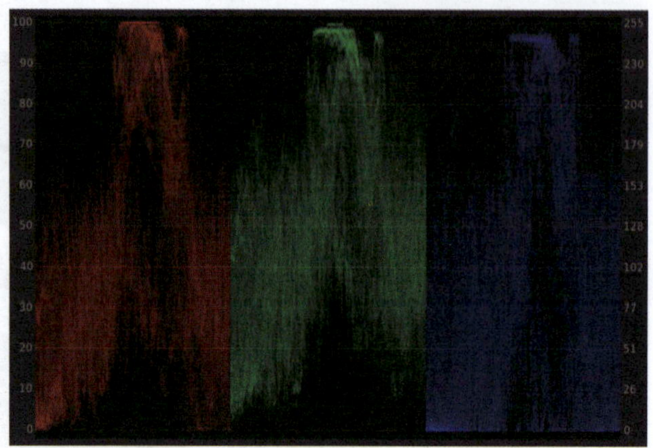

图 4-94　调整曝光

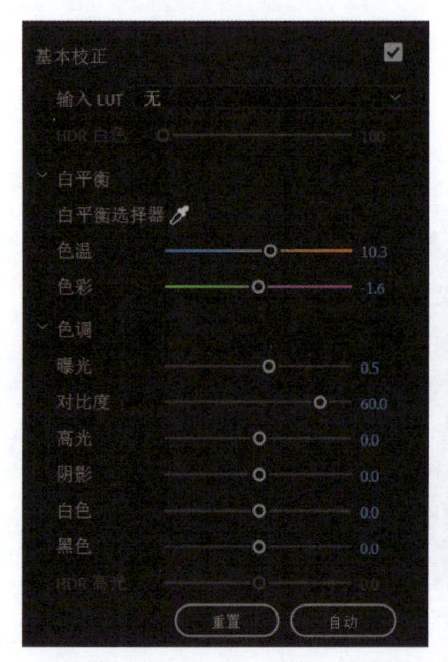

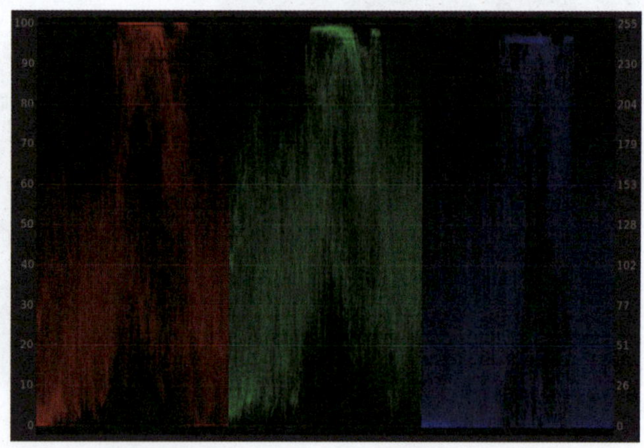

图 4-95　调整对比度

步骤 5. “高光”和“白色”选项均用于调整画面中较亮部分的色彩信息。为了便于比较，将“高光”数值调整为 30.0，在分量图中可以看到三个通道向高光区集中，且阴影区的细节也没有丢失，如图 4-96 所示。

步骤 6. 恢复“高光”数值为 0.0，将“白色”数值调整为 30.0，在分量图中可以看到三个通道向高光区集中，阴影区的细节受到影响，如图 4-97 所示。

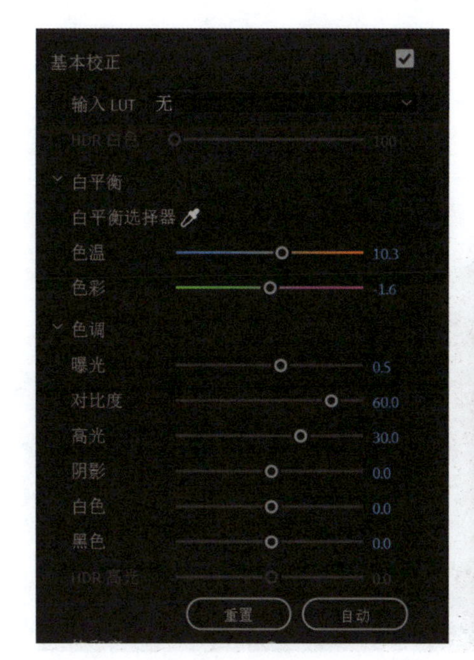

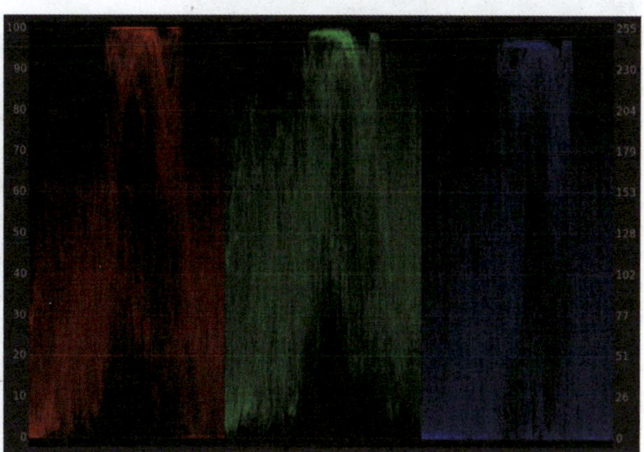

图 4-96　调整高光

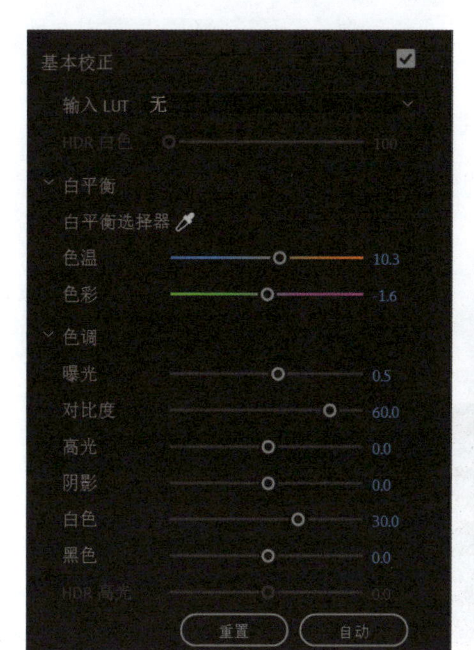

图 4-97　调整白色

步骤 7. “阴影”和“黑色”选项均用于调整画面中较暗部分的色彩信息。将“阴影”数值调整为 -30.0，在分量图中可以看到三个通道的暗部和少量的亮部向阴影区集中，如图 4-98 所示。

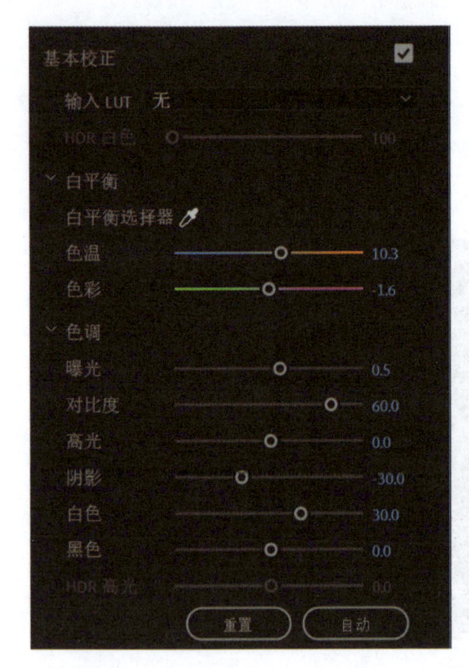

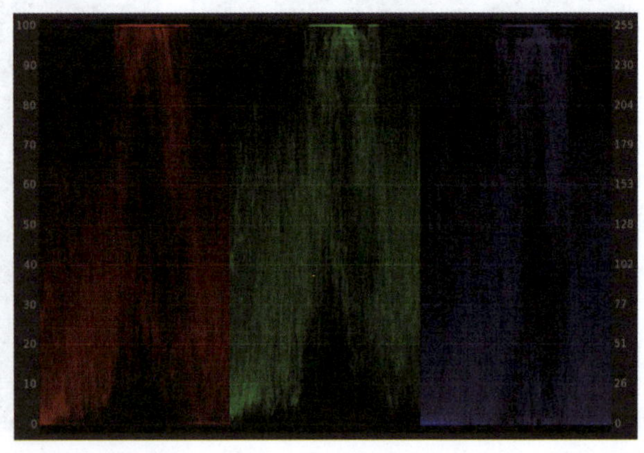

图 4-98　调整阴影

步骤 8. 将“黑色”数值调整为 -30.0，在分量图中可以看到三个通道向阴影区集中，且有少量的暗部信息溢出，如图 4-99 所示。由此可见，“阴影”和“黑色”选项都可以增加画面的暗部信息。其中“阴影”选项增加暗部信息的幅度较小，但会影响画面中的亮部信息；“黑色”选项增加暗部信息的幅度较大，但对画面亮部信息的影响较小。

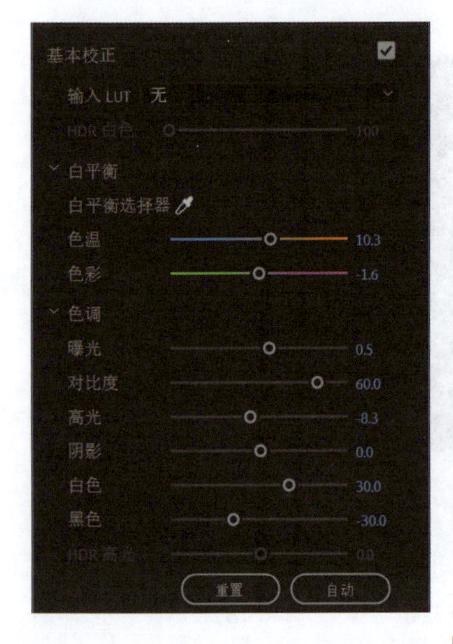

图 4-99　调整黑色

步骤 9. 根据剪辑需要将曝光、对比度、高光、阴影、白色、黑色等参数调整为合适的数值，如图 4-100 所示。在最下方可以调整画面中所有颜色的饱和度，降低饱和度可以使画面色彩逐渐变为黑白，增加饱和度可以使画面色彩变得鲜艳。

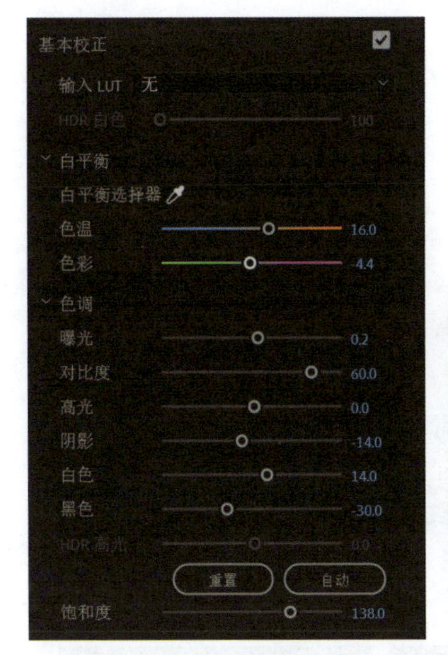

图 4-100　调整其他参数

二、电影感调色

青橙色色调是一种流行的色调风格，在电影中经常会看到这种色调的画面。青橙色色调风格通过适当的冷暖色对比，使画面更具质感和通透感，在有人物的画面中还能够突出人物主体。

【操作步骤】

步骤 1. 新建一个项目文件，并在序列中使用“素材文件 \ 模块四 \L 调色 \ 电影感调色 .mp4”视文件，切换到“颜色”工作区，在 Lumetri 颜色面板的“基本校正”选项中调整对比度、高光、阴影等参数，进行一级校色，如图 4-101 所示。

步骤 2. 展开“RGB 曲线”选项，分别调整红、绿、蓝色曲线，增加对比度，如图 4-102 所示。

步骤 3. 展开“色相与色相”选项，在曲线中添加多个控制点，将蓝色向青色调整，将红色、黄色和绿色向橙色调整，如图 4-103 所示。

步骤 4. 在“色相与饱和度”曲线中添加多个控制点，降低黄色、绿色的亮度，如图 4-104 所示。

步骤 5. 在“色相与亮度”曲线中添加多个控制点，降低黄色、绿色的亮度，如图 4-105 所示。

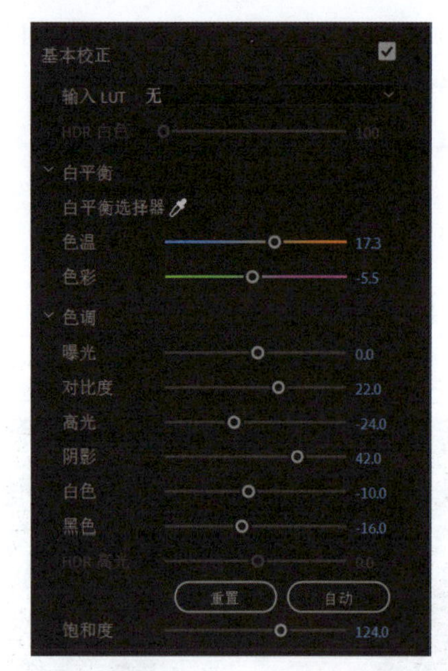

图 4-101　一级校色

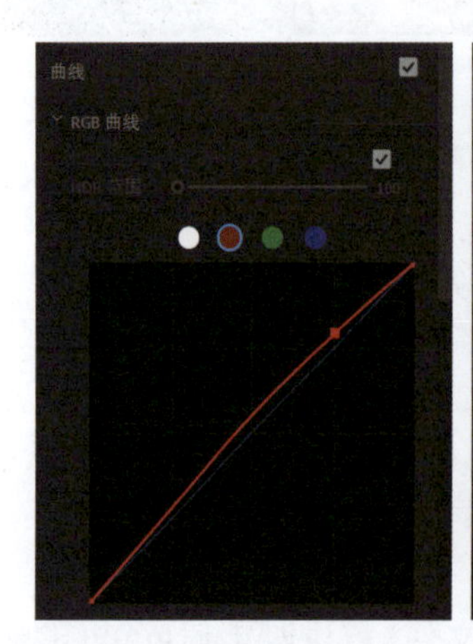

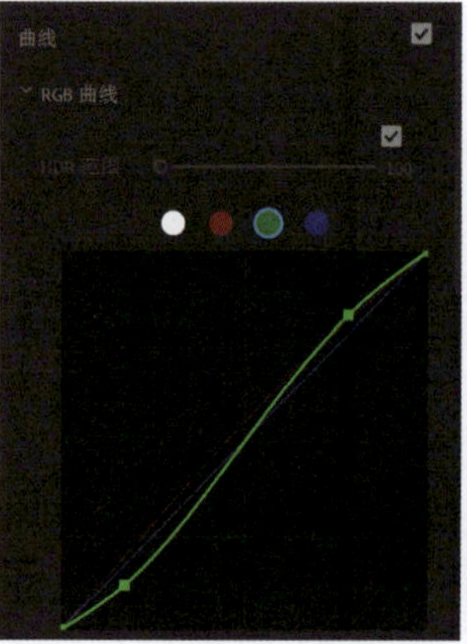

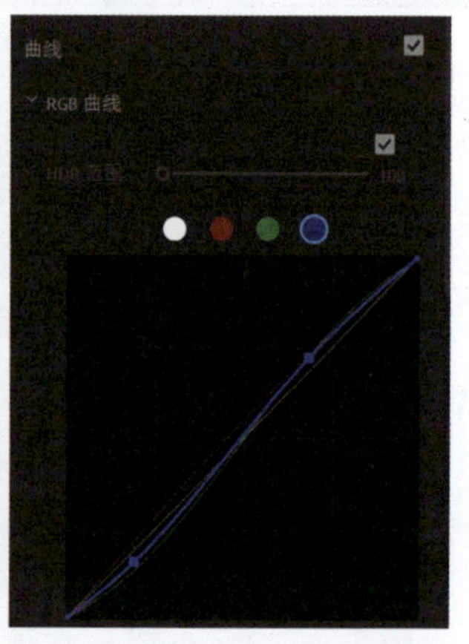

图 4-102　调整 RGB 曲线

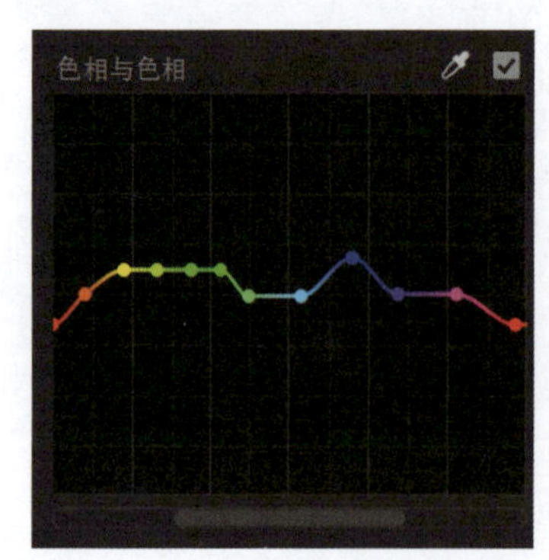

图 4-103　调整色相与色相曲线

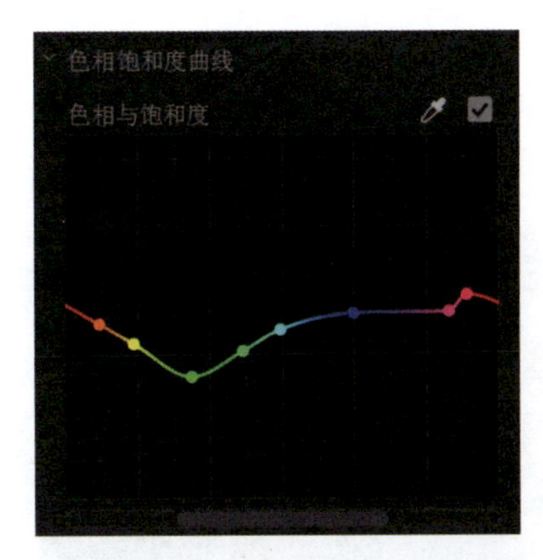

图 4-104　调整色相与饱和度曲线

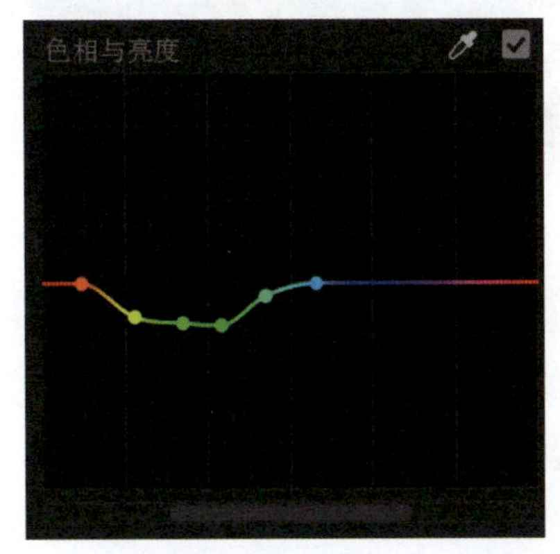

图 4-105　调整色相与亮度曲线

步骤 6. 展开“色轮和匹配”选项，将“中间调”和“阴影”色轮向青色调整，将“高光”颜色向橙色调整，如图 4-106 所示。

图 4-106　调整色轮

步骤 7. 展开“RGB 曲线”选项，向下拖动白色曲线最右侧的控制点降低曝光，如图 4-107 所示。

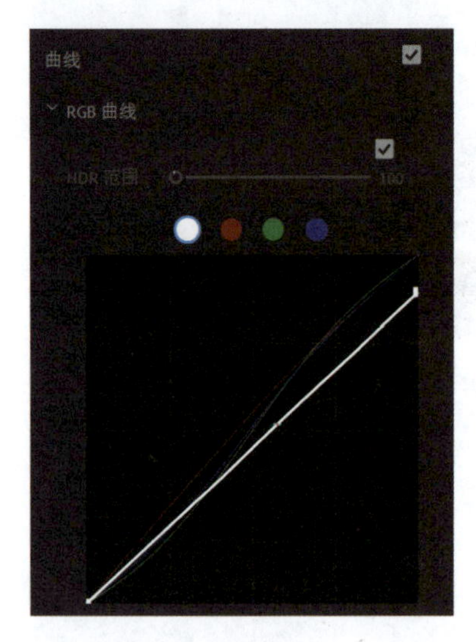

图 4-107　调整 RGB 曲线

步骤 8. 在时间轴面板中按住【Alt】键的同时拖动视频素材，将视频素材向 V2 轨道上复制一份，在 V2 轨道视频素材的入点处添加“划出”过渡效果，如图 4-108 所示。

步骤 9. 在效果控件面板中将过渡效果的持续时间设置为 1 秒，设置“边框宽度”为 2.0，“边框颜色”为白色，如图 4-109 所示。

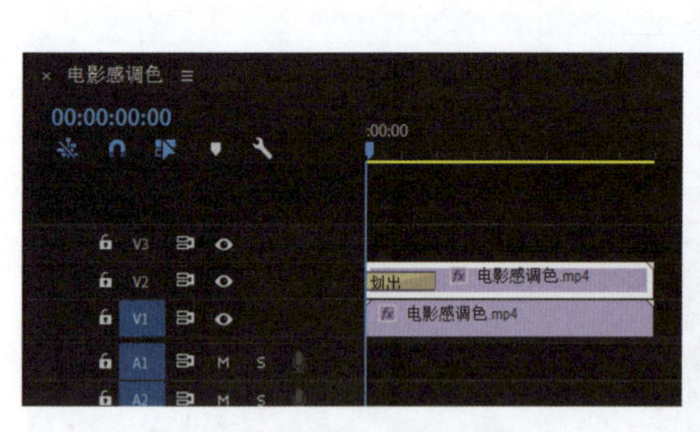

图 4-108　添加划出

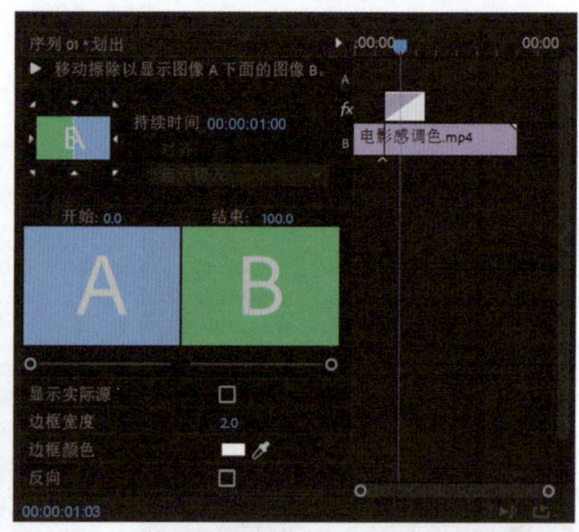

图 4-109　设置参数

步骤 10. 关闭 V1 轨道中视频的“Lumetri 颜色”效果，在节目面板中预览视频调色对比效果，如图 4-110 所示。其成品效果也可参见“素材文件 \ 模块四 \L 调色 \ 电影感调色效果 .mp4”。

步骤 11. 在 Lumetri 颜色面板中单击面板菜单按钮，在弹出的菜单中可以选择将当前的调色效果，导出为 LUT 颜色预设文件，如图 4-111 所示。

图 4-110　效果预览

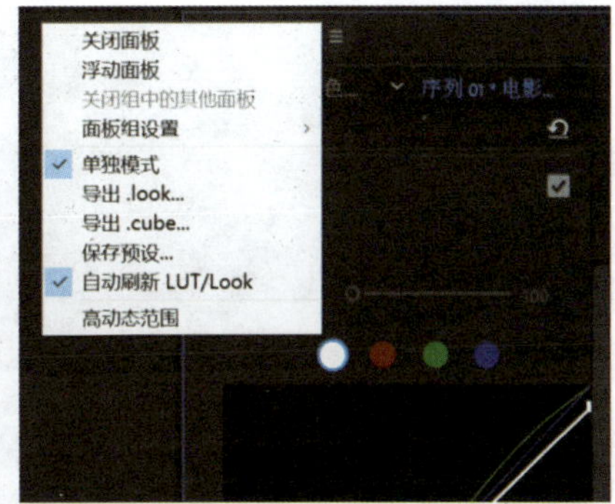

图 4-111　导出预设

任务四 音频效果

任务描述

声音是短视频中不可或缺的一部分，在编辑短视频时，短视频创作者要根据画面表现的需要，通过背景音乐、音效、旁白和解说等手段来增强短视频的表现力。本任务将学习如何制作变声效果和混响效果。

一、制作变声效果

通过调整音频效果参数可以使音频获得变声的效果。

【操作步骤】

步骤 1. 打开“素材文件 \ 模块四 \ 制作变声效果 \ 制作变声效果 _1.prproj”项目文件，在效果面板中搜索“音高”，然后将“音高换档器”效果拖至时间轴面板中的音频素材上，如图 4-112 所示。

步骤 2. 在效果控件面板中展开“音高换档器”效果中的“各个参数”选项，然后拖动滑块调整“变调比率”，向右拖动滑块可以使声音变得尖锐，向左拖动滑块可以使声音变得低沉。在此调整“变调比率”为 0.75，使音频中的女声变为男声，如图 4-113 所示。在调整音频效果参数时，可以播放音频实时查看效果。

步骤 3. 在“音高换档器”效果中单击“编辑”按钮，在弹出的对话框中选中“高精度”单选按钮，然后关闭对话框，如图 4-114 所示。高精度可以更精确地调整声音效果。

图 4-112　添加音高换档器

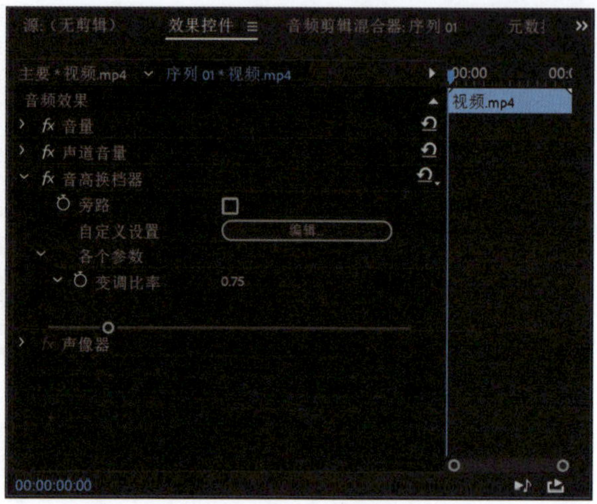

图 4-113　设置参数

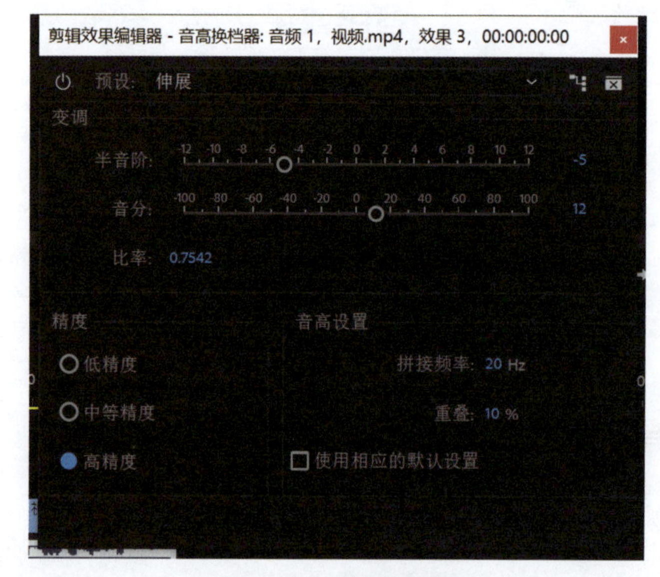

图 4-114　选择高精度

二、制作混响效果

为音频文件添加混响效果可以模拟不同环境下的音效效果，增强声音的临场感。

【操作步骤】

步骤 1. 新建一个干声音频的序列，在效果面板中搜索“混响”，然后将“室内混响”效果拖至时间轴面板中的音频素材上，如图 4-115 所示。

步骤 2. 在效果控件面板中单击“室内混响”效果中的“编辑”按钮，如图 4-116 所示。

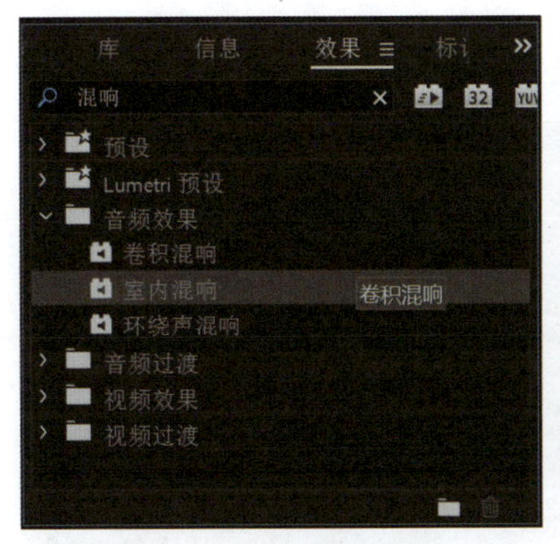

图 4-115　添加室内混响

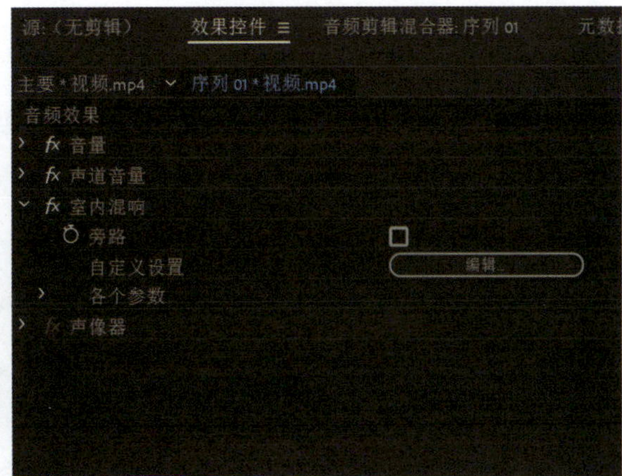

图 4-116　编辑参数

步骤 3. 弹出“剪辑效果编辑器→室内混响”对话框，在“预设”下拉列表中选择要使用的混响效果，如选择“大厅”选项，如图 4-117 所示。

步骤 4. 播放音频预览混响效果，若不理想，可以尝试调整“输出电平”中的“干”“湿”参数来取得自己想要的混响效果，如图 4-118 所示。也可以在 Audition 程序的“效果组”面板中为音频添加更多的混响效果。

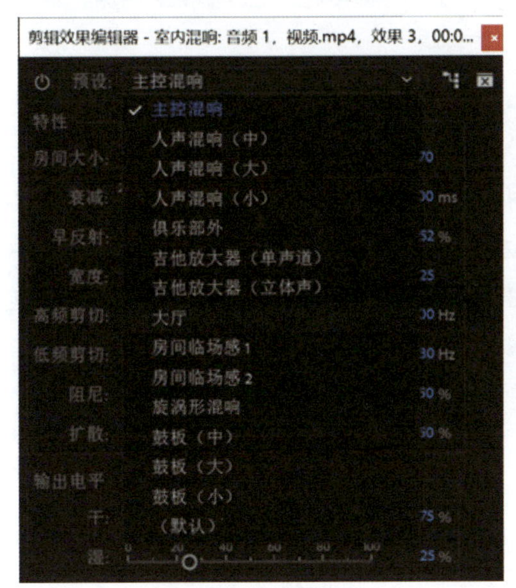

图 4-117　选择预设

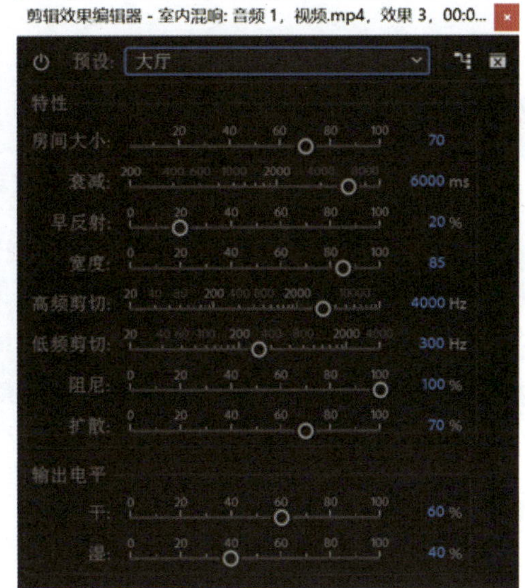

图 4-118　调整干湿度

【课后拓展实训】宣传片的制作

实训目的

通过制作宣传片来巩固前面所学知识。

实训内容

利用“素材文件 \ 模块四 \ 课后拓展实训 \”文件夹中的素材制作宣传片。

宣传短视频剪辑需要注意寻找剪切点，画面色调要统一，处理好同期声，灵活处理特效与转场，合理添加字幕。部分效果如图 4-119 所示。

图 4-119　参考效果

拓展阅读

视频中的声音和画面如何制作

环境声不必和画面剪辑严格对位，一般来说环境声先入后出。根据波形图和画面的剪切点错开 1～2 帧感觉比较好，用眼睛和耳朵去感觉，不要太执着于波形图和剪切点的一致。有的时候要考虑声音传到机器里面所对应的环境声比“环境场景”（录制到机器内的）可能要稍有延迟，对于一些大场景的现场收音与后期制作，要注意这点，毕竟光速与声速相差很多。

影音文件的输出

【模块导读】

在用 Premiere Pro 对视频进行编辑、增加特效等操作后，还需要对视频进行渲染输出。视频经过渲染后，若需要在网站上查看，还需要调整其输出参数，并以方便观看的方式保存。

【知识目标】

掌握视频渲染的基本知识

掌握视频输出的类型

掌握输出参数的设置

【能力目标】

能够对完成的项目进行预演

能够按要求的格式对项目文件进行渲染输出

任务描述

本任务是在用 Premiere Pro 进行渲染操作前先了解视频渲染的基本知识及术语。

一、视频渲染的基本知识

Premiere Pro 渲染是指在时间轴上生成实时的视频预览以便在监视面板流畅地播放，电脑配置差、文件大时不能按空格直接在时间轴预览，需要对视频进行渲染。

如果只要工作生成的最终视频文件，则只需要输出就行了。输出的时候可以选择各种视频格式，设置好保存的文件名，Premiere Pro 会渲染输出最终的视频文件。

二、视频渲染的基本流程

在 Premiere Pro 中按照一定的流程渲染视频，能够有效提高渲染时的工作效率。

1. 选择渲染范围

渲染视频时可根据需要，在时间轴面板中重新确定视频入点（快捷键为【I】）和出点（快捷键为【O】）。然后只对选择的这一段视频进行渲染，也可以保持默认渲染范围，对整个视频进行渲染。

2. 选择渲染命令

选择“序列”菜单命令，在其中可以看到不同的渲染命令，如图 5-1 所示。在渲染视频时，可根据需要合理选择。

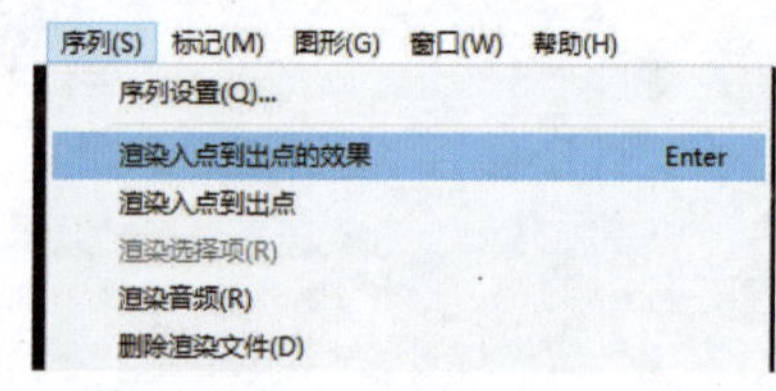

图 5-1 “渲染”选项

（1）渲染入点到出点的效果：渲染位于灰色入点和出点内的视频轨道部分添加了效果的视频片段，适用于因添加效果导致视频卡顿的情况。只渲染两段视频中间的视频过渡效果，如图 5-2 所示。

（2）渲染入点到出点：渲染入点到出点的完整视频片段，渲染后整段视频的渲染条将变为绿色，表示已经生成了渲染文件，如图 5-3 所示。

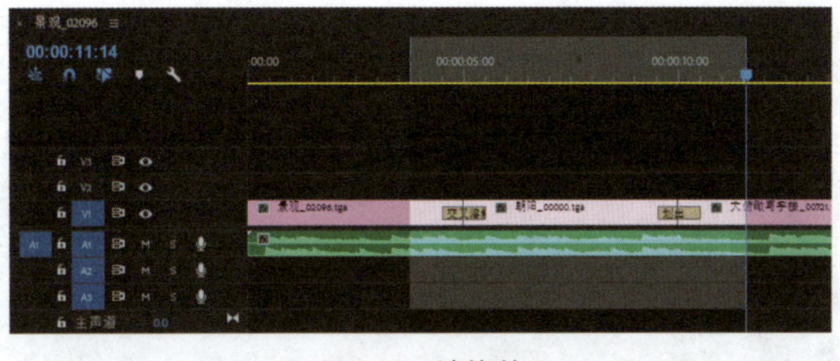

图 5-2　渲染前

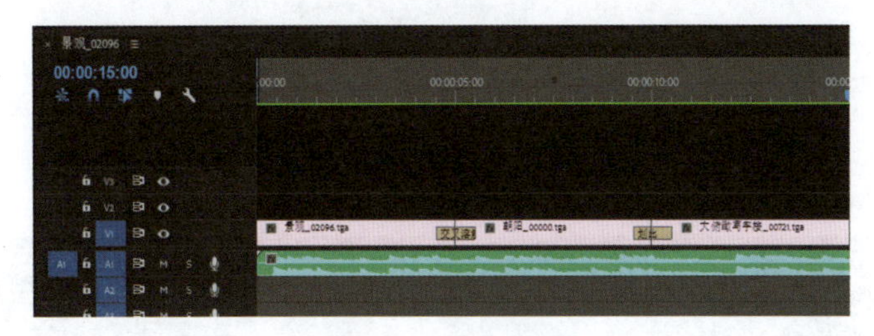

图 5-3　渲染后

（3）**渲染选择项：**渲染在时间轴面板中选中的轨道部分。

（4）**渲染音频：**渲染位于工作区域内的音频轨道部分的预览文件。

任务二 视音频项目的预演与输出设置

任务描述

影片预演是视频编辑过程中对编辑效果进行检查的一种手段，当完成一段视频编辑后想观看添加的效果是否理想，用影片的预演比较简单。

一、项目预演

影片预演一般分两种：一种是实时预演，另一种是生成影片预演。

（一）实时预演

【操作步骤】

步骤 1. 影片编辑完成后，在时间轴面板中将播放指示器移动到需要预演的影片的开始位置，如图 5-4 所示。

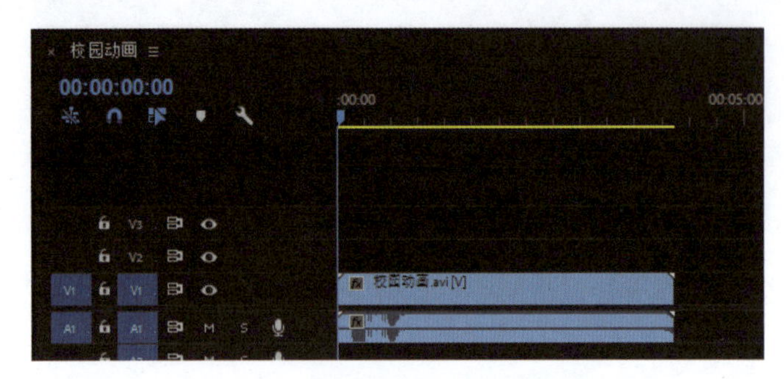

图 5-4 指示器放在影片开始位置

步骤 2. 在节目面板中单击“播放 - 停止切换”按钮▶，系统开始播放影片，在节目面板预览影片的最终效果，如图 5-5 所示。

图 5-5 节目面板预览影片效果

（二）生成影片预演

与实时预演不同的是，生成影片预演不是使用显卡对影片进行实时预演，而是使用计算机的 CPU 对画面进行运算，先生成预演文件，然后再播放影片。因此，生成影片预演的效果取决于计算机 CPU 的运算能力。播放生成的影片预演文件时，其画面是平滑的，不会产生停顿或跳跃，其画面效果和渲染输出的画面效果是一致的。

【操作步骤】

步骤 1. 影片编辑完成以后，在适当的位置标记入点和出点，以确定要生成影片预演的范围，如图 5-6 所示。

步骤 2. 选择“序列→渲染入点到出点”命令，系统将开始进行渲染，并弹出“渲染”对话框显示渲染进度，如图 5-7 所示。

步骤 3. 渲染结束后，系统会自动播放该影片。在时间轴面板中，预演部分显示绿色线条，其他部分则依然显示黄色线条，如图 5-8 所示。

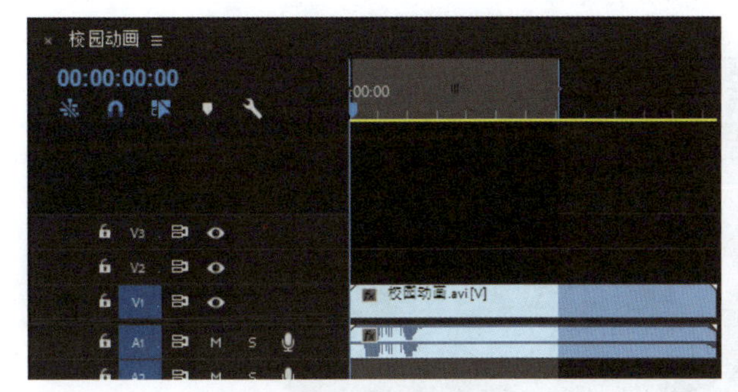

图 5-6　设置渲染范围

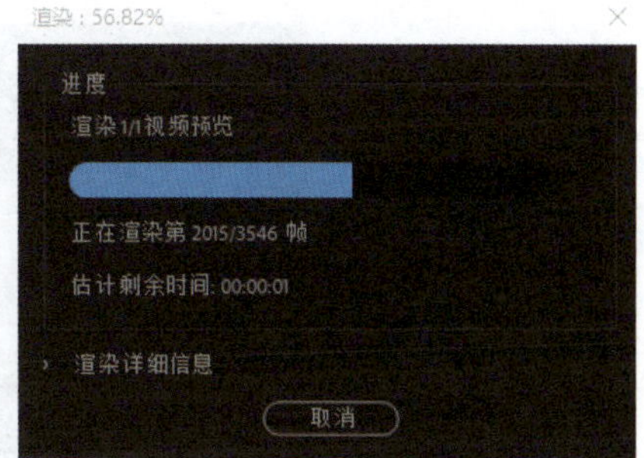

图 5-7　渲染进度条

步骤 4. 如果用户预先设置了预演文件的保存路径，就可以在计算机的硬盘中找到生成的临时预演文件，如图 5-9 所示。双击该文件，则可以脱离 Premiere Pro 对其进行播放。

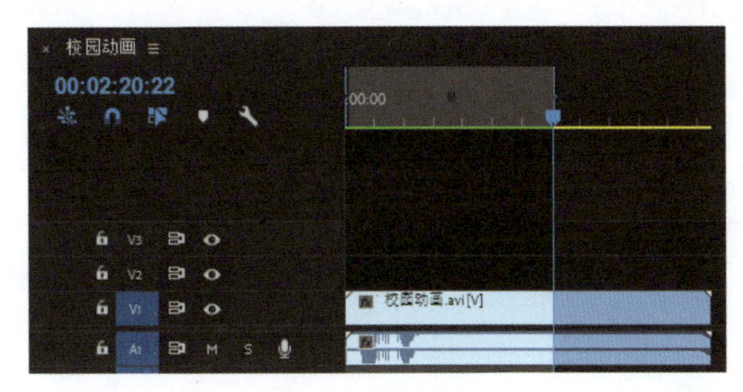

图 5-8　渲染结束

图 5-9　临时预演文件

二、输出设置

在 Premiere Pro 输出文件之前，用户必须合理地设置相关的输出参数，使输出的影片达到理想的效果。

（一）输出选项

影片制作完成后即可输出。在输出影片之前，用户可以设置一些基本参数，具体操作步骤如下。

【操作步骤】

步骤 1. 在时间轴面板中选择需要输出的视频序列，选择“文件→导出→媒体”命令，在弹出的对话框中进行设置，如图 5-10 所示。

步骤 2. 在对话框右侧设置文件的输出格式及输出区域等。在“格式”下拉列表框中，可以选择输出的媒体格式。勾选“导出视频”复选框，可输出整个项目的视频部分；若取消勾选该复选框，则不能输出视频部分。勾选“导出音频”复选框，可输出整个项目的音频部分；若取消勾选该复选框，则不能输出音频部分。

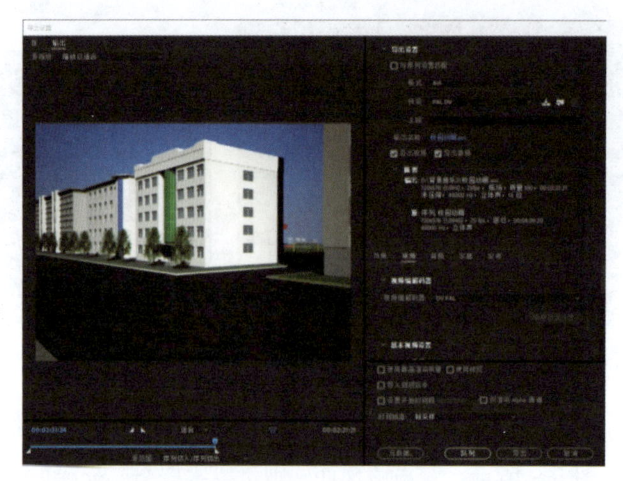

图 5-10　导出设置

（二）“视频”选项卡

在“视频”选项卡中，可以为输出的视频指定输出格式、输出质量及输出尺寸等。“视频”选项卡中各主要选项的含义如下。

（1）视频编解码器：通常视频文件的数据量很大，为了减少视频文件占用的磁盘空间，在输出时可以对视频文件进行压缩。用户在该选项的下拉列表框中可以选择需要的压缩方式，如图 5-11 所示。

（2）质量：用于设置视频的压缩品质，通过拖动质量的百分比滑块来进行设置。

（3）宽度 / 高度：用于设置视频的尺寸。

（4）帧速率：用于设置每秒播放画面的帧，提高帧速率会使画面播放得更流畅。

（5）场序：用于设置视频的场扫描方式，有无场（逐行扫描）、高场优先和低场优先三种方式。

（6）长宽比：用于设置视频的长宽比。用户在该选项的下拉列表框中可以选择需要的选项，如图 5-12 所示。

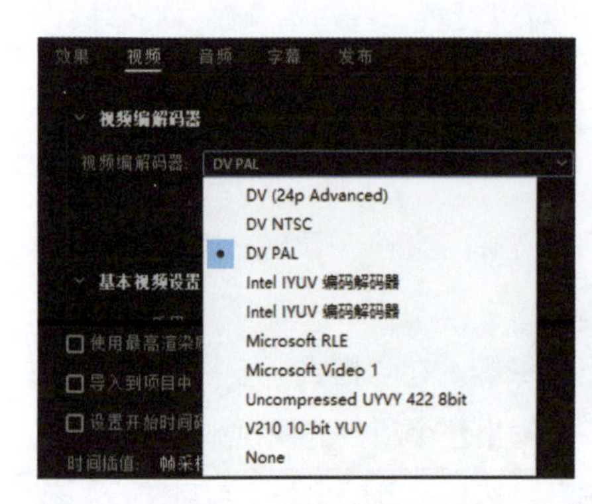

图 5-11　视频编解码器

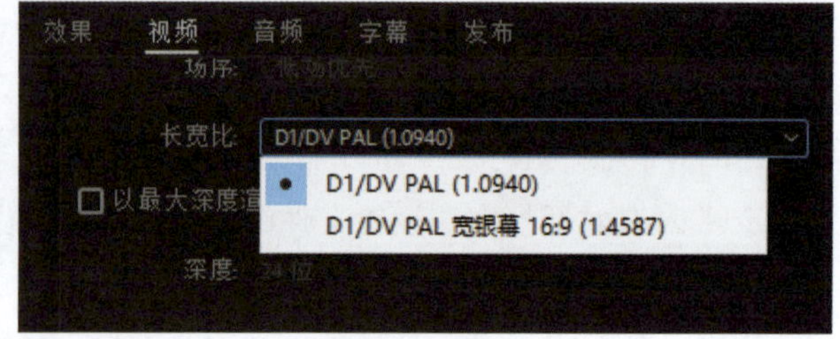

图 5-12　视频长宽比设置

（7）以最大深度渲染：勾选此复选框，可以提高视频质量，但会增加编码时间。

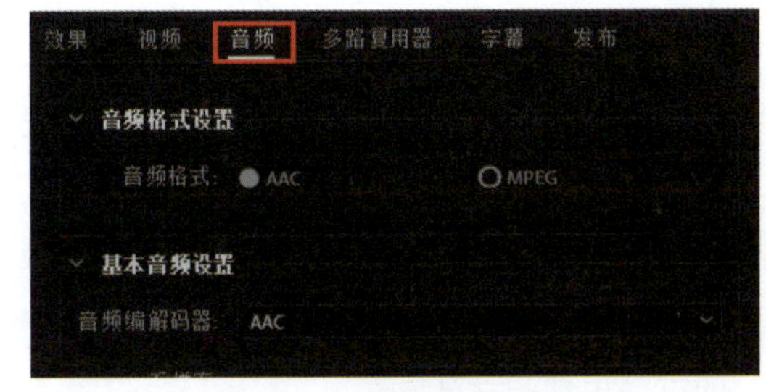

图 5-13 音频选项卡

（8）关键帧距离： 设置在导出的视频中插入关键帧的频率。

（9）优化静止图像： 勾选此复选框，可以将序列中的静止图像渲染为单个帧，有助于减小导出的视频文件。

（三）“音频”选项卡

在“音频”选项卡中，可以为输出的音频指定压缩方式，采样速率及量化指标等，如图 5-13 所示。“音频”选项卡中各主要选项的含义如下。

（1）音频格式： 选择音频的导出格式。

（2）音频编解码器： 为输出的音频选择合适的压缩方式。Premiere Pro 默认的选项是“无压缩”。

（3）采样率： 设置输出音频时使用的采样率；采样率越高，播放质量越好，但所需的磁盘空间越大，占用的处理时间越长。

（4）声道： 用户在该选项的下拉列表框中可以为音频选择单声道或立体声。

（5）音频质量： 设置输出音频的质量。

（6）比特率： 在该选项的下拉列表框中可以选择音频编码所用的比特率；比特率越高，音频质量越好。

（7）优先： 选择“比特率”单选项，将基于所选的比特率限制采样率；选择“采样率”单选项，将限制指定采样率的比特率。

任务三 渲染输出各种格式的文件

任务描述

了解 Premiere Pro 输出项目的主要格式及输出方法。

Premiere Pro 可以渲染出多种格式的文件，从而使视频的编辑更加方便灵活，下面介绍几种常用的文件格式输出方法。

一、影片视频

在 Premiere Pro 中将编辑的项目导出为视频文件是非常常用的操作。用户不仅可以通过视频文件直观地查看编辑后的效果，也可以将其发送至可移动设备中观看。

【操作步骤】

步骤 1. 选择“文件→导出→媒体”命令，弹出“导出设置”对话框。在“导出设置”栏的“格式”下拉列表中选择视频格式。

步骤 2. 在“输出名称”选项中设置输出文件名和文件的保存路径，勾选“导出视频”复选框和“导出音频”复选框。

步骤 3. 设置完成后，单击导出按钮，即可导出视频文件。

二、单帧图片

在视频的编辑过程中，可以将视频的某一帧画面输出，以便制作视频动画定格效果。输出单帧图像的具体操作步骤如下。

【操作步骤】

步骤 1. 在 Premiere Pro 的时间轴上添加一个视频文件，选择“文件→导出→媒体”命令，弹出“导出设置”对话框，在“格式”下拉列表框中选择“.TIFF”格式。

步骤 2. 取消勾选“导出为序列”复选框，其他参数保持默认，单击导出按钮，如图 5-14 所示，导出播放指示器所在位置的单帧图像。

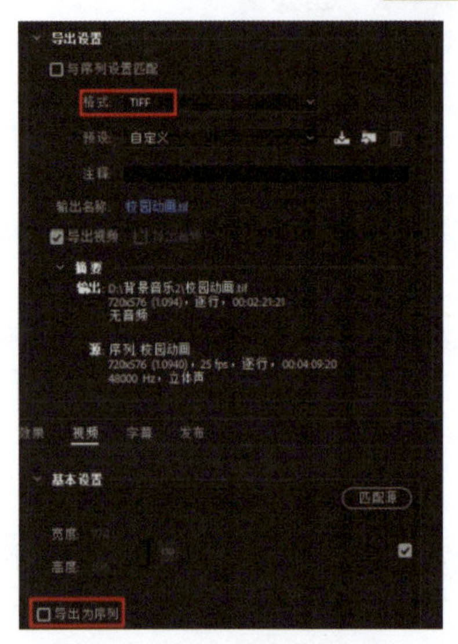

图 5-14　输出单帧图像设置

三、图片序列

在 Premiere Pro 中，用户可以将视频输出为静态图片序列，也就是说，将视频画面的每一帧都输出为静态图片，这一系列图片中每张静态图片都具有一个编号。这些输出的静态图片可作为 3D 软件中的动态贴图，并且可以移动和存储。

【操作步骤】

步骤 1. 选择“文件→导出→媒体”命令，弹出“导出设置”对话框，在“格式”下拉列表框中选择“.Targa”选项，勾选“导出视频”复选框，在“视频”选项卡中勾选“导出为序列”复选框，其他参数保持默认，如图 5-15 所示。

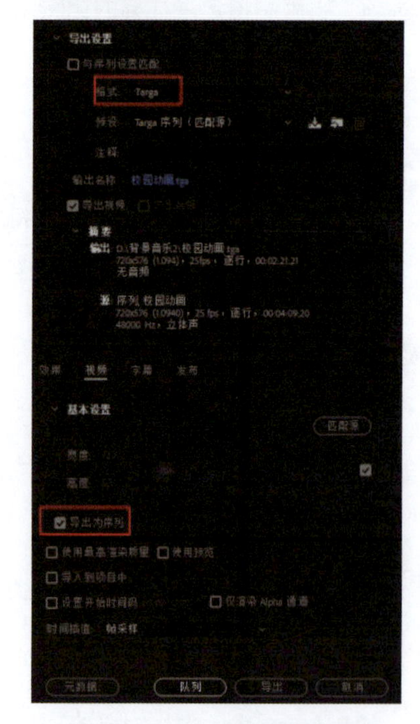

图 5-15　输出图片序列设置

步骤 2. 单击 导出 按钮，导出静态图片序列。

四、音频文件

在 Premiere Pro 中输出音频文件的具体操作步骤如下。

【操作步骤】

步骤 1. 在 Premiere Pro 的时间轴面板上添加一个有声音的视频文件或打开一个有声音的项目文件，选择“文件→导出→媒体”命令，弹出“导出设置”对话框，在“格式”下拉列表框中选择“MP3”选项，在“输出名称”文本框中输入文件名并设置文件的保存路径，勾选“导出音频”复选框，其他参数保持默认，如图 5-16 所示。

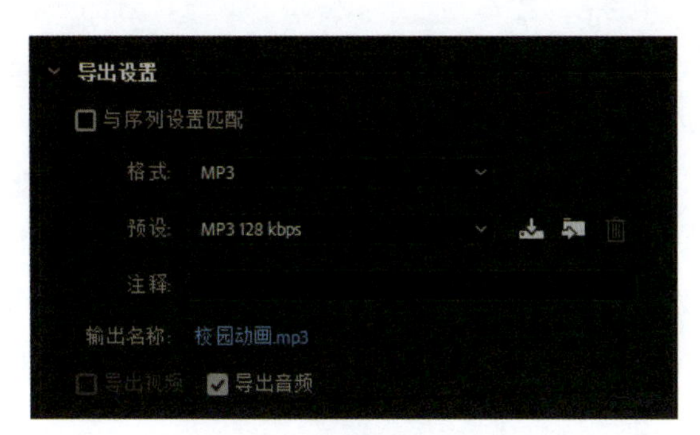

图 5-16 “导出设置”对话框

步骤 2. 单击 导出 按钮，导出音频文件。

【课后拓展实训】渲染和输出视频短片

1. 创作思路

本项目制作一个产品渲染短视频，提供拍摄原视频素材（素材文件 \ 模块五 \），但是没有提供音频素材，以给定的视频素材为背景，重新构思剪辑，合理安排拍摄镜头和场景顺序，剧情设计使视频节奏紧凑，吸引观众；根据视频制作需要配合合适的音效和音乐，提高观赏性和沉浸感。

2. 实训内容

为了将制作完成的作品分享到短视频平台，文件可导出 MP4 格式。为保证项目文件中的素材不会缺失，以项目文件打包形式进行保存。

本实训完成后的参考效果如图 5-17 所示。

图 5-17 参考效果

拓展阅读

Adobe Premiere Pro 中的导出和分享技巧

在使用 Adobe Premiere Pro 进行视频编辑时，导出和分享是非常重要的环节。也是学以致用的重要途径。

一、导出视频

（1）选择适当的导出格式：Premiere Pro 支持多种导出格式，如 MP4、MOV、AVI 等。根据需求选择合适的格式，一般来说，MP4 是最常用的格式之一。

（2）设置导出参数：在导出设置中，可以调整视频的分辨率、帧率、比特率等参数。一般情况下，选择与原始素材保持一致的分辨率和帧率即可，比特率可以根据视频的复杂度进行调整。

（3）导出预设：如果经常使用相同的导出设置，可以将其保存为预设，方便下次使用。在导出设置中，点击“保存预设”按钮，输入名称即可保存。

（4）导出至特定位置：在导出设置中，选择要导出视频的路径和文件名。如果需要导出多个版本或副本，可以使用导出队列功能。

二、分享视频

Premiere Pro 内置了直接分享到 YouTube 和 Vimeo 等社交媒体平台的功能。在导出设置中，选择相应的平台，填写账号信息，点击“发布”即可将视频直接上传至该平台。

笔记

After Effects 操作基础

【模块导读】

After Effects 是由 Adobe 公司推出的一款图形视频后期处理软件，能够以快速精准的方式制作出独具创新性的视觉特效，在视频设计制作相关领域中发挥着重要的作用。在使用 After Effects 进行后期制作前，先了解 After Effects 的应用领域，熟悉 After Effects 工作界面的组成，创建项目和合成的方法，导入和管理素材的方法以及图层的基础知识和创建关键帧动画的方法。

【知识目标】

熟悉 After Effects 的工作界面

熟悉 After Effects 的基础知识

掌握图层的类型和基本属性

了解图层的基础知识

掌握创建关键帧动画的方法

【能力目标】

能够创建项目、导入项目所需素材

能够进行图层的基本操作

能够制作关键帧动画

初识 After Effects

任务描述

本次任务为了解 After Effects 的应用途径，掌握 After Effects 的基本操作后利用 After Effects 制作关键帧动画。

一、After Effects 的主要功能

After Effects 是一款非常强大的视频特效制作软件，可以帮助用户完成各种复杂的视频合成、特效制作和动画制作等任务。

（1）特效制作： After Effects 提供了众多的特效工具，比如光影、爆炸、火焰等。用这些工具可以制作出逼真的特效，并将其应用到视频中。

（2）动画制作： After Effects 也是一款强大的动画制作软件。使用它可以轻松地创建各种类型的动画，比如 2D 动画、3D 动画等。

（3）色彩校正： 在视频后期制作中，色彩校正是一个非常重要的环节。After Effects 提供了色彩校正工具，可以帮助用户调整视频色彩、亮度等效果。

（4）音频编辑： 除了视频编辑之外，After Effects 也可以用于音频编辑。用户可以将音频文件导入软件中，并对其进行剪辑、混音等处理。

（5）插件扩展： After Effects 是一款开放式的软件，用户可以通过安装插件来扩展功能，这些插件包括特效、转场、3D 模型等。

二、After Effects 的应用领域

After Effects（简称“AE”）是一款常用的视频后期制作软件，它可以轻松地实现视频、图像、音频素材的编辑合成及特殊处理，被广泛应用于多个领域。

（1）影视特效： AE 软件可以实现在现实拍摄中不易拍摄或者拍不出来的视觉效果，可以用于电影、电视剧、动画片等影视作品的后期特效制作和合成，例如在电影中添加爆炸、火灾、特技场景等特效，还可以制作片头、字幕等动画效果。

（2）广告制作： AE 软件可以用于广告制作中的特效制作和动画制作，例如制作产品广告的特效、动画 logo 等。

（3）**网络媒体：**AE 软件也可以用于网络媒体内容的制作，例如视频、微电影、宣传片等的制作。

（4）**教育培训：**AE 软件也可以用于教育培训领域，例如制作教学视频、宣传片等。

（5）**动态交互设计：**随着交互设计的发展，动态交互设计的制作要求变得更高。相对于动画的效果，动态交互设计要求的不再只是简单的图片切换。交互设计师为满足广大用户群体的需求，逐渐由原本的使用 Flash 软件制作交互动画转向使用 After Effects 制作交互动画。After Effects 制作的交互动画更完美，更能表现设计师的设计理念，还可以实现一些原本 Flash 无法实现的效果，这样一来，设计师与开发人员的沟通合作将变得更加便捷。从整体上来看，After Effects 更能充分满足广大用户群体的需求。

（6）**其他领域：**AE 软件还可以用于制作音乐 MV、舞台表演特效等其他领域。

总之，AE 软件可以应用于各种需要特效、合成和动画制作的领域，其功能强大、易用性高，成为了影视后期制作的必备软件之一。

三、After Effects 的工作界面

双击 After Effects 图标启动后，会打开如图 6-1 所示的欢迎界面，在该界面中可以新建项目或打开已有的项目。

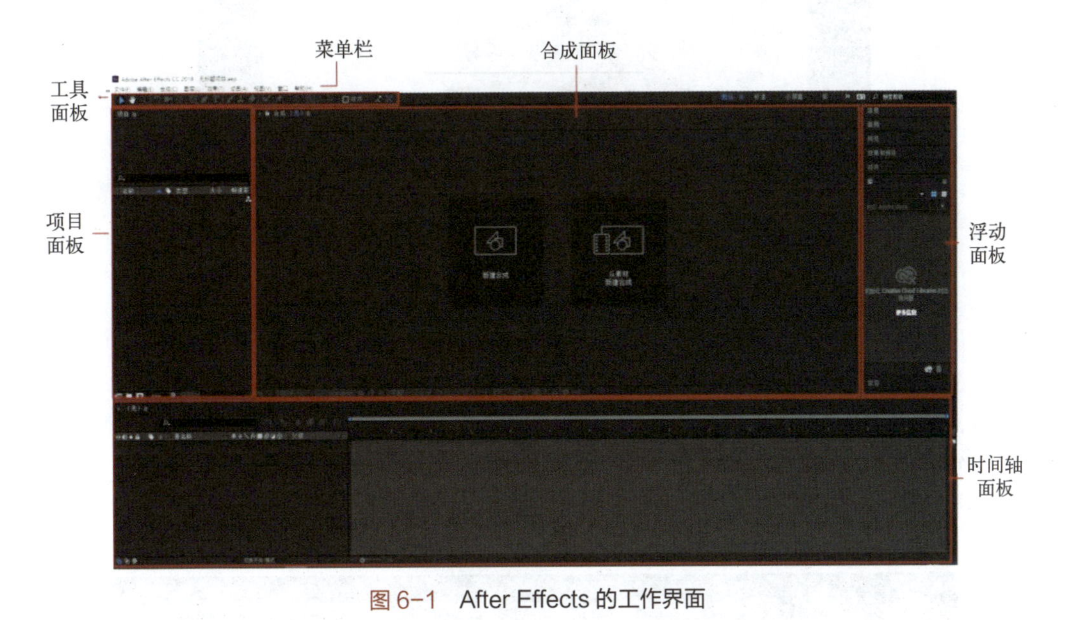

图 6-1　After Effects 的工作界面

（1）**菜单栏：**是几乎所有软件重要的组成元素，它包含了软件的全部功能命令。After Effects 提供了 9 个菜单，分别为文件、编辑、合成、图层、效果、动画、视图、窗口、帮助。

（2）**工具面板：**包括选取、手形、缩放、旋转、统一摄像机、向后平移（锚点）、矩形、钢笔、横排文字、画笔等工具。

（3）**项目面板**：可以新建、合成文件夹以及其他类型的文件，还可以导入素材，是管理素材的重要工具。所有导入 AE 中的素材都显示在该面板中，并可以清楚地看到每个文件的类型、大小、媒体持续时间、文件路径等信息。当选中某一个文件，可以在项目面板的上部查看其对应的缩略图和属性，如图 6-2 所示。

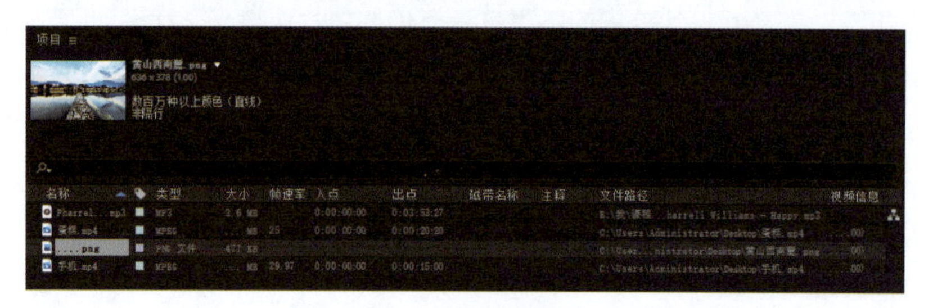

图 6-2　项目面板

（4）**合成面板**：可直接显示出素材经过处理后的合成画面。该面板不仅具有预览功能，还具有控制、操作、管理素材，调整面板比例、当前时间、分辨率、图层线框、3D 视图模式和标尺等功能。它是 AE 中非常重要的工作面板，如图 6-3 所示。

图 6-3　合成面板

（5）**时间轴面板**：时间轴面板用于精确设置合成中各种素材的位置、时间、特效和属性等以及影片的合成，还用于进行图层顺序的调整和关键帧动画的操作，如图 6-4 所示。

图 6-4　时间轴面板

（6）**浮动面板：**包含信息面板、音频面板、预览面板、效果和预设面板、字符面板、对齐面板等，还有些面板由于工作界面布局有限，因此被隐藏。操作中可结合菜单栏中的“窗口”命令调整需要在工作界面中显示的面板，方便使用。

四、自定义工作区

用户可根据需要调整 AE 的工作区，以提高工作效率。

（1）**重置工作区：**对于调整后的面板，也可将其恢复至原始状态，选择【窗口】/【工作区】子菜单，会看到预设的工作区布局方案，如图 6-5 所示。

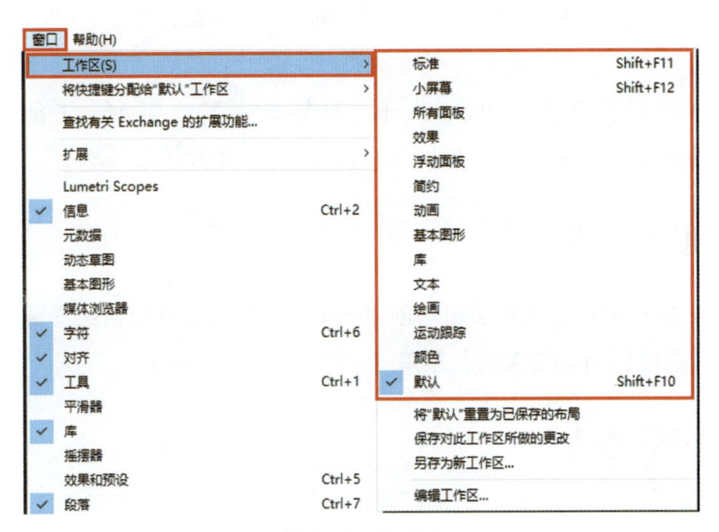

图 6-5 工作区

（2）**关闭面板：**可单击面板标签右侧的≡按钮，在弹出的下拉列表中选择“关闭面板”选项，如图 6-6 所示。要打开某个面板，可选择“窗口”菜单中的相应面板菜单项，使其在左侧显示。

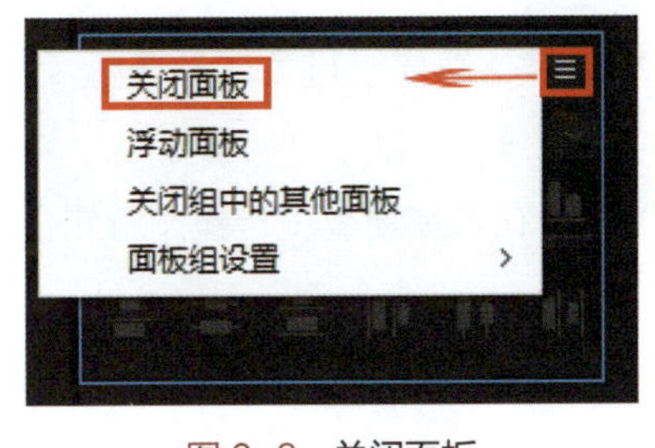

图 6-6 关闭面板

（3）**移动某个面板的位置：**可用鼠标单击并拖动该面板标签，将其拖到合适位置后释放鼠标即可；要调整面板的宽度，可将鼠标指针放在面板间的空隙处，然后按住鼠标左键向左或向右拖动即可。

（4）**恢复为默认工作区：**对于调整后的面板，也可将其恢复至原始状态。其操作方法为：选择“窗口→工作区→将‘默认’重置为已保存的布局”命令，或单击面板右上方的≡按钮，在弹出的下拉菜单中选择“重置为已保存的布局”命令，可返回工作区的初始设置。

任务二 创建项目与导入素材

任务描述

本次任务是在学习启动 AE 后，如何执行新建项目文件、合成文件、导入素材等基本操作。

After Effects 的项目文件与 Premiere Pro 的基本相同，而 After Effects 的合成则与 Premiere Pro 的序列类似，下面介绍创建和设置项目及合成的方法。

一、创建和设置项目

在启动 After Effects 时，系统会自动创建一个新的项目。若想新建项目，可在工作界面选择【文件】/【新建】/【新建项目】菜单。

二、创建和设置合成

新建合成文件的方法主要有以下两种。

（一）新建空白合成文件

1. 新建空白合成文件的方法

空白合成文件中没有任何内容，需要用户自行添加素材。新建空白合成文件的方法主要有以下三种。

（1）通过合成面板新建合成：新建项目文件后，可直接在合成面板中选择“新建合成”选项。

（2）通过菜单命令新建合成：选择“合成→新建合成”命令，或按【Ctrl+N】组合键新建合成。

（3）通过项目面板新建合成：在项目面板空白处单击鼠标右键，在弹出的快捷菜单中选择“新建合成”命令，或单击项目面板底部的“新建合成”按钮。

执行上述三种操作都将打开“合成设置”对话框，如图 6-7 所示。

2.“合成设置”对话框部分选项介绍

（1）合成名称：主要用于命名合成，应尽量不使用默认的名称，以便于对文件的管理。

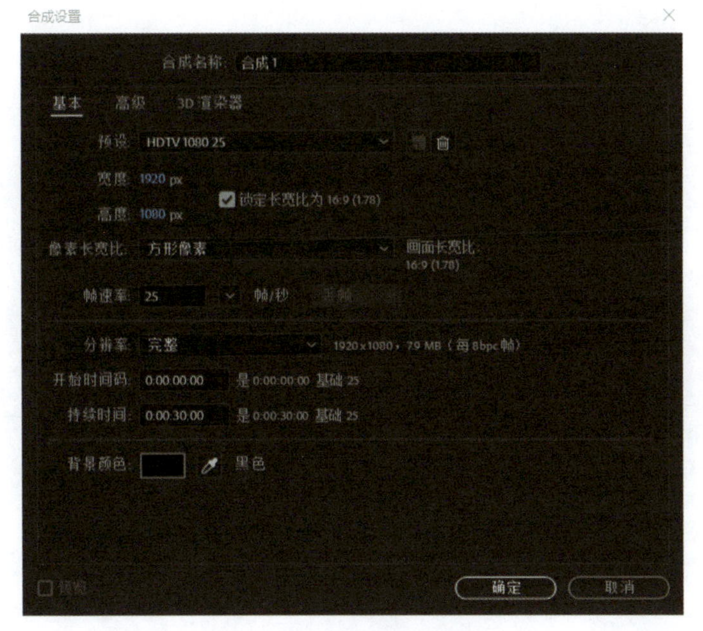

图 6-7 “合成设置”对话框

（2）预设：“预设”下拉列表中包含了 AE 预留的大量预设类型，选择其中某种预设后，将自动定义文件的宽度、高度、像素长宽比等，或选择“自定义”选项，自定义合成文件属性。

（3）宽度、高度：可设置合成文件的宽度和高度，勾选“锁定长宽比”复选框，宽度和高度会同时发生变化。

（4）像素长宽比：根据素材需要自行选择，默认选择“方形像素”。

（5）帧速率：帧速率越高，画面越精致，但所占内存也越大。

（6）开始时间码：用于设置合成文件播放时的开始时间，默认为 0 帧。

（7）持续时间：设置合成文件播放的具体时长。

（8）背景颜色：设置合成文件的背景颜色（默认为黑色）。

在“合成设置”对话框的“高级”选项卡中可以设置合成图像的轴心点，嵌套时合成图像的帧速率以及运用运动模糊效果后模糊量的强度和方向；在“3D 渲染器”选项卡中可以选择 AE 进行三维渲染时使用的渲染器，如图 6-8 所示。

（二）基于素材新建合成文件

每个素材都有自身的属性，如高度、宽度、像素长宽比等，用户也可以根据素材已有的这些属性建立对应的合成文件。

1. 基于素材新建合成文件的方法

基于素材新建合成文件的方法主要有以下三种。

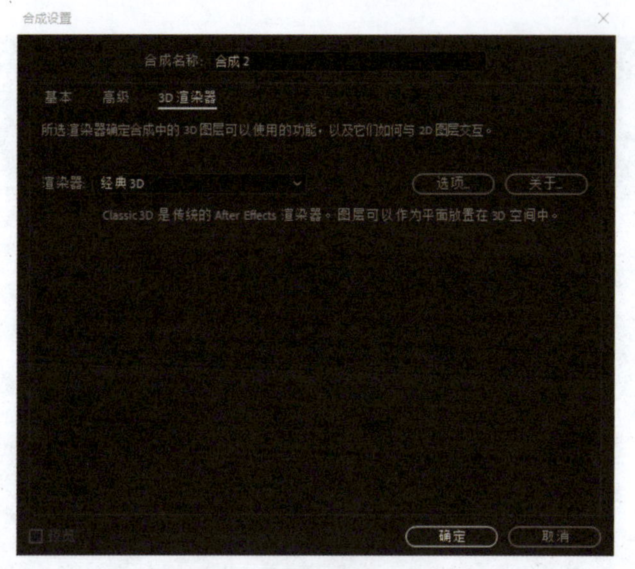

图 6-8 “3D 渲染器”选项卡

（1）**通过按钮新建：**新建项目文件后，可直接在“合成”面板中单击“从素材新建合成”按钮，打开“导入文件”对话框，如图 6-9 所示。选择需要的素材文件后，单击“导入”按钮，AE 将根据素材属性自动创建相同属性的合成文件，素材将以图层形式出现在合成面板中，合成名称为素材名称。

（2）**通过菜单命令新建：**在项目面板中选择需要的素材，单击鼠标右键，在弹出的快捷菜单中选择“基于所选项新建合成”命令。

（3）**通过拖拽操作新建：**在项目面板中选择需要的素材，将其拖拽至项目面板底部的“新建合成”按钮上释放鼠标左键，或将选择的素材直接拖拽到时间轴面板或合成面板中。

需要注意的是：选择两个及以上的素材新建合成文件时，将打开“基于所选项新建合成”对话框，如图 6-10 所示。合成文件新建完成后，时间轴面板中显示的素材图层堆叠顺序取决于选择素材时的顺序。

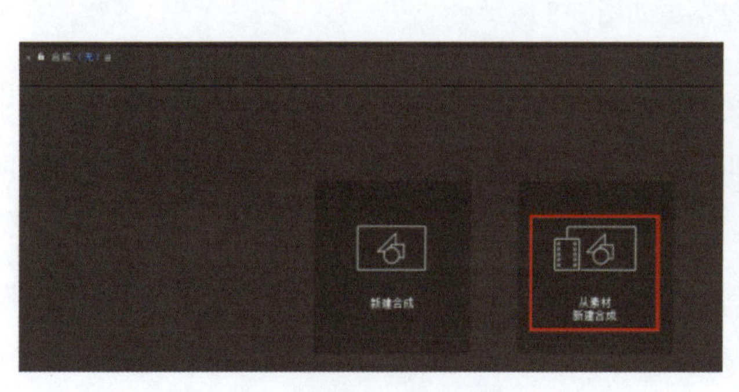

图 6-9 导入文件

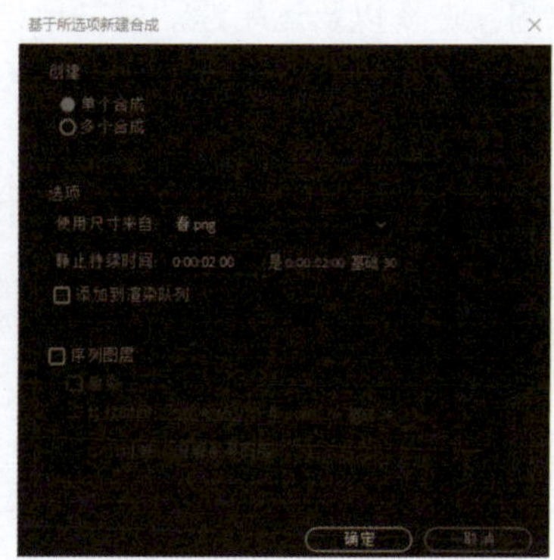

图 6-10 新建合成

2.“基于所选项新建合成”对话框中部分选项的介绍

（1）**“单个合成”单选项：**选中该单选项，可将选中的所有素材合并在一个合成文件中，然后在“使用尺寸来自”下拉列表中选择合成文件需要遵循的素材文件属性。

（2）**“多个合成”单选项：**选中该单选项，可为选中的每一个素材单独创建一个合成文件，此时“使用尺寸来自”下拉列表被禁用。

3. 合成文件属性的修改

要修改新建后的合成文件属性，可在菜单栏中选择“合成→合成设置”命令或按【Ctrl+K】组合键，打开“合成设置”对话框，在其中重新设置合成属性。

（三）导入和替换素材

AE支持多种素材文件的导入，包括静态图像、视频、音频等，若对导入素材不满意，则还可以进行素材替换操作。

1. 导入素材

（1）**基本操作：**新建的项目中没有任何内容，用户可选择“文件→导入→文件”菜单，或按快捷键【Ctrl +I】，也可以双击项目面板素材列表的空白处，打开如图6-11所示的“导入文件”对话框，然后选择要导入的素材，并单击“导入”按钮，将所选素材导入项目面板。

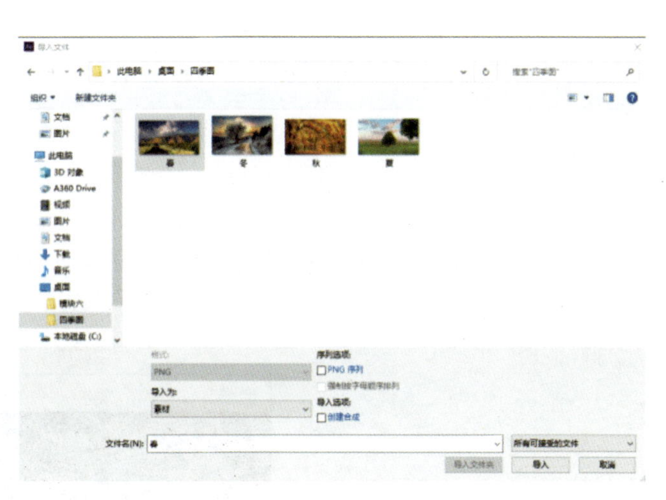

图6-11 导入素材

（2）**导入序列：**序列一般是在三维软件或者其他粒子特效软件里面输出的若干张顺序排列的图片，将它们连接起来播放，就能形成一整段视频。导入图像素材时，必须保证图像的名称是连续的序列，如“00.jpg”“01.jpg”“02.jpg”等。如果不是连续的图片序列，勾选这个按钮是不能形成视频的，而仅是以图片的形式出现。

【操作步骤】

步骤1. 打开AE项目，双击项目面板的空白处或按快捷键【Ctrl+I】，打开“导入文件”

对话框。

步骤 2. 选中序列素材第一张图片，勾选“Targa 序列”复选框，单击 导入 按钮，AE 会自动导入所有连续编号的素材序列，如图 6-12 所示。

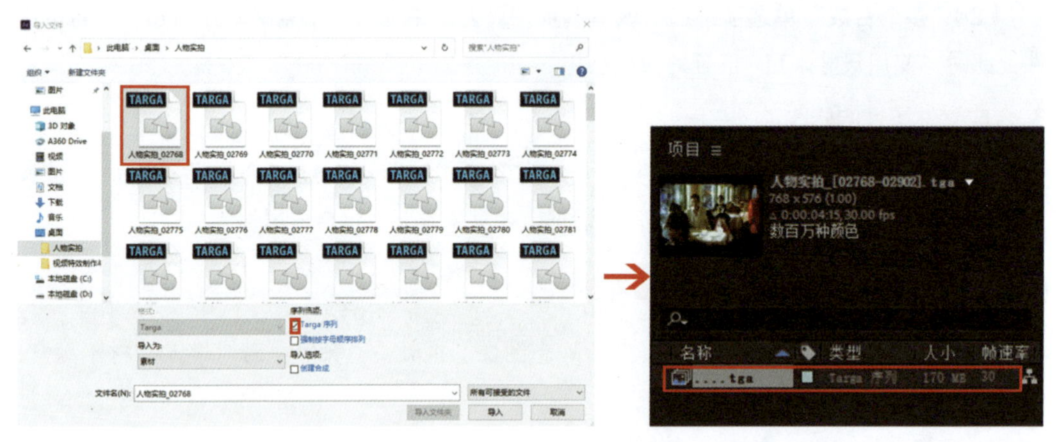

图 6-12　导入“Targa 序列”

（3）**导入分层素材**：After Effects 支持 Photoshop 生成的 PSD 图像文件，用户可以将图层合并导入，也可以导入单独的图层，并保存其中的透明度信息等图层属性。

【操作步骤】

步骤 1. 打开 AE 项目，双击项目面板的空白处或按快捷键【Ctrl+I】，打开“导入文件”对话框，选择“建筑效果图 .psd”图像素材，并单击“导入”按钮，如图 6-13 所示。

步骤 2. 在打开的“建筑效果图 .psd”对话框中选择“选择图层”单选钮，再在右侧的下拉列表中选择所需图层选项，并单击“确定”按钮，如图 6-14 所示，即可将“建筑效果图 .psd”图像素材所需图层中的对象导入项目面板。若选择“合并的图层”单选钮，则会将 PSD 图像作为一个整体导入项目面板。

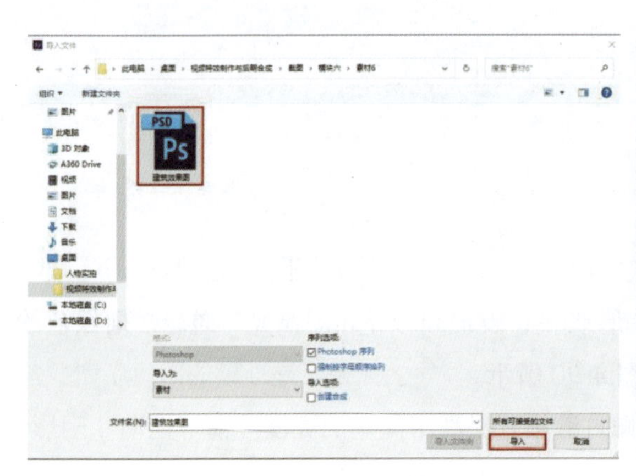

图 6-13　选中 .psd 图层文件

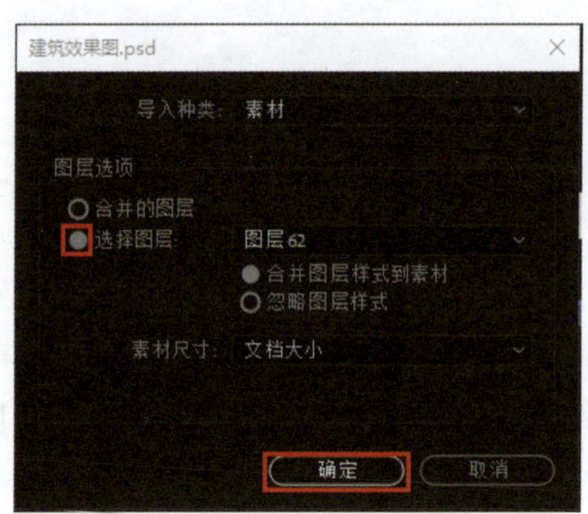

图 6-14　打开 .psd 图层文件

步骤 3. 若在“导入种类”下拉列表中选择“合成”或“合成 - 保持图层大小”选项，再在“图层选项”选项组中选择“可编辑的图层样式”单选钮，并单击“确定”按钮，可将 PSD 图像作为合成导入项目面板，且项目面板会创建一个以“PSD 图像名称 + 各图层”命名的文件夹，其中包含了 PSD 图像各个图层中的对象，如图 6-15 所示。

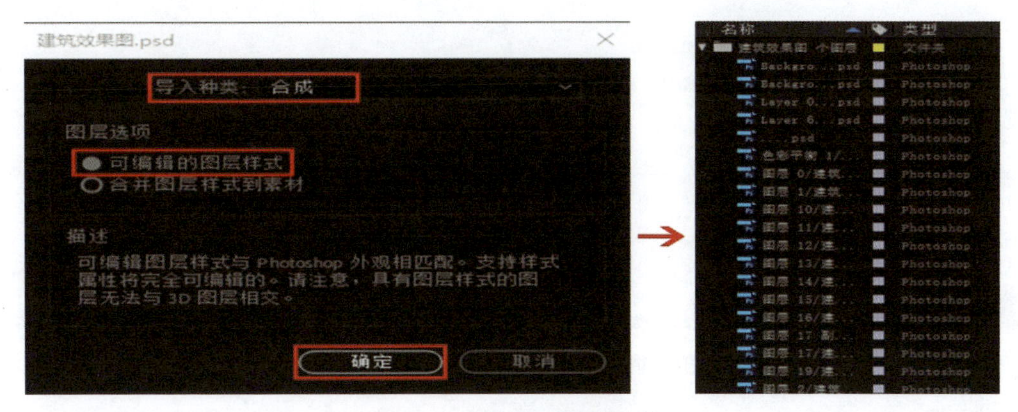

图 6-15　导入 .psd 图层文件

（4）**导入其他 AE 项目文件：**AE 除了能导入视频、音频、图像素材，还能导入 Premiere Pro 生成的项目文件和 After Effects 生成的项目文件。下面以 After Effects 项目文件为例，介绍导入的具体操作方法。

【操作步骤】

步骤 1. 点击菜单栏“文件→打开项目”，在对话框中选中所有导入的“.aep”项目文件，并单击“打开”按钮，如图 6-16 所示。

步骤 2. 导入项目文件后，在项目面板中会生成一个与项目文件同名的文件夹，展开文件夹，会看到所导入项目文件包含的合成、文件夹和素材。

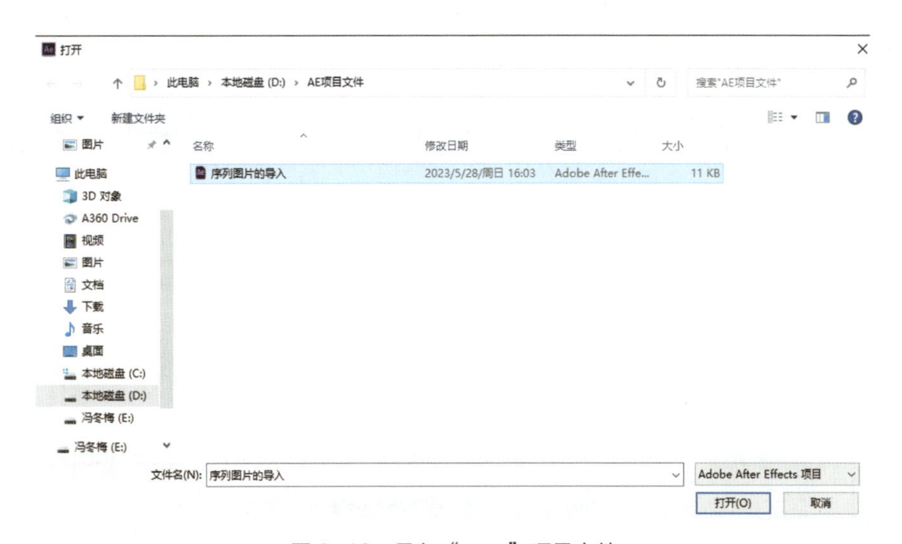

图 6-16　导入“.aep”项目文件

2. 替换素材

如果项目文件中已有的素材不符合制作需要，或丢失了素材，则可以进行素材替换操作。

其操作方法为在项目面板中选择需要替换的素材，单击鼠标右键，在弹出的快捷菜单中选择【替换素材】/【文件】命令，打开“替换素材文件”对话框，双击新素材进行替换。

任务描述

本次任务是了解 AE 中图层的功能，在视频文件中组织各个素材元素，从而便于进行视频后期特效制作。

AE 中的绝大部分操作都是基于图层进行的，所有素材在编辑时都以图层的形式出现在时间轴面板上，因此了解图层的相关知识和操作技巧，能够更好地应用 AE 对素材进行编辑。

一、图层的概念

图层是构成合成图像的基本组件。在合成图像窗口添加的素材都将作为图层使用。在 AE 中，合成影片的各种素材可以从项目窗口直接拖动放置到时间轴窗口（将自动显示在合成图像窗口中），也可以直接拖动到合成图像窗口中。在时间轴窗口可以清楚地看到素材与素材之间存在的“层与层”的关系。

二、图层的类型

AE 中的图层大体可以分为两种，一种是外部导入的，一种自己创建的。自己创建的图层也有很多种，比如说文本图层、纯色图层、形状图层、调整图层等，如图 6-17 所示。

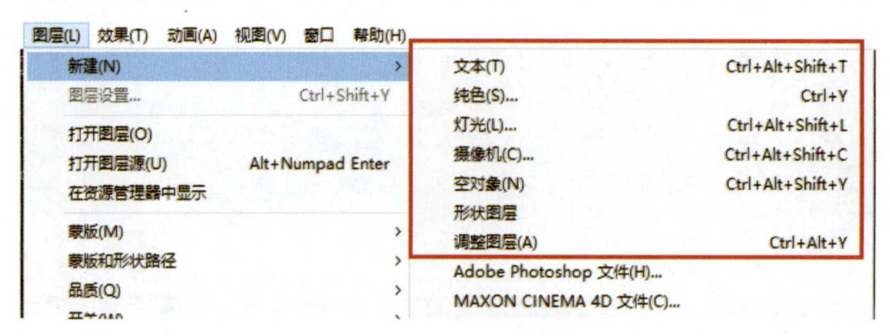

图 6-17　AE 新建图层类型

（1）文本图层： 主要用来创建文本的图层，该图层主要用来设置文字的字体、大小、对齐方式、字距、颜色等。文字动画可以自己制作，也可以套用 AE 自带的“效果和预设”。

（2）纯色图层： 在以往的低版本 AE 中称为固态层，用途非常广，既可单独使用，如为背景填充颜色；又可作为载体承载 AE 特效。

（3）灯光图层： 可以创建各种光源，主要用于三维图层（也称为 3D 图层）。如果需要为某个图层添加灯光，则需要先在时间轴面板中单击普通二维图层中的 3D 图层标记下方的图标，或者在时间轴面板中选择普通二维图层后，选择菜单栏中的“图层→ 3D 图层”命令，将其转换为三维图层，然后才能设置灯光效果。灯光图层有几种不同的光源，分别是点光源、聚光灯、环境光、平行光。

（4）摄像机图层： 用新建的虚拟摄像机配合工具栏上的三个图标（低版本是通过鼠标的左、右键和滚轮）实现摄像机的推、拉、摇、移等特效来观察所作的动画效果。

（5）空对象图层： 空对象图层主要是辅助作用，用途非常广。将其他图层与空对象进行父子链接后可以制作出惊人的位置动画，当改变空对象的变化属性时（如大小、旋转、位置等），其他图层也会跟着变化，并且在渲染时它也不参与。

（6）形状图层： 主要通过形状工具或者钢笔工具创建各种形状，对调整层下方的图层效果进行调整时不会影响上方的图层。形状图层带有特殊的属性，如描边、填充等。

（7）调整图层： 是对它下面的图层统一添加同一个特效，当对一个调节层添加特效的时候，其下方的所有图层都会受到此效果的影响。使用时一定将调整图层放到制作特效的所有图层之上，它们的尺寸也要相同。

三、图层的基本操作

（一）新建和删除图层

（1）新建图层： 可在时间轴面板中右击鼠标，然后在弹出的快捷菜单中选择“新建”子菜单中的图层类别，即可创建相应图层。此外，直接将项目面板中的素材对象拖到时间轴面板中，系统也会自动为其创建一个图层。

（2）删除图层： 只需选中要删除的图层，然后按键盘【Delete】键，或点击菜单栏“编辑→清除”即可。

（二）调整图层顺序

在 AE 中，图层就像一张张按顺序叠放在一起的胶片，上方图层中的对象会遮盖下方图层中的对象，且每个图层都有其独立的时间轴。可见，图层的排列顺序决定了视频的最终效果。

调整图层排列顺序方法：只需单击选中时间轴要移动的图层，然后直接拖到适当的位置并释放鼠标即可，如图 6-18 所示。

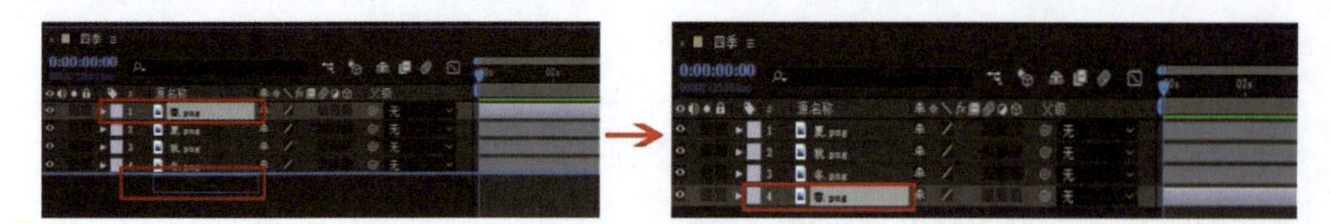

图 6-18 调整图层排列

（三）复制和替换图层

在合成视频作品时，为了节省时间，可通过复制或替换图层的方式将一个图层的动画和特效设置应用到另一个图层中。

（1）**复制图层：**选中要复制的图层，然后按快捷键【Ctrl+C】，再按快捷键【Ctrl+V】，即可在所选图层上方复制出一个新图层，如图 6-19 所示。

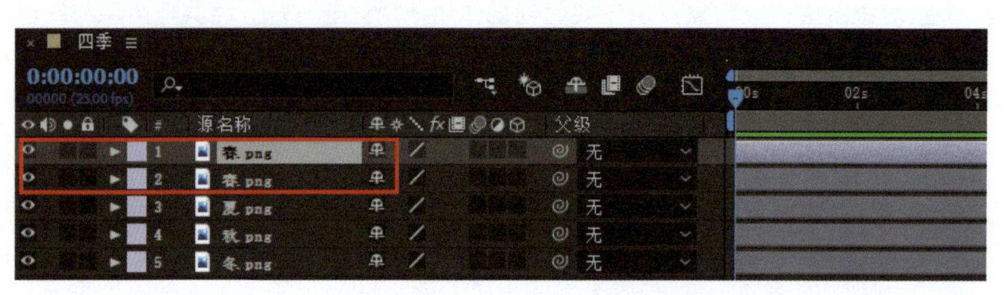

图 6-19 复制图层

（2）**替换图层：**选中要替换的图层，然后在按住【Alt】键的同时，将项目面板中用于替换的素材拖到所选图层上方，释放鼠标即可。替换图层后，被替换图层中原有的动画和特效都将被保留到新的替换图层中。

四、图层的基本属性

除音频图层外，每个图层都有一个“变换”属性组，其中包括：锚点、位置、缩放、旋转和不透明度五个基本属性。图层的属性需要通过展开轮廓图显示，要展开轮廓图，可以点击图层左边的小三角，使其箭头朝下。再次点击，将收敛轮廓，如图 6-20 所示。

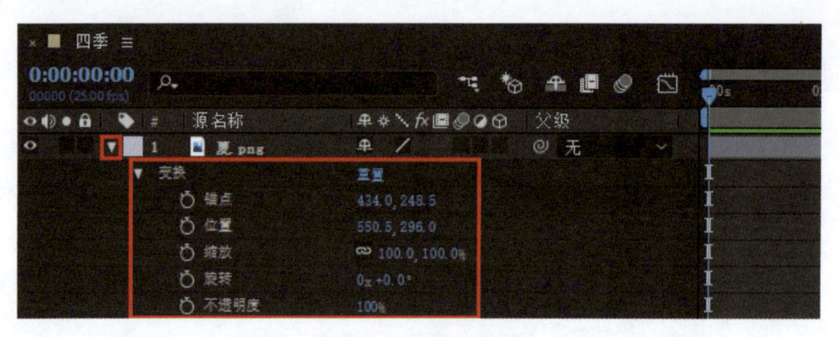

图 6-20 图层的属性

五、图层的混合模式

AE 中图层的混合模式，可以通过上下图层中的对象叠加产生不同的画面效果。要设置图层的混合模式，只需选中图层，并在所选图层上右击，然后在弹出的快捷菜单中选择“混合模式”子菜单中的相关选项，如图 6-21 所示。

AE 中图层有 38 种图层混合模式，下面介绍几种常用的混合模式。

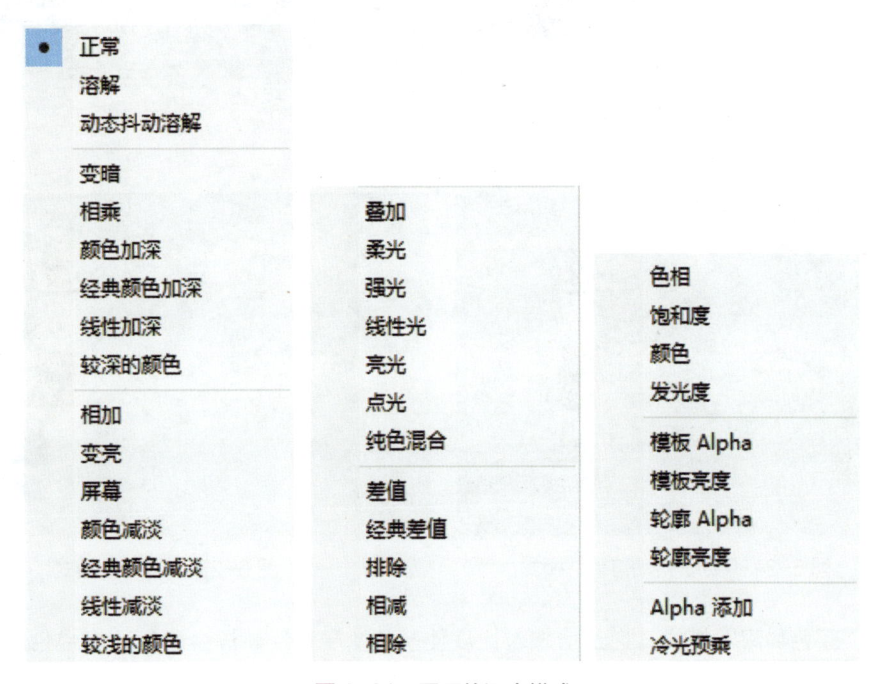

图 6-21　图层的混合模式

（1）“正常”模式：当不透明设置为 100% 时，此合成模式将根据 Alpha 通道正常显示当前图层，并且图层的显示不受其他图层的影响；当不透明度设置小于 100% 时，当前图层的每一个像素点的颜色将受到其他图层的影响，根据当前的不透明度值和其他图层的色彩来确定显示的颜色，如图 6-22 所示。

（2）“溶解”模式：该合成模式将控制图层与图层间的融合显示。因此该模式对于有羽化边界的图层有较大的影响。如果当前图层没有遮罩羽化边界或该图层设定为完全不透明，则该模式几乎不起作用，如图 6-23 所示。

（3）“动态抖动溶解”模式：该模式和“溶解”模式相同，但它对融合区域进行了随机动画，如图 6-24 所示。

（4）“变暗”模式：用于查看每个通道中的颜色信息，并选择基色或混合色中较暗的颜色作为结果色，如图 6-25 所示。

（5）“相乘”模式：一种减色混合模式，将基色与混合色相乘，形成一种光线透过两张叠加在一起的幻灯片的效果，结果呈现出一种较暗的效果，如图 6-26 所示。

图 6-22 “正常”模式

图 6-23 “溶解”模式

图 6-24 “动态抖动溶解”模式

图 6-25 “变暗”模式

（6）“颜色加深”模式：通过增加对比度使基色变暗以反映混合色，若混合色为白色则不产生变化，如图 6-27 所示。

图 6-26 “相乘”模式

图 6-27 “颜色加深”模式

（7）“相加”模式：对上下两个图层中图像的像素进行加减运算，使当前图层的图更加明亮，如图 6-28 所示。

（8）“变亮”模式：在上下两个图层之间进行比较，保留较亮的像素，忽略较暗的像素，如图 6-29 所示。

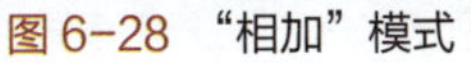
图 6-28 “相加”模式

图 6-29 “变亮”模式

（9）“叠加”模式： 将输入颜色通道值相乘或对其进行滤色，具体取决于基础颜色是否比 50% 灰色浅，结果保留基础图层中的高光和阴影，如图 6-30 所示。

（10）“柔光”模式： 使基础图层的颜色通道值变暗或变亮，具体取决于源颜色。结果类似于漫射聚光灯照在基础图层上。对于每个颜色通道值，如果源颜色比 50% 灰色浅，则结果颜色比基础颜色浅，就好像减淡一样。如果源颜色比 50% 灰色深，则结果颜色比基础颜色深，就好像加深一样。具有纯黑色或白色的图层明显变暗或变亮，但是没有变成纯黑色或白色，如图 6-31 所示。

图 6-30 “叠加”模式

图 6-31 “柔光”模式

（11）“强光”模式： 将输入颜色通道值相乘或对其进行滤色，具体取决于原始源颜色。结果类似于耀眼的聚光灯照在图层上。对于每个颜色通道值，如果基础颜色比 50% 灰色浅，则图层变亮，就好像被滤色一样。如果基础颜色比 50% 灰色深，则图层变暗，就好像被相乘一样。此模式用于在图层上创建阴影外观。如图 6-32 所示。

（12）“色相”模式： 结果颜色具有基础颜色的发光度和饱和度以及源颜色的饱和度，如图 6-33 所示。

（13）“模板 Alpha”模式： 根据当前图层中图像的 Alpha 通道，显示下方图层中的图像内容，与遮罩效果类似，如图 6-34 所示。

图 6-32 “强光”模式

图 6-33 “色相”模式

（14）**“轮廓 Alpha”模式**：根据当前图层中图像的 Alpha 通道，反向显示下方图层中的图像内容，如图 6-35 所示。

图 6-34 “模板 Alpha”模式

图 6-35 “轮廓 Alpha”模式

任务四 关键帧动画

任务描述

在 After Effects 中，用户可以添加、选择和编辑关键帧，还可以使用关键帧自动记录器来记录关键帧。本次任务是使用关键帧的基本操作完成动画效果。

一、关键帧动画的概念

关键帧动画就是利用关键帧制作的动画。在制作动画的开始位置和结束位置添加关键帧，然后对关键帧的属性（位置、缩放、旋转等）进行编辑，AE 会自动计算它们中间的动画过程（此过程也叫插值运算），从而产生视觉动画。

二、关键帧的基本操作

要制作关键帧动画，首先要创建关键帧，然后对属性进行参数设置，从而实现不同的动画效果。

（一）创建关键帧

选中需要添加关键帧的素材图层，展开图层下的“变换”选项图标，使用变换内的功能，单击左侧的按钮，可以创建该属性的关键帧，同时该按钮变成形状，如图 6-36 所示。

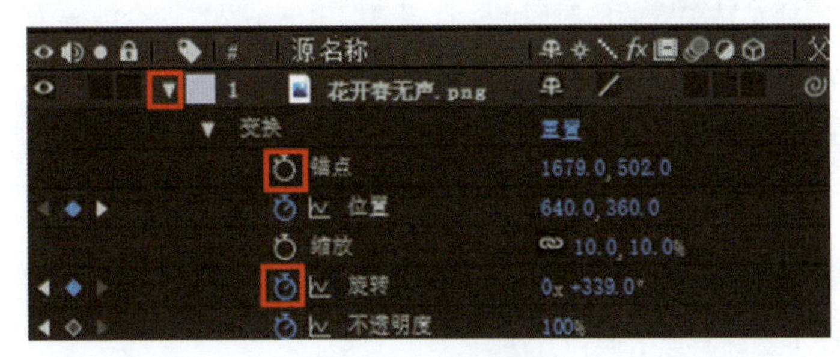

图 6-36　创建关键帧

（二）选择和移动关键帧

根据需求，可以使用不同的方式选择单个或多个关键帧（选中的关键帧将变为蓝色）。

1. 选择关键帧

（1）选择单个关键帧：使用“选取工具”直接在关键帧上方单击可以选择该关键帧。

（2）选择多个关键帧：使用“选取工具”按住鼠标左键拖拽，可以框选需要选择的关键帧，如图 6-37 所示。也可以在按住【Shift】键的同时，使用“选取工具”依次单击需要选择的多个关键帧。

图 6-37　选择关键帧

（3）选择相同属性的关键帧：在关键帧上方单击鼠标右键，在弹出的快捷菜单中选择“选择相同的关键帧”命令，可选择与该关键帧有相同属性的所有关键帧，或在时间轴面板中双击属性名称，将该属性对应的关键帧全部选中。

（4）选择前面的关键帧：在关键帧上方单击鼠标右键，在弹出的快捷菜单中选择“选择前面的关键帧”命令，可选择该关键帧及其所在时间点之前有相同属性的所有关键帧。

（5）选择跟随关键帧：在关键帧上方单击鼠标右键，在单出的快捷菜单中选择“选择跟随关键帧”命令，可选择该关键帧及其所在时间点之后有相同属性的所有关键帧。

2. 移动关键帧

要改变某个关键帧的位置，可选择“选取工具”，将鼠标指针移动至关键帧上方，然后按住鼠标左键拖拽。

（三）复制、粘贴关键帧

选择需要复制的关键帧，选择“编辑→复制”命令或按【Ctrl+C】组合键，复制关键帧。将时间指针移至需要粘贴关键帧的时间点，选择“编辑→粘贴”命令或按【Ctrl+V】组合键，粘贴关键帧。粘贴后的关键帧将显示在目标图层的相应属性中，最左侧的关键帧将显示在当前时间指针所在时间点，其他关键帧将按照相对顺序依次排序，且粘贴后的关键帧保持选中状态。需要注意的是：复制、粘贴关键帧时，只能在同一个图层中进行操作。

（四）删除关键帧

在 AE 中删除关键帧有以下两种方法。

（1）通过按钮删除：将时间指针移至需要删除的关键帧所在的时间点后，单击属性左侧的按钮，可删除该关键帧，且该按钮变为形状。

（2）通过菜单命令删除：选择需要删除的关键帧后，选择“编辑→移除”命令，或直接按【Delete】键，可以删除该关键帧。

典型案例制作

制作“标题文字出没”动画

（一）制作分析

创建项目文件并新建合成后，导入相关素材；然后将“背景图片 .jpg”图像素材添加到时间轴面板中生成“背景图片 .jpg”图层，并制作关键帧动画；再将“花开春无声 .png”图像素材添加到时间轴面板中，调整图层上下关系，通过创建关键帧动画制作标题文字出没动画效果，调整“不透明度”“缩放”“位置”等属性，实现预期的动画效果。

（二）制作步骤

1. 创建合成、导入素材

步骤 1. 启动 AE，在项目窗口单击按钮，新建一个合成影像，在“合成设置”对话框的“ 预设”下拉列表中选择“HDV/HDTV 720 25”选项，并单击“确定”按钮，如图 6-38 所示。

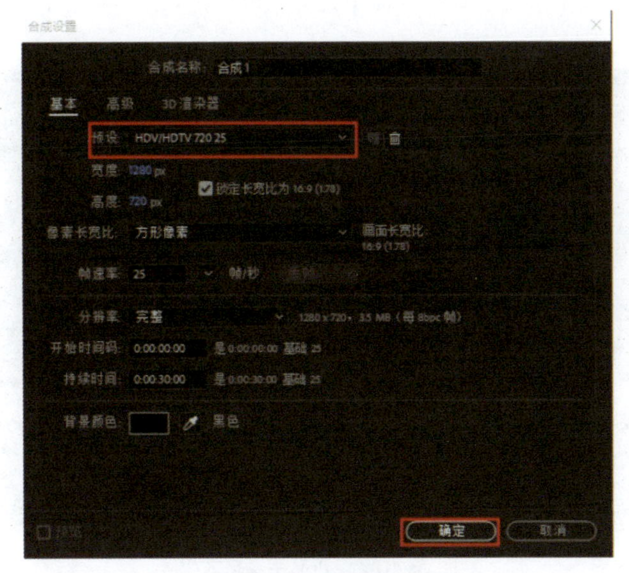

图 6-38　创建合成

步骤 2. 按快捷键【Ctrl+I】或双击项目面板的空白区域，打开“导入文件”对话框，选择本书配套素材“素材文件 \ 模块六 \”文件夹中的“花开春无声 .png”和“背景 .jpg”图像素材，并单击“导入”按钮。

2. 调整背景尺寸

步骤 1. 将项目面板中的“背景 .jpg”图像素材拖到时间轴面板上，选中“背景 .jpg”图层，展开图层下的“变换”选项，调节“缩放”属性参数，将背景图大小调整至与合成窗口同样大小，如图 6-39 所示。

图 6-39　调整背景尺寸

步骤 2. 将项目面板中的“花开春无声 .png”图像素材拖到时间轴面板上，放在“背景 .jpg”图层上方，展开图层下的“变换”选项，调节“缩放”参数，调整至合适大小；调节“位置”参数，将文字素材放置于画面中合适的位置，如图 6-40 所示。

图 6-40　设置文字素材大小

3. 关键帧动画的制作

步骤 1. 文字出现动画制作。选中“花开春无声 .png”图层，将时间轴面板中的当前时间指针移至第 0 秒处，单击“不透明”属性左侧的“时间变化秒表”（码表）按钮，创建第一个关键帧，设置“不透明度”属性的参数为 0，如图 6-41 所示；调整时间指针至 8 秒处，单击按钮，设置“不透明度”属性的参数为 100，如图 6-42 所示。此时动画效果为“花开春无声”文字从无到有。

图 6-41　“不透明”属性设置效果

图 6-42 “不透明”属性设置效果

步骤 2. 文字旋转动画制作：选中“花开春无声 .png”图层，将时间轴面板中的当前时间指针移至第 10 秒处，单击“旋转”属性左侧的码表按钮，记录第一个关键帧，设置“旋转”属性的参数；调整时间指针至 15 秒处，单击按钮，设置“旋转”属性的参数，记录关键帧，如图 6-43 所示。此时动画效果为“花开春无声”在文字方向上发生变化。

图 6-43 “旋转”属性设置效果

步骤 3. 文字位移动画制作：选中“花开春无声 .png”图层，将时间轴面板上的时间指针移至第 16 秒处，创建第一个关键帧，设置位置参数，将时间指针移至第 24 秒，调整参数，记录第二个关键帧。将文字移出画面，记录关键帧，如图 6-44 所示。

图 6-44 动画效果

【课后拓展实训】制作关键帧动画

1. 实训要求

① 参考短片（素材文件 \ 模块六 \ 实训素材 .mp4）内容和风格，制作短视频的新片头。

② 使用软件为 After Effects。

③ 片头制作过程中要求应用 After Effects 中的关键帧动画。

2. 技术要点提示

① 关键帧动画需要通过帧与帧之间的参数差别来产生动画，因此，关键帧必须设置两个或两个以上才能产生动画效果。

② 帧参数之间必须有差异，比如位置差异、颜色差异等，才能产生动态变化效果。

拓展阅读

特效制作技术在影视中的应用

影视作品一般需通过实景拍摄来表达，但部分实景难以进行拍摄，因此为了能够提高画面感，就必须合理应用后期特效制作方法来弥补制作过程中存在的短板问题。在影视后期制作中利用先进的处理技术来进行二次制作，通过使用 3D 技术、镜头跟踪技术、蓝绿幕技术以及虚拟现实技术等影视特效技术，电影制作人可以轻松地创造出各种各样的场景和特效，从而吸引观众的眼球。

After Effects 软件有助于高效且精确地创建多种引人注目的动态图形和震撼人心的视觉效果。利用与其他 Adobe 软件无与伦比的紧密集成和高度灵活的 2D 和 3D 合成以及数百种预设的效果和动画，After Effects 为制作视频和 Flash 作品增添了令人耳目一新的效果。

笔记

After Effects 内置特效应用

【模块导读】

After Effects 包括了几百种内置特效，这些强大的内置特效能够满足动画制作的需要。本模块挑选了一些比较实用的内置特效，结合实例详细讲解了它们的应用方法，希望读者举一反三，在学习这些特效的同时掌握更多特效的使用方法。

【知识目标】

掌握内置特效的使用方法
掌握文字特效的制作方法
掌握抠像技术与跟踪技术
掌握动态图形的制作方法

【能力目标】

能为视频添加内置特效
能制作文字特效
能利用抠像技术与跟踪技术制作视频
能制作动态图形

任务一 视频的特效制作

任务描述

在 After Effects 中，效果又被称为特效或滤镜，是用于实现特殊效果的重要工具。使用这些滤镜可以为图层添加调色、扭曲、生成、模糊、变形等特殊效果，也可以通过丰富且强大的预设轻松达成许多预想的效果。

一、蒙版与遮罩

遮罩是影视后期制作中最为常见的技术，通过遮罩，可以创建出许多令人难以置信的画面，实现真实拍摄无法达到的效果，这也是影视后期制作者最为依赖的技术之一。熟练掌握并能够灵活运用遮罩技术，是一位合格的影视后期工作者必须具备的技能。在本任务中，将详细讲解遮罩的原理以及 After Effects 中常用遮罩的操作方法，希望通过本任务的学习，能够使读者快速掌握遮罩的相关知识和操作方法。

（一）遮罩的概念

遮罩是指一个图层（或图层的任何通道），用于定义该图层或其他图层的透明区域。白色定义不透明区域，黑色定义透明区域。也就是说，可以通过遮罩使图层中的某些区域透明化。举个例子，假如说我们拍摄了一组水果，但拍摄到的背景并非我们想要的，此时就需要将背景部分使用遮罩将其透明化，这样就可以为这组水果合成另外一个背景了。

其具体过程如下。

① 在 AE 中打开原图为白色背景的水果图像，如图 7-1 所示。

② 为该图像绘制遮罩。其中，水果的部分不透明，因此遮罩需要使用白色；背景的部分透明，因此遮罩需要使用黑色，如图 7-2 所示。

③ 执行遮罩后，原图中的背景就变为透明了，只留下了水果的部分，如图 7-3 所示。

④ 在原图的下方图层处放置一个新的背景，如图 7-4 所示。

⑤ 由于原图背景的部分已经透明化，因此原图背景的部分就显示出下方图层的内容，也就是新的背景，如图 7-5 所示。

图 7-1　原图

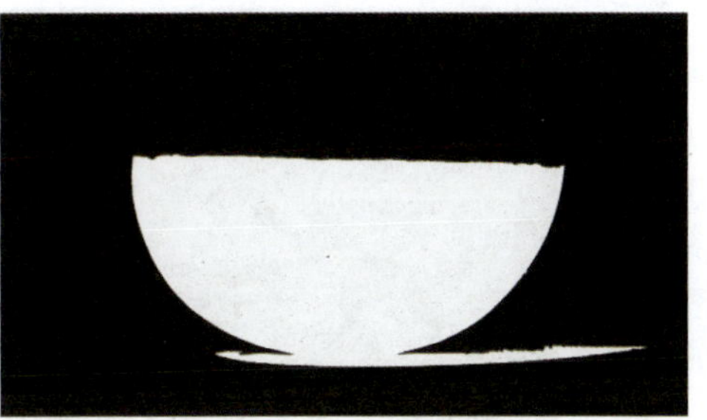

图 7-2　遮罩图

图 7-3　透明背景

图 7-4　背景图

图 7-5　合成后效果

遮罩的类型有多种，最常用的主要有蒙版和轨道遮罩。

（二）蒙版

直接在需要进行遮罩的图层上绘制一个闭合的路径，这个闭合的路径就叫作蒙版。这是一种十分便捷的遮罩方式，不需要手动设置黑色和白色来区分透明区域和不透明区域。默认情况下，蒙版的内部为不透明区域，而蒙版的外部为透明区域，当然，这个设定是可以更改的。

1. 蒙版的创建

蒙版的创建方式较为简单，使用矩形工具（圆角矩形工具、椭圆工具、多边形工具、星形工具）和钢笔工具等路径绘制工具直接在需要进行遮罩的图层上绘制即可。需要注意的是，绘制的路径必须是封闭的图形才能进行遮罩。

【操作步骤】

步骤 1. 在时间轴面板单击鼠标左键，选中需要进行遮罩的图层，如图 7-6 所示。

步骤 2. 使用椭圆工具，在合成预览区直接绘制一个闭合的路径，当绘制完成后，遮罩就会自动产生，此时我们可以看到路径外部的区域变得透明了。同时，可以在图层下方看到蒙版的信息，这样蒙版就创建完成了，如图 7-7 所示。

步骤 3. 接下来就可以拖动新的背景到该图层下方，此时会发现蒙版外部的区域已经透明化，能够看到下方的新背景了，如图 7-8 所示。

图 7-6　选择图层

图 7-7　绘制遮罩

图 7-8　添加背景

2. 蒙版的编辑

蒙版的编辑包括删除蒙版和反转蒙版。

（1）删除蒙版：蒙版的删除方式比较简单，在时间轴面板图层属性处选中需要删除的蒙版（也可在合成预览区中选中），执行快捷键【Delete】即可将其删除。

（2）反转蒙版：当创建好蒙版后，如果发现需要透明化的区域是蒙版的内部，而非默认情况下蒙版的外部，那么这个时候可以在图层属性处找到该蒙版的“反转”选项，将之勾选即可反转蒙版的透明区域和不透明区域，如图 7-9 所示。

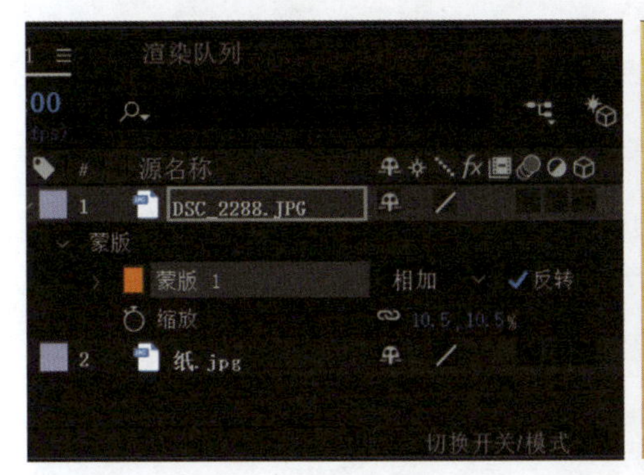

图 7-9　反转蒙版

3. 蒙版路径

蒙版路径参数可以改变路径的形状，如图 7-10 所示。

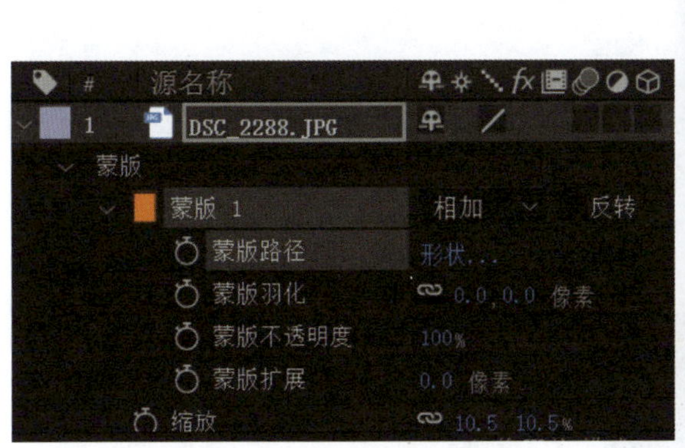

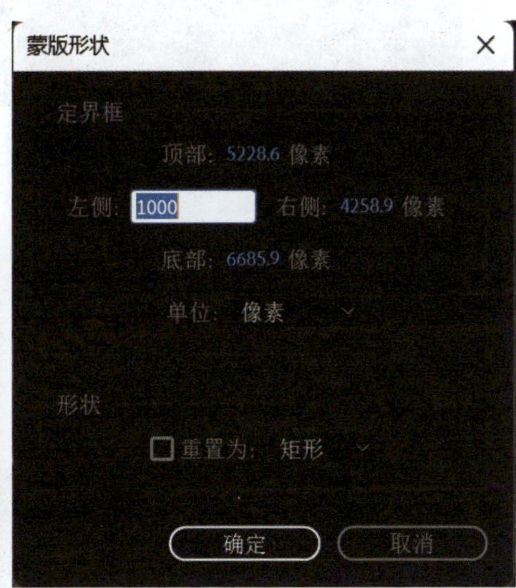

图 7-10　蒙版路径参数设置

4. 蒙版羽化

蒙版羽化参数可以羽化蒙版的边缘，如图 7-11 所示。

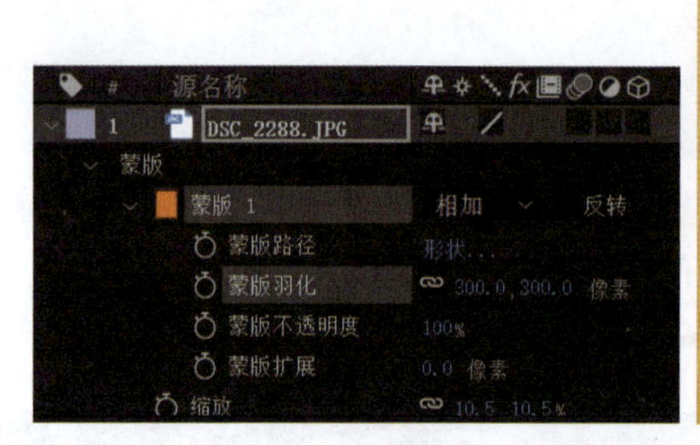

图 7-11　蒙版羽化

5. 蒙版不透明度

蒙版不透明度参数可以控制蒙版的不透明度，0% 为完全透明，100% 为完全不透明，通过这组参数可以实现遮罩效果半透明化，如图 7-12 所示。

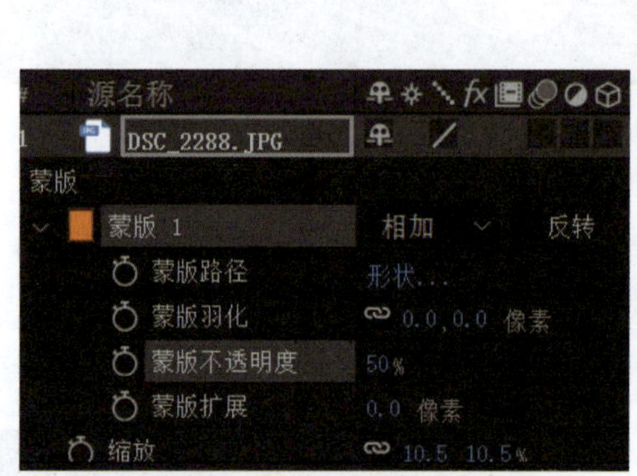

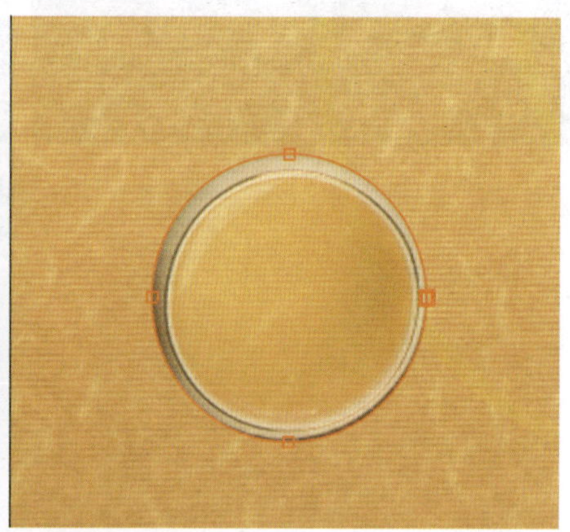

图 7-12　蒙版不透明度

6. 蒙版扩展

蒙版扩展参数可以控制蒙版边缘向外扩展或向内收缩：参数为正值时，蒙版边缘向外部扩展；参数为负值时，蒙版边缘向内部收缩，如图 7-13 和图 7-14 所示。

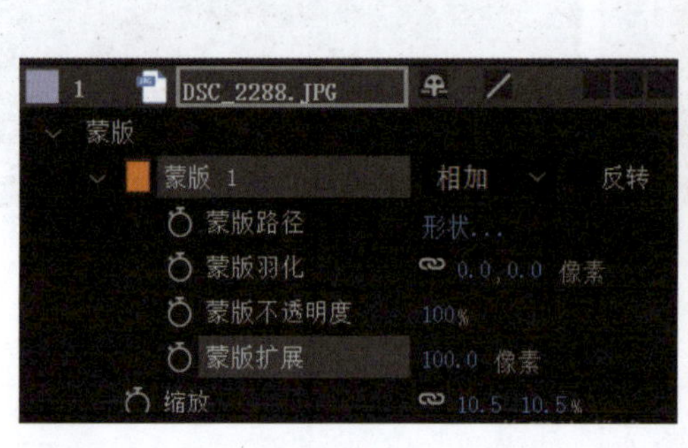

图 7-13　蒙版扩展

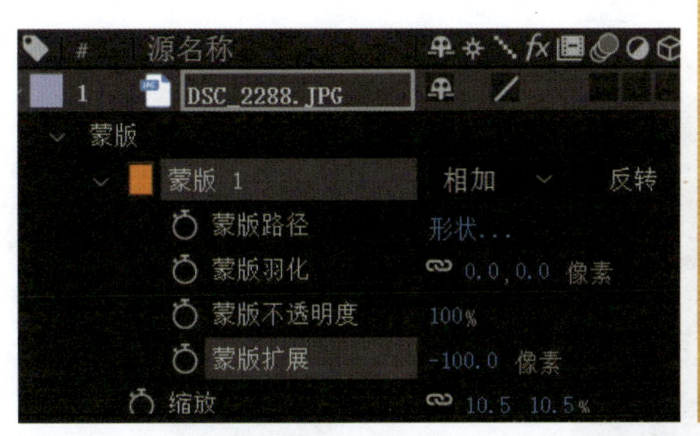

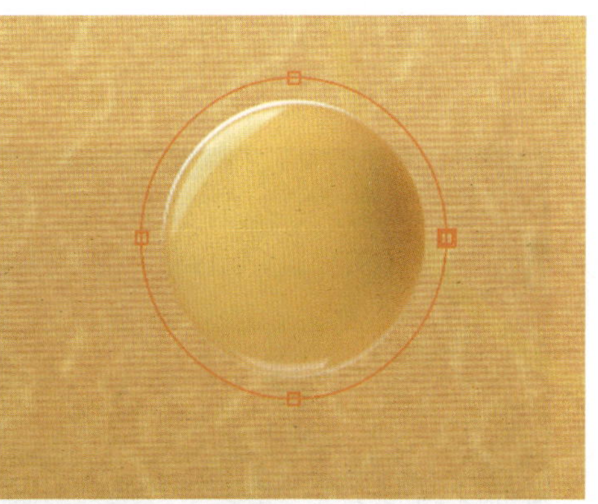

图 7-14　蒙版收缩

（三）轨道遮罩

轨道遮罩需要使用一个图层的像素信息来控制另一个需要进行遮罩的图层，也就是说，需要两个图层来实现遮罩效果。相较于蒙版虽然稍微复杂一些，但如果使用得巧妙，轨道遮罩往往能制造出一些令人惊喜的效果。

轨道遮罩有 Alpha 遮罩和亮度遮罩两种模式。

1. Alpha 遮罩

Alpha 遮罩是指使用图层 A 的不透明度来控制图层 B 的不透明度，图层 A 中的透明区域可以使图层 B 中对应的区域透明化。也就是说，图层 A 必须具备 Alpha 通道的不透明度信息。通过这种方式，可以使用一个带有 Alpha 通道不透明度信息的图层去遮罩另一个没有 Alpha 通道不透明度信息的图层。

2. 亮度遮罩

亮度遮罩是指使用图层 A 的图像亮度来控制图层 B 的不透明度。可以这样理解：利用图层 A 中的黑白灰像素来控制图层 B 中对应区域的不透明度。图层 A 中白色区域使图层 B 的对应区域完全不透明，图层 A 中黑色区域使图层 B 的对应区域完全透明，图层 A 中的灰色区域使图层 B 的对应区域半透明。

轨道遮罩的设置方法如下（以亮度遮罩为例）。

【操作步骤】

步骤 1. 将素材图片“雪山”“草地”“黑白灰”(素材文件\模块七\) 置入合成，如图 7-15 所示。

步骤 2. 点击“草地”图层后方“轨道遮罩”处的“无”下拉列表，在展开的列表中选择“亮度遮罩”，如图 7-16 所示。

步骤 3. 此时，轨道遮罩就设置完成了。可以看到，“黑白灰”图层已成为遮罩层，而“草地”图层则成为被遮罩层。其中，“黑白灰”图层黑色的区域使“草地”图层对应区域完全透明化；“黑白灰”图层白色的区域使“海洋”图层对应区域完全不透明，而“黑白灰”图层灰色的区域使“草地”图层对应区域半透明化，如图 7-17 所示。

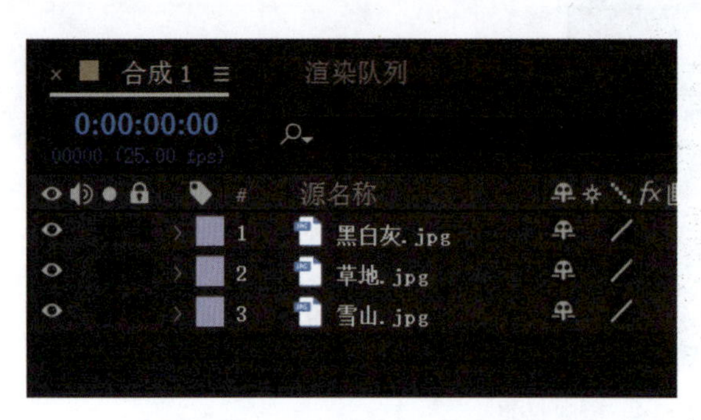

图 7-15　导入素材

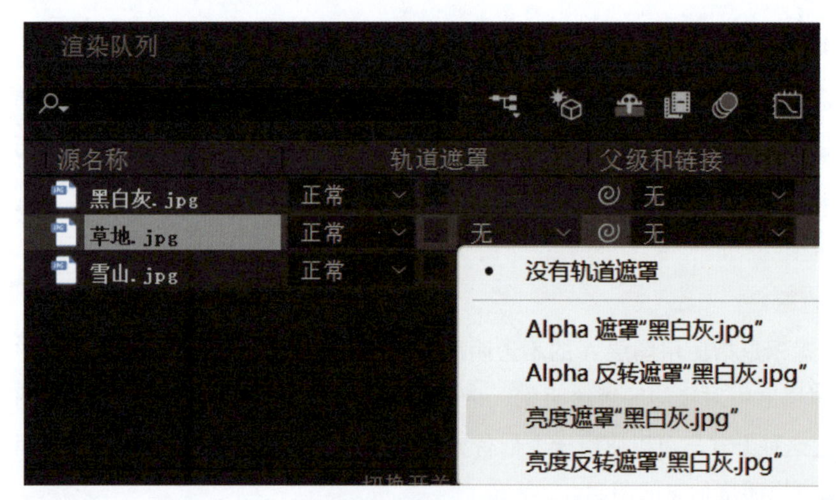

图 7-16　添加亮度遮罩

图 7-17　效果预览

提示：设置轨道遮罩时，被遮罩的图层必须位于遮罩图层的下方；也就是说，从图层排列关系上来看，只能是上面一个图层遮罩下面一个图层，这种图层排列关系必须牢牢记住，不能出错。

（四）实战案例

通过本案例，我们将运用之前所学习的遮罩知识，来实际制作一个“美食栏目包装”的合成，并从中学习到关于遮罩在实际应用中的一些技巧。

【操作步骤】

步骤 1. 点击“文件→导入→文件”，在弹出的窗口中找到“素材文件 \ 模块七 \ 美食栏目 \ 美食 .mp4”“素材文件 \ 模块七 \ 美食栏目 \ 水墨 .mp4”两个素材文件，将其全部选中后点击“导入”，将两个素材文件导入 After Efects 中。

步骤 2. 在项目面板中选中“美食 .mp4”，按下鼠标左键并将其拖动至“新建合成”按钮后松开鼠标左键，即可创建一个基于该素材属性的合成，如图 7-18 所示。

图 7-18　创建合成

步骤 3. 在项目面板中选中“水墨 .mp4”素材，并将其拖动至时间轴面板，使其位于“美食 .mp4”图层的上方，此时可以看到预览面板中该合成显示的是“水墨 .mp4”这一图层的内容，如图 7-19 所示。

步骤 4. 接下来，我们点击“美食 .mp4”图层后方“轨道遮罩”处的“无”下拉列表，在展开的列表中选择“亮度反转遮罩”，如图 7-20 所示。

此时，预览面板中原本水墨晕染的黑色部分，会透出下方“美食 .mp4”图层的视频内容，如图 7-21 所示。

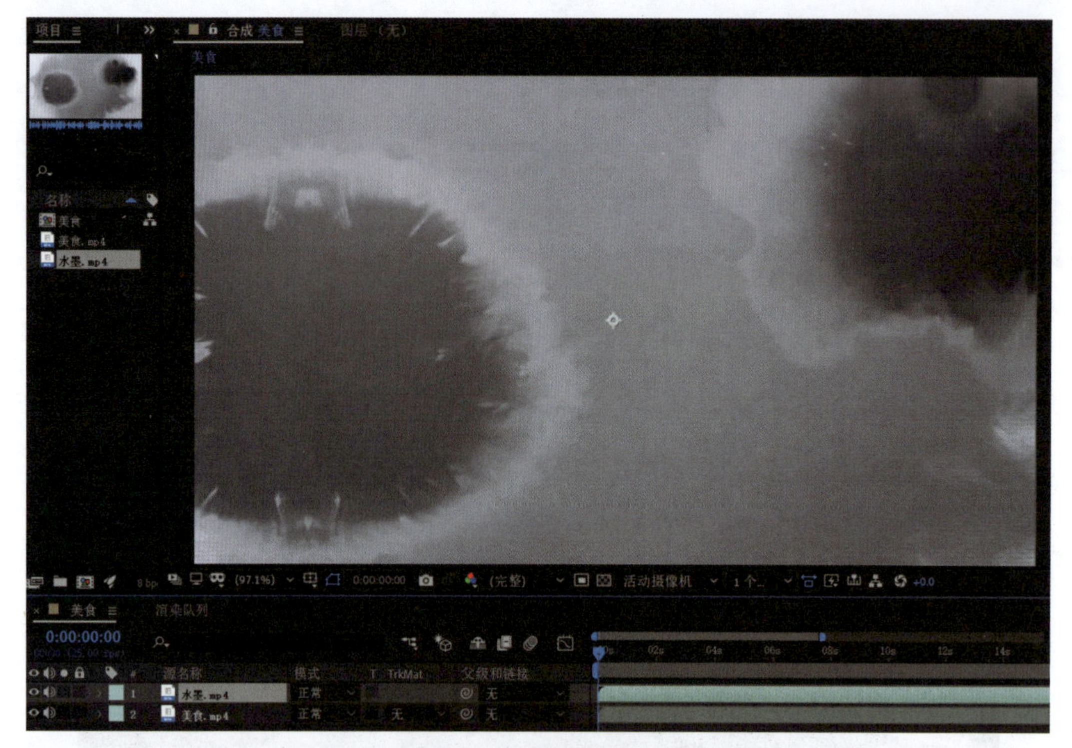

图 7-19　调整图层顺序

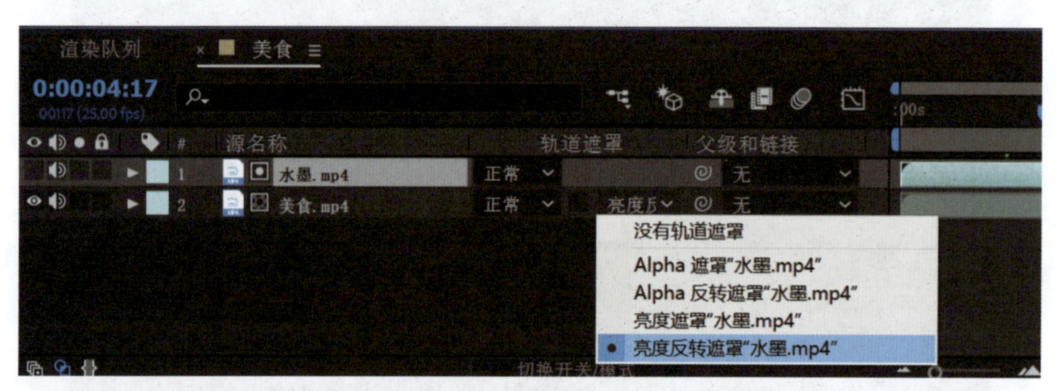

图 7-20　亮度反转遮罩

图 7-21　预览面板

图 7-22　透明网格

步骤 5. 点击预览面板下方的“切换透明网格”按钮，会发现视频中的背景部分是透明的，所以我们要为视频添加一个背景，如图 7-22 所示。

在时间轴面板空白处单击鼠标右键，执行“新建→纯色”命令，新建一个纯色图层作为背景，如图 7-23 所示。在弹出的纯色设置面板中，点击“颜色”属性的颜色框，将颜色设置为白色之后点击“确定”，如图 7-24 所示。

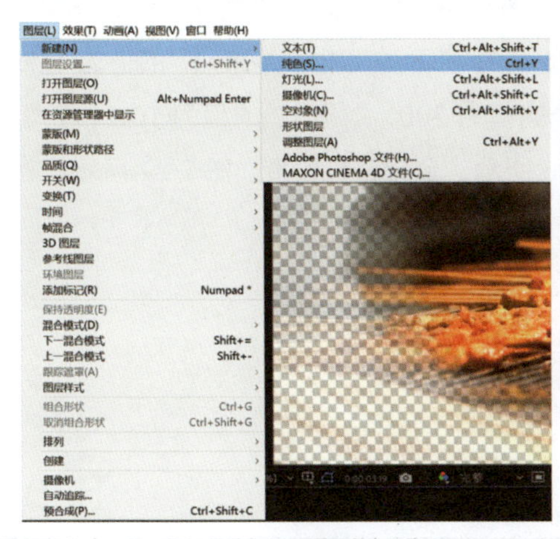

图 7-23 新建纯色

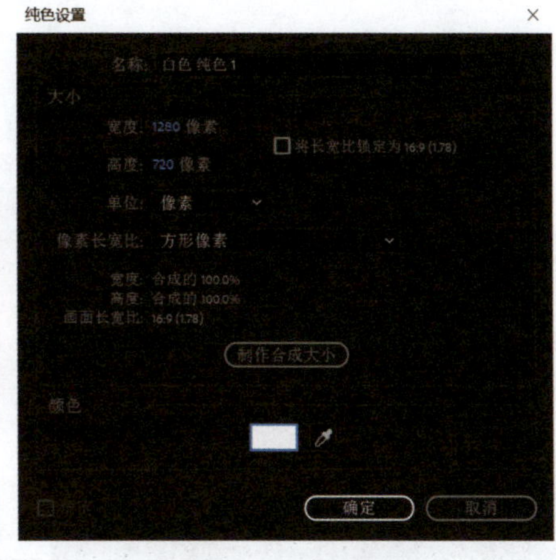

图 7-24 设置颜色

步骤 6. 将白色纯色图层拖动至所有图层的最下方作为背景。至此，视频部分的轨道遮罩就设置完成了。其效果如图 7-25 所示。

图 7-25 效果预览

二、节奏旋律

本例主要讲解如何利用“音频频谱”特效制作节奏旋律效果。

【操作步骤】

步骤 1. 新建一个合成，命名为“节奏旋律”，导入“素材文件 \ 模块七 \ 节奏旋律 \ 背景.jpg”和一个自备的音乐文件。

步骤 2. 执行菜单栏中的“图层→新建→纯色”命令，打开“纯色设置”对话框，设置“名称”为“声谱”，“颜色”为黑色。

步骤 3. 为“声谱”层添加“音频频谱”特效。在效果和预设面板中展开“生成”特效组，然后双击“音频频谱”特效。

步骤 4. 在效果控件面板中，修改“音频频谱”特效的参数，从“音频层”右侧的下拉列表框中选择“音频”图层，设置“起始点”的值为（1.8，720），“结束点”的值为（1281.3，720），“起始频率”的值为 20，“结束频率”的值为 200，“频段”的值为 10，“最大高度”的值为 2000，“厚度”的值为 100，如图 7-26 所示，合成窗口效果如图 7-27 所示。

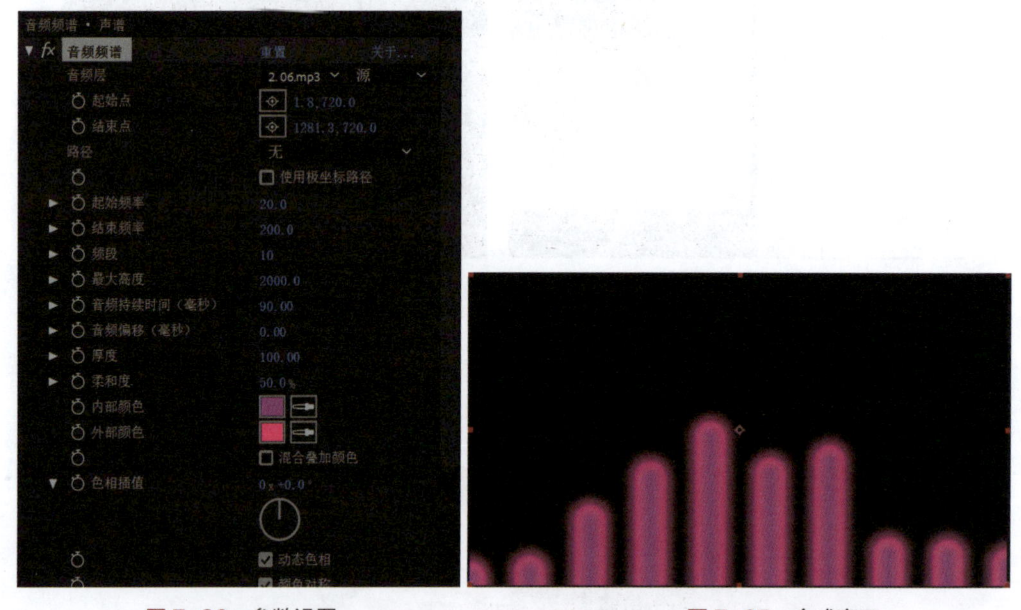

图 7-26　参数设置　　图 7-27　合成窗口

步骤 5. 在时间轴面板中，在“声谱”层右侧的属性栏中单击 2 次“品质”按钮 ，“品质”按钮将会变为 按钮，如图 7-28 所示，合成窗口效果如图 7-29 所示。

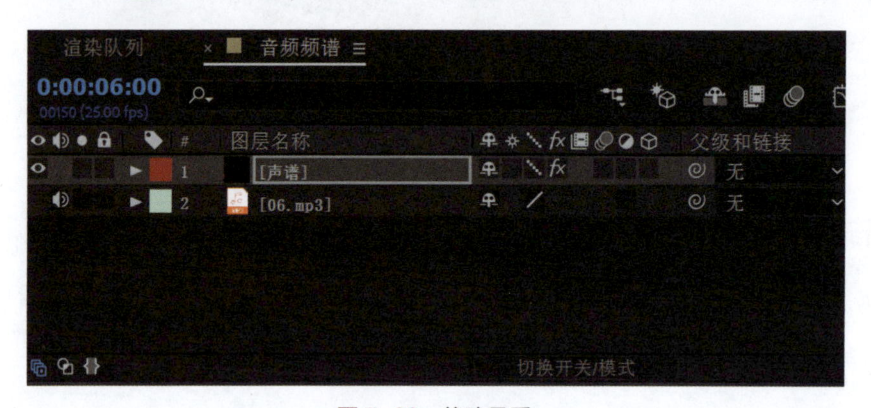

图 7-28　修改品质

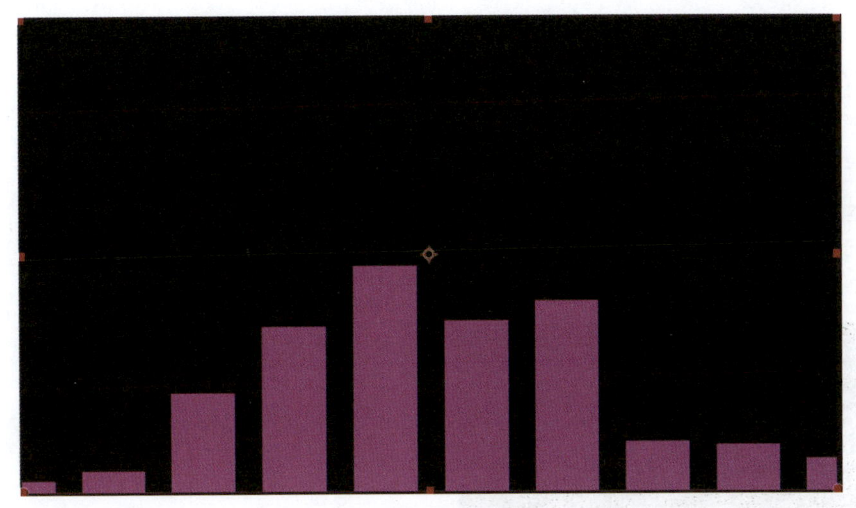

图 7-29　效果预览

步骤 6. 执行菜单栏中的“图层→新建→纯色”命令，打开“纯色设置”对话框，设置“名称”为“渐变”，“颜色”为黑色，将其拖动到“声谱”层下边。

步骤 7. 为“渐变”层添加“梯度渐变”特效。在“效果和预设”面板中展开“生成”特效组，然后双击“梯度渐变”特效。

步骤 8. 在效果控件面板中修改“梯度渐变”特效的参数，设置“渐变起点”的值为(640.0，375.5)，“起始颜色”为绿色（#5DC58A），“渐变终点”的值为(640，720)，“结束颜色”为蓝色(#439EFA)，如图 7-30 所示。合成窗口效果如图 7-31 所示。

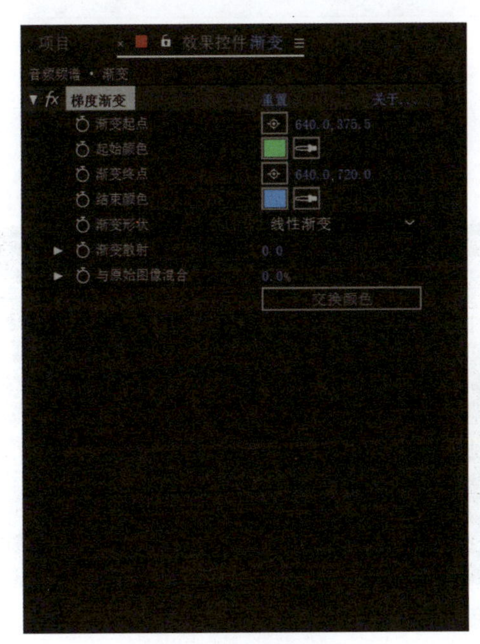

图 7-30　参数设置

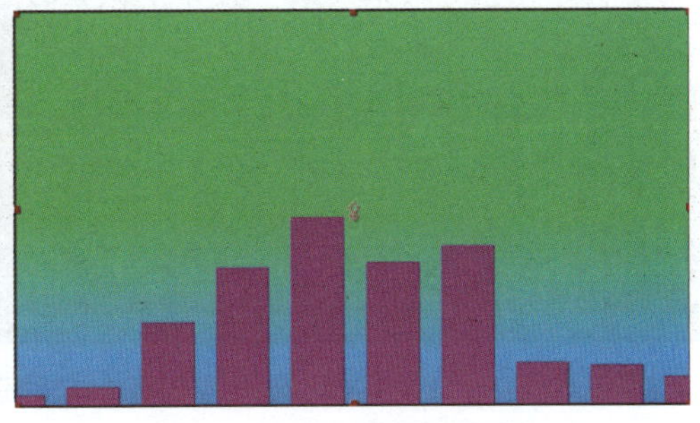

图 7-31　效果预览

步骤 9. 为“渐变”层添加“网格”特效。在效果和预设面板中展开“生成”特效组，然后双击“网格”特效。

步骤 10. 在效果控件面板中修改“网格”特效的参数，设置“锚点”的值为（-22.0），“边角”的值为（1297.0，41.0），“边界”的值为 32，选中“反转网格”复选框，“颜色”为白色，从“混合模式”右侧的下拉列表框中选择“正常”选项，如图 7-32 所示。合成窗口效果如图 7-33 所示。

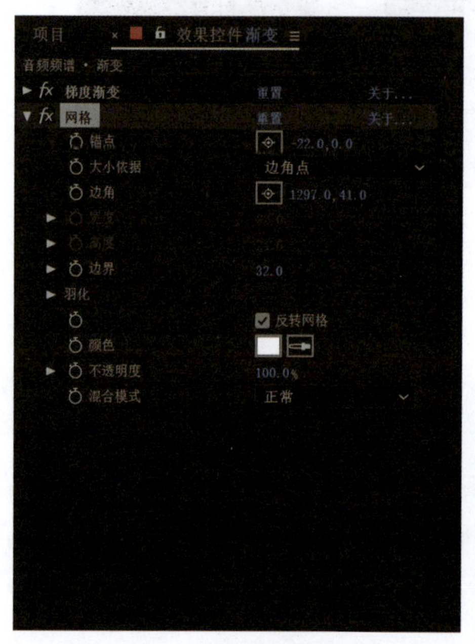

图 7-32　设置网格参数

图 7-33　效果预览

步骤 11. 在时间轴面板中，设置“渐变”层的“轨道遮罩”为“Alpha 遮罩”，如图 7-34 所示，合成窗口效果如图 7-35 所示。

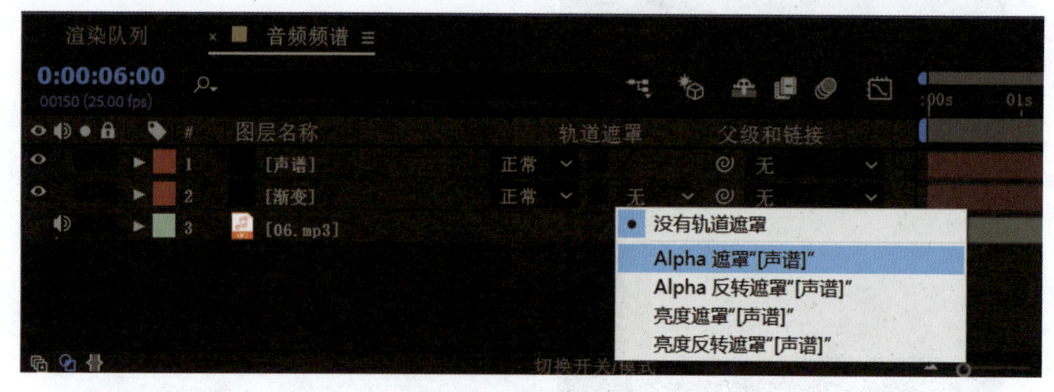

图 7-34　设置轨道遮罩

图 7-35　效果预览

步骤 12. 这样就完成了“节奏旋律”的整体制作，按小键盘上的 0 键，即可在合成窗口中预览动画效果。

三、游动的光效

本例主要讲解游动的光效制作。利用“勾画”特效和钢笔路径绘制光线，配合“湍流置换”特效使线条达到蜿蜒的效果，完成游动的光效制作。

【操作步骤】

步骤 1. 执行菜单栏中的“合成→新建合成”命令，打开“合成设置”对话框，设置“合成名称”为“光线”，“宽度”为 720，“高度”为 576，“速率”为 25，并设置“持续时间”为 0:00:05:00。

步骤 2. 按【Ctrl+Y】组合键，打开“纯色设置”对话框，设置“名称”为“拖尾”，“颜色”为黑色。

步骤 3. 单击工具栏中的“钢笔工具”按钮，确认选择“拖尾”层，在合成窗口中绘制一条路径，如图 7-36 所示。

步骤 4. 在效果和预设面板中展开“生成”特效组，然后双击“勾画”特效，如图 7-37 所示。

将时间指针调整到 0:00:00:00 的位置，在效果控件面板中，在“描边”右侧的下拉列表框中选择“蒙版 / 路径”选项；展开“蒙版 / 路径”选项组，在“路径”右侧的下拉列表框中选择“蒙版 1”选项；展开“片段”选项组，修改“片段”值为 1，单击“旋转”左侧的码表按钮，在当前位置建立关键帧，修改“旋转”的值为 −47；展开“正在渲染”选项组，设置“颜色”为白色,“宽度”的值为 1.2,“硬度”的值为 0.45,“中点不透明度”的值为 -1,“中点位置”的值为 0.9，如图 7-38 所示。

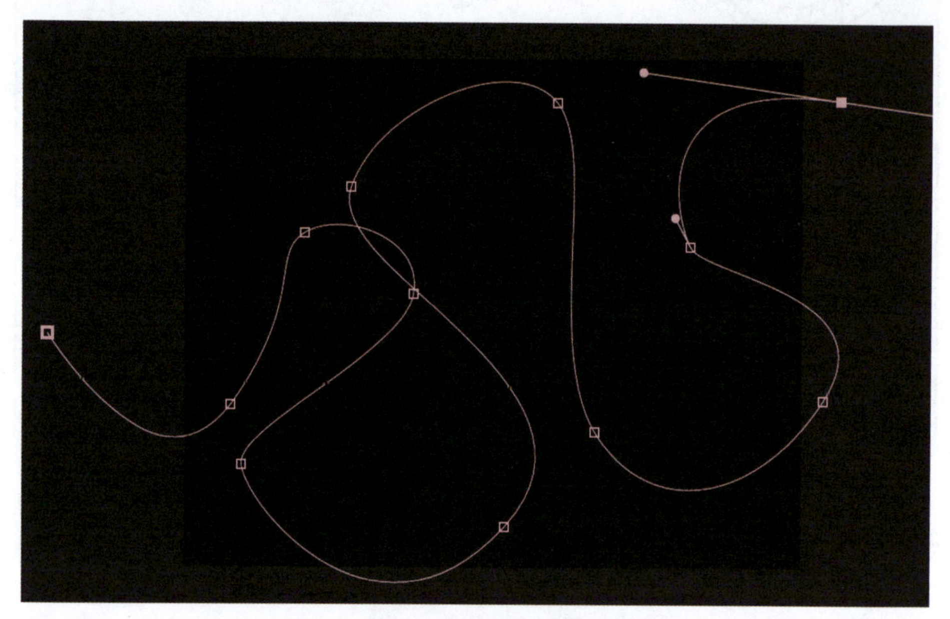

图 7-36　绘制路径

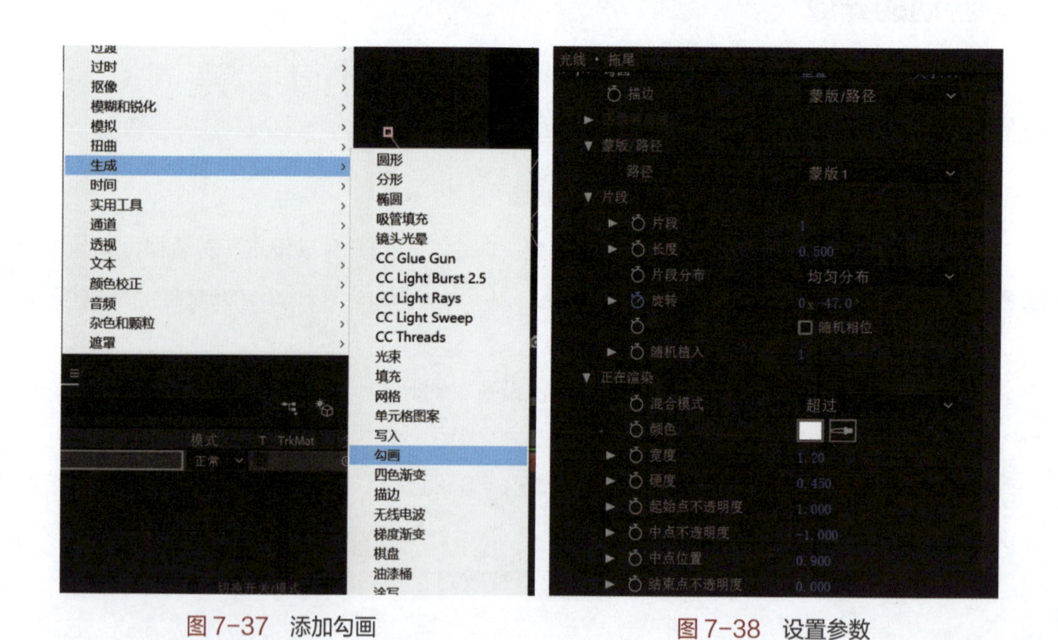

图 7-37　添加勾画　　　　图 7-38　设置参数

步骤 5. 调整时间指针到 0:00:04:00 的位置，修改“旋转”的值为 -1x-40.0°，如图 7-39 所示。拖动时间滑块可在合成窗口中看到预览效果，如图 7-40 所示。

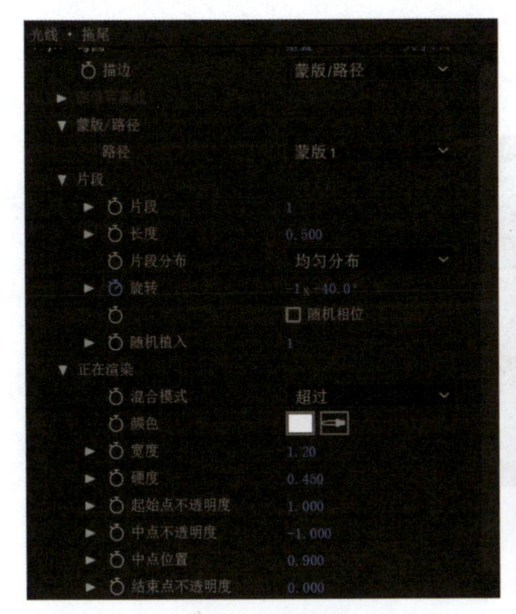

图 7-39　修改参数

图 7-40　效果预览

步骤 6. 在“效果与预设”面板中展开“风格化”特效组，然后双击“发光”特效，如图 7-41 所示。

在“效果控件”面板中，展开“发光”选项组，修改“发光阈值”的值为 20%，“发光半径”的值为 6.0，“发光强度”的值为 2.5，“发光颜色”为“A 和 B 颜色”，“颜色 A”为红色（R：255；G：0；B：0），“颜色 B”为黄色（R：255；G：190；B：0），如图 7-42 所示。

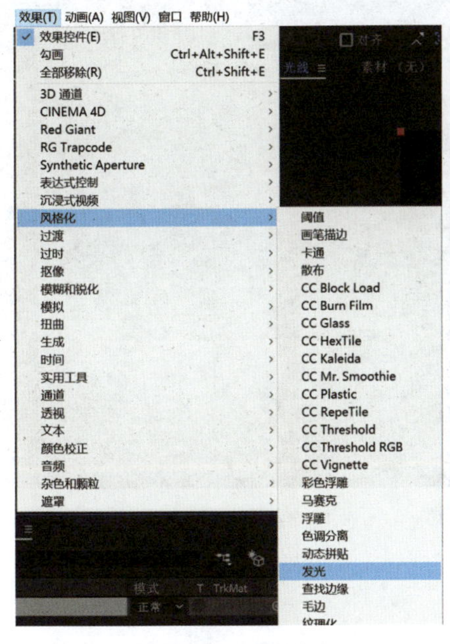

图 7-41　添加发光

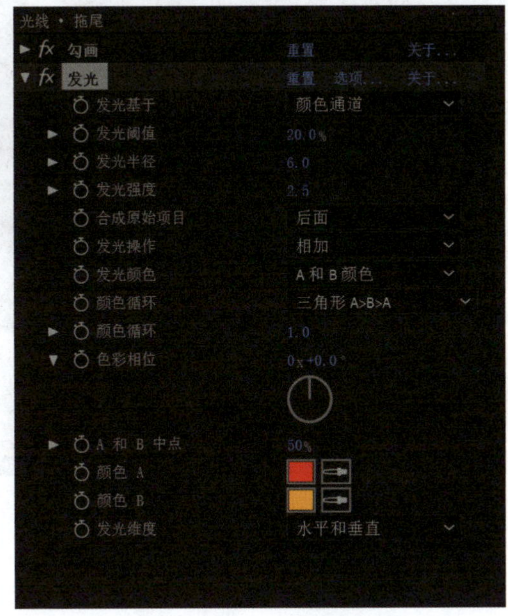

图 7-42　设置参数

步骤 7. 选择“拖尾”固态层，按【Ctrl+D】组合键复制出新的一层并重命名为“光线”，修改“光线”层的模式为“相加”，如图 7-43 所示。

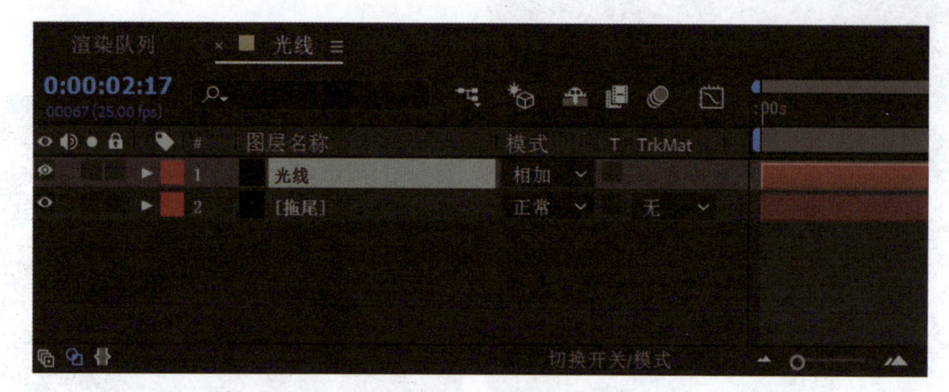

图 7-43　复制图层

步骤 8. 在效果控件面板中，展开“勾画”选项组。修改“长度”的值为 0.07，“宽度”的值为 6，如图 7-44 所示。

步骤 9. 展开“发光”特效，修改“发光阈值”的值为 31%，“发光半径”的值为 25.0，“发光强度”的值为 3.5，“颜色 A”为浅蓝色（R: 55; G: 155; B: 255），“颜色 B”为深蓝色（R: 20; G : 90; B : 210），如图 7-45 所示。

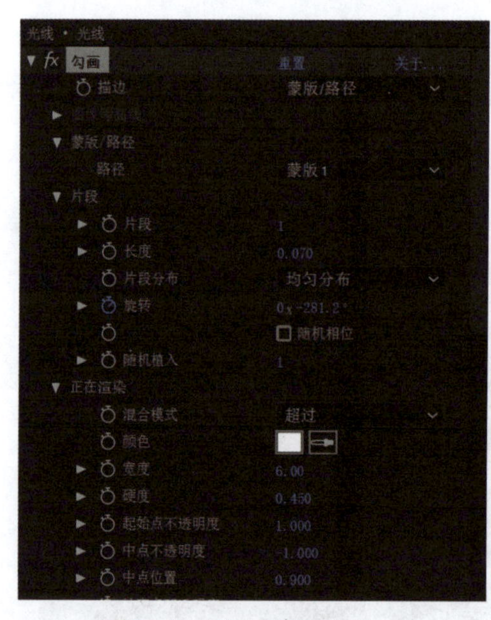

图 7-44　修改勾画参数

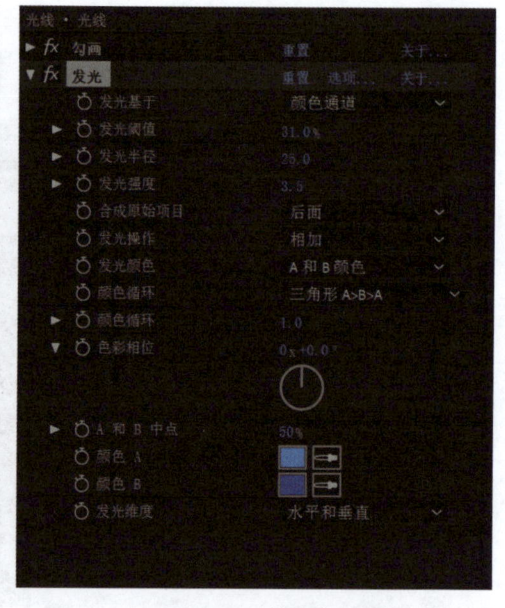

图 7-45　修改发光参数

步骤 10. 执行菜单栏中的“合成→新建合成”命令，打开“合成设置”对话框，设置“合成名称”为“游动的光效”，“宽度”值为 720，“高度”值为 576，“帧速率”值为 25，并设置“持续时间”为 0:00:05:00。

步骤 11. 按【Ctrl+Y】组合键，打开“纯色设置”对话框，设置“名称”为“背景”,“颜色”为黑色。

步骤 12. 在“效果和预设”面板中展开“生成”特效组，然后双击“梯度渐变”特效，如图 7-46 所示。在“效果控件”面板中，展开“梯度渐变”选项组，设置“渐变起点”的值为（90，55），“起始颜色”为深绿色（R：17; G：88; B：103），“渐变终点”为（430，410），“结束颜色”为黑色，如图 7-47 所示。

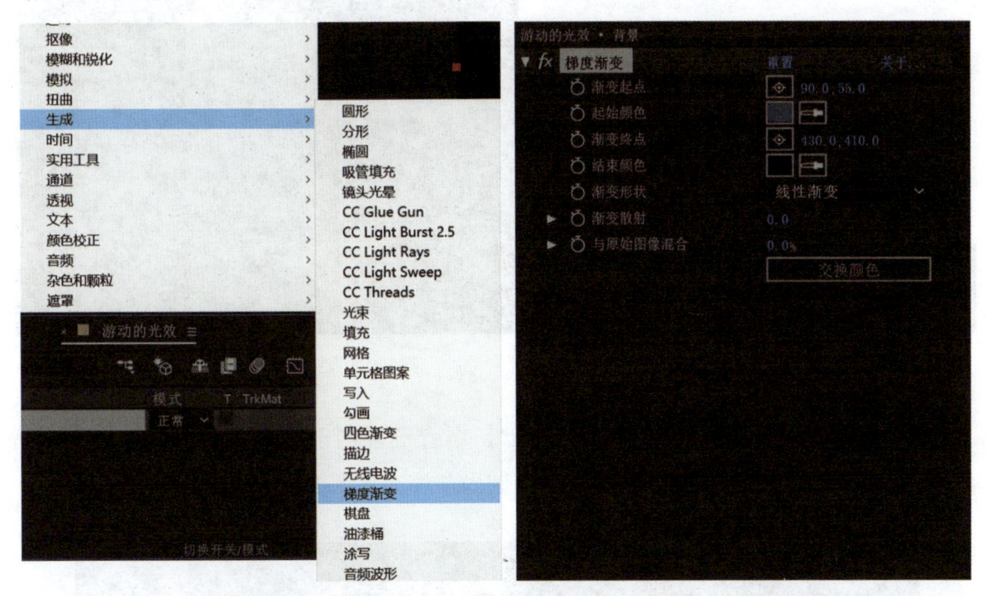

图 7-46　添加梯度渐变　　　　图 7-47　设置参数

步骤 13. 将“光线”合成拖动到“游动的光效”合成的时间轴中，修改“光线”层的模式为“相加”，如图 7-48 所示。

步骤 14. 按【Ctrl+D】组合键复制出一层，选中“光线 2”层，调整时间指针到 0:00:00:03 的位置，按【[】键将入点设置到当前帧，如图 7-49 所示。

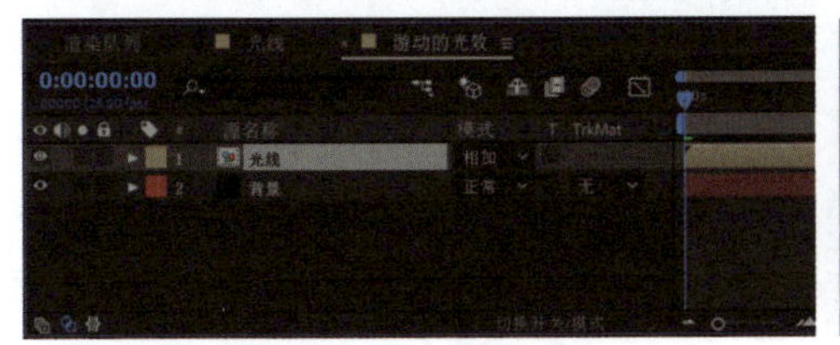

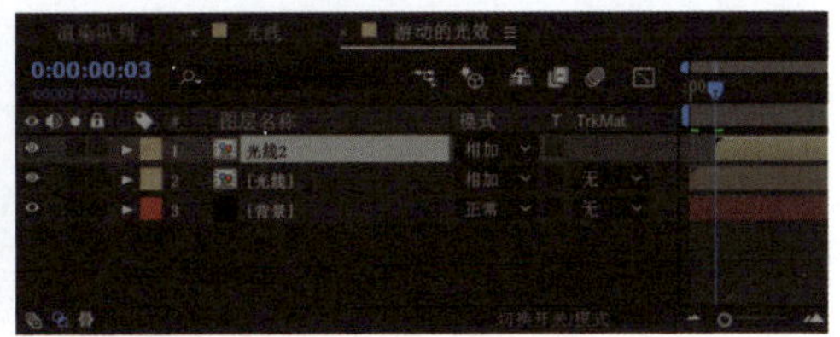

图 7-48　修改图层模式　　　　图 7-49　复制图层

步骤 15. 确认选择“光线 2”层，在效果和预设面板中展开“扭曲”特效组，然后双击“湍流置换”特效，如图 7-50 所示。

步骤 16. 在效果控件面板中，设置“数量”的值为 195,“大小”的值为 57,“消除锯齿（最佳品质）”为“高”，如图 7-51 所示。

图 7-50　添加“湍流置换”特效

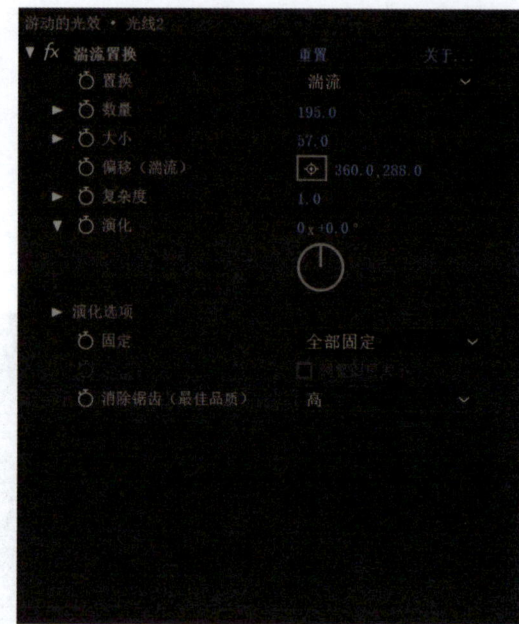

图 7-51　设置参数

步骤 17. 选择“光线 2”层，按【Ctrl+D】组合键复制出新的一层，调整时间指针到 0:00:00:06 的位置，按【[】键，将入点设置到当前帧，如图 7-52 所示。

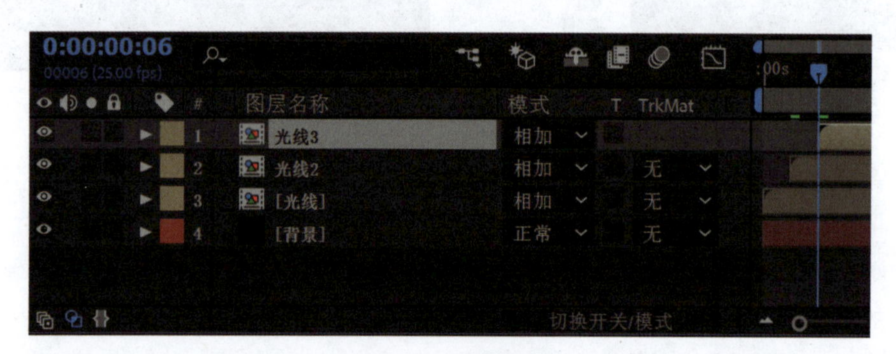

图 7-52　复制图层

步骤 18. 在效果控件面板中，设置“数量”的值为 180，“大小”的值为 25，“偏移（湍流）”的值为（330，288），如图 7-53 所示。

这样就完成了“游动的光效”的整体制作，按小键盘上的【0】键，在合成窗口中预览动画效果，如图 7-54 所示。

四、自然景观效果

本节主要讲解利用“CC 细雨滴”“高级闪电”等特效操作在影视动画中模拟现实生活中的下雨、下雪、闪电等场景，使效果更加逼真生动。通过本节的学习，读者能够掌握各种常见自然景观的特效制作技巧。

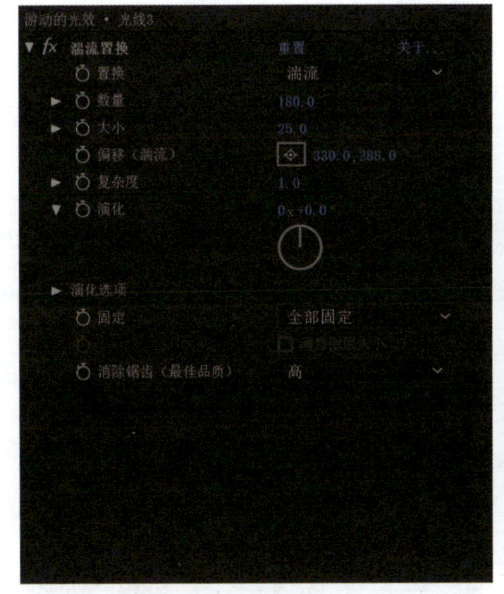

图 7-53　修改参数

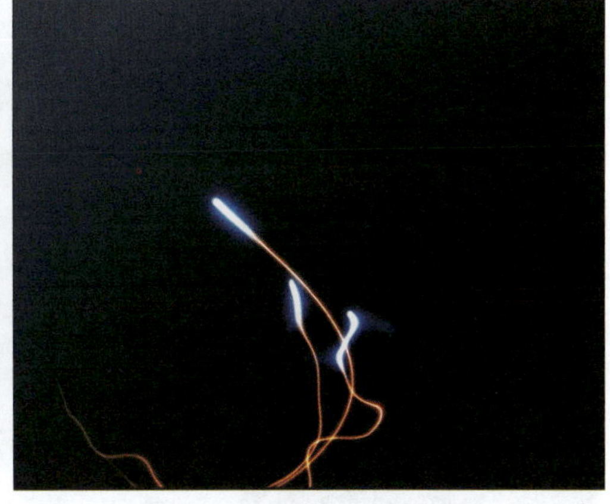

图 7-54　最终效果

（一）闪电效果

本例主要讲解通过“高级闪电”特效的应用，制作出闪电效果的动画。

【操作步骤】

步骤 1. 执行菜单栏中的“合成→新建合成”命令，打开“合成设置”对话框，设置“合成名称”为“闪电效果”，“宽度”为 720，“高度”为 480，“速率”为 25，并设置“持续时间”为 0:00:06:00。

步骤 2. 执行菜单栏中的“文件→导入→文件”命令，打开“导入文件”对话框，选择“素材文件\模块七\闪电效果\背景.jpg”素材，单击“导入”按钮，“背景.jpg”素材将被导入到项目面板中。

步骤 3. 在项目面板中，选择“背景. jpg”素材，将其拖动到“闪电效果”合成的时间轴面板中，调整素材大小。

步骤 4. 执行菜单栏中的“图层→新建→纯色”命令，打开“纯色设置”对话框，设置“名称”为“闪电”，“颜色”为黑色。

步骤 5. 选中“闪电”层，在效果和预设特效面板中展开“生成”特效组，双击“高级闪电”特效，如图 7-55 所示。

步骤 6. 在效果控件面板中，从“闪电类型”右侧的下拉列表框中选择“击打”选项，设置“源点”的值为（124，116），“方向”的值为（438，254），在“发光设置”选项组中设置“发光不透明度”的值为 10%，如图 7-56 所示。

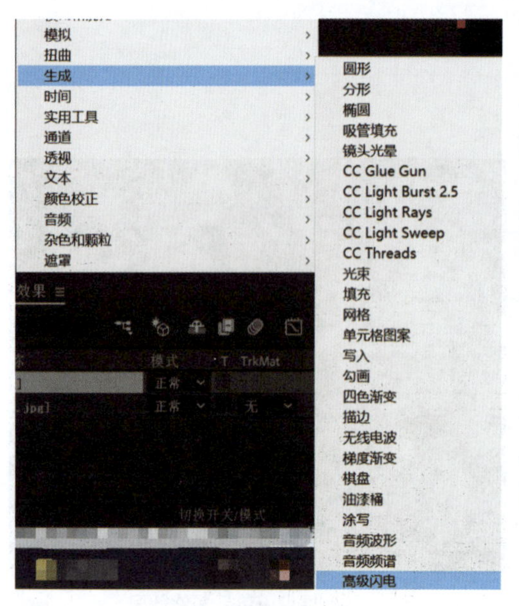

图 7-55　添加高级闪电

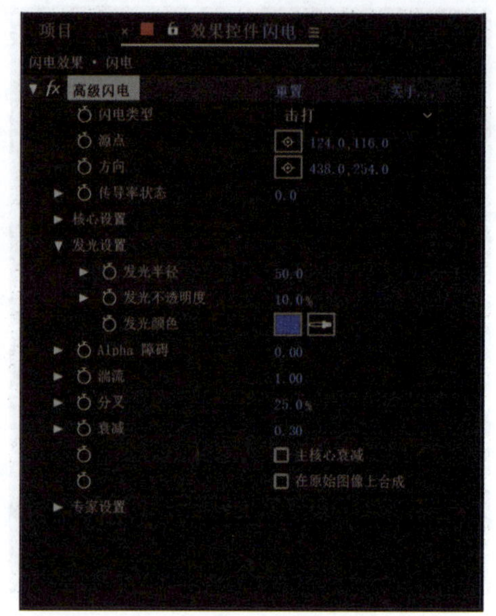

图 7-56　设置参数

步骤 7. 将时间指针调整到 0:00:00:00 的位置，单击“传导率状态”左侧的码表按钮，在当前位置添加关键帧，将时间指针调整到 0:00:04:24 的位置，设置“传导率状态”的值为 5。

步骤 8. 将时间指针调整到 0:00:00:05 的位置，按【T】键打开“不透明度”属性，设置“不透明度”的值为 0，单击“不透明度”左侧的码表按钮，在当前位置添加关键帧，将时间指针调整到 0:00:00:10 帧的位置，设置“不透明度”的值为 100%，将时间指针调整到 0:00:00:15 的位置，设置“不透明度”的值为 100%，将时间指针调整到 0:00:00:20 的位置，设置“不透明度”的值为 0，系统会自动添加关键帧，如图 7-57 所示。

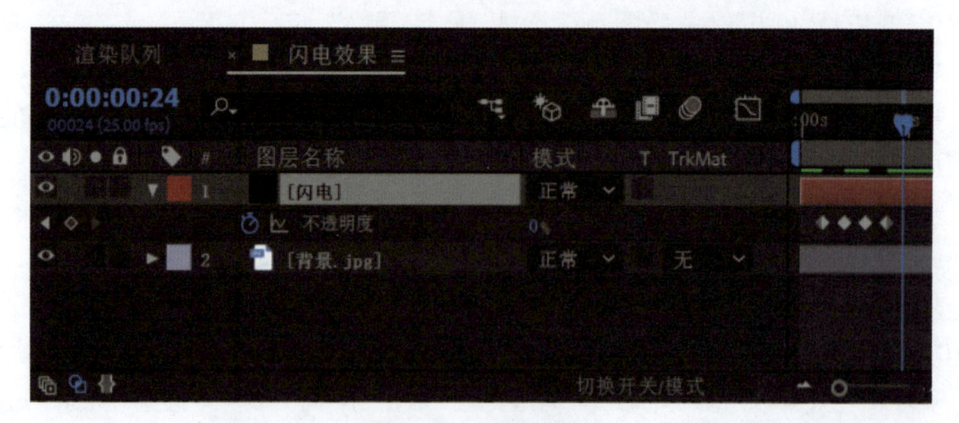

图 7-57　设置关键帧

步骤 9. 在时间轴面板中选择“闪电”层，按【Ctrl+D】组合键复制“闪电”层，复制后的文字层重命名为“闪电 2”层，并将“闪电 2”层的入点拖动至 0: 00: 01: 20 的位置，如图 7-58 所示。

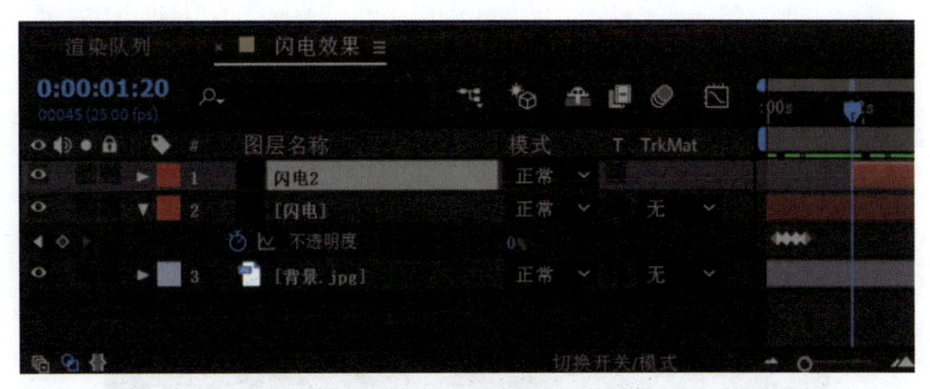

图 7-58　复制图层

步骤 10. 将时间指针调整到 0:00:02:00 的位置，选中“闪电 2”层，在效果控件面板中，修改“源点”的值为（134，76），“方向”的值为（214，128），单击“方向”左侧的码表按钮，在当前位置添加关键帧，将时间指针调整到 0:00:02:15 的位置，设置“方向”的值为（630，446），系统会自动添加关键帧，如图 7-59 所示。

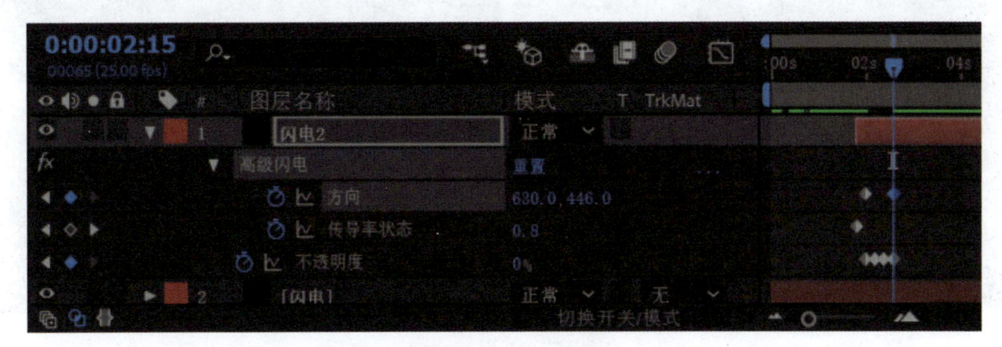

图 7-59　设置关键帧

步骤 11. 在时间轴面板中选择“闪电”层，按【Ctrl+D】组合键复制“闪电”层，复制后的文字层重命名为“闪电 3”层，并将“闪电 3”层的入点拖动至 0: 00: 03: 10 的位置，如图 7-60 所示。

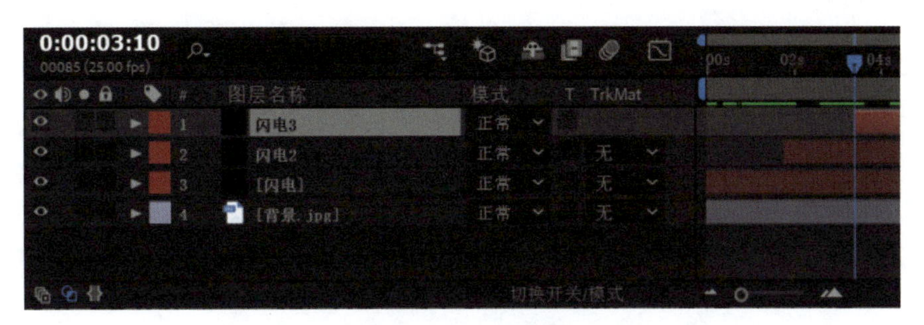

图 7-60　复制图层

步骤 12. 选中“闪电 3”层，在效果控件面板中，从“闪电类型”右侧的下拉列表框中选择“方向”选项，修改“源点”的值为（550，80），“方向”的值为（318，366），如图 7-61 所示。

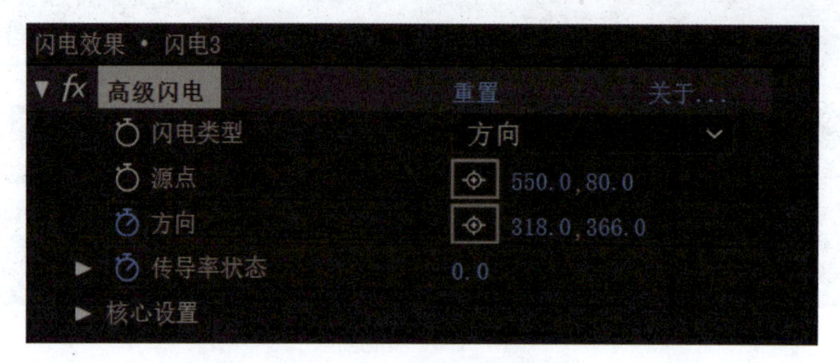

图 7-61 修改闪电类型

这样就完成了“闪电效果”的整体制作，按小键盘上的【0】键，即可在合成窗口中预览当前动画效果，如图 7-62 所示。

图 7-62 最终效果

（二）狂风暴雨

本例主要讲解利用“CC Rainfall”（CC 下雨）特效制作狂风暴雨效果。

【操作步骤】

步骤 1. 利用“素材文件 \ 模块七 \ 狂风暴雨 \ 背景 .jpg”文件，新建一个合成“狂风暴雨”。

步骤 2. 为“背景”层添加“摄像机镜头模糊”特效。在效果和预设面板中展开“模糊和锐化”特效组，然后双击“摄像机镜头模糊”特效，如图 7-63 所示，合成窗口效果如图 7-64 所示。

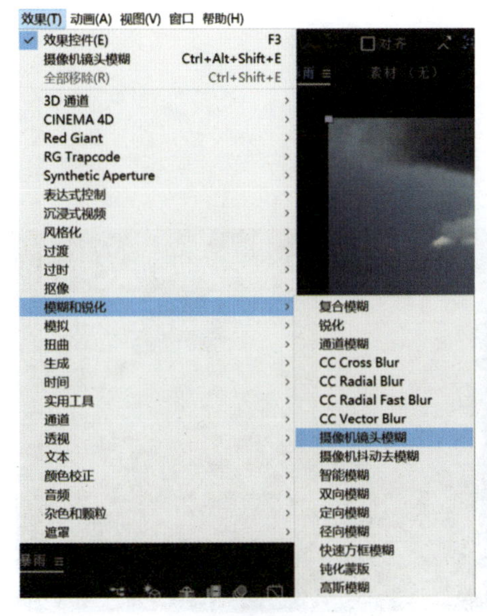

图 7-63 添加摄像机镜头模糊

图 7-64 预览效果

步骤 3. 在效果控件面板中，修改“摄像机镜头模糊”特效的参数，将时间指针调整到 0:00:00:00 帧的位置，设置“模糊半径”的值为 0，单击“模糊半径”左侧的码表按钮，在当前位置设置关键帧，设置参数如图 7-65 所示。合成窗口效果如图 7-66 所示。

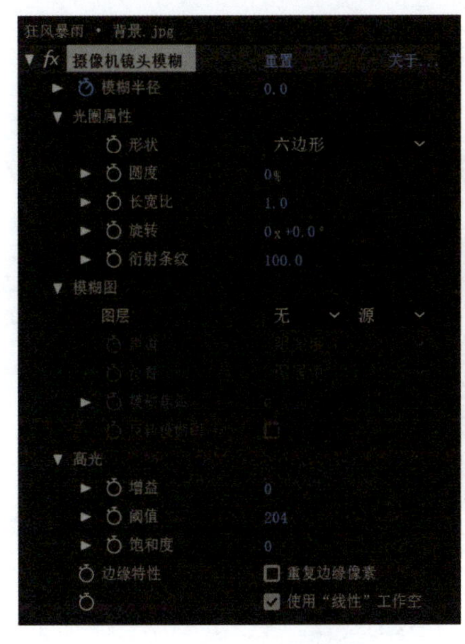

图 7-65 设置参数

图 7-66 效果预览

步骤 4. 将时间指针调整到 0:00:03:00 的位置，设置“模糊半径”的值为 8，系统会自动设置关键帧，修改参数如图 7-67 所示。合成窗口效果如图 7-68 所示。

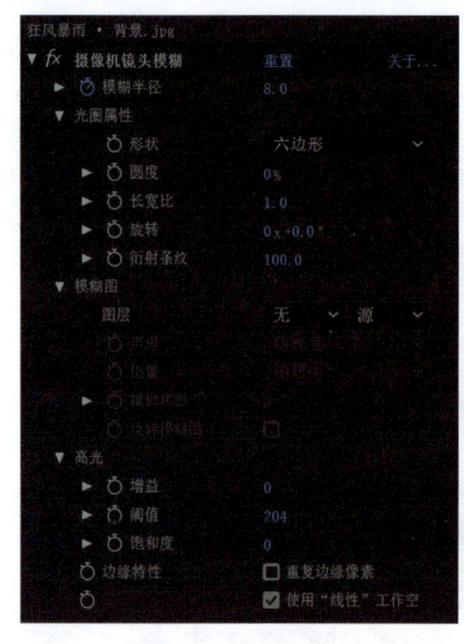

图 7-67 修改参数

图 7-68 效果预览

步骤 5. 为“背景”层添加“CC Rainfall”特效。在效果和预设面板中展开“模拟”特效组，然后双击“CC Rainfall”特效，如图 7-69 所示。合成窗口效果如图 7-70 所示。

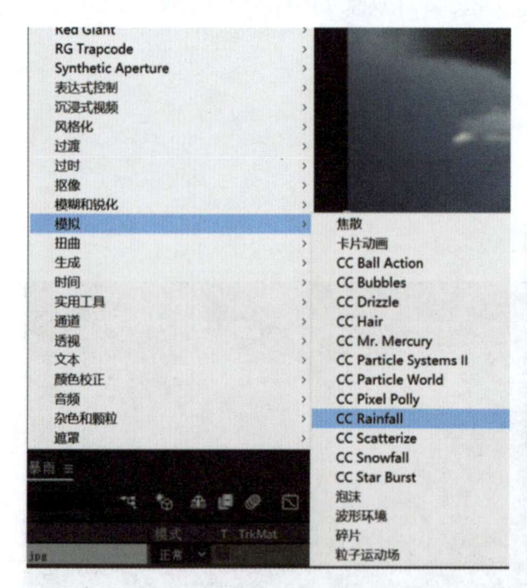

图 7-69 添加“CC Rainfall”特效

图 7-70 效果预览

步骤 6. 在效果控件面板中，修改“CC Rainfall”特效的参数，设置 Drops（雨滴）的值为 10000，将时间指针调整到 0:00:00:00 的位置，设置 Speed（速度）的值为 4000。Wind（风力）的值为 0，单击 Speed 和 Wind 左侧的码表按钮，在当前位置设置关键帧，如图 7-71 所示。合成窗口效果如图 7-72 所示。

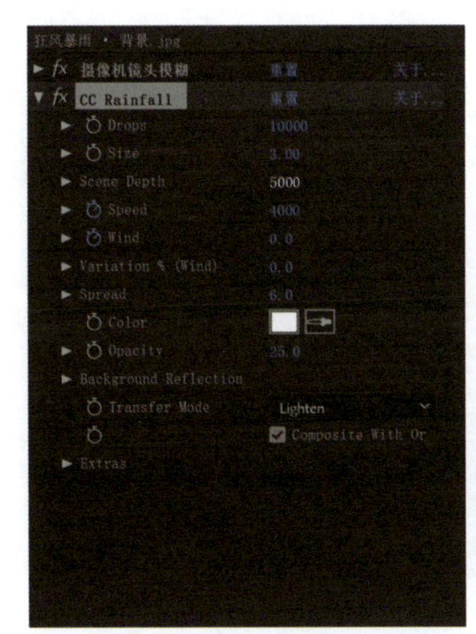

图 7-71 设置参数

图 7-72 效果预览

步骤 7. 将时间指针调整到 0:00:03:00 的位置，设置 Speed 的值为 8000，Wind 的值为 1500，系统会自动设置关键帧，如图 7-73 所示。合成窗口效果如图 7-74 所示。这样就完成了“狂风暴雨”的整体制作，按小键盘上的【0】键，即可在合成窗口中预览动画效果。

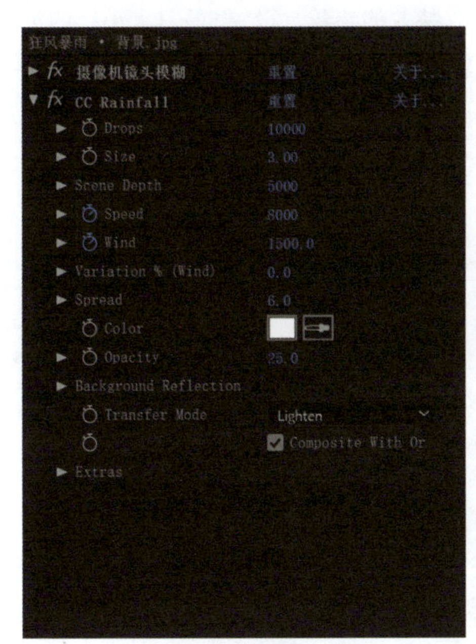

图 7-73 设置关键帧

图 7-74 最终效果

（三）雪景

本例主要讲解利用“CC Snowfall”特效制作雪景效果。

【操作步骤】

步骤 1. 利用“素材文件 \ 模块七 \ 雪景 \ 背景 .jpg”新建一个合成。

步骤 2. 为“背景”层添加“CC Snowfall”特效。在效果和预设面板中展开“模拟”特效组，然后双击“CC Snowfall”特效，如图 7-75 所示。合成窗口效果如图 7-76 所示。

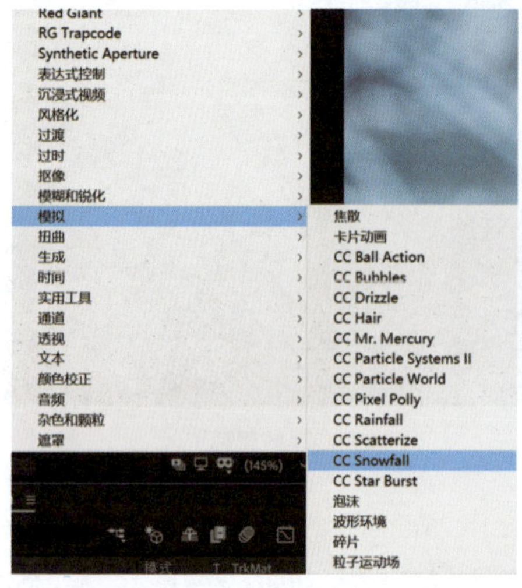

图 7-75 添加“CC Snowfall”特效

图 7-76 预览效果

步骤 3. 在效果控件面板中，修改“CC Snowfall”特效的参数，设置 Size（大小）的值为 15，Variation%（Size）（大小变异）的值为 100，Variation%（Speed）（速度变异）的值为 50，如图 7-77 所示。合成窗口效果如图 7-78 所示。

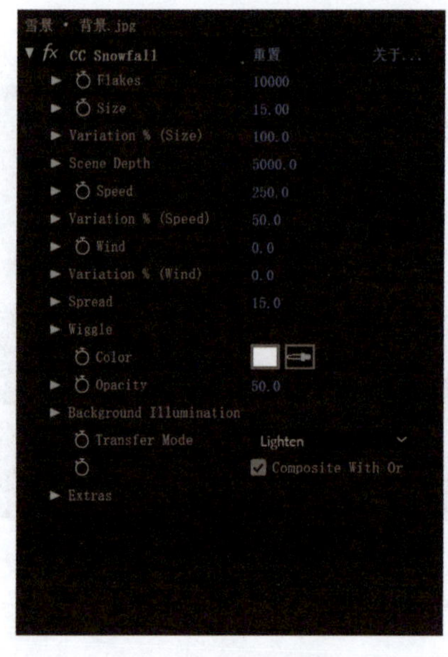

图 7-77 设置参数

图 7-78 最终效果

这样就完成了“雪景”的整体制作，按小键盘上的【0】键，即可在合成窗口中预览动画效果。

任务二 精彩文字特效

任务描述

本任务主要讲解精彩文字特效表现。文字是一个动画的灵魂，一段动画中有了文字的出现，能够使动画的主题更为突出，对文字进行编辑、为文字添加特效制作绚丽的动画，能够给整体动画添加上点睛之笔。通过本任务的学习，读者在了解文字基本设置的同时，可以掌握更高级的文字动画制作技巧。

一、文字动画

本例主要讲解利用“偏移”属性制作文字动画效果。

【操作步骤】

步骤 1. 执行菜单栏中的“合成→新建合成”命令，打开“合成设置”对话框，设置“合成名称”为“文字动画”，“宽度”为 720，“高度”为 480，“速率”为 25，并设置“持续时间”为 0:00:04:00。

步骤 2. 执行菜单栏中的“文件→导入→文件”命令，打开“导入文件”对话框，选择配套光盘中的“素材文件\模块七\文字动画\背景.jpg”素材，单击“导入”按钮，“背景.jpg”素材将导入项目面板中。

步骤 3. 在项目面板中选择“背景.jpg”素材，将其拖动到“文字动画”合成的时间轴面板中，调整文件大小使其适配到合成。

步骤 4. 单击工具栏中的“横排文字工具”按钮T，选择文字工具，在合成窗口中单击并输入文字“特效大爆炸”，在“字符”面板中设置文字的字体，字符的大小为 80 像素，字体的填充颜色为淡蓝色（R:199；G:246；B:244），如图 7-79 所示。

步骤 5. 在时间轴面板中选择“特效大爆炸”层，按【Enter】键，重命名该图层为“文字”层。

步骤 6. 展开“文字”层，单击“文本”右侧的三角形按钮，从下拉列表框中选择“启用逐字 3D 化”选项，再次单击文本右侧的三角形按钮，在“锚点”选项中设置“锚点”的值为（0，−24，0），单击“动画制作工具 1”右侧的三角形按钮，从下拉列表框中选择“位置”选项，设置“位置”的值为（0，0，-1000），再次单击“动画制作工具 1”右侧的三角形按钮，从下拉列表框中选择“缩放”选项，设置“缩放”的值为（500，500，500），再次单击“动画制作工具 1”右侧的三角形按钮，从下拉列表框中选择“不透明度”选项，设置“不透明度”的值为 0，再次单击“动画制作工具 1”右侧的三角形按钮，从下拉列表框中选择“模糊”选项，设置“模糊”的值为（5，5），如图 7-80 所示。

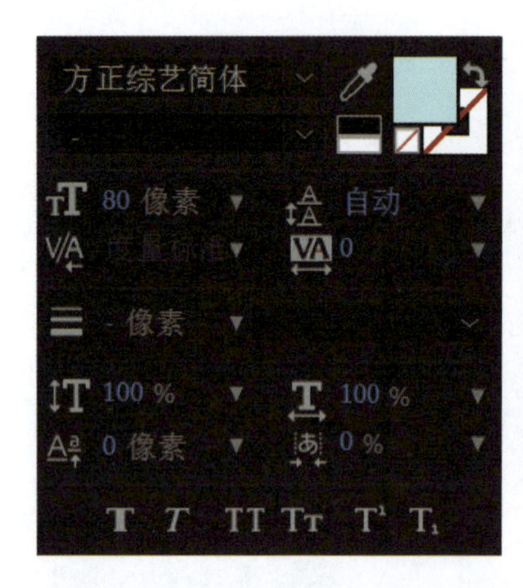

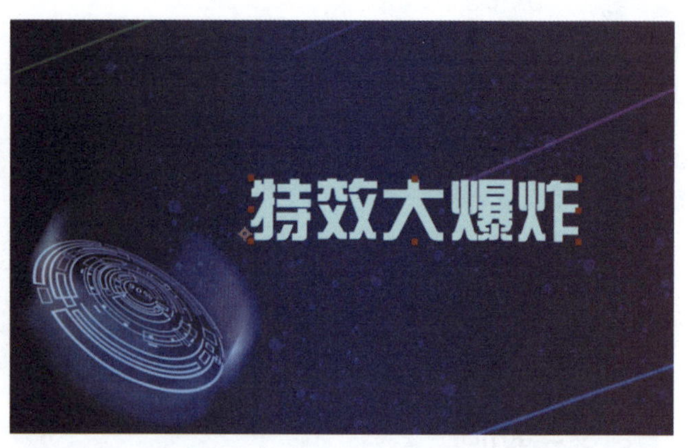

图 7-79　输入文字

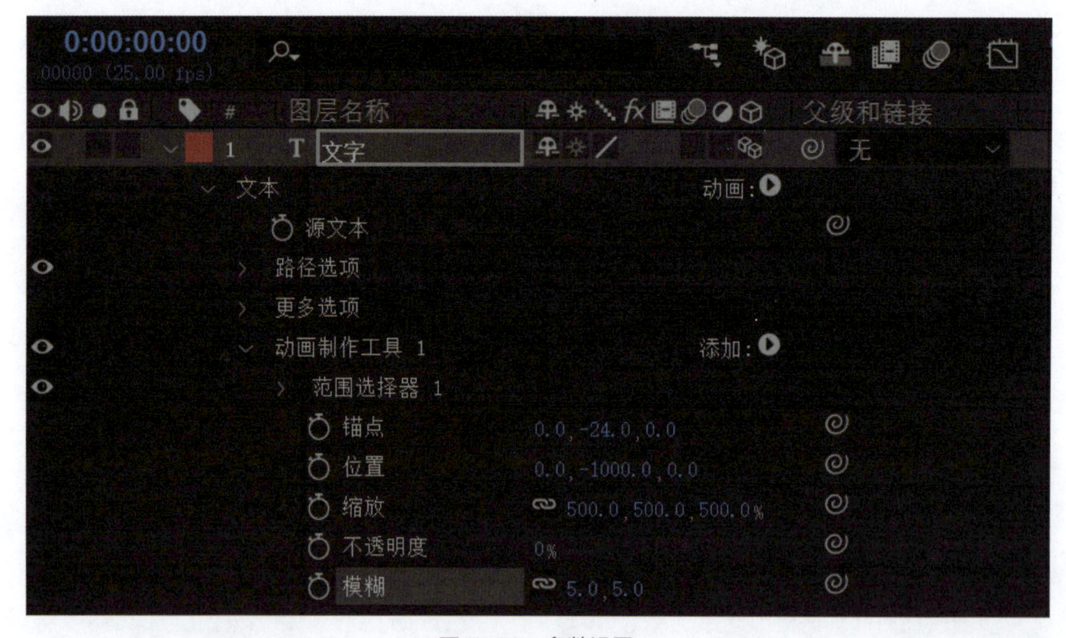

图 7-80　参数设置

步骤 7. 将时间指针调整到 0:00:00:00 帧的位置，展开“范围选择器 1”选项栏，设置“偏移”的值为 0，单击“偏移”左侧的码表按钮，在当前位置添加关键帧，将时间指针调整到 0:00:03:00 帧的位置，设置“偏移”的值为 100%，系统会自动添加关键帧，如图 7-81 所示。

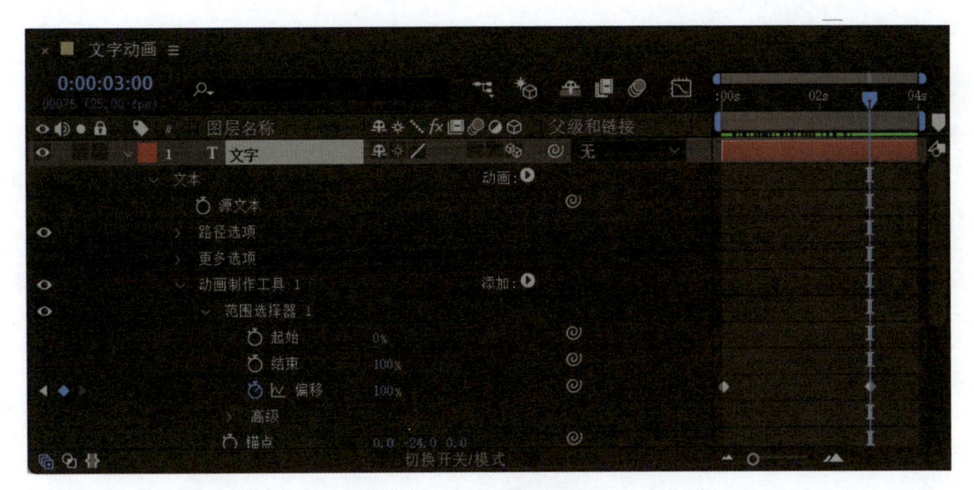

图 7-81　设置关键帧

步骤 8. 这样就完成了“文字动画”动画的整体制作，按小键盘上的【0】键，即可在合成窗口中预览动画效果，如图 7-82 所示。

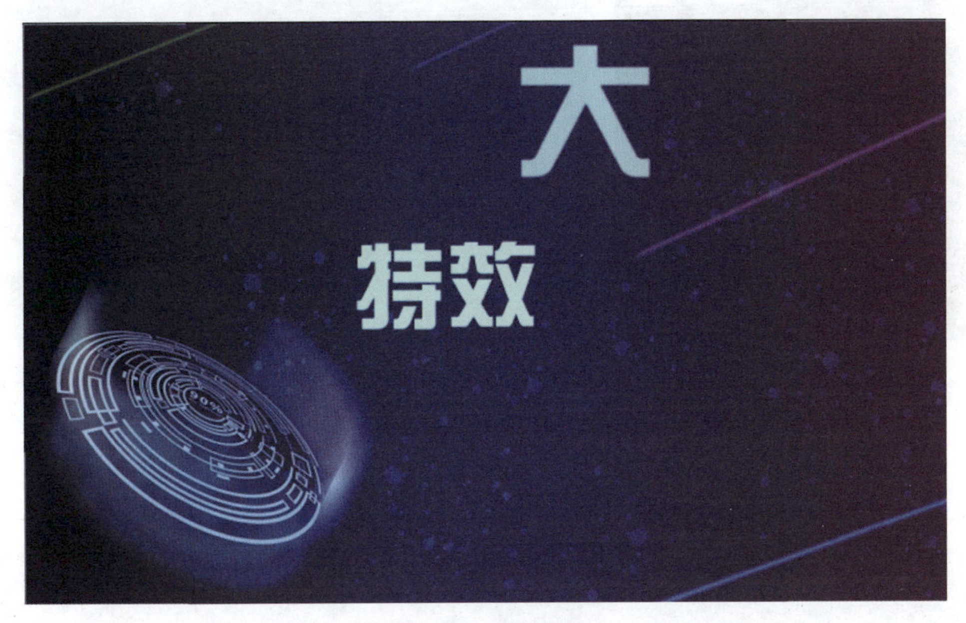

图 7-82　最终效果

二、水波文字

本例主要讲解利用“波纹”特效制作水波文字。

【操作步骤】

步骤 1. 执行菜单栏中的“合成→新建合成”命令，打开合成设置对话框，设置“合成名称”为“水波文字”，“宽度”为 720，“高度”为 480，“速率”为 25，并设置“持续时间”为 0:00:05:00。

步骤 2. 执行菜单栏中的“文件→导入→文件”命令，打开导入文件对话框，选择配套光盘中的“素材文件 \ 模块七 \ 水波文字 \ 背景 .jpg”素材，单击“导入”按钮，“背景 .jpg”素材将导入项目面板中。

步骤 3. 在项目面板中，选择“背景 .jpg”素材，将其拖动到“水波文字”合成的时间轴面板中，调整文件大小使其适配到合成。

步骤 4. 单击工具栏中的“横排文字工具”按钮T，选择文字工具，在合成窗口中单击并输入文字“Innovate”，在字符面板中，设置文字的字体、字符大小、字体颜色，如图 7-83 所示。

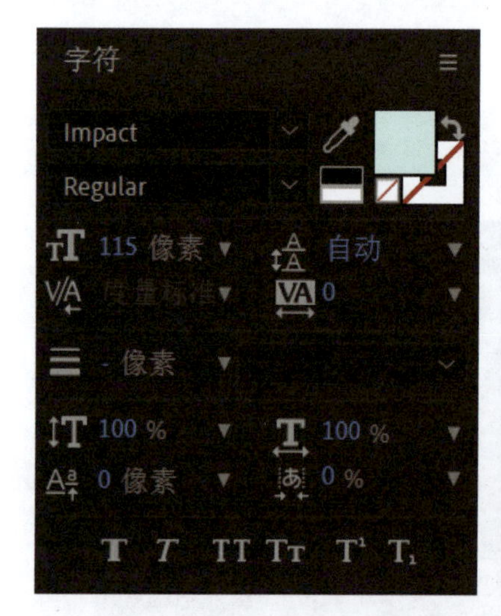

图 7-83　输入文字

步骤 5. 选中 Innovate 层，单击 Innovate 右侧三维图层按钮，打开三维图层属性，如图 7-84 所示。

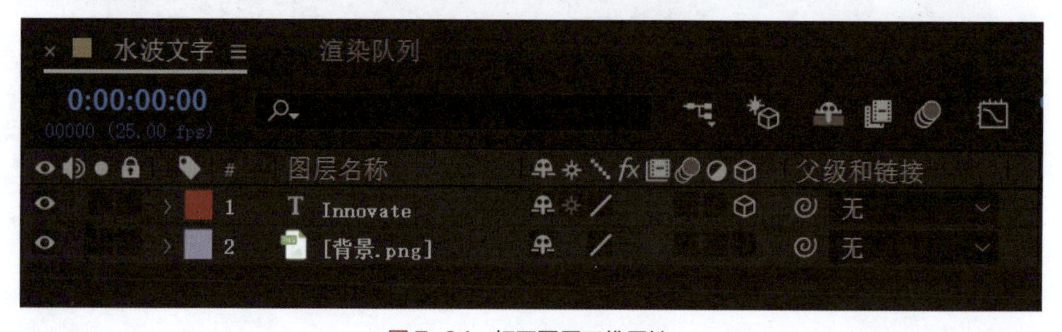

图 7-84　打开图层三维属性

步骤 6. 将时间指针调整到 0:00:00:00 的位置，选中 Innovate 层，按【P】键打开“位置”属性，设置“位置”的值为（735，174，-20），单击码表按钮，在当前位置添加关键帧。

步骤 7. 将时间指针调整到 0:00:04:00 的位置，选中 Innovate 层，设置“位置”的值为（236，174，-20），系统会自动添加关键帧，如图 7-85 所示。

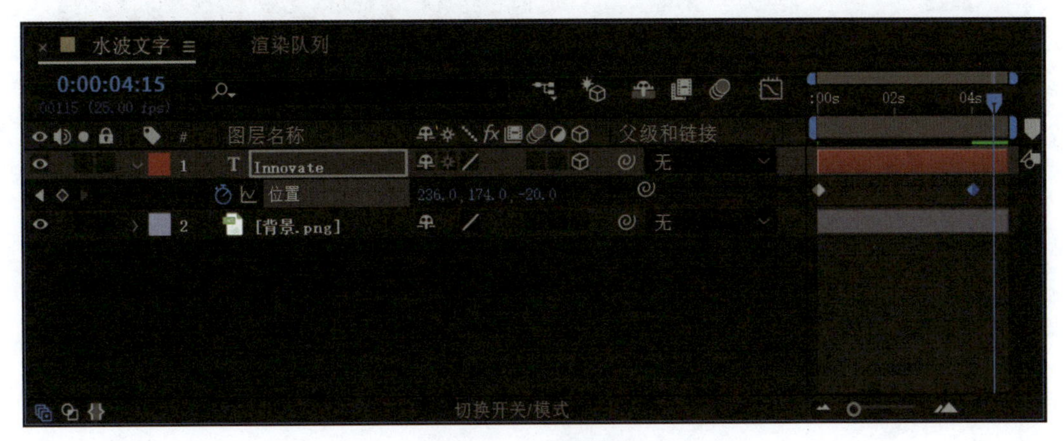

图 7-85　添加关键帧

步骤 8. 在时间轴面板中选择 Innovate 层，按【Ctrl+D】组合键，用 Innovate 层复制出 Innovate 2 层，如图 7-86 所示。

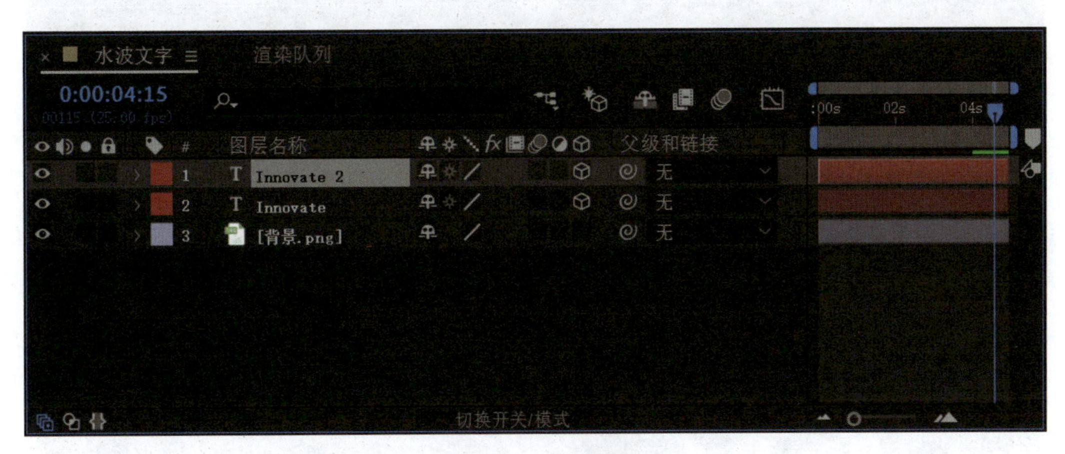

图 7-86　复制图层

步骤 9. 选中 Innovate 2 层，在效果和预设特效面板中展开“扭曲”特效组，双击“波纹”特效，如图 7-87 所示。

步骤 10. 在效果控件面板中，设置“半径”的值为 100，从“转换类型”右侧的下拉列表框中选择“对称”选项，设置“波形宽度”的值为 30，“波形高度”的值为 40，如图 7-88 所示。

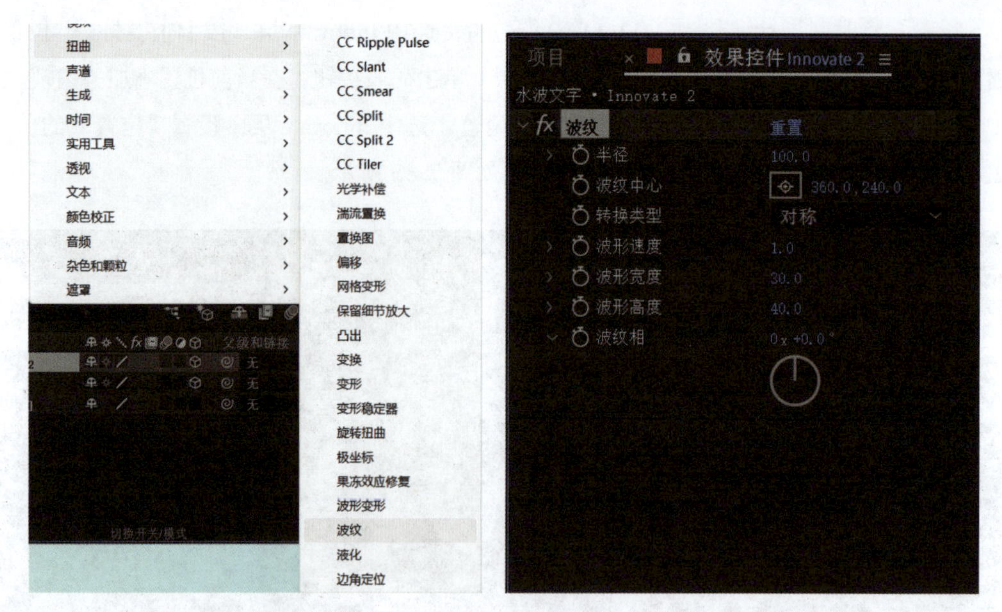

图 7-87　添加波纹特效　　　　图 7-88　参数设置

步骤 11. 选中 Innovate 2 层，按【R】键打开“方向”属性，设置“X 轴旋转”的值为 180，按【T】键打开“不透明度”属性，设置“不透明度”的值为 30%，如图 7-89 所示。

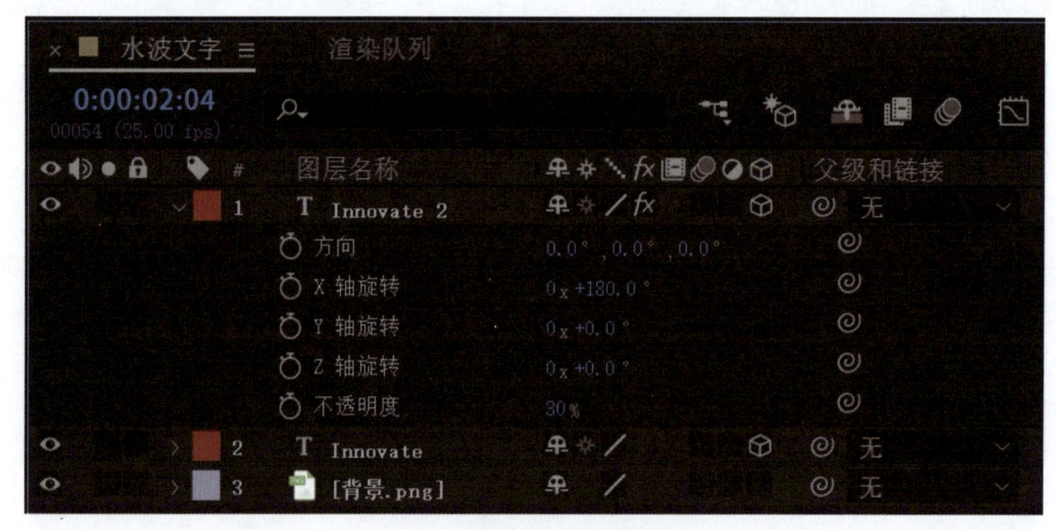

图 7-89　旋转及不透明度参数设置

这样就完成了“水波文字”动画的整体制作，按小键盘上的【0】键，即可在合成窗口中预览动画效果，如图 7-90 所示。

三、录入文字

本例主要通过对“路径文本”特效的应用，制作出正在录入文字的过程，通过添加“投影”特效，制作出文字阴影的效果。

图 7-90　最终效果

【操作步骤】

步骤 1. 执行菜单栏中的“合成→新建合成”命令，打开合成设置对话框，设置“合成名称”为“录入文字”，“宽度”为 720，“高度”为 480，“速率”为 25，并设置“持续时间”为 0:00:06:00。

步骤 2. 执行菜单栏中的“文件→导入→文件”命令，打开导入文件对话框，选择“素材文件 \ 模块七 \ 录入文字 \ 背景 .jpg”素材，单击“导入”按钮，“背景 .jpg”素材将导入到项目面板中。

步骤 3. 在项目面板中，选择“背景 .jpg”素材，将其拖动到“录入文字”合成的时间轴面板中，调整文件大小使其适配到合成。

步骤 4. 执行菜单栏中的“图层→新建→纯色”命令，打开纯色设置对话框，设置“名称”为“文字”，“颜色”为黑色。

步骤 5. 选中“文字”层，在效果和预设特效面板中展开“过时”特效组，双击“路径文本”特效，如图 7-91 所示。

步骤 6. 双击“路径文字”特效后，将打开路径文字对话框，在对话框中输入文字，设置字体，单击“确定”按钮，完成文字的输入，如图 7-92 所示。

步骤 7. 在效果控件面板中，展开“路径选项”选项组，从“形状类型”右侧的下拉列表框中选择“线”选项；展开“填充和描边”选项组，设置“填充颜色”为绿色（R:31；G:102；B:62）；展开“字符”选项组，设置“大小”的值为 40；展开“段落”选项组，设置“行距”为 130。如图 7-93 所示。

步骤 8. 将时间指针调整到 0:00:00:00 的位置，在效果控件面板中，展开“高级”选项组，设置“可视字符”的值为 0，单击“可视字符”左侧的码表按钮，在当前位置添加关键帧。

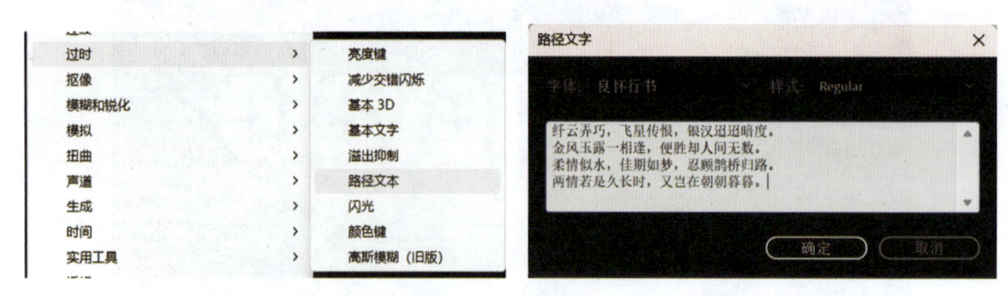

图 7-91　添加“路径文字”特效

图 7-92　输入文字

步骤 9. 将时间指针调整到 0:00:05:00 的位置，设置“可视字符”的值为 80，如图 7-94 所示。

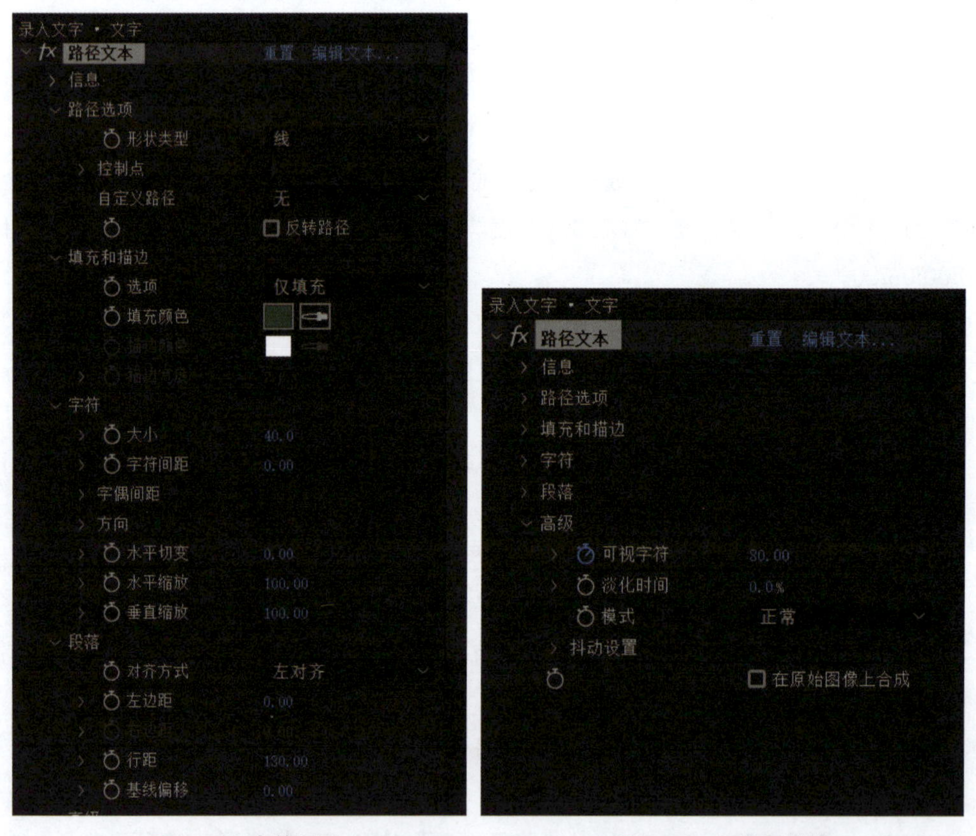

图 7-93　参数设置

图 7-94　添加关键帧

步骤 10. 选中“文字”层，然后按【P】键展开“位置”属性，设置“位置”的值为（298，187），如图 7-95 所示。

步骤 11. 选中“文字”层，在效果和预设特效面板中展开“透视”特效组，双击“投影”特效，如图 7-96 所示。

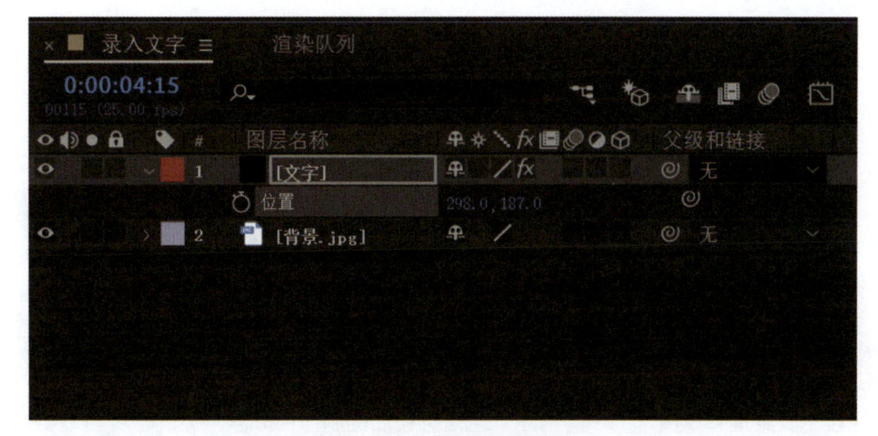

图 7-95　设置位置参数

步骤 12. 在效果控件面板中，设置“不透明度”的值为 50%，“距离”的值为 4，“柔和度”的值为 5，如图 7-97 所示。

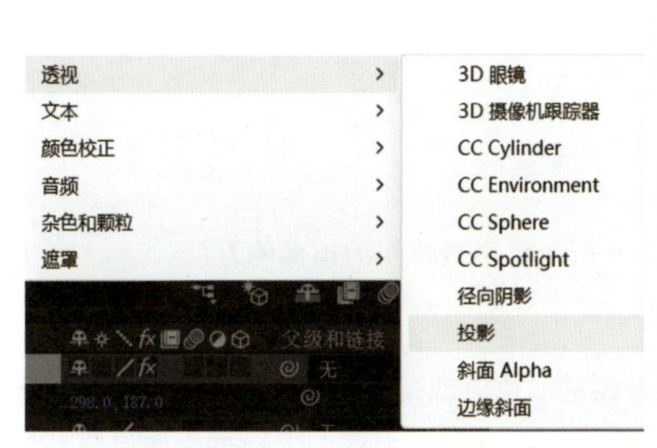

图 7-96　添加投影

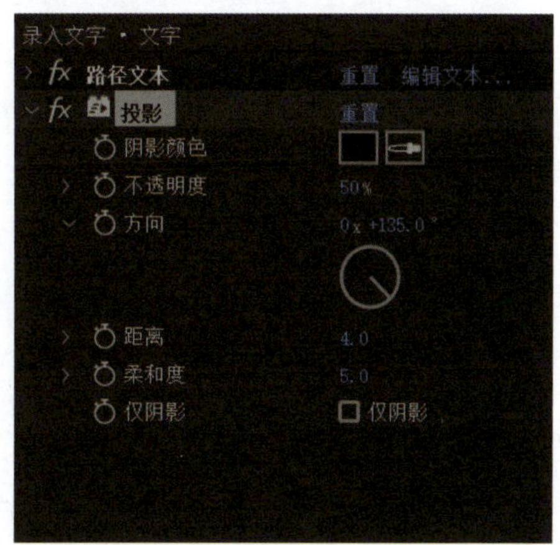

图 7-97　参数设置

这样就完成了“录入文字”动画的整体制作，按小键盘上的【0】键，即可在合成窗口中预览动画效果，如图 7-98 所示。

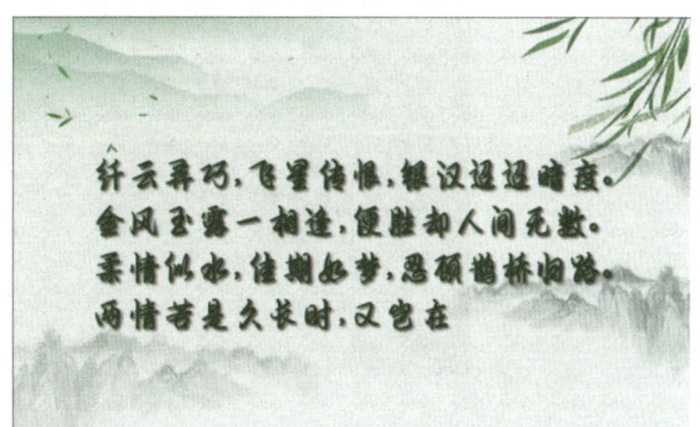

图 7-98　最终效果

任务三 抠像技术与跟踪技术

任务描述

抠像技术其实是遮罩技术的一种衍生，也是影视后期制作中非常常见的一种合成类特效，其应用非常广泛。在影视制作过程中，考虑到危险性、成本控制、艺术表现效果等，某些镜头实际上拍摄的是没有演员的空镜头，而演员部分的画面则是在摄影棚内拍摄的，最后将演员合成在这些镜头中。

跟踪技术常应用于合成类的特效制作，当我们需要使多个素材在一个画面中实现同步运动时，就需要用到跟踪技术。除此之外，跟踪技术还能实现对画面晃动的修正以及通过对画面的分析进而反求出摄影机的运动信息，是一项非常强大的功能。

一、抠像技术

抠像的方法有很多种，本节主要讲授 After Effects 中最常用的抠像的方法。

1. 抠像的概念

在 After Effects 中，抠像是指按图像中特定的颜色值或亮度值定义透明度，如果用户指定某个值，则颜色值或明亮度值与该值类似的所有像素将变为透明。通过抠像可轻松替换背景，在影视制作中常常应用这种技术将演员合成到其他场景中，如图 7-99 所示。

图 7-99

图 7-99　抠像及合成后的影像

2. 颜色键抠像

颜色键抠像是一种很有代表性的抠像技术，它的原理是指定某个颜色，在图像中凡是和指定颜色接近的颜色都会透明化，其实就是为图像添加了一种特殊的遮罩，只不过这种遮罩的生成方式是通过色彩识别得到的。抠出颜色一致的背景的技术通常称为蓝幕抠像或绿幕抠像，但不是必须使用蓝色或绿色的背景，实际上我们可以使用任何纯色作为背景。当抠像主体物是人类演员时，由于人的肤色中含有红色信息，因此需要采用不包含红色信息的绿色或蓝色作为背景。而红色背景通常用于拍摄不包含红色信息的非人类对象，如白色的汽车、灰色的宇宙飞船模型等。需要注意的是，采用绿色背景时，演员身上应尽量避免穿着绿色或与绿色接近的服饰，避免在抠像时这些服饰也连同背景一起被透明化。

在 After Effects 中，最常用的颜色键抠像工具是 Keylight，这是一款非常强大的抠像插件，广泛支持 Fusion、NUKE、Shake 和 Final Cut Pro 等专业影视后期制作软件。在当前的版本中，Keylight 已经被捆绑在 After Effects 软件中，用户无须单独安装 Keylight 插件。

Keylight 功能强大，但使用方法却非常简单，如果背景颜色足够纯净，那么几乎可以实现一键抠像。下面，我们就通过一个小案例来学习如何使用 Keylight 进行抠像。

【操作步骤】

步骤 1. 执行菜单栏中的“文件→打开项目”命令，选择“素材文件 \ 模块七 \ 抠像技术与跟踪技术 \ 影视抠像 \ 影视抠像 .aep”文件，将“影视抠像练习 .aep”文件打开。

步骤 2. 选中“猫咪”层，在工具栏中单击“钢笔工具”按钮，在图层上绘制路径。如图 7-100 所示。

步骤 3. 选择“效果→ Keying → Keylight（1.2）”，为素材添加 Keylight（1.2）效果。如图 7-101 所示。

步骤 4. 在效果控件面板中，修改 Keylight（1.2）特效的参数，点击“Screen Colour ”（屏幕颜色）旁的吸管按钮，吸取猫咪周围的绿色；设置“Screen Gain”（屏幕增益）为 104；设置“Screen Balance”（屏幕平衡）为 64。如图 7-102 所示。

图 7-100　绘制钢笔路径

图 7-101　添加 Keylight（1.2）效果

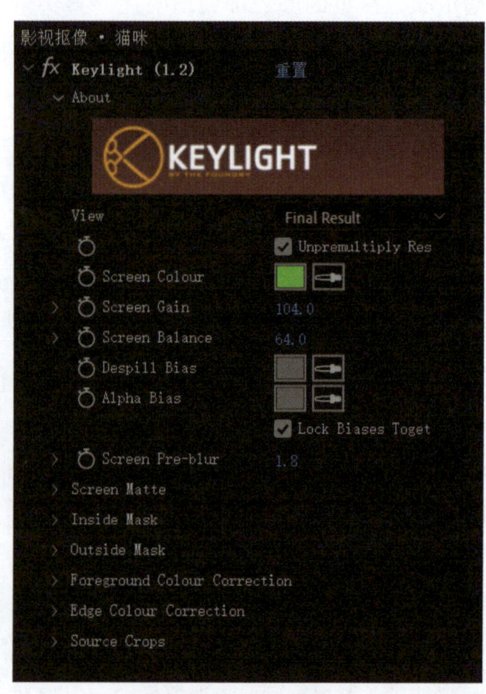

图 7-102　设置参数

这样就完成了“影视抠像”的整体制作，按小键盘上的【0】键，即可在合成窗口中预览动画效果，如图 7-103 所示。

二、跟踪技术

跟踪技术能实现对画面晃动的修正，还可以通过对画面的分析进而反求出摄影机的运动信息，拥有非常强大的功能。

图 7-103 最终效果

（一）跟踪技术简介

跟踪技术主要是指通过分析画面中的某些关键像素信息，来实现对这些像素信息变化的跟踪。在 After Effects 中，跟踪技术主要体现在三个方面：稳定运动、跟踪运动、跟踪摄像机。其中跟踪摄像机将在三维效果中摄像机的位置与应用中合并讲解，本节只介绍稳定运动和跟踪运动。软件通过智能分析画面中的关键像素，计算出这些像素信息的变化数据，并将这些数据匹配至其他元素。

（二）跟踪、技术的类型

1. 稳定运动

稳定素材使画面中的运动对象保持相对固定，以便检查运动中的对象如何随着时间的推移而变化，这在影视合成工作中非常有用。很多时候，由于拍摄时摄像机难以避免会产生一些晃动，因此拍摄到的画面也会产生晃动。这种画面晃动可能会影响观众的观影感受。因此，可以通过稳定运动将画面晃动进行一定程度的修正，使画面尽量保持稳定。

2. 跟踪运动

After Effects 通过将来自某个帧中选定区域的图像数据与每个后续帧中的图像数据进行匹配来跟踪运动。通过跟踪运动，我们可以跟踪对象的运动，然后将该运动的跟踪数据应用于另一个对象（如另一个图层或效果控制点），这样就可以实现两个对象同步跟随运动的效果。

跟踪运动的方法与稳定运动大致相同，只不过一般情况下往往会将跟踪信息应用于其他图层，因此，在进行跟踪运动时一般需要准备两个或两个以上的图层，一个作为跟踪对象图层，其余作为应用跟踪信息的图层。

（三）实战案例

通过以上知识的学习，我们已经掌握了使用跟踪器进行稳定运动和跟踪运动的方法，下面我们就来进行实战案例的操作练习。在这个案例中，我们将学习如何使用多点跟踪进行图像的合成。

【操作步骤】

步骤 1. 点击“文件→导入→文件”，在弹出的窗口中找到“天安门 .mp4”“手机 .mov”两个素材文件（素材文件 \ 模块七 \ 抠像技术与跟踪技术 \ 跟踪技术 \），将其全部选中后点击“导入”，将两个素材文件导入 After Effects 中。

步骤 2. 此时就可以在项目面板中看见刚才导入的素材了，在项目面板中选中“手机 .mov”，按下鼠标左键并将其拖动至“新建合成”按钮后松开鼠标左键，即可创建一个基于该素材属性的合成。

步骤 3. 在项目面板中选中“天安门 .mp4”素材，并将其拖动至时间轴面板，放置在“手机 .mov”图层的上方。

步骤 4. 在“命令栏”点击“窗口”，在下拉列表中勾选“跟踪器”，打开跟踪器面板，如图 7-104 所示。

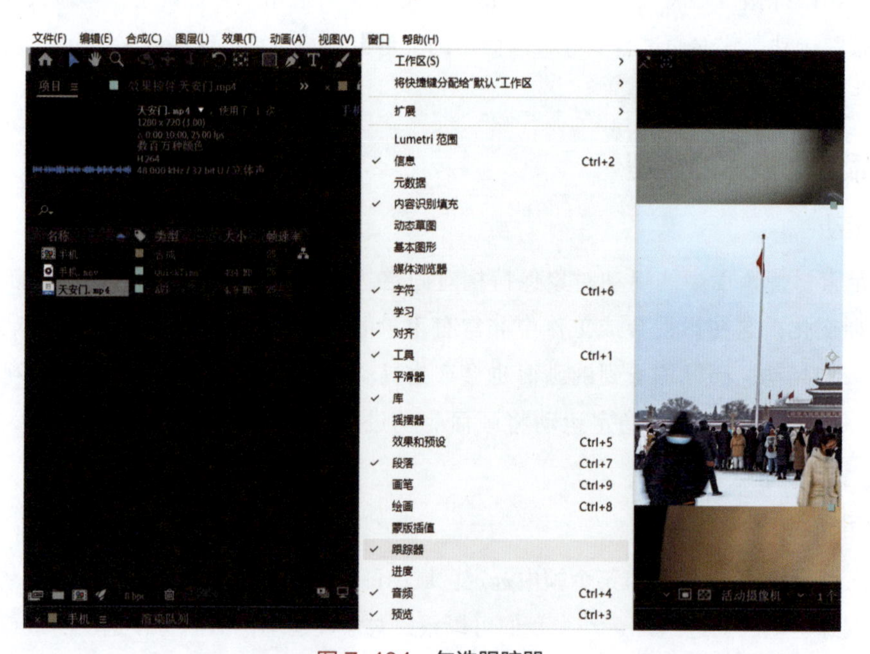

图 7–104 勾选跟踪器

步骤 5. 在时间轴面板中选中“手机 .mov”图层，点击右边跟踪器面板中的“跟踪运动”按钮，如图 7-105 所示。

步骤 6. 然后展开跟踪器面板中“跟踪类型”的下拉菜单，选择“透视边角定位”跟踪类型，如图 7-106 所示。

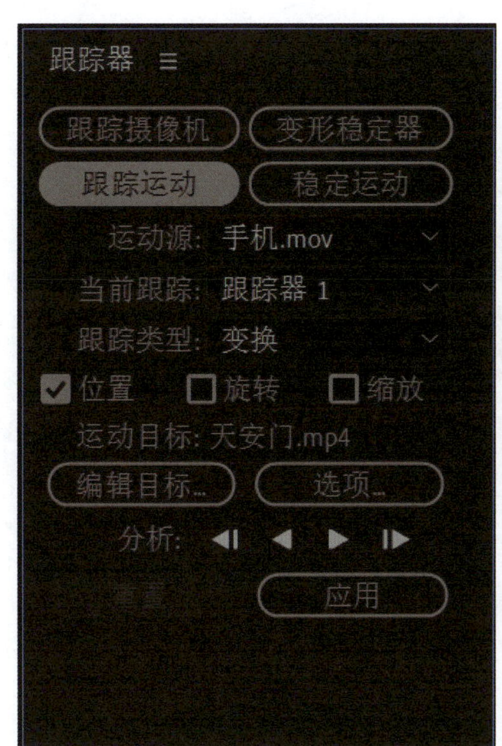

图 7-105　选择跟踪运动　　　　图 7-106　设置跟踪类型

步骤 7. 此时，可以看到预览区已自动切换至素材图层预览窗口，且在画面中的跟踪点变为 4 个，如图 7-107 所示。

图 7-107　预览窗口

步骤 8. 将 4 个跟踪点分别移动至手机屏幕四角处，调整跟踪点的大小和位置，注意需要将手机屏幕刚好置于跟踪点围成的矩形范围内，如图 7-108 所示。

图 7-108　调整跟踪点

步骤 9. 调整好跟踪点后，点击跟踪器面板中的“向前分析”按钮，如图 7-109 所示。

步骤 10. 稍等片刻，待分析完成后，点击跟踪器面板中的“编辑目标”按钮，如图 7-110 所示。

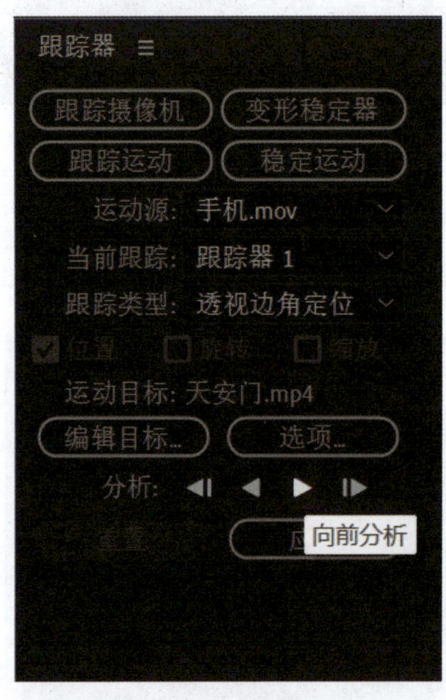

图 7-109　向前分析

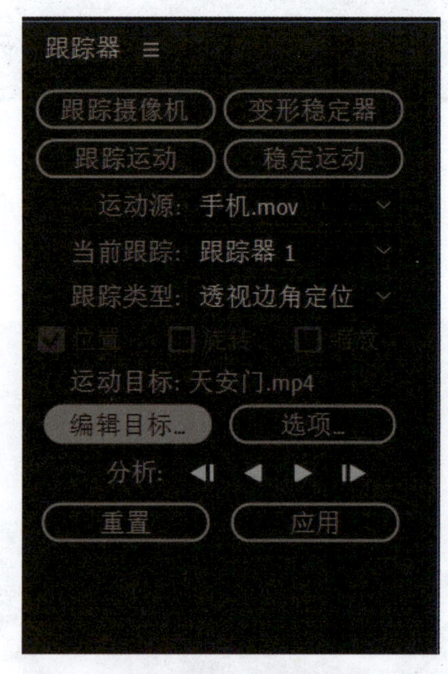

图 7-110　编辑目标

步骤 11. 在弹出的对话框中，选择“天安门 .mp4”图层，然后点击“确定”，如图 7-111 所示。

步骤 12. 接下来，回到跟踪器面板，点击“应用”按钮，如图 7-112 所示。

步骤 13. 在弹出的对话框中点击“确定”，跟踪完成。同时，可以在预览窗口中看到“天安门”视频被放置在手机屏幕内部，并且一直随着手机的位置变化而变化，如图 7-113 所示。

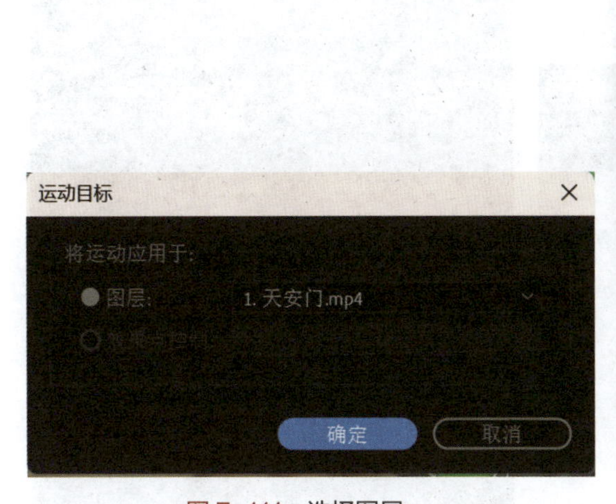

图 7-111　选择图层

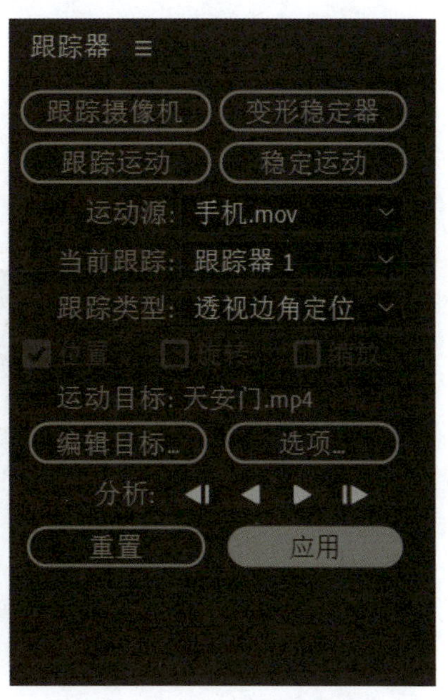

图 7-112　应用跟踪

图 7-113　效果预览

步骤 14. 但是仔细观察会发现，视频人物的手指被“天安门 .mp4”图层视频遮挡住了，所以我们回到时间轴图层面板，将“天安门 .mp4”图层与“手机 . mov”图层交换位置，“手机 .mov”在上方，“天安门 .mp4”在下方。

步骤 15. 然后选中“手机 . mov”图层，执行“效果→ Keying → Keylight（1.2）”命令，为素材图层添加 Keylight（1.2）效果，如图 7-114 所示。

步骤 16. 在效果控件面板找到“Screen Colour”选项，点击“Screen Colour”后方的吸管图标，然后在合成预览区手机屏幕位置单击鼠标左键拾取屏幕颜色，如图 7-115 所示。

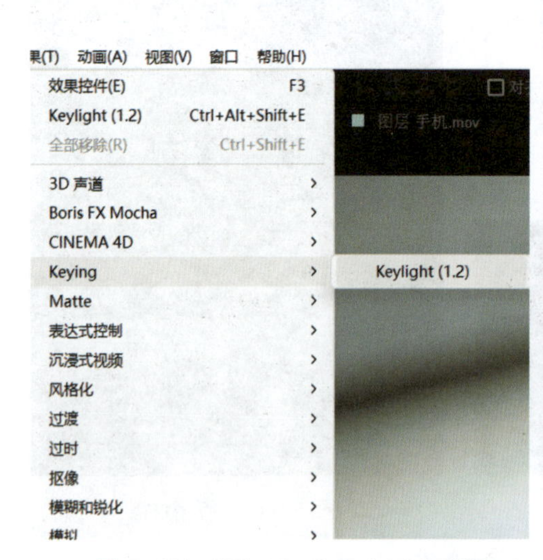

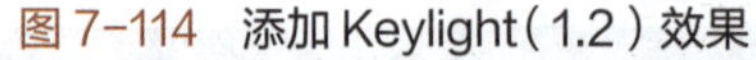
图 7-114 添加 Keylight（1.2）效果

图 7-115 设置参数

步骤 17. 此时画面中手机屏幕的部分被抠除干净，完整显示出下方的“天安门”视频，人物手指也不会被遮挡，如图 7-116 所示。至此，跟踪技术案例制作完成。

图 7-116 最终效果

【课后拓展实训】动态电脑桌面制作

1. 实训目的

通过制作动态电脑桌面来巩固前面所学知识。

2. 实训内容

运用特效制作动态壁纸，并运用跟踪技术将动态壁纸合成到电脑桌面上。部分效果如图 7-117 所示。

图 7-117　参考效果

拓展阅读

AE 的常用特效

1. 抠像类特效

作为一款功能强大的视效合成类软件，AE 里的抠像就像 PS 里的抠像一样必不可少，不同的是 AE 里的是动态抠像，是一项必备技能。抠像类特效应用非常广泛，如现在的电影，很多场景都是抠像合成来完成的。

2. 摄像机类特效

AE 常用的摄像机特效包括：虚拟摄像机、摄像机反求、跟踪摄像机。

3. 文字类特效

文字类特效在实际工作中用得非常多，不同的特效组合可以制作出各种不同的文字特效效果，需要根据实际需求进行制作。

4. 粒子类特效

粒子特效也是 AE 中经常用到的一种特效，可实现的效果非常多，应用范围也非常广泛，很多片头里，粒子特效的使用非常多。

5. 表达式脚本特效

表达式是 AE 内部基于 JS 编程语言开发的编辑工具，可以理解为简单的编程，不过没有编程那么复杂。表达式只能添加在可以编辑的关键帧的属性上，不可以添加在其他地方；表达式通常用于在关键帧之外进行更复杂的动画控制，它的使用根据实际情况来决定。如果关键帧已经足够实现你想要的效果，那么使用关键帧就可以了。表达式在大部分情况下可以更节约时间，提高工作效率。

笔记

视频特效与后期合成

After Effects 常见插件的应用

【模块导读】

本模块对 After Effects 的三款外置插件进行了详细的参数介绍以及相应的案例制作，分别为 RG Trapcode 公司生产的 Particular 粒子插件，以及 Video Copilot 公司生产的 Saber 插件、Element 3D 插件。以上三款插件均为目前较为常用且流行性的插件，每一款外置插件都有其相应的特色及主要功能，这些外置插件所能达到的效果是 After Effects 内置特效无法完成的，制作精良效果酷炫的视频特效往往使用不止一款插件来制作，多个插件配合 After Effects 自带特效联合制作才能极大提升视觉效果。因此，外置插件是 After Effects 学习中的必要部分。

【知识目标】

了解三款插件的相关参数设置
了解三款插件的不同视觉效果及其应用
掌握三款插件与不同 AE 特效结合制作的用法

【能力目标】

能够运用 Particular 粒子插件制作出飘散的粒子效果
能够运用 Saber 插件制作出光束效果
能够运用 Element 3D 插件进行模型制作、灯光设置、材质贴图制作
能够分别运用三款插件配合 AE 内置特效联合制作

任务一
Particular 粒子插件的应用

任务描述

提到 AE 的外置插件，最为人所知的便是大名鼎鼎的 Particular 粒子插件，在 AE 中虽然也有内置粒子效果，但所生成的粒子效果显然不够绚丽，因此 Particular 粒子插件应运而生，其制作的效果多变，可生成多种多样的自然效果，如：星光、流沙、云、雾、火焰、闪光等，也可模拟烟花、光影、宇宙、文字粒子飘散等效果，也可使用 AE 中的灯光驱动粒子进行发射。运动的灯光带动粒子可进行丰富的动画设定，甚至还可以使用 OBJ 模型进行粒子发射，而粒子类型中的 Sprite（精灵）更可以置换自定义的二维图形实现粒子飘散效果，大大增加了不同图形粒子效果的应用，其应用范围及使用程度要远高于内置粒子效果。Particular 粒子效果如图 8-1 所示。

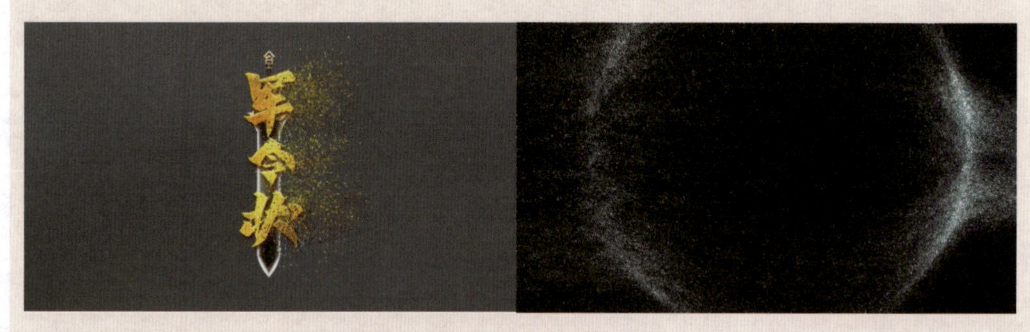

图 8-1 Particular 粒子效果

一、粒子插件相关参数设置

Particular 粒子参数较多，分为八个大类，主要参数为：Emitter（发射器）、Particle（粒子）、Shading（光影）、Physics（物理）、Aux System（辅助系统）、World Transform（世界坐标）、Visibility（可视）、Rendering（渲染），见图 8-2。

（一）Emitter（发射器）参数介绍

Emitter（发射器）用于产生粒子并设定粒子数量、发射器类型等基本属性。所谓“发射器”可以将其想象为一把“枪”，不同类型的“枪”发射出来的“子弹”效果自然是不同的。Emitter（发射器）参数面板见图 8-3。

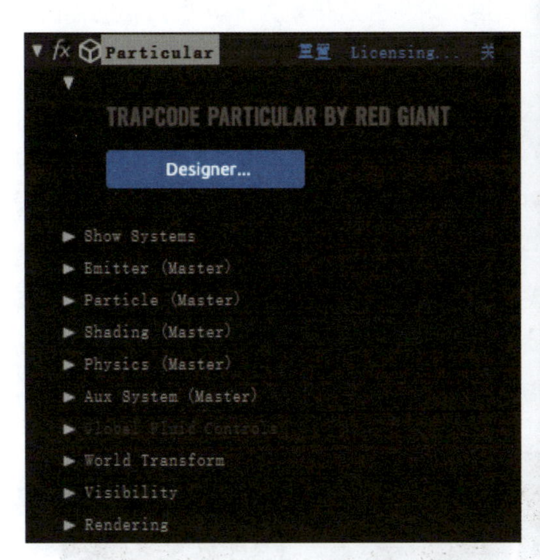

图 8-2　Particular 粒子主要参数面板

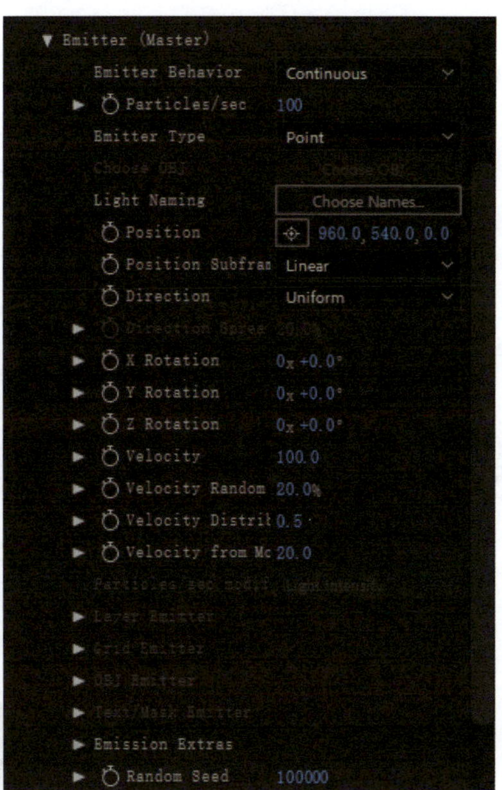

图 8-3　Emitter（发射器）参数面板

（1）Emitter Behavior（粒子生成类型）：具体分为以下 3 种类型。

① Continuous（连续的）：发射器连续不断发射粒子。

② Explode（爆炸）：发射器只发射一次一定数量的粒子。

③ From Emitter Speed（从发射器速度）：发射器位置的变化速度影响每秒发射粒子数量。如果发射器不移动，则其速度为零，因此不会发射任何粒子。当发射器位置有关键帧动画时，每秒发射的粒子数量与发射器位移速度成正比。

（2）Particles/sec（粒子 / 秒）：控制发射器每秒发射的粒子数量。较低的参数会获得稀疏的粒子，渲染速度非常快；较高的参数会产生很密集的粒子，渲染速度会很慢。该参数可以设置关键帧，以便粒子发射的数量可以随时间变化。

（3）Emitter type（发射器类型）：具体如下。

① Point（点）：所有粒子都在同一个“点”的位置发射，如图 8-4 所示。

② Box（方盒子）：所有粒子都在一个看不见的三维方盒子范围内发射，如图 8-5 所示。为了方便观察，粒子初始速度为零。

③ Sphere（球体）：所有粒子都在一个看不见的球形范围内发射，如图 8-6 所示。为了方便观察，粒子初始速度为零。

④ Grid（网格）：粒子在一个由 $n \times n \times n$ 的矩阵网格中的点的位置发射，如图 8-7 所示。

⑤ Lights（灯光）：粒子从指定的灯光位置发射，如图 8-8 所示。在这里强调，灯光设

置完成后必须更改名字，并在 Light Naming（灯光名字）中点击 Choose names（选择名字）指定设置的灯光。

⑥ Layer（图层）：粒子从指定的图层贴图发射，如图 8-9 所示。为了方便观察，粒子初始速度为零。在这里强调，图层需要开启三维图层模式，Layer Emitter（图层发射）中的 Layer（图层）为指定的图层。

⑦ Layer Grid（图层网格）：粒子从指定的图层发射，并从排列为 $n \times n$ 的网格的点的位置发射，如图 8-10 所示。同图层发射模式一样，图层需要开启三维图层模式，Layer Emitter（图层发射）中的 Layer（图层）为指定的图层。

⑧ OBJ Model（3D/OBJ 模型）：粒子从导入的 OBJ 模型发射，如图 8-11 所示。为了方便观察，粒子初始速度为零。OBJ 模型需点击 Choose OBJ（选择 OBJ），之后可见多种内设 OBJ 模型的发射粒子效果，同时也可点击 Add New OBJ（添加新 OBJ 模型）导入模型。

⑨ Text/Mask（文本 / 蒙版路径）：粒子从指定的文本层 / 蒙版路径的内容发射，如图 8-12 所示。为了方便观察，粒子初始速度为零。在这里强调，输入好文字后，需为 Text/Mask（文本 / 蒙版路径）中的 Layer（图层）指定文字层。

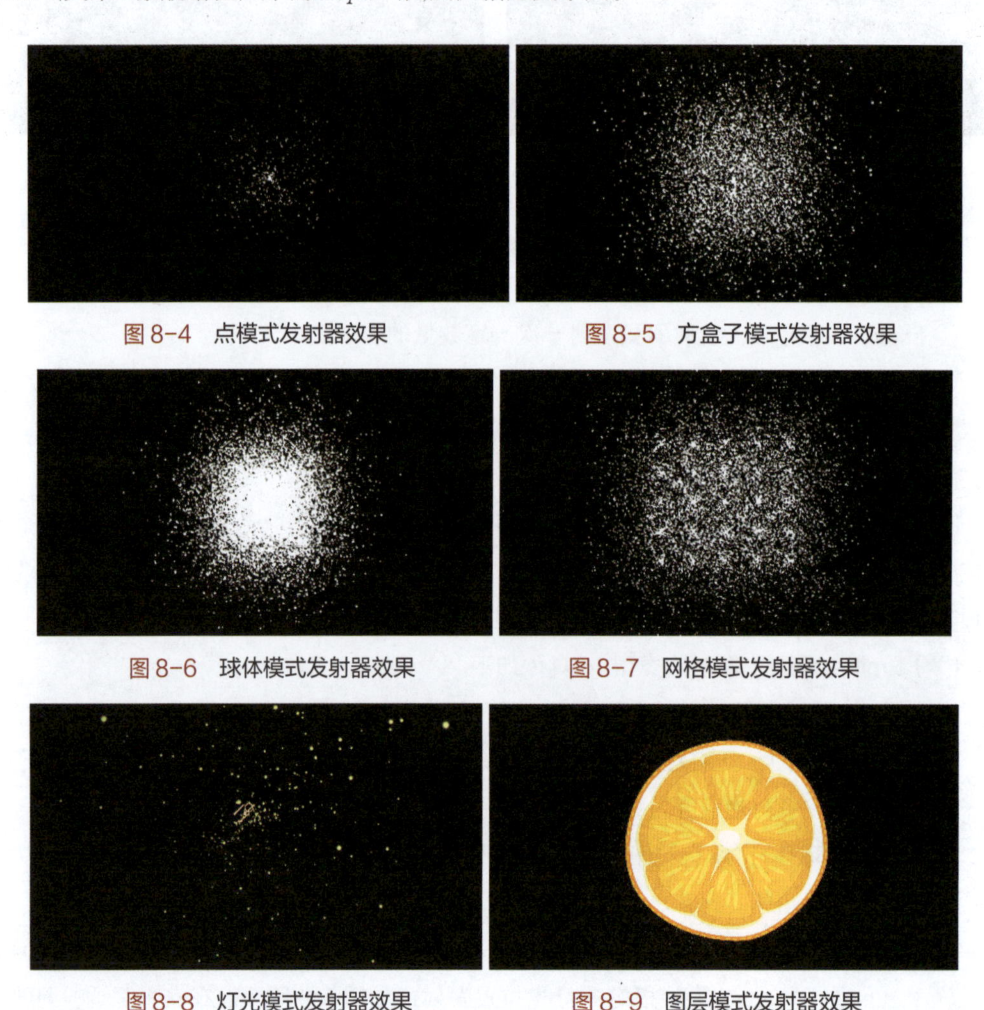

图 8-4　点模式发射器效果

图 8-5　方盒子模式发射器效果

图 8-6　球体模式发射器效果

图 8-7　网格模式发射器效果

图 8-8　灯光模式发射器效果

图 8-9　图层模式发射器效果

图 8-10　图层网格模式发射器效果

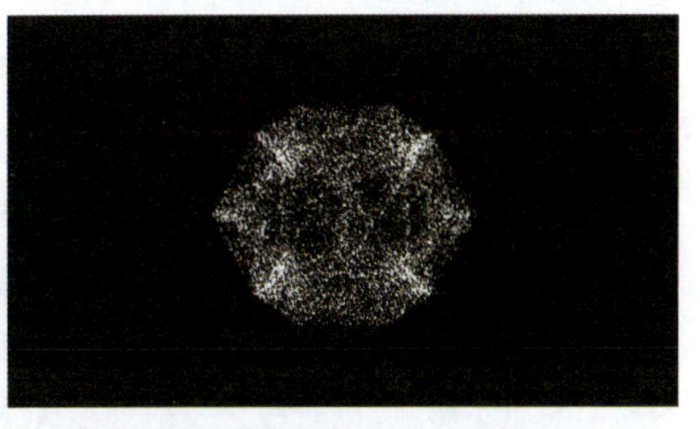

图 8-11　OBJ 模型模式发射器效果

图 8-12　文字模式发射器效果

（4）Position（位置）： 设置粒子在三维空间中的位置。

（5）Position Subframe（位置细分）： 粒子速度过快时使其路径变得圆滑。

（6）Direction（方向）粒子发射的方向： 粒子发射的方向依次如下。

① Uniform（统一方向）。

② Directional（定向方向）。

③ Bi-Directional（双向方向）。

④ Disc（圆盘）。

⑤ Outwards（向外）。

⑥ Inwards（向内）。

（7）Rotation（旋转）： 发射器在 X、Y、Z 三个轴向上的旋转度数。

（8）Velocity（速度）： 控制粒子发射的速度。

（9）Velocity Random（速度随机）： 数值越大，粒子发射的速度越不一致。

（10）Velocity distribution（速度随机分布）： 数值越大，越受随机速度影响。

（11）Velocity from motion [%]（跟随运动速度）： 数值越大，粒子沿着运动方向的趋势越明显。

（12）Emitter size（发射器尺寸）： 调节发射器在 X、Y、Z 轴上的尺寸数值，可分别调整，也可共同调整。

① XYZ Linked（XYZ 轴关联）：X、Y、Z 轴共同调整尺寸。

② XYZ Individual（XYZ 轴单独）：X、Y、Z 轴分别调整尺寸。

（13）Particles/sec modifier（粒子发射速度修正）：当发射器类型为灯光时，此参数点亮。

① Light Intensity（灯光强度）：提高数值可以增加粒子数量。

② Shadow Darkness（阴影暗度）：通过阴影暗度增加或减少粒子数量。

③ Shadow Diffusion（阴影扩散）：阴影扩散数值影响粒子数量。

④ None（不影响）：对粒子发射速度无影响。

（14）Layer Emitter（图层发射器）：将发射器设为 Layer/Layer Grid 时起作用。

（15）Grid Emitter（网格发射器）：发射器类型为 Grid/Layer Grid 时起作用。

（16）OBJ Emitter（OBJ 发射器）：当发射器为 OBJ Emitter 时，此选项激活。

（17）Emission Extras（其他发射属性）：其下设置如下。

Pre Run（提前发射粒子）：指在第 0 帧开始就有粒子被发射出来。

Periodicity Rnd（频率随机）：仅对 Directional 且 Direction Spread 为 0 时有用，使粒子分布不均匀。

Lights Unique Seeds（灯光唯一随机）：使用多个灯光发射时，勾选使每个灯光发射的粒子采用不同的种子形态。

（18）Random Seed（粒子随机）：改变粒子的随机形态，复制一套新粒子时常用。

（二）灯光类型发射器效果

【操作步骤】

步骤 1. 启动 After Effects，选择合成面板中新建合成命令，新建一个合成：名称为“灯光粒子”，尺寸为“1920px×1080px”，帧速率为“25 帧 / 秒”，持续时间为“5 秒”。

步骤 2. 新建纯色层，选择纯色层，执行“效果→RG Trapcode→Particular”的菜单命令，并将图层的三维开关开启。

步骤 3. 新建灯光，更改灯光名字为“light”。

步骤 4. 在 Particular 面板中选择“Emitter（发射器）→Emitter type（发射器类型）→light(s) 灯光”。

步骤 5. 在“Light Naming（灯光名字）”中点击“Choose names（选择名字）”，在弹出的对话框中输入刚才设置灯光的名字“light”，如图 8-13 所示。

步骤 6. 选择灯光图层，在第 0 帧处添加位置关键帧，在第 2 秒处移动灯光位置，生成位置关键帧，在第 5 秒处再次移动灯光位置，生成位置关键帧。

步骤 7. 提高“Particles/sec（粒子 / 秒）”粒子数量，使粒子效果更明显。制作完成后，粒子便随灯光的运动而发散，效果如图 8-14 所示。

图 8-13　灯光名字对话框

图 8-14　粒子随灯光运动发射效果

（三）图层类型发射器效果

【操作步骤】

步骤 1. 启动 After Effects，选择合成面板中的新建合成命令，新建一个合成，命名为“图层粒子”，尺寸“1920px×1080px”，帧速率“25 帧 / 秒”，持续时间“5 秒”。

步骤 2. 新建纯色层，选择纯色层，执行“效果→ RG Trapcode → Particular”菜单命令，并将图层的三维开关开启。

步骤 3. 导入“\ 素材文件 \ 模块八 \ 图层发射器 \”中的橙子瓣图片素材。

步骤 4. 在 Particular 面板中选择“Emitter（发射器）→ Emitter type → Layer”。

步骤 5. 在 Layer Emitter（图层发射）中的 Layer（图层）选择橙子瓣图层。

步骤 6. 提高 Particles/sec（粒子 / 秒）粒子数量，使粒子效果更明显。制作完成后，粒子便从橙子瓣图层发射，在这里强调，粒子的颜色会受图层颜色的影响。效果如图 8-15 所示。

（四）文字 / 蒙版类型发射器效果

【操作步骤】

步骤 1. 启动 After Effects，选择合成面板中的新建合成命令，新建一个合成：名称“文字粒子”，尺寸“1920px×1080px”，帧速率“25 帧 / 秒”，持续时间“5 秒”。

图 8-15　粒子从橙子瓣图层发射效果

步骤 2. 新建纯色层，选择纯色层，执行“效果→RG Trapcode→Particular”的菜单命令，并将图层的三维开关开启。

步骤 3. 输入文字，并更改文字颜色。

步骤 4. 在 Particular 面板中选择“Emitter（发射器）→Emitter type→Text/Mask（文本 / 蒙版路径）”。

步骤 5. 在“Text/Mask（文本 / 蒙版路径）”中的“Layer（图层）”中选择刚才输入的文字图层。

步骤 6. 提高“Particles/sec（粒子 / 秒）”粒子数量，使粒子效果更明显。

步骤 7. 选择文字图层，在第 0 帧添加位置关键帧，将文字置于画面上方，在第 3 秒处将文字位置移动到画面中心，生成位置关键帧。粒子便会跟随文字的运动发射，效果如图 8-16 所示。

图 8-16　粒子从文字层发射效果

（五）Particle（粒子）参数介绍

Particle（粒子）参数面板如图 8-17 所示。

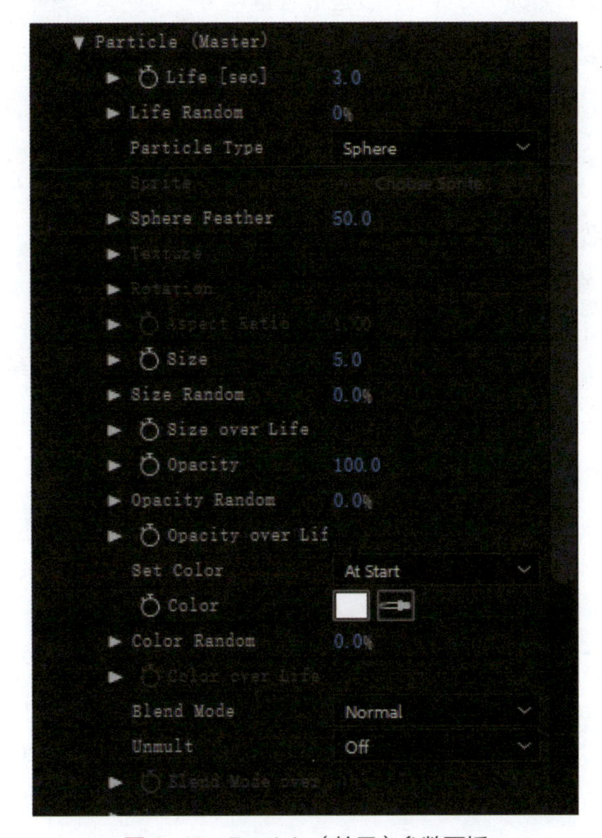

图 8-17　Particle（粒子）参数面板

（1）Life［sec］（生命/秒）： 每秒钟粒子存活的时长，数值越大，粒子在屏幕中存活的时间就越长。

（2）Life Random（生命随机）： 数值越大，粒子的生命时间相差就越大。

（3）Particle Type（粒子类型）： 具体类型如下。

① Sphere（球体）。

② Glow Sphere（No DOF）［发光球体（无景深）］：自带发光球体，不支持景深效果。

③ Star（No DOF）：星星（无景深）。

④ Cloudlet（云朵）：可以制作整片云或者烟雾。

⑤ Streaklet（条痕状）：与云朵相似。

⑥ Sprite（精灵）：可以自定义的粒子形状且永远朝向相机，自定义粒子可使用预设形态，也可导入下载或通过 Photoshop、Illustrator 等软件制作二维图形作为粒子形态。

⑦ Sprite Colorize（精灵着色）：可更改精灵颜色。

⑧ Sprite Fill（精灵填充）：直接填充覆盖整体颜色，只识别 Alpha。

⑨ Textured Polygon（材质多边形）：效果与精灵相似，但不会随着摄像机三维旋转。

⑩ Textured Polygon Colorize（材质多边形着色）。

⑪ Textured Polygon Fill（材质多边形填充）。

⑫ Square（方块）。

⑬ Circle（No DOF）（圆片）。

（4）Sphere Feather（球体羽化）：球体边缘有羽化效果，数值越大，粒子越模糊。

（5）Texture（贴图）：使用自定义的图片作为粒子的外观。

（6）Rotation（旋转）：可分为以下几种。

① Orient to Motion（根据路径旋转）：粒子根据运动路径自动旋转。

② Rotate X（X 轴旋转）、Rotate Y（Y 轴旋转）、Rotatc Z（Z 轴旋转）。

（7）Aspect Ratio（比例）：改变粒子的长宽比例。

（8）Size（大小）：粒子大小尺寸。

（9）Size Random（大小随机）：数值越大，粒子大小差距越大。

（10）Size over life（大小随生命进程的变化）：控制粒子在生命周期内尺寸的变化曲线。

（11）Opacity（不透明度）：数值越大，粒子越透明。

（12）Opacity Random（不透明度随机）：数值越大，粒子不透明度差别越大。

（13）Opacity over life（粒子的不透明度随着粒子生命进程而发生变化）：控制粒子生命周期内透明度的变化。

（14）Set Color（设置颜色）：具体内容如下。

① At Start（起始时）：粒子的颜色保持一致。

② Over Life（贯穿生命过程）：粒子颜色随生命变化而变化。

③ Random from Gradient（从渐变随机）：从渐变随机抽取颜色，单个粒子抽到一个颜色一直保持到死亡。

④ From Light Emitter（从灯光发射器获取）：灯光发射时拾取灯光颜色。

（15）Color Random（颜色随机）：随机产生粒子颜色。

（16）Color over life（颜色随生命变化）：设定粒子在整个生命周期中的颜色变化。

（17）Blend Mode（混合模式）：粒子重叠时相互作用的模式。

① Normal（正常）：粒子不混合。

② Add（相加）：粒子相互相加，变亮。

③ Screen（屏幕）：粒子透视，透明。

④ Lighten（变亮）。

⑤ Normal Add over Life（从不混合模式到相加模式）：粒子之间使用 Add 叠加方式，受粒子寿命影响。

⑥ Normal Screen over Life（从不混合模式到屏幕模式）：粒子之间使用 Screen 叠加方式，受粒子寿命影响。

⑦ Unmult（抠图）：把粒子贴图中的黑色背景抠除，使其透明。

（18）Blend Mode over Life： 混合模式随生命过程发生变化。

（六）云朵效果制作

【操作步骤】

步骤 1. 启动 After Effects，选择合成面板中的“新建合成”命令，新建一个合成：名称“云朵”，尺寸“1920px×1080px”，帧速率“25 帧 / 秒”，持续时间“5 秒”。

步骤 2. 新建纯色层，选择纯色层，执行“效果→RG Trapcode→Particular”的菜单命令，并将图层的三维开关开启。

步骤 3. 自备一个素材图“天空”并导入，调整缩放至充满画面，放置于最底层作为背景。

步骤 4. 选择粒子图层，降低“Particles/sec（粒子 / 秒）”粒子数量，执行“Emitter（发射器）→Emitter Type（发射器类型）→Box（盒子）→Emitter Size（发射器尺寸）→调整 XYZ Individual（XYZ 轴单独）”，分别调整 X、Y、Z 轴的尺寸，将粒子扩散开。

步骤 5. 降低“Velocity（速度）”，提高“Pre Run（提前发射粒子）”。

步骤 6.“Particle Type（粒子类型）”选择“Cloudlet（云朵）”。

步骤 7. 将“Particle（粒子）”中的“Size（大小）”增大数值，将云朵粒子扩大。

步骤 8. 降低“Opacity（不透明度）”，提高“Opacity Random（不透明度随机）”，完成效果如图 8-18 所示。

图 8-18 粒子云朵效果

（七）Shading（光影）参数介绍

Shading（光影）参数面板如图 8-19 所示。

（1）Shading（光影）： 光影效果打开或者关闭的开关。

（2）Light Falloff（灯光衰减）： 分为自然模式和没有衰减。

① Natural（Lux）（自然模式）。

② None（AE）（没有衰减）。

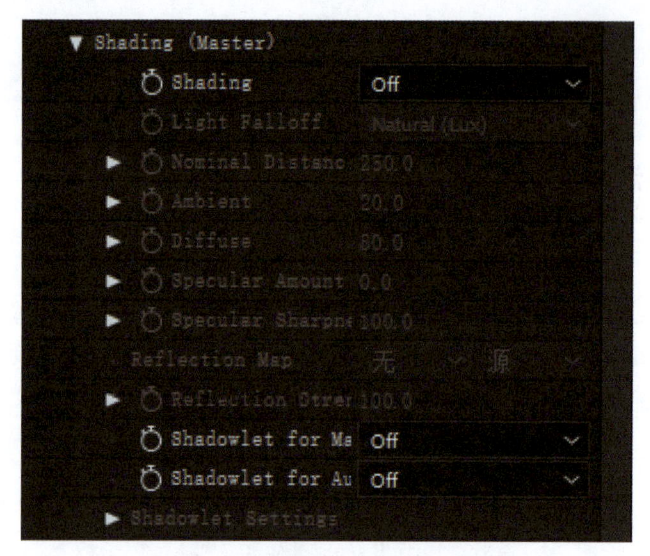

图 8-19 Shading（光影）参数面板

（3）Nominal Distance（最短距离）：数值越大，灯光影响范围越大。

（4）Ambient（环境光）：合成需有环境灯光，影响整体明暗与灯光颜色。

（5）Diffuse（漫射）：控制除环境灯以外的所有灯光。

（6）Specular Amount（高光数量）：当粒子类型为 Sprite 和 Textured Polygon 时起作用。

（7）Specular Sharpness（高光锐度）：粒子高光范围，数字越大高光范围越小。

（8）Reflection Map（反射贴图）：设置粒子对环境光的反射，可以让粒子很好地融入场景。

（9）Reflection Strength（反射强度）：设置粒子对环境光的反射强度。

（10）Shadowlet for Main（主粒子阴影）：使阴影系统在主粒子系统中使用，模仿粒子间的阴影。

（11）Shadowlet for Aux（辅助粒子阴影）：当 Aux System 打开时起作用。

（12）Shadowlet Settings（阴影设置）：具体包含以下参数。

① Color（颜色）、Color Strength（颜色强度）：阴影颜色与粒子自身颜色的融合度。

② Adjust Size（调节大小）：调节阴影的大小或范围。

③ Adjust Distance（调整距离）：调节阴影和灯光的距离。

④ Placement（阴影放置方式）。

⑤ Auto（自动）：粒子类型为 Sphere/Cloudlet/Streaklet 时不生效。

⑥ Project（投射）：根据灯光的位置投射阴影。

⑦ Always behind（一直在后面）：阴影一直在粒子后面。

⑧ Always in front（一直在前面）：阴影一直在粒子前面。

（八）Physics（物理）参数介绍

Physics（物理）参数面板如图 8-20 所示。

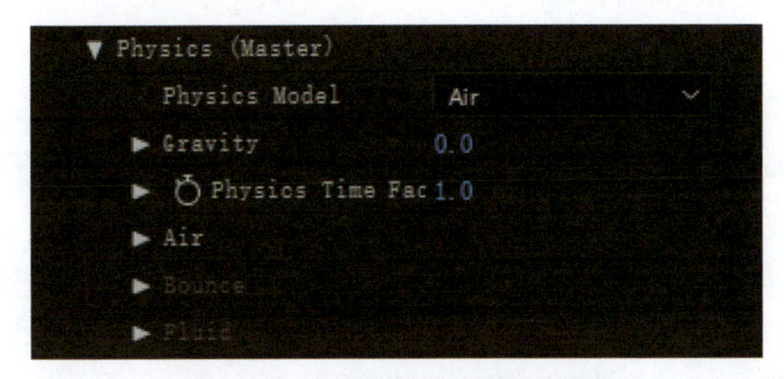

图 8-20　Physics（物理）参数面板

（1）Physic Model（动力学模式）：具体包含以下参数。

① Air（空气）。

② Bounce（反弹）。

③ Fluid（液体）。

（2）Gravity（重力）：正数粒子往下掉落，负数粒子往上飘散，数值为 0 时粒子悬浮于空中。

（3）Physics Time Factor（物理时间系数）：数值越大，速度越快，0 为静止。

（4）Air（空气动力学）：具体包含以下参数。

① Motion Path（运动路径）：使粒子的运动路径与灯光保持一致。

② Air Resistance（空气阻力）：阻止粒子向某个方向运动。

③ Air Resistance Rotation（空气阻力旋转）：勾选时，粒子旋转速度也受阻力影响。

④ Spin Amplitude（自旋振幅）：使粒子进行随机的圆轨道运动，0 为关闭，数值越大运动范围越大，使粒子更为真实。

⑤ Spin Frequency（自旋频率）：粒子进行圆轨道运动的频率，数值越大，速度越快。

⑥ Fade-in Spin [sec]（自旋效果淡入时间）：数值表示多少秒后粒子完全受自旋参数影响，从粒子发射时开始计算时间。

⑦ Wind X（X 轴风向）：X 轴（即水平方向）受风力的影响。

⑧ Wind Y（Y 轴风向）：Y 轴（即垂直方向）受风力的影响。

⑨ Wind Z（Z 轴风向）：Z 轴（即前后方向）受风力的影响。

⑩ Visualize Fields（场可视化）：勾选可使扰乱场与球形场更容易调节，可以知道变形的形态。

⑪ Turbulence Field（紊乱力场）。

⑫ Affect Size（影响尺寸）：使粒子的大小受紊乱场影响。

⑬ Affect Position（影响位置）：使粒子的位置受紊乱场影响。

⑭ Fade-in Time [sec]（淡入时间）：数值表示多少秒后粒子完全受扰乱场影响，从粒子发射时开始计算时间。

⑮ Fade-in Curve（淡入曲线）。

⑯ Linear（线性淡入）。

⑰ Smooth（缓和淡入）。

⑱ Scale（缩放）：紊乱整体缩放，数值越大分形噪波重复越多，越密集。

⑲ Complexity（复杂度）：定义有多少紊乱层。

⑳ Octave Multiplier（Octave 倍数）：Octave 相对前一个 Octave 的影响度，1 为影响度一样，小于 1 影响度小于前一个，大于 1 影响度大于前一个。一般数值设置小于 1。

㉑ Evolution Speed（演化速度）：分形噪波变化速度。

㉒ Evolution Offset（演化偏移）。

㉓ X Offset（X 轴偏移）。

㉔ Y Offset（Y 轴偏移）。

㉕ Z Offset（Z 轴偏移）。

㉖ Move with Wind [%]（随风运动）：紊乱场分形噪波跟随风力场运动。

㉗ Spherical Field（球形力场）：粒子受一个球形的力场影响。

㉘ Strength（力场强度）：正数为排斥场，负数为吸引场。

㉙ Sphere Position（球形位置）。

㉚ Radius（球形半径）。

㉛ Feather（球形边缘羽化）。

（5）Bounce（反弹）：具体包含以下参数。

① Floor Layer（地板层）：粒子掉落碰撞的图层，必须为 3D 图层。

② Floor Mode（地板模式），包括以下三种。

a. Infinite Plane（无限的平面）：碰撞图层大小无限延伸，且为 3D 图层。

b. Layer Size（图层大小）：地板大小与图层实际大小相关。

c. Layer Alpha（图层 Alpha 通道）：地板的 alpha 通道起作用。

③ Wall Layer（墙壁图层）。

④ Wall Mode（墙壁模式），包括以下三种。

a. Infinite Plane（无限的平面）。

b. Layer Size（图层大小）。

c. Layer Alpha（图层 Alpha 通道）。

⑤ Collision Event（碰撞事件）：粒子碰撞后的动作，包括以下四种。

a. Bounce（反弹）：粒子碰撞后继续反弹。

b. Slide（滑行）：粒子碰撞后在地板上滑行。

c. Stick（黏住）：粒子碰撞后黏在地面上。

d. Kill（消失）：粒子碰撞后消失。

（6）Fluid（液体）：具体包含以下参数。

① Fluid Force（液体作用力）。

② Buoyancy & Swirl Only（浮力和旋涡）。

③ Vortex Ring（涡旋环）。

④ Vortex Tube（涡旋管）。

⑤ Apply Force（施加作用力）。

⑥ At Start（起始时）。

⑦ Continuously（持续）。

⑧ Force Relative Position（作用力相对位置）：作用力方框的位置，框外不受影响。

⑨ Buoyancy（浮力）：数值越大，上升浮力越大，速度越快。

⑩ Random Swirl（旋涡随机）。

⑪ XYZ Linked（XYZ 轴约束）。

⑫ XYZ Individual（XYZ 单独）。

⑬ Random Swirl XYZ（XYZ 轴旋涡随机）：控制 XYZ 轴三个方向的紊乱，0 表示没有紊乱，直往上走。

⑭ Swirl Scale（涡旋缩放）：数值越小，紊乱的范围越大，越简单。

⑮ Random Seed（随机种子）。

⑯ Vortex Strength（旋涡强度）。

⑰ Vortex Core Size（漩涡核心大小）。

⑱ Vortex Tilt（旋涡倾斜）。

⑲ Vortex Rotate（旋涡旋转）。

⑳ Visualize Relative Density（可视化相对密度）。

㉑ Off（关闭）。

㉒ Opacity（不透明度）：越多粒子，越大作用力的地方变得越透明。

㉓ Brightness（亮度）：越多粒子，越大作用力的地方变得越亮，同时有阴影。

㉔ Global Fluid Controls（全局液体控制）：只在 Master Systems（主系统）下出现。

㉕ Fluid Time Factor（液体时间影响元素）：控制液体的速度，模拟慢动作。

㉖ Viscosity（黏度）：数值越小，越像水。

㉗ Simulation Fidelity（模拟精确度）：数值越高，越精确；反之，越简单，渲染越快。

（九）Aux System（辅助系统）参数介绍

Aux System（辅助系统）参数面板见图 8-21。其常用参数介绍如下。

（1）Emit（发射器）：具体包含以下参数。

① At Bounce Event（在碰撞时）：在粒子发生碰撞时产生辅助粒子。

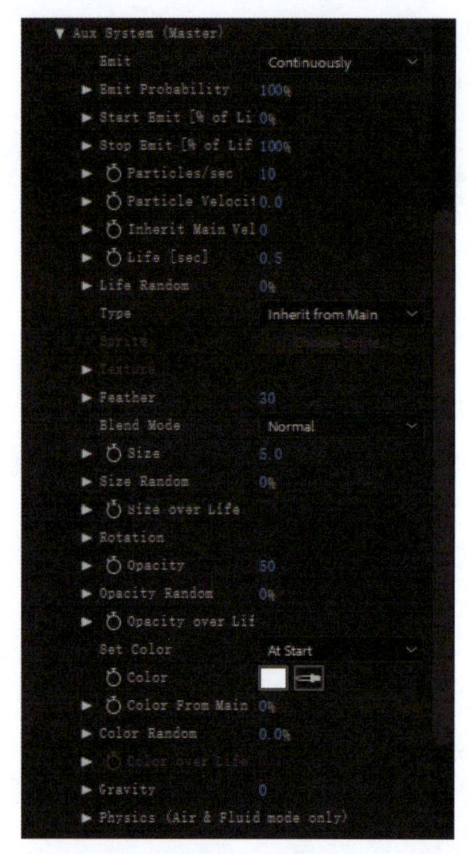

图 8-21　Aux System（辅助系统）参数面板

② Continuously（持续）：持续产生粒子。

（2）Emit Probability（发射概率）：控制哪些主粒子会发射辅助粒子，100% 代表每个主粒子都会发射辅助粒子。

（3）Start Emit [% of Life]（起始发射生命比例）：控制辅助粒子在主粒子的哪个生命阶段可以产生。

（4）Stop Emit [% of Life]（结束发射生命比例）：控制辅助粒子在主粒子的哪个生命阶段不再产生。

（5）Particles/sec（每秒产生粒子数量）: 控制辅助粒子的数量。

（6）Particle Velocity（辅助粒子速度）：控制辅助粒子的速度。

（7）Inherit Main Velocity（继承主粒子速度）：数值越大，辅助粒子随着主粒子运动趋势越大。

（8）Life [sec]（生命 / 秒）：控制辅助粒子的生命周期。

（9）Life Random（生命随机）：使辅助粒子之间生命值有差别。

（10）Type（类型）：控制辅助粒子的类型。

① Inherit from Main（继承主粒子）：辅助粒子与主粒子保持一致。

② 其他的类型参见主粒子类型说明。

（11）Sprite（精灵）：参见主粒子类型说明。

（12）Texture（贴图）：参见主粒子类型说明。

① Normal（正常）。

② Add（相加）。

③ Screen（屏幕）。

（13）Size over Life（大小随生命进程的变化）：控制辅助粒子生命周期内的大小变化。

（14）Opacity over Life（不透明度随生命的变化）：控制辅助粒子生命周期内的透明度变化。

（15）Set Color：具体如下。

At Start（起始时）：粒子的颜色一直保持一致。

（16）Color From Main（从主粒子得到颜色）：数值为 50 表示一半主粒子颜色，一半自己的颜色。

（17）Color over Life（颜色随生命的变化）：控制辅助粒子生命周期内颜色的变化。

（18）Gravity（重力）：参见主粒子的说明。

（19）Physics（Air&Fluid mode only）（动力学）：只适用于空气和液体。

① Air Resistance（空气阻力）。

② Wind Affect（风力作用）：主粒子的风力要打开这里才起作用。

③ Turbulence Position（紊乱位置）。

④ World Transform（空间变换）。

⑤ X Rotation W（X 轴旋转）：使整个粒子系统围绕 X 轴旋转。

⑥ Y Rotation W（Y 轴旋转）：使整个粒子系统围绕 Y 轴旋转。

⑦ Z Rotation W（Z 轴旋转）：使整个粒子系统围绕 Z 轴旋转。

⑧ X Offset W（X 轴偏移）：使整个粒子在 X 轴上偏移。

⑨ Y Offset W（Y 轴偏移）：使整个粒子在 Y 轴上偏移。

⑩ Z Offset W（Z 轴偏移）：使整个粒子在 Z 轴上偏移。

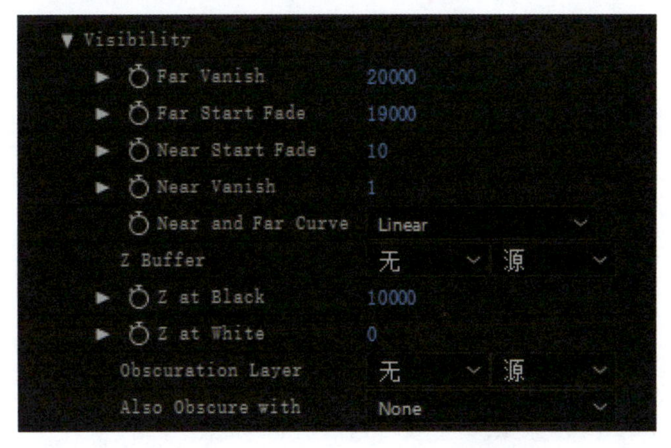

图 8-22　Visibility（可视）参数面板

（十）Visibility（可视）参数介绍

Visibility（可视）参数面板如图 8-22 所示。

（1）Far Vanish（消失远点）： 离摄像机 Z 轴最远的消失点，数值越小，越远的粒子自动消失；反之，数值越大，更大纵深的粒子可见。

（2）Far Start Fade（消失远点开始消失点）： 从最远点开始粒子慢慢变透明消失。

（3）Near Start Fade（消失近点开始消失点）： 与 Far Start Fade 相反。

（4）Near Vanish（消失近点）： 离摄像机最近的消失点，和 Far Vanish 相反。

（5）Near and Far Curves（远近点的曲线）： 开始消失点与消失点的曲线形式。Smooth 为圆滑；Linear 为线性。

（6）Z Buffer（通道遮挡）： 粒子与三维物体相互作用，可让三维物体遮住粒子等。

（7）Z at Black（黑色部分）： 在 Z 轴上，超过此距离的粒子完全不可见。

（8）Z at White（白色部分）： 在 Z 轴上完全可见的开始距离。

（9）Obscuration Layer（遮挡层）： 可采用 AE 中的三维层作为粒子的遮挡，选择的层条件必须为三维层，选用图层不可半透明。

（10）Also Obscure with（同时可以作为遮挡层的层）： 具体包含以下参数。

① None（无）。

② Layer Emitter（发射器图层）。

③ Floor（地板）。

④ Wall（墙壁）。

⑤ Floor Wall（地板墙壁）。

⑥ All（全部层）。

（十一）Rendering（渲染）参数介绍

Rendering（渲染）参数面板如图 8-23 所示。

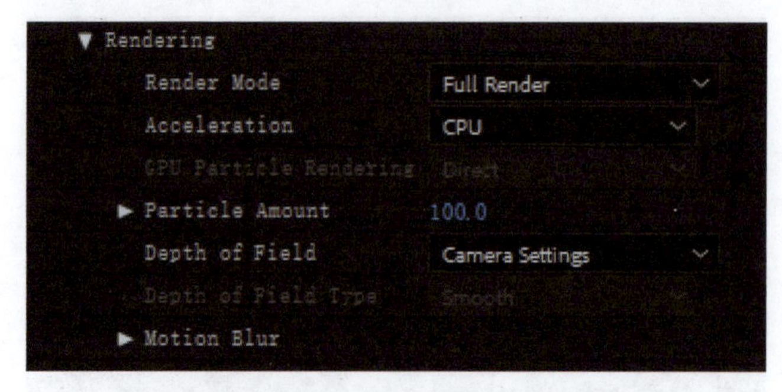

图 8-23　Rendering（渲染）参数面板

（1）Render Mode（渲染模式）： 具体包含以下参数。

① Motion Preview（运动预览）：只预览粒子的路径，加快渲染速度。

② Full Render（全面渲染）。

（2）Acceleration（加速）：具体内容如下。

① GPU（显卡加速）：用于粒子很大、具有贴图或混合模式，比如是 Sprite（精灵）粒子时。

② CPU（CPU 渲染）：利用计算机自身的 CPU 渲染。

（3）GPU Particle Rendering（GPU 渲染）：具体包含以下参数。

① Streaming（流）。

② Direct（直接）。

（4）Particle Amount（粒子数量）：数值越大，被渲染出的粒子越多。

（5）Depth of Field（景深）：可以产生摄像机虚化的效果。

① off（关闭）。

② Camera Settings（摄像机设置）：需打开合成中摄像机的景深。

（6）Depth of Field Type（景深类型）：当粒子类型为 Sprite 和 Textured Polygon 时启用。

① Square（AE）（AE 方形）。

② Smooth（圆滑）：效果更圆滑细腻，但渲染慢。

（7）Motion Blur（运动模糊）：当粒子有路径动画时，运动时产生模糊效果。

① Motion Blur 开关：Off、Comp Settings、On。Comp Settings（合成设置）：合成中需要打开。

② Shutter Angle（快门角度）：该数值越大，运动模糊越强烈。

③ Shutter Phase（快门相位）。

④ Type（类型）：包括 linear（线性）、Subframe Sample（子帧采样）、Levels（等级）、Linear Accuracy（线性精度）子项。

Subframe Sample（子帧采样）：和 AE 自带的接近，效果更好。

Levels（等级）：数值越大越细腻。

Linear Accuracy（线性精度）：Linear 时生效，同时粒子类型需为精灵贴图或多边形纹理。

⑤ Opacity Boost（不透明增加）：运动模糊工作时粒子会变得不透明，此选项消除这种不透明，数值越大粒子越清楚。

⑥ Disregard（忽略）：在以下情况时忽略运动模糊。

Nothing（不忽略）。

Physic Time Factor（PTF）（忽略 PTF 计算）。

Camera Motion（忽略摄像机运动）。

Camera Motion & PTF（同时忽略摄像机运动和 PTF 计算）。

二、粒子效果的应用

粒子的效果千变万化，既能实现星星点点的梦幻效果，模拟大自然及宇宙中的真实现象，又能实现科技感的光束，同时强大的粒子类型中“sprite（精灵）”是一种独特的存在，这种粒子类型可替换下载或使用 Photoshop 等二维软件制作的图形，可让粒子的变化更加丰富。

（一）飘散的孔明灯

【操作步骤】

步骤 1. 启动 After Effects，选择合成面板中的新建合成命令，新建一个合成：名称“飘散孔明灯”，尺寸“1920px×1080px”，帧速率“25 帧 / 秒”，持续时间“6 秒”。

步骤 2. 新建纯色层，选择纯色层，执行“效果→生成→梯度渐变”的菜单命令，将起始颜色设置为黑色，结束颜色设置为深蓝色。如图 8-24 所示。

步骤 3. 新建纯色层，制作星星效果。执行“效果→ RG Trapcode → Particular”菜单命令。Emitter（发射器）面板参数设置：Particles/sec（每秒粒子数量）设置为 20，Emitter Type（发射器类型）设置为 Box（盒子），Velocity（速度）设置为 0，Velocity Random（速度随机）设置为 0，Velocity distribution（速度随机分布）设置为 0，Velocity from motion ［%］（跟随运动速度）设置为 0，Emitter Size XY（发射器尺寸 XY 轴）设置为 1920，Pre Run（提前发射）设置为 20%，Particle Type（粒子类型）设置为 Glow Sphere（发光球），如图 8-25 所示。

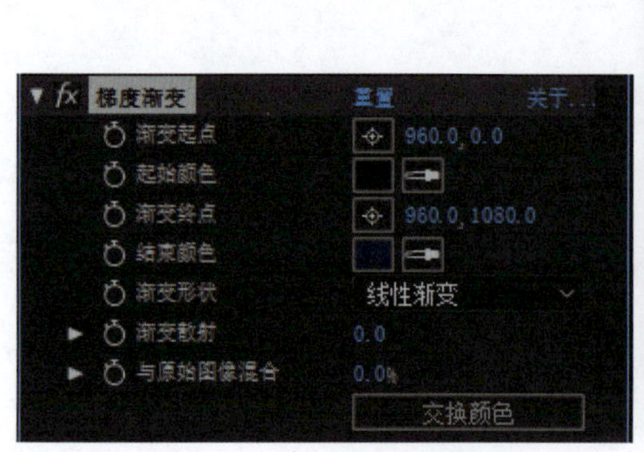

图 8-24　梯度渐变颜色设置

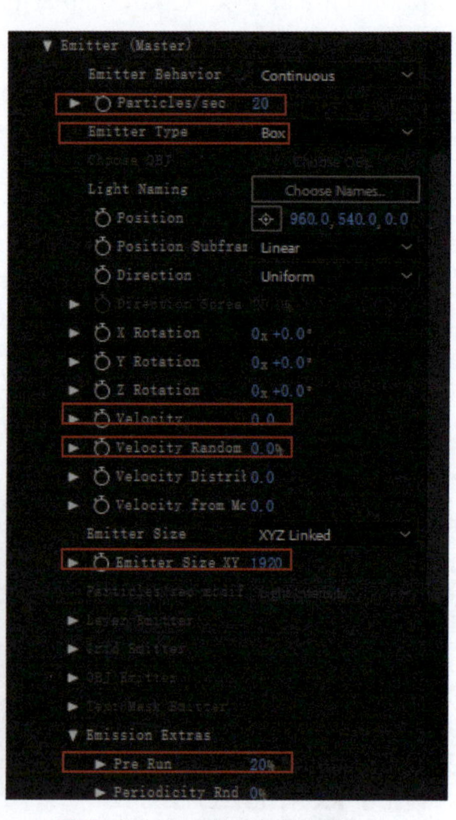

图 8-25　星星粒子参数设置

步骤 4. 新建纯色图层，执行“效果→ RG Trapcode → Particular”菜单命令，设置

Emitter（发射器）面板参数如下：

Particles/sec（每秒粒子数量）设置为 3，Emitter Type（发射器类型）设置为 Box（盒子），Emitter Size XY（发射器尺寸 XY 轴）设置为 XYZ Individual，Emitter Size 设置为 X、1920 Y、1000 Z1200，Life [sec]（每秒生命）设置为 25，Particle Type（粒子类型）设置为 Sprite（精灵）。

点击“Choose Sprite（选择精灵）→ Add new sprite（添加新的精灵）”，打开配套素材“\ 素材文件 \ 模块八 \ 孔明灯飘散 \”中的孔明灯素材。Size（大小）设为 80，Size Random（随机大小）设为 20%，如图 8-26 所示。

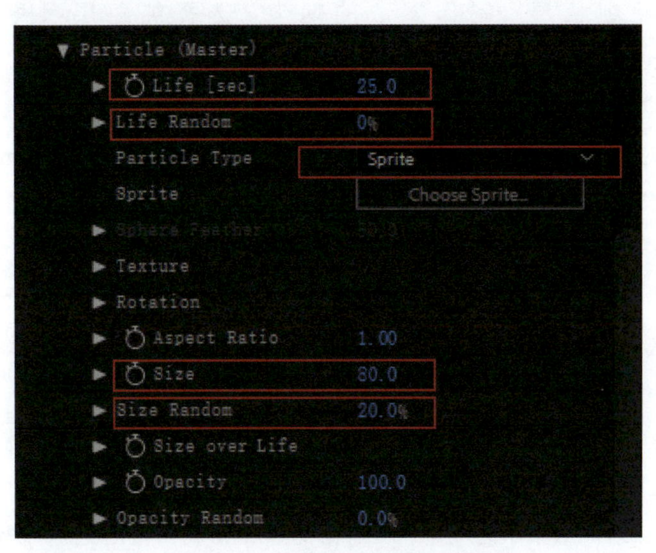

图 8-26　孔明灯粒子参数设置

步骤 5. 选择孔明灯图层，制作 Y 轴位置动画，在第 0 帧将图层下移至画面外，添加位置关键帧，在第 6 秒处将图层上移至画面中。图 8-27 为制作完成效果。

图 8-27　孔明灯与星星粒子完成效果

（二）烟尘与烟雾

【操作步骤】

步骤 1. 启动 After Effects，选择合成面板中新建合成命令，新建一个合成：名称“烟尘与烟雾”，尺寸“1920px×1080px”，帧速率“25 帧 / 秒”，持续时间“10 秒”。

步骤 2. 导入素材图“场景”（\ 素材文件 \ 模块八 \ 烟尘与烟雾 \），调整缩放值，让图片充满画面作为背景图。

步骤 3. 新建纯色层，制作飘散的烟尘，选择纯色层，执行“效果 → RG Trapcode → Particular”菜单命令，设置参数如下。

Emitter（发射器）面板参数：提高 Particulars/sec（每秒粒子数量）数值，Emitter Type（发射器类型）设置为 Box（盒子），Emitter Size（发射器尺寸）设置为 XYZ Individual，Emitter Size 设置为 X2121、Y 数值适当提升、Z 数值适当提升。移动图层位置，让粒子充满天空部分，提高 Pre Run（提前发射粒子）数值。

Particle（粒子）面板参数：Particle Type（粒子类型）设置为 Cloudlet（云朵），Size（大小）适当提升，Size Random（随机大小）设置为 100%，更改 Color（颜色）设置为灰色，更改 Cloudlet Feather（云朵羽化）数值设置为 0。

Physics（物理）面板参数：提高 Gravity（重力）数值，让粒子由上飘落至下；调整 Air（空气）中的 Wind X（X 轴方向风）数值，让粒子在 X 轴上飘散。

调整 Turbulence Field（紊乱力场）中 Affect Position（影响位置）数值，使粒子的位置扰乱，呈位置不规则状态下落。参数及效果如图 8-28 ～图 8-31 所示。

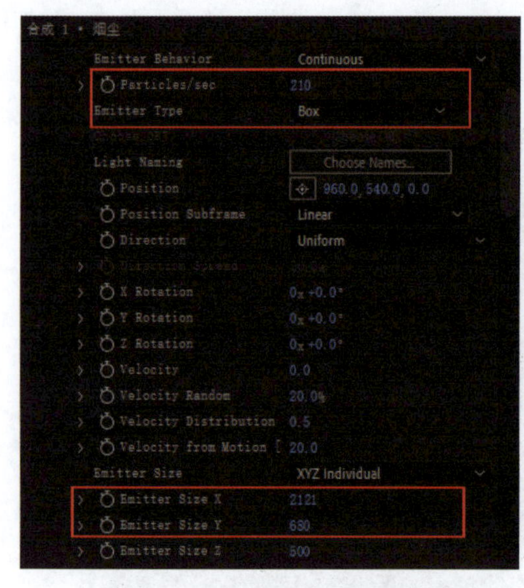

图 8-28　烟尘粒子参数设置（一）

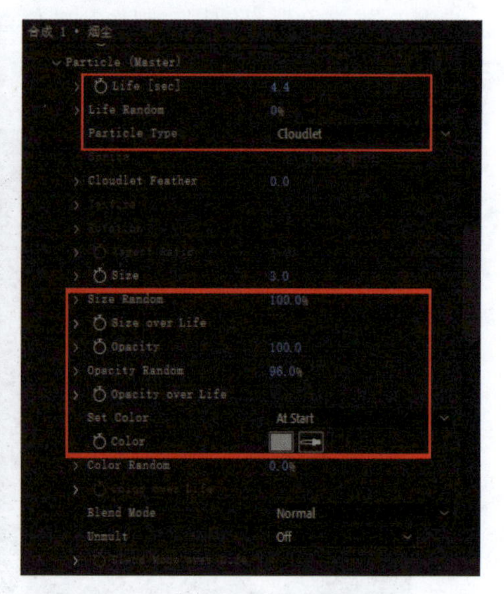

图 8-29　烟尘粒子参数设置（二）

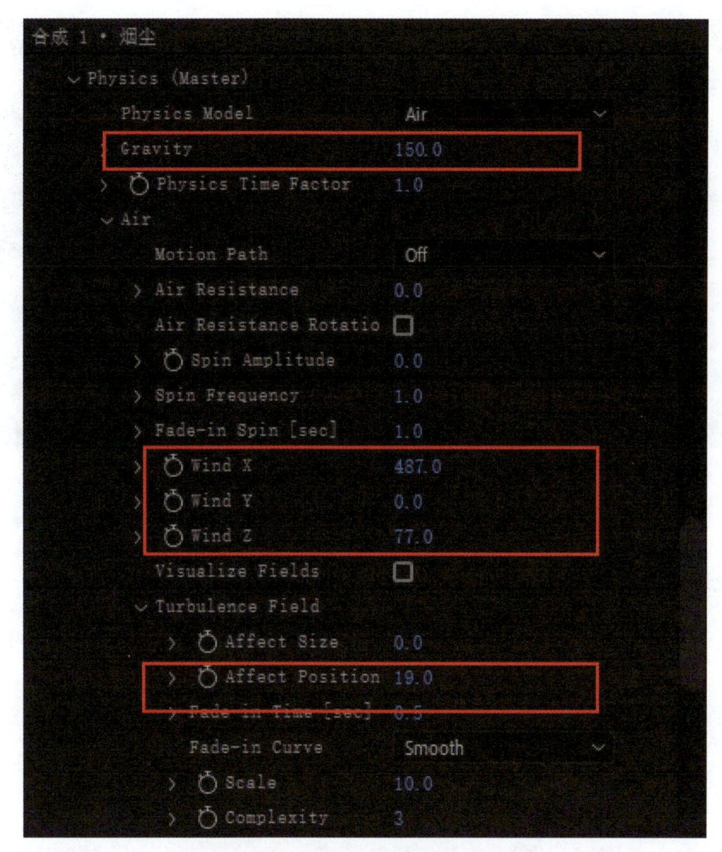

图 8-30 烟尘粒子参数设置（三）

图 8-31 烟尘粒子效果

步骤 4. 复制粒子图层制作飘散的烟雾，将 Size（大小）调大，调整 Emitter Size X、Y、Z（发射器 X/Y/Z）尺寸数值，将粒子调整成聚拢的状态，并将此烟雾图层放置在画面中地面裂缝位置处，Wind X 数值调整为 0，提高 Wind Y 数值，调整 Gravity（重力）数值为负数，让烟雾呈上升状态，至此烟尘与烟雾的粒子特效制作完成。效果如图 8-32 所示。

图 8-32　烟尘与烟雾粒子效果

（三）文字发射粒子

【操作步骤】

步骤 1. 启动 After Effects，选择合成面板中的新建合成命令，新建一个合成：名称“文字发射粒子”，尺寸“1920px×1080px”，帧速率“25 帧 / 秒”，持续时间“10 秒”。

步骤 2. 导入文字素材图“军令状”(\ 素材文件 \ 模块八 \ 文字发射粒子 \)，调整缩放值，让图片位于画面中心。同时将图层的三维开关开启。

步骤 3. 新建纯色层，制作命名为粒子，选择纯色层，执行“效果→杂色和颗粒→湍流杂色”命令，设置湍流杂色数值，将对比度调高，亮度调高。在第 0 帧添加演化、不透明度关键帧，在第 9 秒处提高演化数值，更改不透明度数值为 0%。湍流杂色效果为流动并逐渐消失的效果。湍流杂色参数设置如图 8-33 所示。

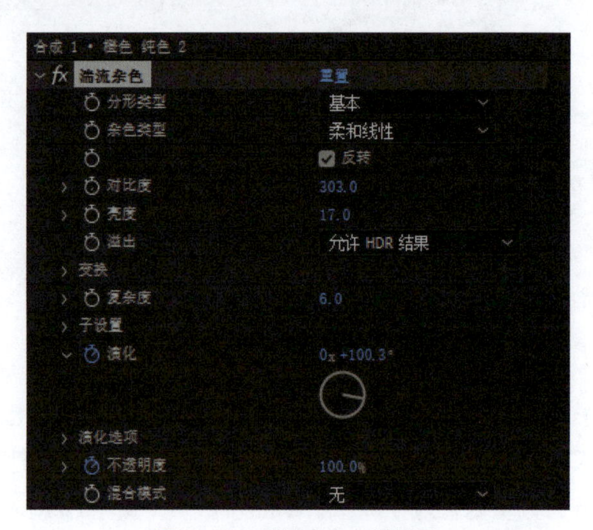

图 8-33　湍流杂色参数设置

步骤 4. 将湍流杂色图层置于“军令状”图层上方，点击“军令状”图层的轨道遮罩，选择亮度遮罩，效果如图 8-34 所示。

图 8-34　应用轨道遮罩后图片素材显示效果

步骤 5. 新建纯色层，命名为“粒子”，选择纯色层，执行“效果 → RG Trapcode → Particular”菜单命令，设置参数如下。

Emitter（发射器）面板参数：提高 Particles/sec（每秒粒子数量）数值，Emitter Type（发射器类型）选择 Layer（图层），Layer Emitter（图层发射器）选择“军令状”图层。

Particle（粒子）面板参数：Particle Type（粒子类型）设置为 Glow Sphere（发光球体），适当提升 Size（大小）数值，Size Random（随机大小）设置为 100%，更改 Cloudlet Feather（云朵羽化）数值降低。

Physics（物理）面板参数：降低 Gravity（重力）数值为负数，让粒子由下飘散到空中，调整 Air（空气）中的 Wind X（X 轴方向风）、Wind Y（Y 轴方向风）数值，让粒子在 X、Y 轴上飘散。

调整 Turbulence Field（紊乱力场）中 Affect Position（影响位置）数值，使粒子的位置扰乱，效果如图 8-35 所示。

图 8-35　粒子从文字图层发射效果

（四）“魔法粒子”特效

【操作步骤】

步骤 1. 启动 After Effects，选择合成面板中新建合成命令，新建一个合成：名称“魔法粒子特效”，尺寸“1920px×1080px”，帧速率“25 帧 / 秒”，持续时间“5 秒”。

步骤 2. 导入“手”素材（\ 素材文件 \ 模块八 \ 魔法粒子 \），新建黑色纯色层，用椭圆工具在画面中手心位置处绘制椭圆形蒙版，提高蒙版羽化数值，制作暗角效果。

步骤 3. 新建灯光图层，灯光类型为“点光”，更改灯光名字如“light”，选择灯光位置，按住【Alt】键点击位置秒表为其添加表达式：wiggle（5，300）。

步骤 4. 新建纯色层，制作 Particular 粒子效果，选择图层执行“效果 → RG Trapcode → Particular”菜单命令，设置参数如下。

Emitter（发射器）面板参数：提高 Particles/sec（每秒粒子数量）数值，Emitter Type（发射器类型）设置为 Light（s）（灯光），Light naming（灯光命名）选择“light”点光，Velocity（速度）设置为 5，Velocity random（随机速度）设置为 0，Velocity Distribution（速度分布）设置为 0，Velocity From Motion（速度从主体）设置为 0，Emitter Size XYZ（发射器尺寸）设置为 50。Position Subframe（位置细分）改为 10*Linear。

Particle（粒子）面板参数：Size（大小）降低数值，Size over life（大小随生命进程的变化）更改为预设中的“斜坡”，如图 8-36 所示。

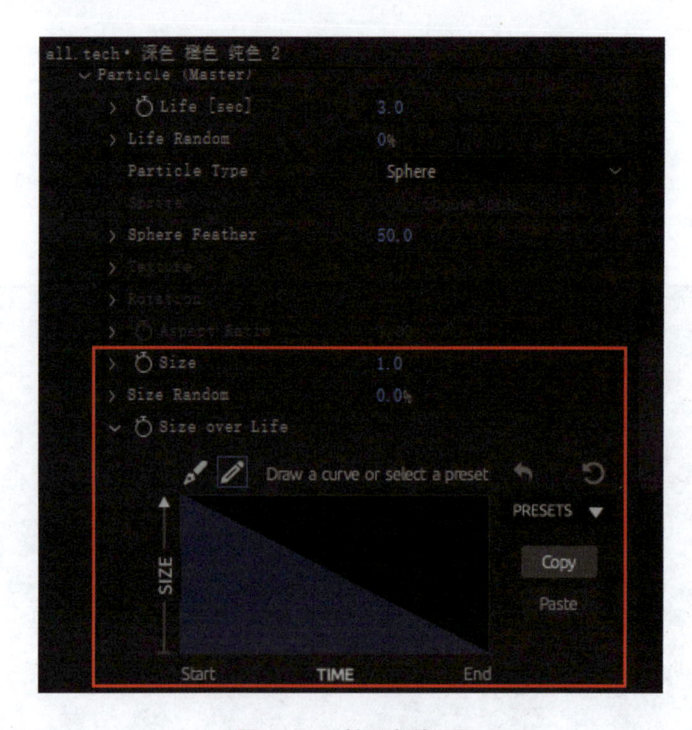

图 8-36　粒子参数设置

Physics（物理）面板参数：调整 Turbulence Field（紊乱力场）中的 Affect Position（影响位置），提高数值。

Aux System（辅助系统）面板参数：Emit（发射）更改为 Continuously（继续），Size（大小）降低数值，Particles/sec（每秒粒子数量）提高，Life［Sec］（粒子生命）降低数值，Turbulence Position（紊乱位置）提高数值，Color（颜色）更改颜色，参数如图 8-37 所示。

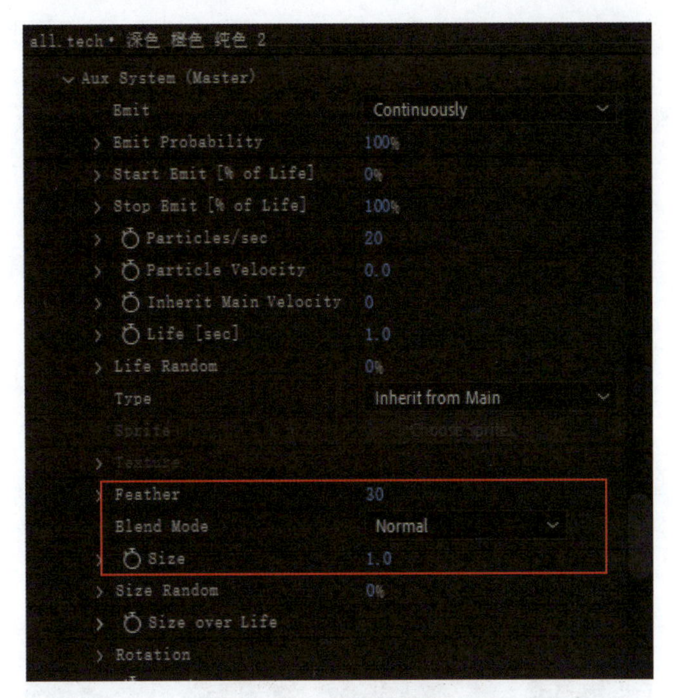

图 8-37　粒子参数设置

步骤 5. 选择 Particular 粒子图层，执行“效果→风格化→发光”，制造粒子发光发亮的魔幻效果，至此，案例全部制作完成，效果如图 8-38 所示。

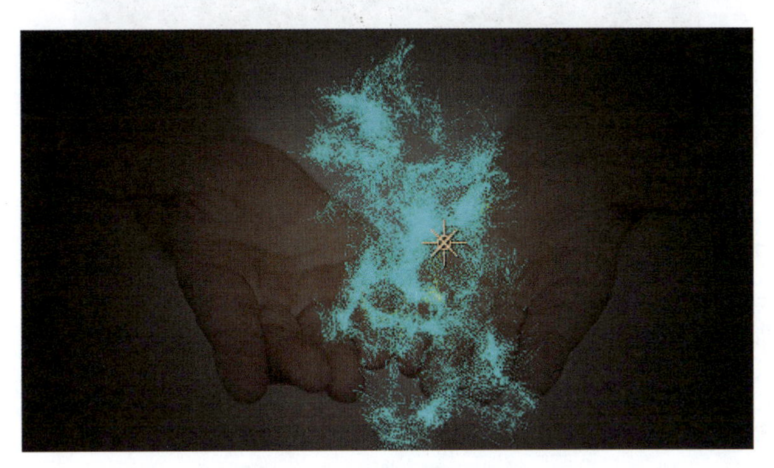

图 8-38　“魔幻粒子”效果

（五）“电影效果片头”粒子特效

【操作步骤】

步骤 1. 启动 After Effects，选择合成面板中的新建合成命令，新建一个合成：名称“电影效果片头”，尺寸“1920px×1080px”，帧速率“25 帧 / 秒”，持续时间“5 秒”。

步骤 2. 输入文字，设置文字字体样式，调整文字大小至适合，调整位置到画面中心。

步骤 3. 新建纯色层，颜色设置为暗红色，制作文字的底图。选择图层，执行“杂色和颗粒→湍流杂色”命令，调整湍流杂色中的参数：提高对比度数值，提高变换中的缩放数值，提高复杂度数值，混合模式更改为叠加。具体参数设置如图 8-39 所示。

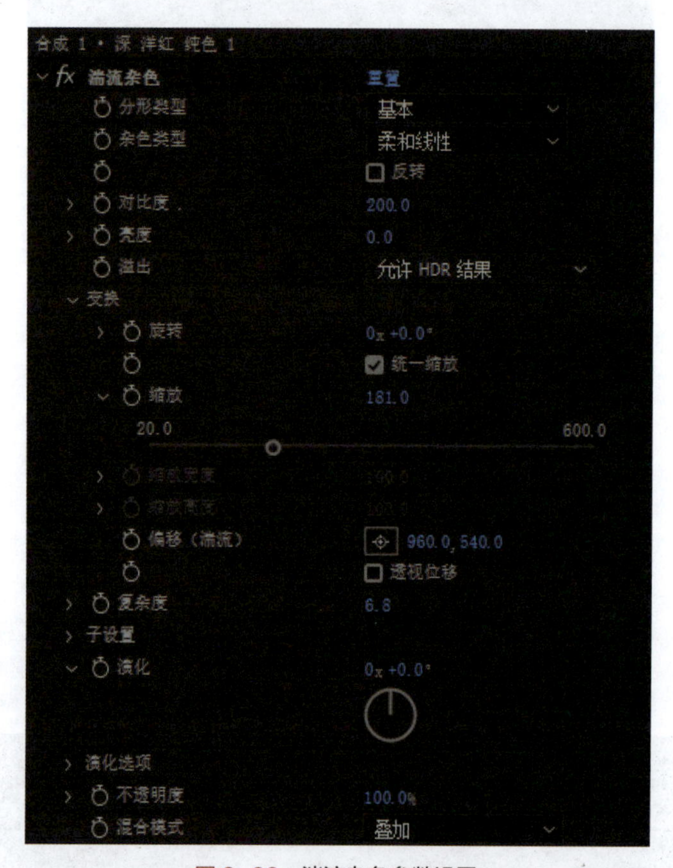

图 8-39 湍流杂色参数设置

步骤 4. 将纯色图层放置在文字层下，更改纯色层轨道遮罩模式为 Alpha 遮罩，并同时选中两个图层进行预合成，选中预合成执行“效果→模糊和锐化→锐化”命令，将锐化数值提高，效果如图 8-40 所示。

步骤 5. 选中预合成，在第 0 帧添加缩放关键帧，在第 5 秒处提高缩放数值，制作文字由小到大的缩放动画效果。

步骤 6. 新建纯色层，制作云雾粒子效果，选择纯色层，执行“效果→RG Trapcode→Particular”菜单命令，设置参数如下。

图 8-40　文字底图效果

Emitter（发射器）面板参数：Particles/sec（每秒粒子数量）提高粒子数量，Emitter Type（发射器类型）设置为 Box（盒子），Emitter Size X（发射器 X 轴尺寸）数值提高，Particle Type（粒子类型）设置为 Cloudlet（云朵），Size（大小）提高数值，Size Random（尺寸随机）设置为 100%，Opacity（透明度）降低数值，Opacity Random（透明度随机）设置为 100%，具体参数如图 8-41 所示。

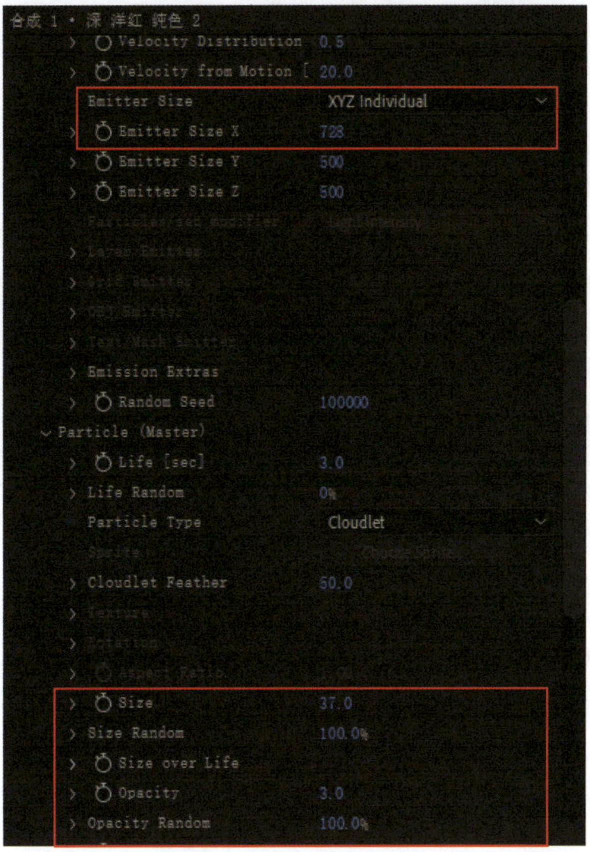

图 8-41　粒子参数设置

步骤 7. 将文字预合成放置在粒子图层下，选择文字预合成，更改轨道遮罩模式为亮度遮罩。效果如图 8-42 所示。

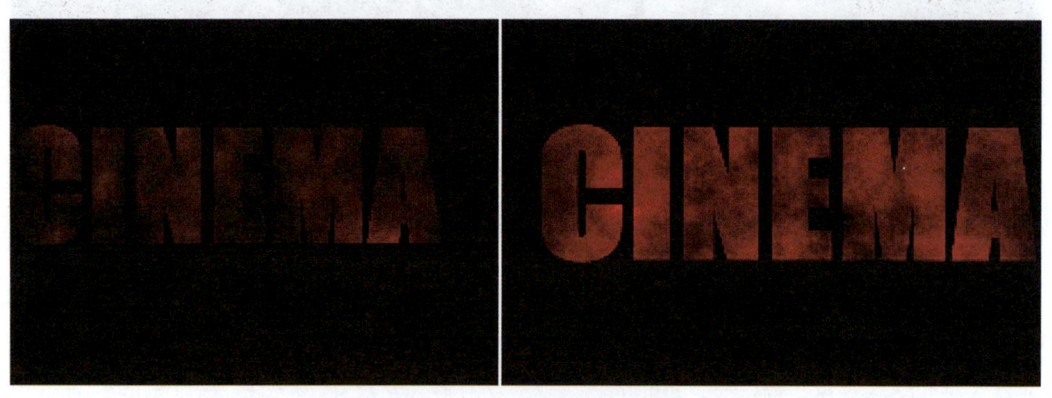

图 8-42 粒子遮罩文字效果

步骤 8. 新建灯光，作为粒子发射的发射器，灯光类型为“点光”。

步骤 9. 新建纯色层，制作飘散的粒子，选择纯色层执行“效果 → RG Trapcode → Particular”菜单命令，设置参数如下。

Emitter（发射器）面板参数：Particles/sec（每秒粒子数量）提高粒子数量，Emitter Type（发射器类型）设置为 Light（s）（灯光），Light naming（灯光命名）选择“light”点光，Velocity（速度）设置为 40、Velocity random（随机速度）设置为 0、Velocity Distribution（速度分布）设置为 0、Velocity From Motion（速度从主体）设置为 0、Emitter Size（发射器尺寸）设置为 XYZ Individual，分别提高 Emitter Size X（发射器 X 轴尺寸）数值和 Emitter Size Y（发射器 Y 轴尺寸）数值，Emission Extras（额外发射）中的 Pre Run（提前发射）提高数值。

Particle（粒子）面板参数：Size Random（尺寸随机）设置为 100%，Color（颜色）设置为红色。

Physics（物理）面板参数：降低 Gravity（重力）数值为负数，让粒子由下飘散到空中，调整 Air（空气）中的 Wind X（X 轴方向风）、Wind Z（Z 轴方向风）数值，让粒子在 X、Z 轴上飘散。提高 Turbulence Field（紊乱力场）中 Affect Position（影响位置）数值，使粒子的位置扰乱。最后将图层的运动模糊开关开启。具体参数及效果如图 8-43 ～图 8-46 所示。

步骤 10. 新建纯色层，制作光晕效果。选择纯色层，执行“效果→生成→镜头光晕”，调整光晕中心，将光晕放置在左下角粒子发射位置处，光晕亮度适当降低，镜头类型“50-300 毫米变焦”。继续在此图层上执行“效果→模糊与锐化→高斯模糊”，提高模糊度，让光晕周围模糊，继续在此图层上执行“效果→颜色校正→色相 / 饱和度”，调整主色相为红色。将图层的图层模式改为屏幕，降低图层透明度。至此，案例全部制作完成。具体参数设置和效果如图 8-47、图 8-48 所示。

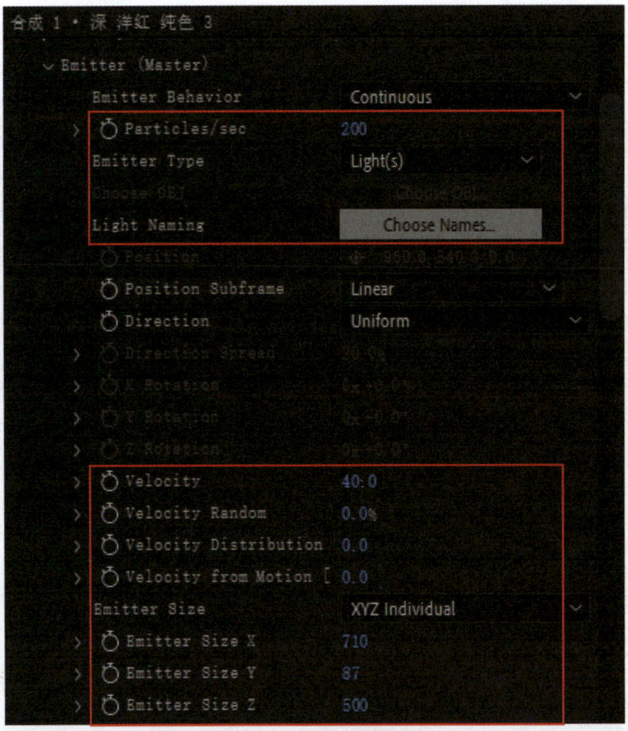

合成 1 • 深 洋红 纯色 3

Emitter (Master)

Emitter Behavior	Continuous
Particles/sec	200
Emitter Type	Light(s)
Choose OBJ	Choose OBJ...
Light Naming	Choose Names...
Position	960.0, 540.0, 0.0
Position Subframe	Linear
Direction	Uniform
Direction Spread	20.0%
X Rotation	0x+0.0°
Y Rotation	0x+0.0°
Z Rotation	0x+0.0°
Velocity	40.0
Velocity Random	0.0%
Velocity Distribution	0.0
Velocity from Motion [	0.0
Emitter Size	XYZ Individual
Emitter Size X	710
Emitter Size Y	87
Emitter Size Z	500

图 8-43　粒子参数设置（一）

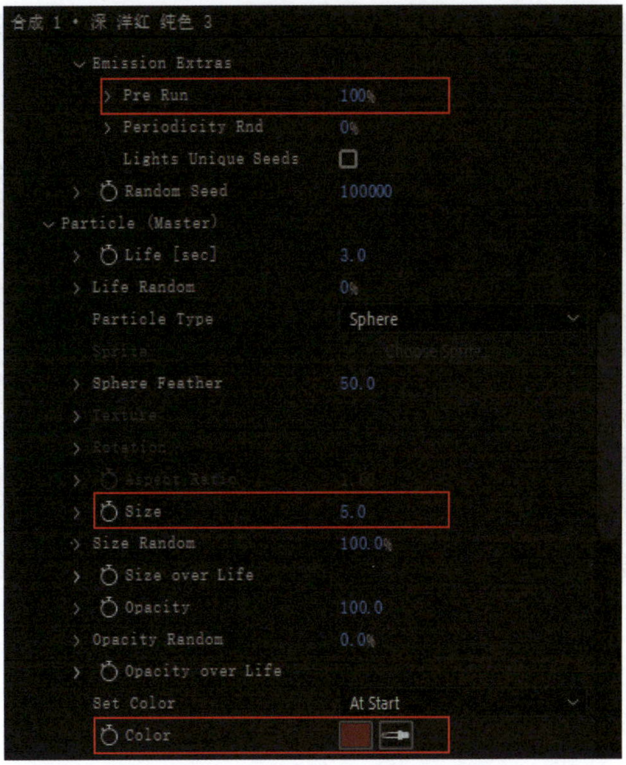

合成 1 • 深 洋红 纯色 3

Emission Extras

Pre Run	100%
Periodicity Rnd	0%
Lights Unique Seeds	☐
Random Seed	100000

Particle (Master)

Life [sec]	3.0
Life Random	0%
Particle Type	Sphere
Sprite	Choose Sprite...
Sphere Feather	50.0
Texture	
Rotation	
Aspect Ratio	1.00
Size	5.0
Size Random	100.0%
Size over Life	
Opacity	100.0
Opacity Random	0.0%
Opacity over Life	
Set Color	At Start
Color	

图 8-44　粒子参数设置（二）

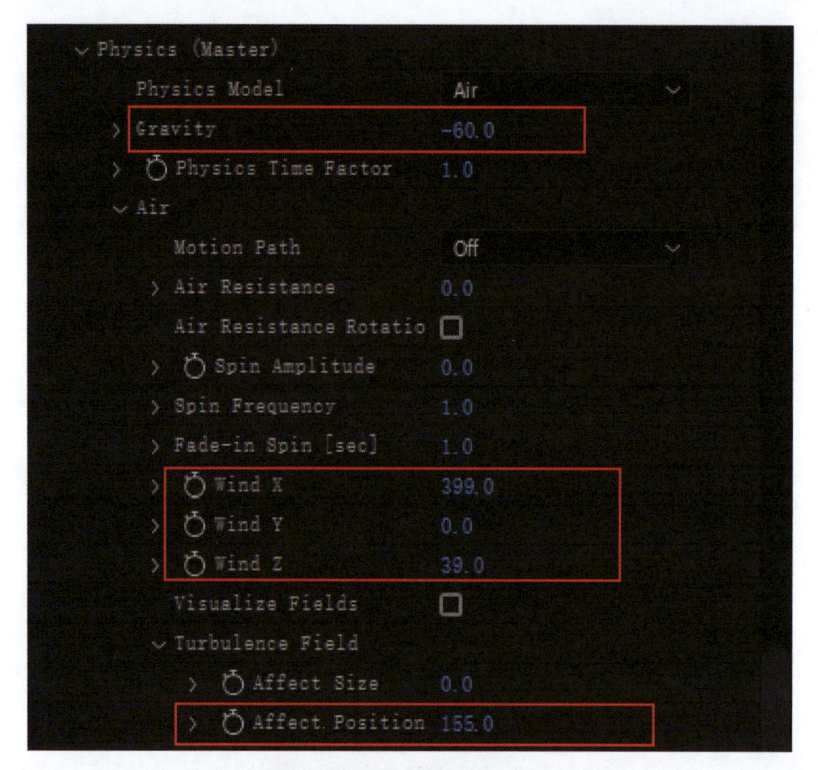

图 8-45　粒子参数设置（三）

图 8-46　飘散粒子效果

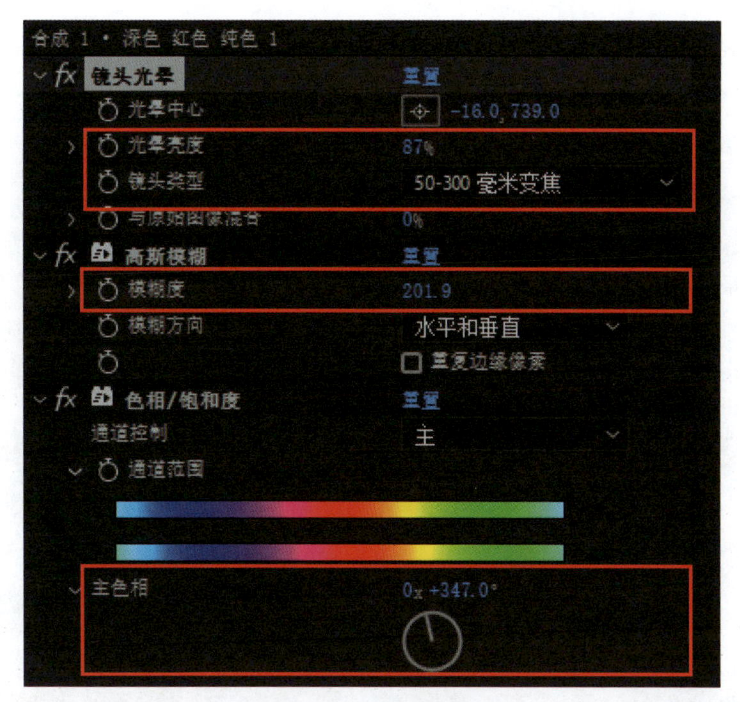

图 8-47　光晕参数调整

图 8-48　电影效果片头制作效果

【课后拓展实训】

实训 1. 制作树叶飘散效果

1. 实训目的

能够独立完成 Particular 粒子中的参数设置，熟练掌握参数制作的效果，能够根据动画效果分析出使用的是哪种发射器类型、粒子类型等。能够制作出飘落自然、变换的粒子效果。

2. 实训内容

（1）新建纯色层，添加 Particular 粒子效果。

（2）在项目中制作飘散的落叶效果。

（3）飘散的树叶是由“Particular”粒子插件制作的，其中粒子发射器类型为“Box（盒子）”，粒子的类型为“Sprite（精灵）”，粒子需调整数量、速度、大小、方向、重力、风等参数，使粒子由从上到下飘散并大小不一，旋转方向不一。

（4）素材可选用“\素材文件\模块八\树叶飘散\”中的文件，其最终的视频画面如图 8-49 所示。该视频由“树叶”图片素材配合 Particular 粒子中的粒子类型“Sprite（精灵）”制作完成。

图 8-49　树叶飘散完成效果

【课后拓展实训】

实训 2. 制作星云效果

1. 实训目的

能够独立完成 Particular 粒子中的参数设置，熟练掌握参数制作的效果，能够根据动画效果分析出使用的是哪种发射器类型、粒子类型等。能够制作出梦幻的星云粒子效果。

2. 实训内容

（1）新建纯色层，添加 Particular 粒子效果。

（2）在项目中制作梦幻星云效果。

（3）梦幻的星云是由“Particular”粒子插件制作的，其中粒子发射器类型为“Layer（图层）”，粒子的类型为“Glow Sphere（发光球体）”，粒子需调整数量、大小、速度等参数。

（4）粒子图层需要制作旋转关键帧动画，粒子才能呈现“星云”的旋涡状。

（5）最终的视频画面如图 8-50 所示。该视频由星云图片素材配合 Particular 中发射器类型为 Layer（图层）的粒子制作完成。

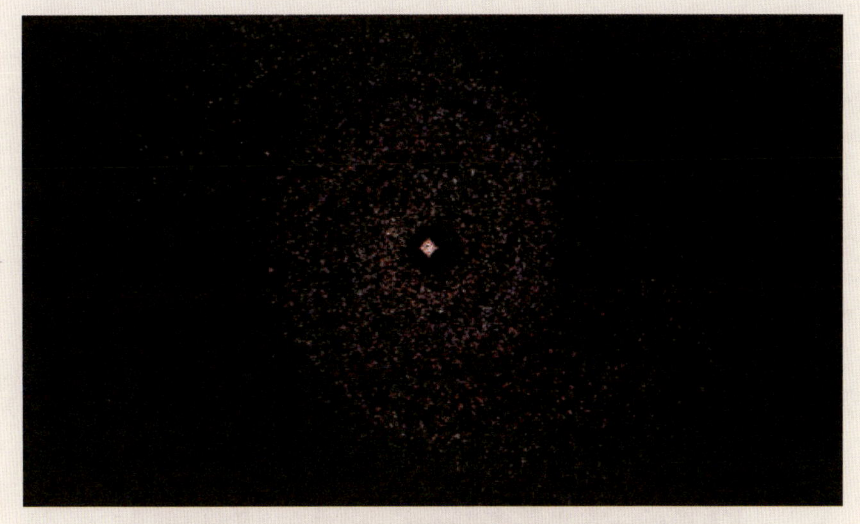

图 8-50　星云完成效果

任务二 Saber 插件的应用

任务描述

此任务中使用的 Saber 插件是 Video Copilot 公司生产的一款外置插件，插件适用制作能量激光图形及文字的描边效果，其发光、发亮的光束，适合制作具有“赛博朋克”风格的特效，包括霓虹灯特效、激光束、传送门、闪电、电流、激光剑等。其效果如图 8-51 所示。

图 8-51　Saber 制作效果

一、Saber 插件相关参数的设置

Saber 参数面板如图 8-52 所示。

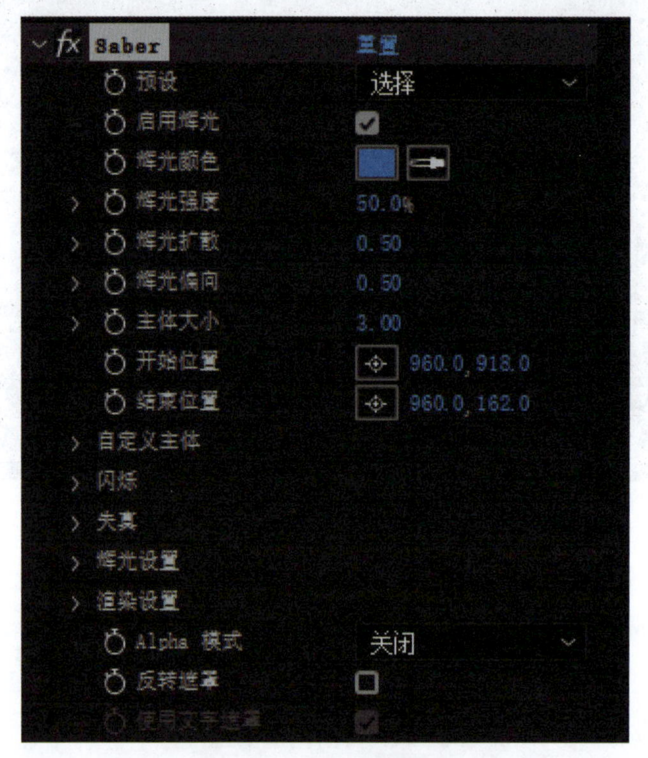

图 8-52　Saber 参数面板

（1）Preset（**预设**）：设有多达 55 种光电效果，不同的光电效果会有不一样的颜色及视觉特效。

（2）Enable Glow（**启用辉光**）：启用效果为线条外有辉光效果，不启用则没有。

（3）Glow Color（**辉光颜色**）：可设置不同色彩的辉光效果。

（4）Glow Intensity（**辉光强度**）：数值越大，辉光越亮。

（5）Glow Spread（**辉光扩散**）：数值越大，扩散范围越大。

（6）Glow Bias（**辉光偏向**）：数值越大，内部发光范围越大。

（7）Core size（**主体大小**）：数值越大，中心线条越粗。

（8）Core star（**开始位置**）、Core end（**结束位置**）：控制光束开始和结束的位置。

（9）**自定义主体**：是将光束附着在主体上的重要参数设置，其面板如图 8-53 所示。CoreType（主体类型）分为：Saber（默认）、Layer Masks（遮罩图层）、Text Layer（文字图层）。值得注意的是，如果光束描边在图形上，图形需要预合成并自动追踪路径，自定义主体类型选择遮罩图层，光束就会描边在图形的路径上了。如果光束描边在文字图层上，则需要为自定义主体里的文字图层指定具体图层，具体操作参考案例。

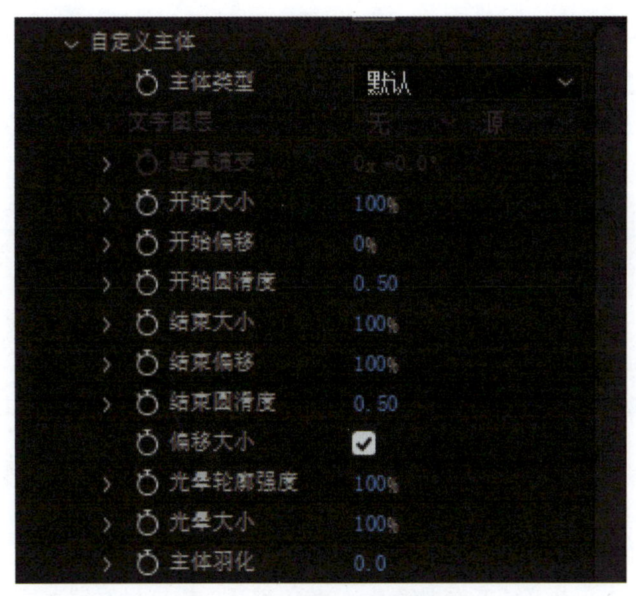

图 8-53　自定义主体面板

① Star/End Size（开始 / 结束大小）：可控制光束开始 / 结束的强度。

② Star/End Offset（开始 / 结束偏移）：可控制光束起始端 / 末端路径，可做光速偏移流动动画。

③ Star/End Roundness（开始 / 结束圆滑度）：线条起始端 / 末端圆滑度。

④ Halo Intensity（光晕轮廓强度）：数值越大，光晕轮廓越亮。

⑤ Halo Size（光晕大小）：数值越大，光晕扩散面积越大。

⑥ Core Softness（主体羽化）：数值越大，主体越虚化。

（10）Flicker（闪烁）：使辉光达到闪烁的效果。

① Flicker Intensity（闪烁强度）：数值越大，闪烁光亮越强。

② Flicker Speed（闪烁速度）：数值越大，闪烁越快。

③ Masks Random（遮罩随机）：可使闪烁的位置随机变亮。

④ Random Variation（随机变化）：数值越大，随机性越大。

（11）Distortion（失真）：内设辉光失真和主体失真，失真是一种使辉光或者主体扭曲的视觉效果。Glow Distortion（辉光失真）控制辉光部分的扭曲变换。以下主要介绍“辉光失真”的各项参数，“主体失真”的设置与“辉光失真”类似，在此不再具体介绍。

① Distortion Intensity（失真强度）：数值越大，失真效果越明显。

② Distortion Type（失真类型）：包括 Smoke（烟雾）、Fluid（流体）、Energy（能量）。

③ Mixed model（混合模式）：包括 Distortion（失真）、Superposition（叠加）。

④ Reversal（反转）：辉光的失真部分正负图形切换。

⑤ Wind Speed（风速）：数值越大，辉光的失真部分飘动越快。

⑥ Wind Direction Offset（风速方向偏移）：控制飘散的方向。

⑦ Noise Speed（噪波速度）：数值越大，噪波扭曲得越快。

⑧ Noise Size（噪波大小）：数值越大，噪波扭曲的强度越大。

⑨ Noise Offset（噪波偏移）：最小值 0.1，使噪波局部聚集，成墨点状；最大值 3，使噪波整体聚集，成片状。

⑩ Noise Complexity（噪波复杂度）：数值越大，噪波细节越多。

⑪ Noise Aspect Ratio（噪波纵横比）：噪波整体是拉伸还是挤压，数值越大越挤压。

⑫ Motion Blur（动态模糊）：数值越大，噪波越模糊。

⑬ Random Variation（随机变化）：数值越大，随机变化越大。

（12）辉光设置：主体失真与辉光失真同理，不再赘述。辉光设置各项参数均与辉光的强度、大小、面积范围等相关，较简单，不再赘述。

（13）Render Setting（渲染设置）：具体包含以下参数。

① Motion Blur（动态模糊）：可选 on（开）/off（关）。其子参数介绍如下。

a. Motion Blur Doubly（动态模糊倍增）：数值越高，模糊程度越大。

b. Motion Blur Phasing（动态模糊定向）：可调整为正值或负值。

c. Motion Blur Immobilization（动态模糊固定）：数值越大，模糊越稳定。

② Gamma（伽马）：数值越大，整体越亮。

③ Brightness（亮度）：数值越大，主体越亮。

④ Saturability（饱和度）：数值越大，整体色彩越鲜艳。

⑤ Alpha 增加：数值越大，辉光越明显。

⑥ Synthesis Setting（合成设置）：透明、黑色、叠加三种模式，其中透明和叠加与底层色彩有关。

（14）Alpha 模式：具体包含以下参数。

① Invoke Maskes（启用遮罩）：主体以外部分不显示。

② Maskes Core（遮罩核心）：主体及周边显示，外围不显示。

③ Maskes Glow（遮罩辉光）：辉光部分不显示。

④ Disable（关闭）。

（15）Invert Maskes（反转遮罩）：反向显示遮罩部分。

（16）Use Text Maskes（使用文字遮罩）：是否在主体是文字的前提下，选择开启文字遮罩。

二、Saber 插件效果的应用

Saber 插件主要以自定义主体中的两种类型：Layer Masks（遮罩图层）和 Text Layer（文字图层）遮罩为主，分别对应图层的光束描边效果和文字的光束描边效果，再配合其内设的多种辉光类型便可制作出丰富的光效，还可以与其他插件及 AE 内置特效联合制作出绚丽的光影特效。

（一）倒影文字

【操作步骤】

步骤 1. 启动 After Effects，在合成面板中新建合成命令，新建一个合成：名称“Saber 效果”，尺寸“1920px×1080px”，帧速率“25 帧 / 秒”，持续时间“5 秒”。

步骤 2. 将视频素材“倒影素材 .mp4”(\ 素材文件 \ 模块八 \ 倒影文字 \) 导入合成项目，选择视频素材图层，执行“效果→颜色校正→曲线”，将整体亮度降低，制造昏暗的视觉场景。

步骤 3. 新建文字，输入文字，调整文字样式及大小。新建纯色图层，执行“效果→ Video Copilot → Saber”。Saber 参数设置：“自定义主体→ CoreType（主体类型）→文字图层”，Glow Intensity（辉光强度）降低，调整 Glow Color（辉光颜色），执行“Rander Setting（渲染设置）→ Synthesis Setting（合成设置）→ Trancparency（透明）”，将文字显示在视频素材之上，如图 8-54 所示。

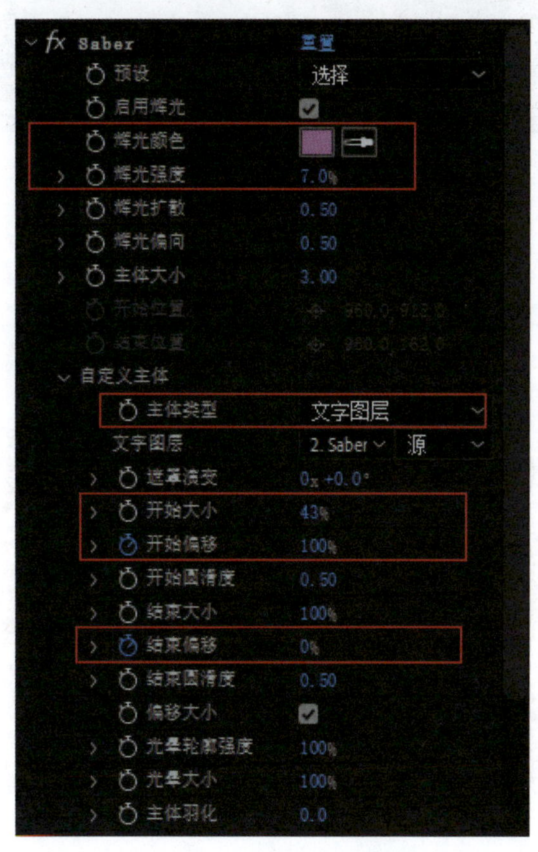

图 8-54　Saber 参数设置

步骤 4. 第 0 帧 Star Offset（开始偏移）设为 0% ，End Offset（结束偏移）设为 100%，第 4 秒 Star Offset（开始偏移）设为 100%，End Offset（结束偏移）设为 0% ，见图 8-54。将文字图层与 Saber 效果纯色层预合成，名为“Saber 效果”。

步骤 5. 在视频图层上执行“效果→透视→ 3D 摄像机跟踪器”，等待解析完成后，圈选视频上的解析点，右键选择“创建实底和摄像机”调整实底的角度和位置，将其放在视频素材中的水坑位置，并调整好透视角度与水坑吻合。按住【Alt】键在项目栏里将“Saber 效果”合成拖拽至实底图层，在图层面板隐藏原“Saber 效果合成”，至此具有 Saber 效果的文字固定在视频素材的水坑位置，案例完成效果如图 8-55 所示。

图 8-55　Saber 特效完成效果

（二）“拉格加多尔之环”制作

【操作步骤】

“拉格加多尔之环”完成效果如图 8-56 所示。

图 8-56　电影《奇异博士》中“拉格加多尔之环”效果

步骤 1. 启动 After Effects，选择合成面板中新建的合成命令，新建一个合成：名称“拉格加多尔之环”，尺寸“1920px×1080px”，帧速率“25 帧 / 秒”，持续时间“5 秒”。

步骤 2. 将视频素材“拉格加多尔之环 .jpg”（\ 素材文件 \ 模块八 \ 拉格加多尔之环 \）导入合成项目，并调整图片缩放至大小适合。

步骤 3. 复制图片素材，将底层图片的轨道遮罩设置为“亮度反转遮罩”，将图片素材中的白色底图抠除掉，将底层图层打开三维开关，并执行“效果→生成→填充”，更改颜色为橘黄色，并将两个图片全部选中进行“预合成”，将预合成的三维开关也同样开启。

步骤 4. 选择“预合成”执行“图层→自动追踪”，点击“确定”，得到“拉格加多尔之环”的路径。效果如图 8-57 所示。

图 8-57 “拉格加多尔之环”自动追踪的路径

步骤 5. 选择“预合成”，执行“效果→ Video Copilot → Saber”，调整“Saber”中自定义主体为遮罩图层，调整辉光强度数值，将数值降低。调整辉光颜色为橘黄色，降低主体大小数值，参数如图 8-58 所示。

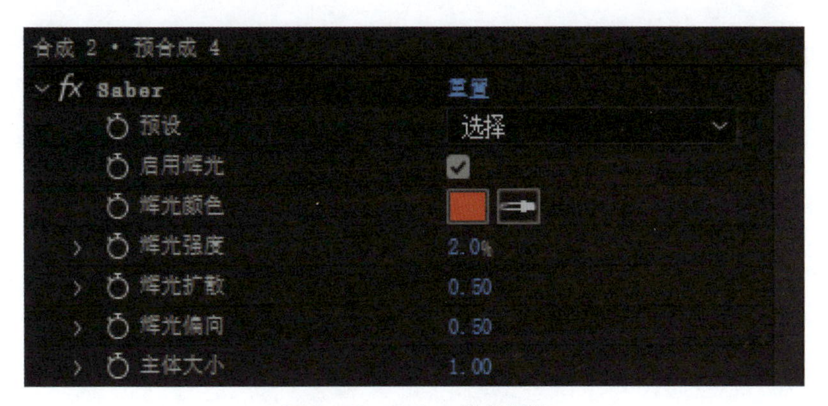

图 8-58 Saber 数值调整

步骤 6. 选择“预合成”，在第 0 帧添加旋转关键帧，在第 5 秒处提高旋转数值，制作“拉格加多尔之环”的旋转动画。

步骤 7. 新建纯色层制作粒子效果，选择纯色层执行“效果→ RG Trapcode → Particular”

菜单命令，设置参数如下。

Emitter（发射器）面板参数：提高 Particles/sec（每秒粒子数量），Emitter Type（发射器类型）选择 Layer（图层），Layer Emitter（图层发射器）选择“预合成”图层，Velocity（速度）数值提升。

Particle（粒子）面板参数：Particles Type（粒子类型）设置为 Glow Sphere（发光球体），Size（大小）适当提升，Size Random（随机大小）设置为 100%，更改 Cloudlet Feather（云朵羽化）数值降低。

Physics（物理）面板参数：提高 Gravity（重力）数值为正数，让粒子由上到下掉落，调整 Turbulence Field（紊乱力场）中 Affect Position（影响位置）数值，使粒子的位置扰乱。

步骤 8. 选择纯色层图形，执行“效果→风格化→发光”，调整发光阈值。并将图层的动态模糊开关 开启，最终完成效果如图 8-59 所示。

图 8-59 “拉格加多尔之环”完成效果

（三）“绚丽星空”效果制作

【操作步骤】

步骤 1. 启动 After Effects，选择合成面板中的新建合成命令，新建一个合成：名称“绚丽星空”，尺寸“1920px×1080px”，帧速率“25 帧 / 秒”，持续时间“5 秒”。

步骤 2. 新建纯色层，执行“效果→ Video Copilot → Saber”。用钢笔工具在画面当中随意绘制闪电线条，效果如图 8-60 所示。

步骤 3. 调整 Saber 中自定义主体为遮罩图层，选择图层，执行“效果→扭曲→湍流置换”，将数量、大小、复杂度数值提高后，线条成闪电状，效果如图 8-61 所示。

步骤 4. 选择图层，执行“效果→模糊→快速方框模糊”，提高模糊数值。

步骤 5. 复制图层，制作第二层闪电，将图层模式改为“屏幕”，将图层中刚才绘制的蒙版线条删除，重新用钢笔绘制新的线条，并更改 Saber 中的辉光颜色，多复制几个图层，执行同样操作，并调整各个闪电的位置及锚点，效果如图 8-62 所示。其视频可参考“\ 素材

文件 \ 模块八 \ 绚丽星空 \ 绚丽星空 .mp4”。

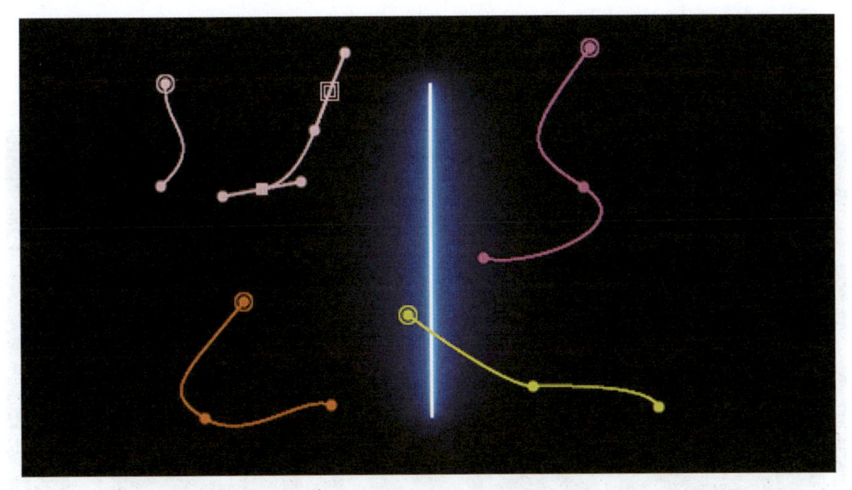

图 8-60　钢笔工具绘制线条效果

图 8-61　添加“湍流置换”后效果

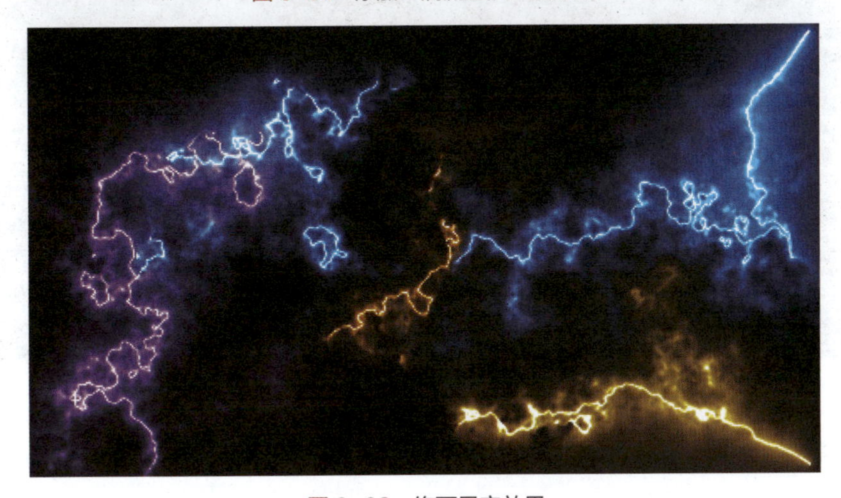

图 8-62　绚丽星空效果

（四）“魔法对决”特效制作

“魔法对决”特效在电影制作中经常被使用（图 8-63）。本例制作的“魔法对决”效果可参见“\ 素材文件 \ 模块八 \ 魔法对决 \ 魔法对决 .avi”。

图 8-63 “魔法对决”特效

【操作步骤】

步骤 1. 新建纯色层，制作“魔杖激光束”，执行效果“Video Copilot → Saber”，设置 Saber 中的参数如下。

预设：电流。辉光颜色：绿色。降低开始大小的数值，提高结束大小的数值，并将开始大小与结束大小的位置点进行移动，将光束调整为平行于画面的角度，效果如图 8-64 所示。

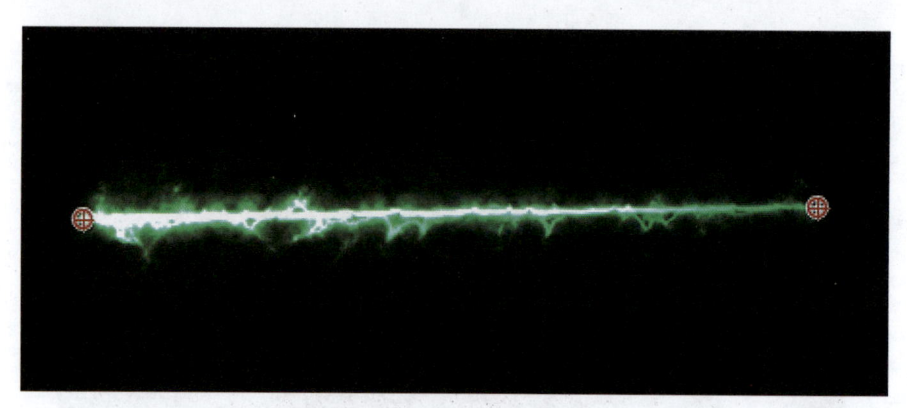

图 8-64 Saber 电流效果

降低光晕轮廓强度，降低主体羽化数值，执行“辉光失真”，降低失真强度数值，稍微提高风速，主体失真设置为提高失真强度数值，失真类型设为流体。具体参数及效果如

图 8-65、图 8-66 所示。

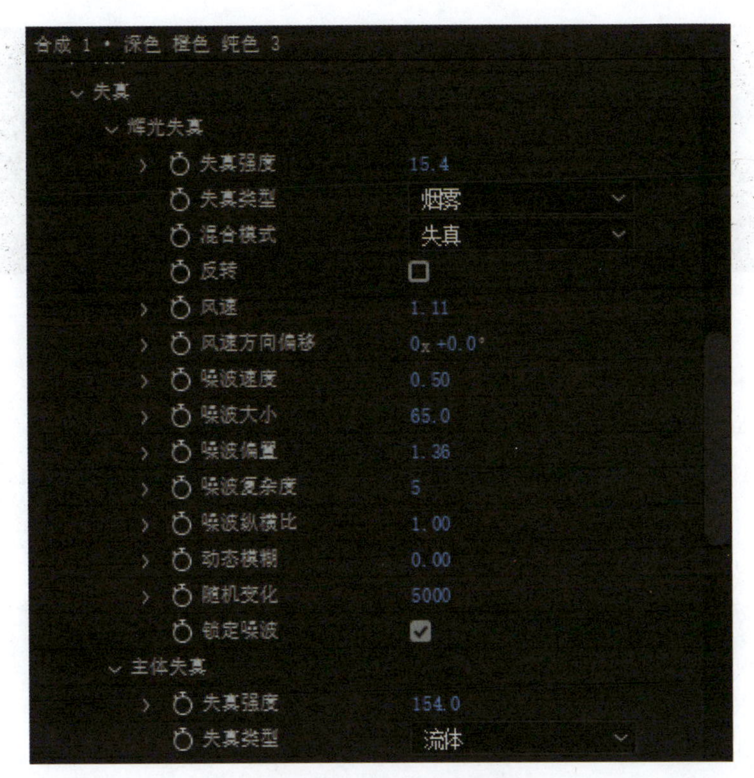

图 8-65　Saber 参数设置

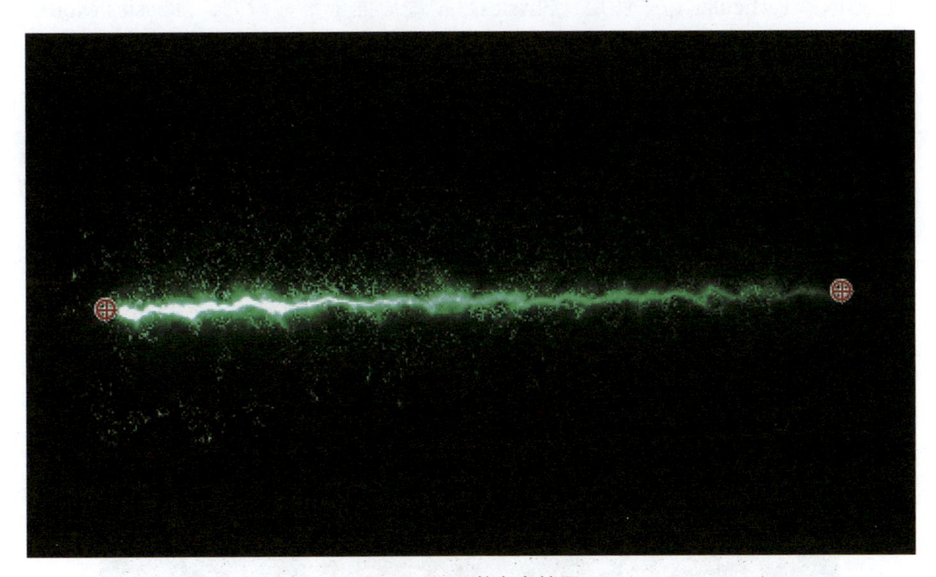

图 8-66　激光束效果

步骤 2. 新建灯光，灯光类型为聚光。将灯光的位置参数更改为 X 轴 960、Y 轴 540、Z 轴 0。旋转参数更改为 X 轴 50。在第 0 帧处添加灯光 Y 轴旋转关键帧，以正值和负值反复切换，让灯光形成旋转摆头姿态的动画，并复制关键帧。效果如图 8-67 所示。

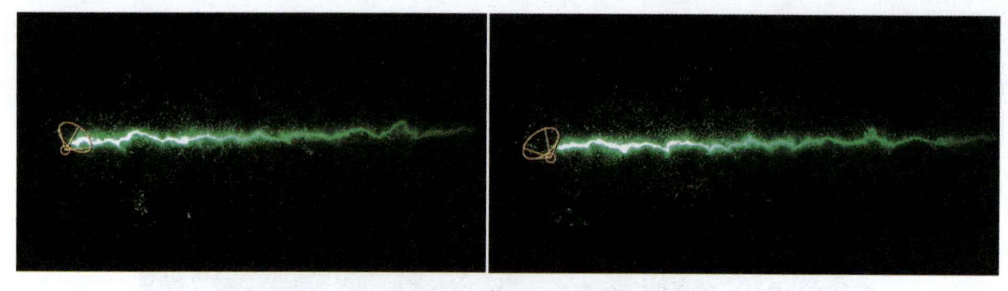

图 8-67　灯光摆动关键帧动画

步骤 3. 新建纯色层，制作 Particular 粒子效果。选择图层，执行“效果 → RG Trapcode → Particular”菜单命令，设置参数如下。

Emitter（发射器）面板参数设置及调整为：提高 Particles/sec（每秒粒子数量）数值，Emitter Type（发射器类型）设置为 Light（灯光），将灯光图层重新命名，在“Light Naming（灯光命名）”中点击“Choose name（选择名字）”选择灯光图层，“Direction（方向）”选择“Drectional（定向）”，“Velocity（速度）”数值提升，“Velocity Random（随机速度）”调整为 0，“Velocity Distribution（速度分布）”调整为 0，“Velocity From Motion（速度从主体）”调整为 0，“Emitter Size XYZ（发射器尺寸）”调整为 0。

步骤 4. 新建纯色层，开启三维图层开关，制作地面，将此图层 X 轴旋转 90°，调整图层位置至地面处。将图层顺序置于灯光下层。

步骤 5. 选择 Particular 粒子图层，Physics（物理）面板参数设为：“Physics Model（物理模式）”改为“Bounce（碰撞）”；提高“Gravity（重力）”数值为正数，让粒子由上到下掉落；展开“Bounce（碰撞）”参数，将“Floor Layer（地板图层）”指定给刚才设置的地面图层；“Collision Event（碰撞事件）”更改为“Slide（滑行）”让粒子碰撞地面后滑行出去。参数及效果如图 8-68、图 8-69 所示。

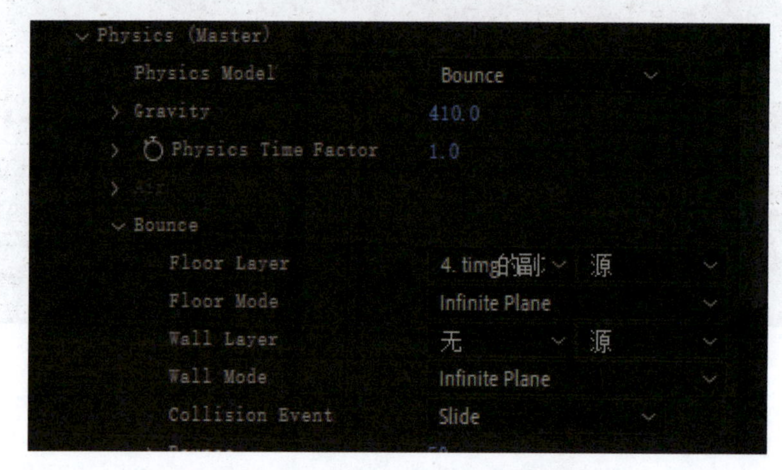

图 8-68　Particular 粒子参数地面碰撞设置

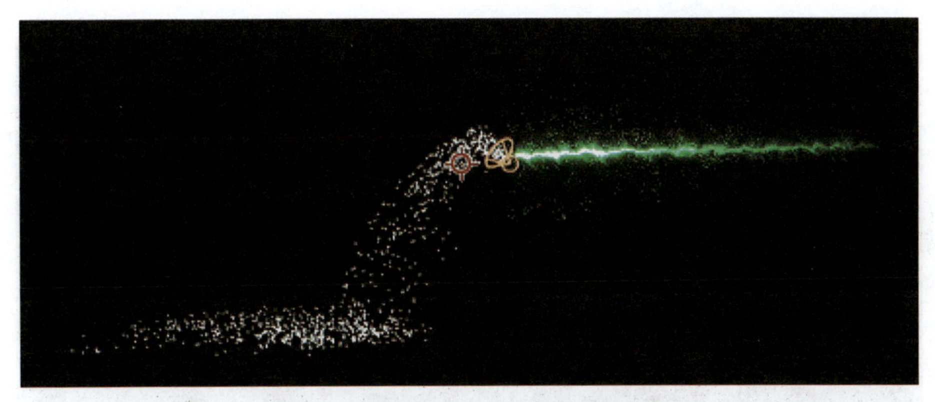

图 8-69　Particular 粒子碰撞地面效果

步骤 6. 选择 Particular 粒子图层，调整参数，提高“Life（sec）粒子生命”，调整“Color（颜色）”，“Size over Life（大小随生命进程的变化）”选择第三个预设，参数如图 8-70 所示。

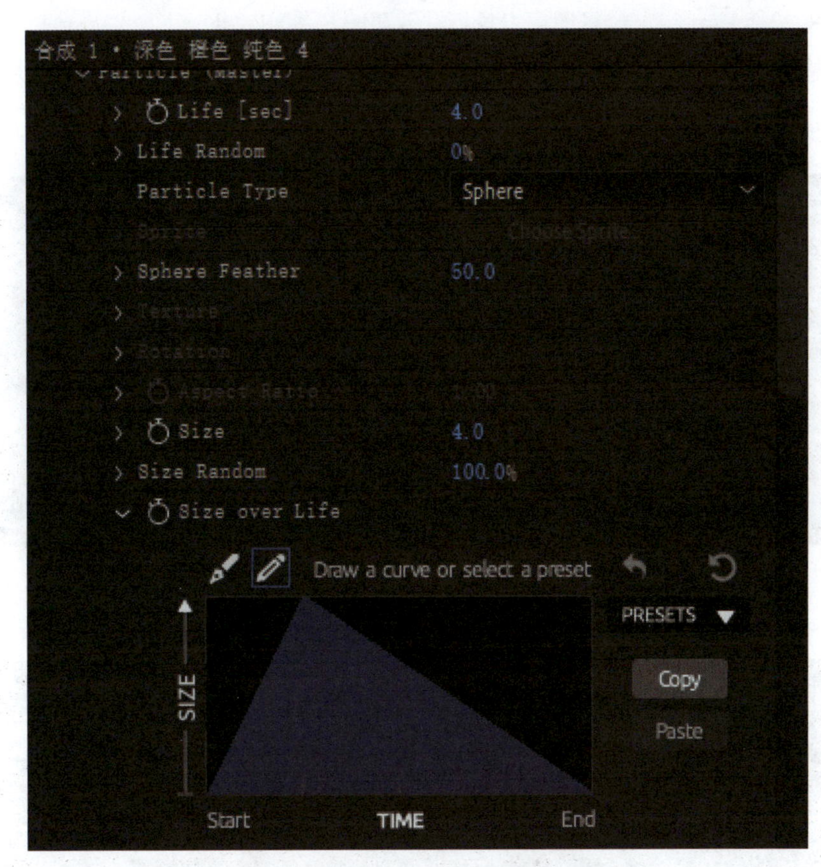

图 8-70　Particular 粒子参数设置

步骤 7. 选择“Velocity（速度）”，按住【Alt】键点击秒表添加表达式：wiggle（10，500）。效果如图 8-71 所示。

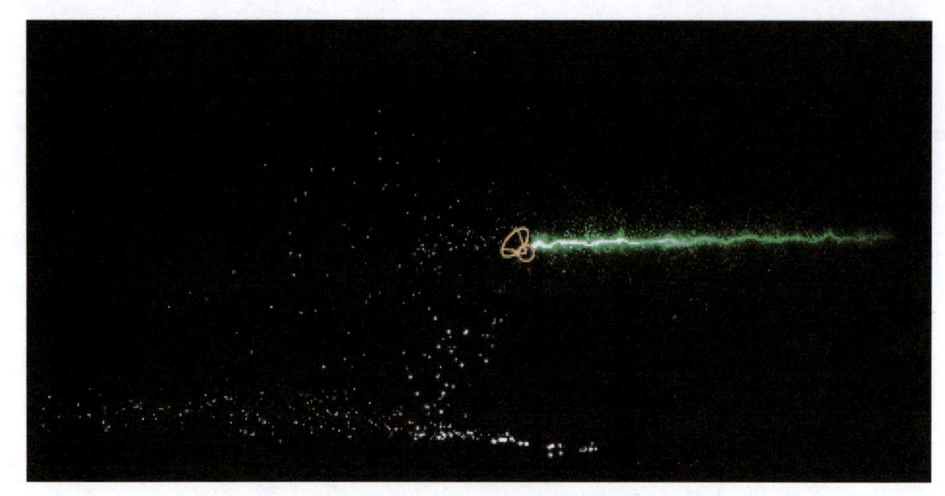

图 8-71　Velocity（速度）添加表达式效果

步骤 8. 选择 Particular 粒子图层，执行“效果→模糊和锐化→ CC Vector Blur（矢量模糊）”，调整参数“Type（类型）”为“Perpendicular（垂直）”，提高“Amount（数量）”数值。参数及效果如图 8-72、图 8-73 所示。

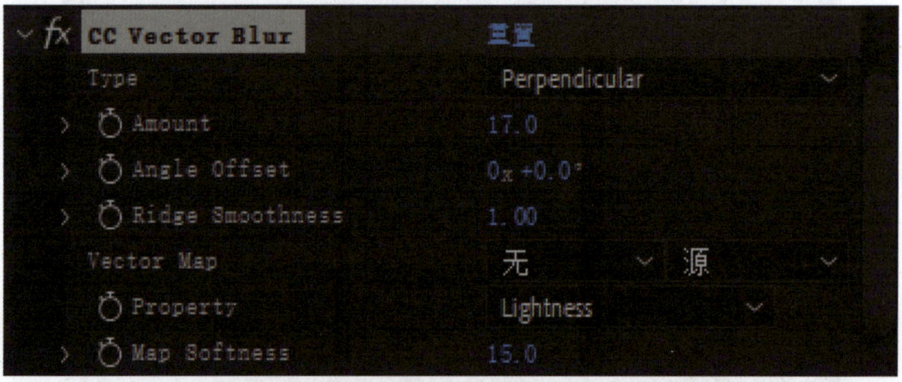

CC Vector Blur　重置
Type　Perpendicular
Amount　17.0
Angle Offset　0x +0.0°
Ridge Smoothness　1.00
Vector Map　无　源
Property　Lightness
Map Softness　15.0

图 8-72　CC Vector Blur（矢量模糊）参数调整

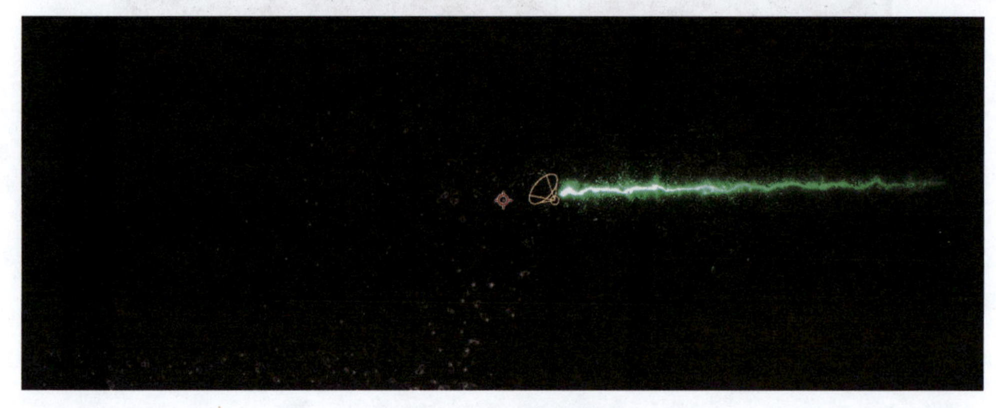

图 8-73　粒子模糊效果

步骤 9. 新建纯色层，制作光球效果，选择纯色层，执行“效果→生成→镜头光晕”。调整光晕位置为: X 轴 960、Y 轴 540。镜头类型为“105 毫米定焦”。继续为图层执行“效果→颜色校正→曲线”命令，调整曲线，使光晕稍微聚拢并且更为明显。继续为图层执行“效果→模糊与锐化→高斯模糊”，提高模糊数值。参数及效果如图 8-74、图 8-75 所示。

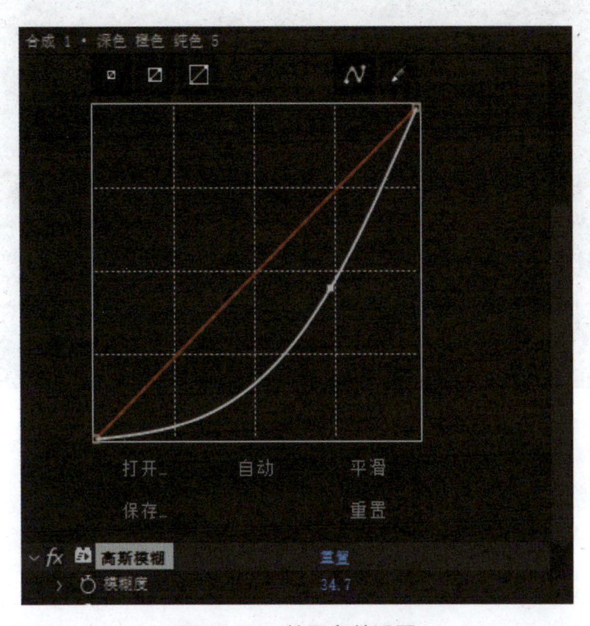

图 8-74　效果参数设置

图 8-75　光球效果

步骤 10. 将“光球”图层模式更改为屏幕，将其位置调整至光束末端位置，在镜头光晕效果中添加光晕强度关键帧动画，让其数值由大到小再到大，呈现出闪烁动画形态。效果如图 8-76 所示。

图 8-76 光球与粒子、光束结合效果

步骤 11. 新建纯色层，制作光球外焰。用椭圆工具在画面中绘制一个圆形，执行“效果→ Video Copilot → Saber”，设置 Saber 参数，预设为“核变”；将“自定义主体”中“主体类型”改为“遮罩图层”，提高“主体羽化”数值，“光晕轮廓强度”数值改为 0。将此图层模式改为“屏幕”，将图层的位置调整至光球处，将大小尺寸调整至适合。效果如图 8-77 所示。

图 8-77 光球外焰效果

步骤 12. 复制光束图层，放置在另外一侧，更改辉光颜色为红色。复制粒子图层，改变粒子颜色为红色。至此案例全部完成，效果如图 8-78 所示。

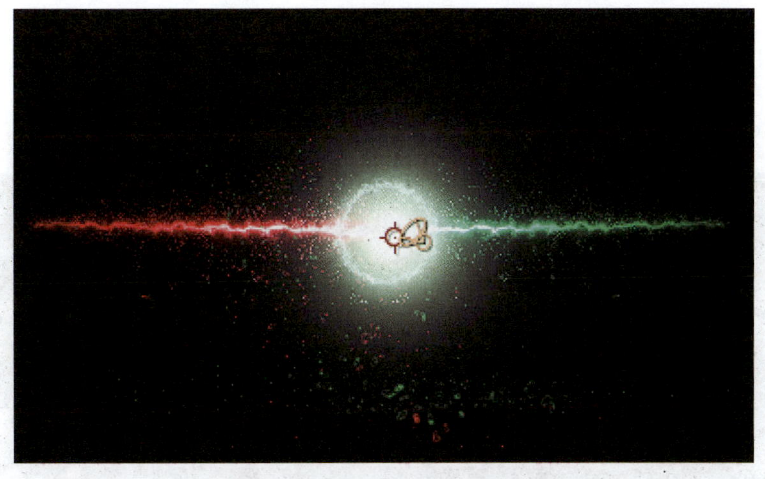

图 8-78 “魔法对决”特效效果

（五）“文字破坏”效果制作

【操作步骤】

步骤 1. 启动 After Effects，选择合成面板中的新建合成命令，新建一个合成：名称“文字破坏”，尺寸“1920px×1080px”，帧速率“25 帧 / 秒”，持续时间“5 秒”。

步骤 2. 输入文字，调整文字字号及样式，将文字置于画面中心，并将文字进行预合成。选择预合成，执行“图层→图层样式→内发光”，调整参数，更改混合模式为“正常”，“颜色”改为“黑色”，“技术”改为“精细”，“大小”改为 6。再次进行预合成，选择“将所有属性移动到新合成”，点击“确定”。

步骤 3. 新建灰色纯色层，选择纯色层执行“效果→风格化→ CC Glass”，调整参数，点击“Surface（表面）→ Bump Map（碰撞贴图）”将贴图通道内更改为预合成，“Softness（柔和）”改为 0，“Displacement（位移）”改为 0，点击“Light（灯光）→ Using（使用）”，更改为“AE Lights（AE 灯光）”。将此图层置于预合成图层顺序下，更改“轨道遮罩”为“Alpha 遮罩”。具体参数设置如图 8-79 所示。

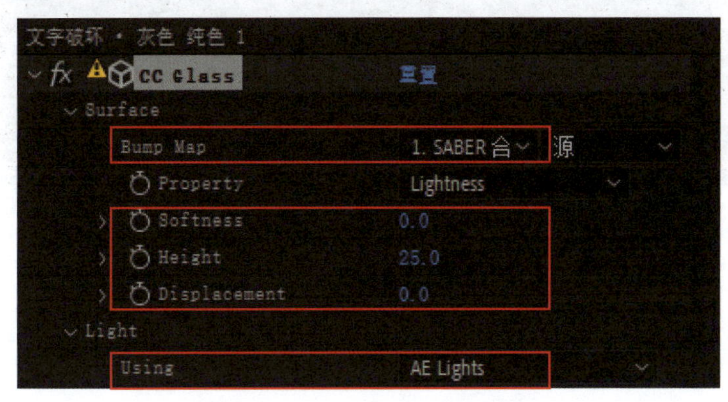

图 8-79 CC Glass 参数设置

步骤 4. 新建灯光，设置灯光类型为“点光”，灯光颜色为“白色”，将灯光位置进行调整，放置在文字左上角，并提高灯光强度数值，复制灯光放置在文字右下角，降低灯光强度数值。灯光位置及效果如图 8-80 所示。

图 8-80　灯光位置及文字效果

步骤 5. 双击进入预合成，新建纯色层制作文字的贴图纹理，选择纯色层，执行“效果→风格化→ CC HexTile”，降低 Radius（半径）数值，继续为图层执行“效果→通道→反转”，将通道调整为“Alpha”。将图层的透明网格开关开启，降低图层不透明度数值。具体参数设置如图 8-81 所示。

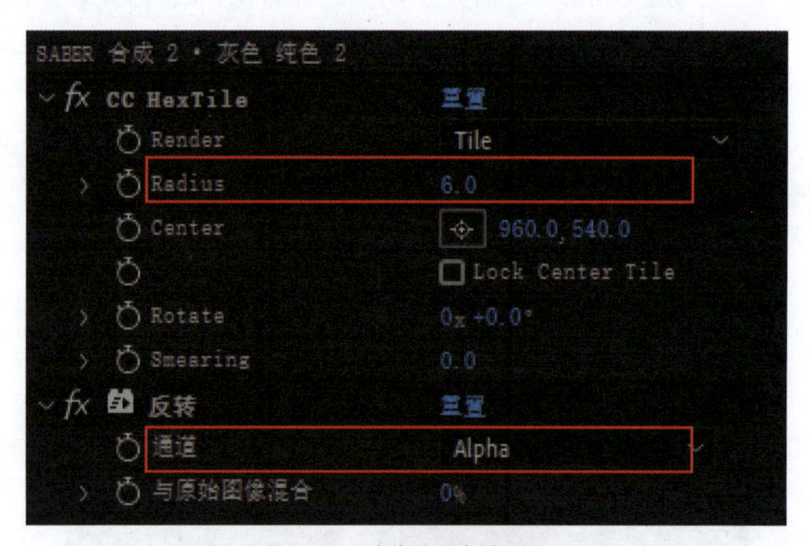

图 8-81　文字纹理参数设置

步骤 6. 选择预合成并展开参数，将内发光中的颜色类型调整为“渐变”，打开编辑渐变，将渐变颜色调整为黑、白、灰。具体参数设置如图 8-82 所示。

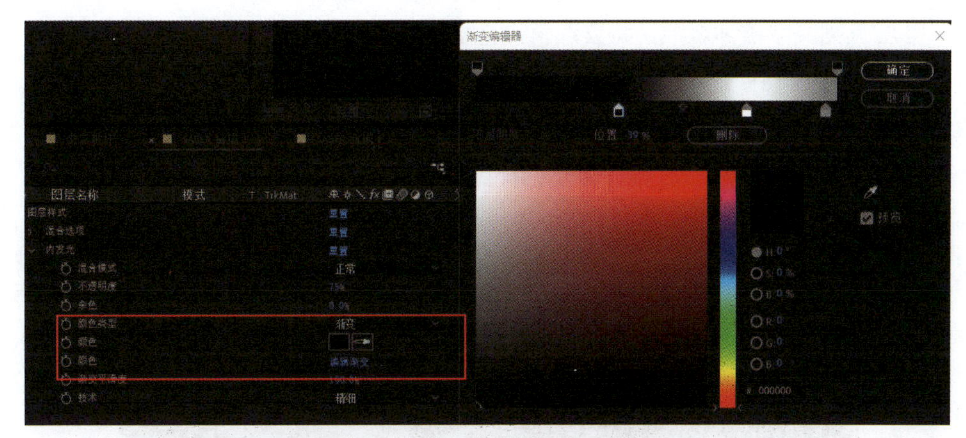

图 8-82　内发光颜色渐变编辑器设置

步骤 7. 将“\素材文件\模块八\文字破坏效果\网格.jpg”导入项目，并放置在纹理图层上，更改图层模式为“相乘”，并开启图层的透明网格开关，降低图层不透明度数值，选择图层，执行“效果→颜色校正→曲线”，调整曲线。具体参数设置如图 8-83 所示。

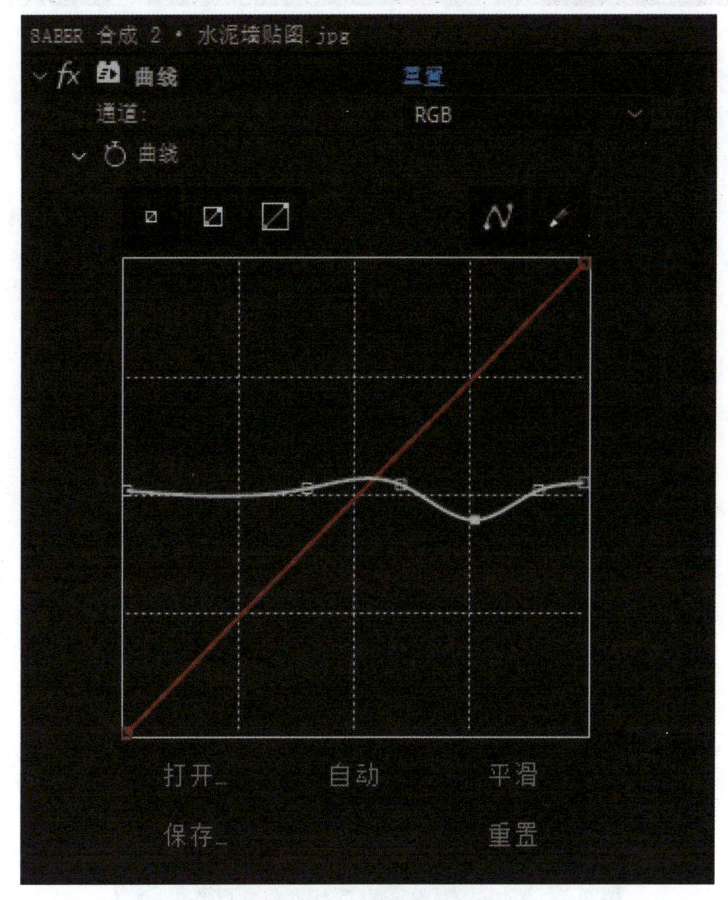

图 8-83　曲线数值调整

步骤 8. 回到文字破坏合成，将纹理再次拖拽至图层面板，放置在最顶层，更改图层模式为“叠加”，并开启图层的透明网格开关，选择纹理图层，执行“效果→颜色校正→色调”，将纹理变成黑白色调。降低图层不透明度数值，将所有图层全部选中，右键执行预合成，命名为“文字立体效果”。将总合成进行复制，选择图层顺序为底层的合成，执行“效果→模糊和锐化→ CC Radial Blur（射线模糊）”，调整参数“Type（类型）”改为“Fading Zoom（衰减变焦）”，“Amount（数值）”改为负数。文字效果如图 8-84 所示。

图 8-84　CC Radial Blur（射线模糊）效果

步骤 9. 继续选择此合成，执行“效果→颜色校正→曲线”，更改通道为“Alpha”；调节曲线，再次更改通道为“RGB”；调节曲线，同时选择两个文字立体效果合成，右键执行预合成，命名为“总合成”。具体曲线调节如图 8-85 所示。

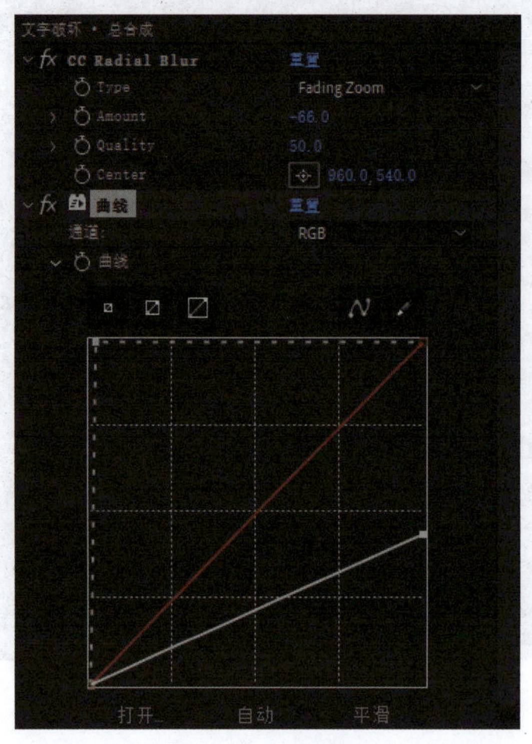

图 8-85　曲线调整

步骤 10. 新建纯色层制作文字破裂效果，宽度为 1920 像素，高度为 50 像素。并将其右键执行预合成，选择“保留文字破坏中的所有属性”。进入预合成，选择纯色层，用矩形工具以图层大小外围为标准绘制蒙版，展开图层属性，调整蒙版扩展数值为负数，选择图层，执行“效果→风格化→毛边”。调整参数：提高边界数值，提高比例数值。将图层进行预合成并命名为“破裂边界”，选择“将所有属性移动到新合成”。具体参数设置如图 8-86 所示。

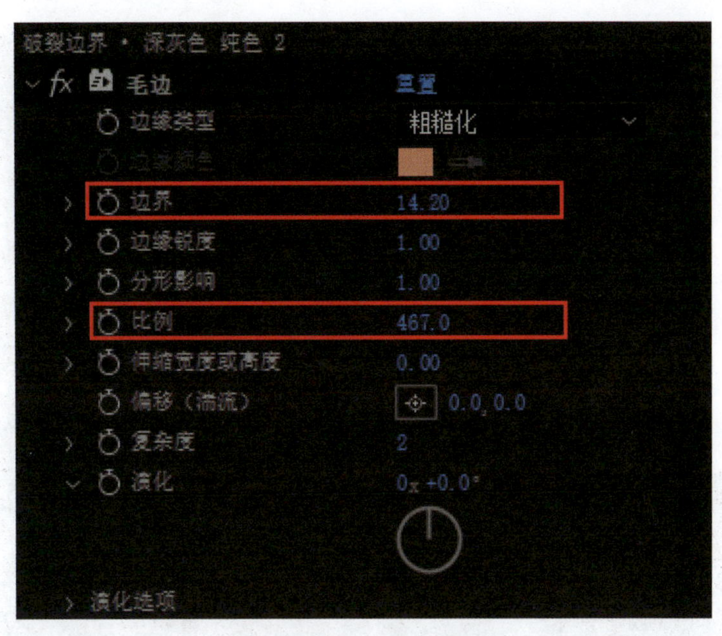

图 8-86　毛边参数设置

步骤 11. 返回文字破坏合成，隐藏破裂边界合成，选择总合成，执行“效果→通道→设置遮罩”。调整参数为：将从图层获取遮罩更改为“破裂边界”，取消勾选“伸缩遮罩以适合”，并勾选“反转遮罩”。将“破坏边界”合成的“对于折叠图层：合成变换”开关开启。具体参数设置如图 8-87 所示。

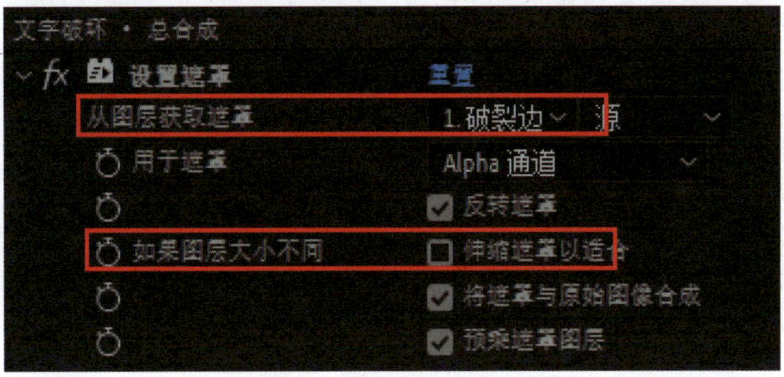

图 8-87　设置遮罩参数设置

步骤 12. 选择总合成，将总合成复制一份，并更改名称为“燃烧边界”，执行“效果→模糊和锐化→快速方框模糊”，提高模糊半径数值，降低迭代数值；继续执行“效果→颜色校正→曲线”，调整通道为“Alpha”，调整曲线；继续执行“效果→通道→设置遮罩”；再次执行“效果→通道→设置遮罩”，并将从图层获取遮罩更改为“破裂边缘”；继续执行“效果→杂色和颗粒→分形杂色”，调整参数，提高亮度数值，降低缩放数值。继续执行“效果→颜色校正→色调”，调整将白色映射到的色彩。具体参数设置如图 8-88、图 8-89 所示。

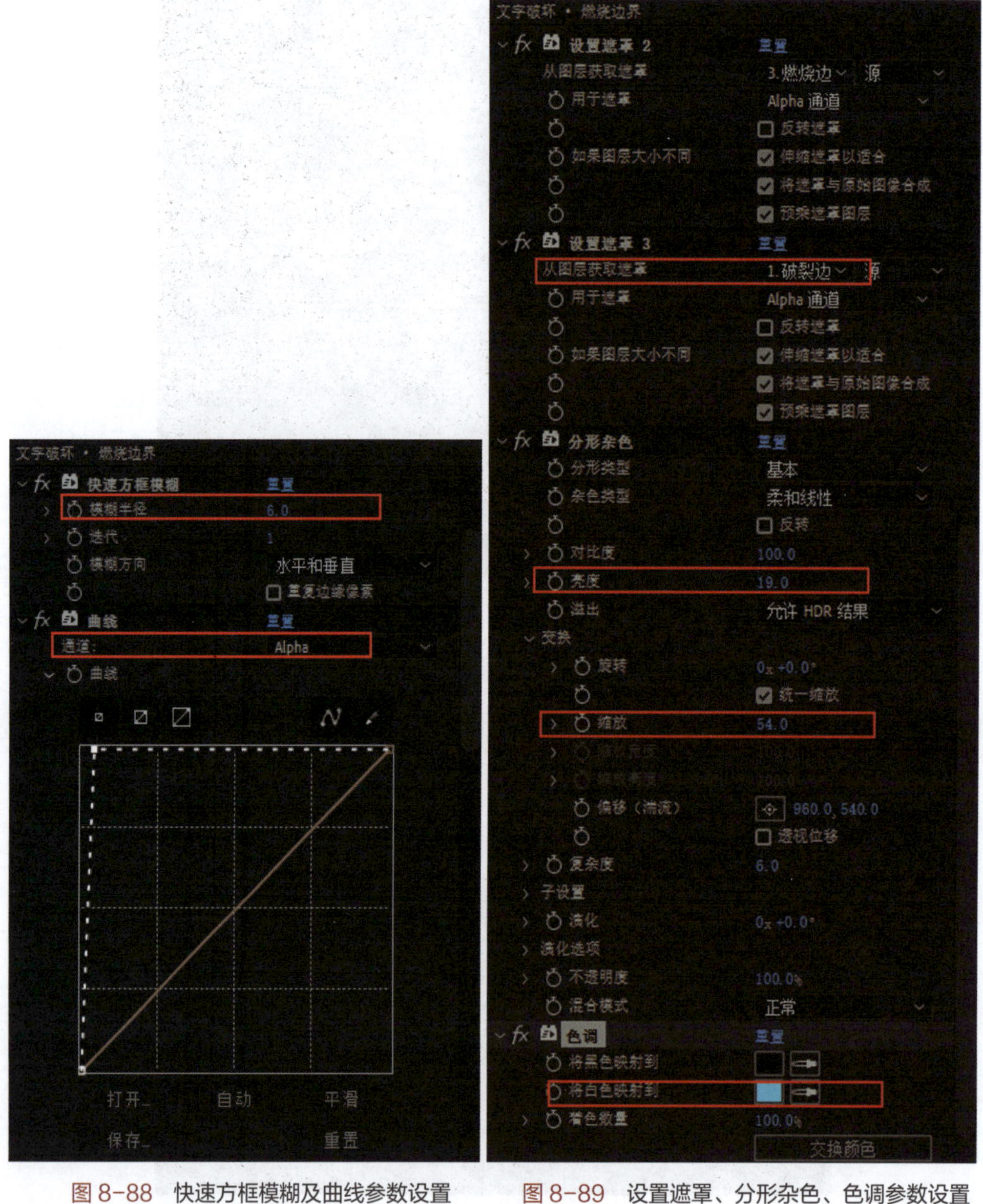

图 8-88　快速方框模糊及曲线参数设置　　图 8-89　设置遮罩、分形杂色、色调参数设置

步骤 13. 新建纯色层制作 Saber 光效，尺寸为：1024px×600px。选择纯色层，执行“效

果→ Video Copilot → Saber”，并将图层模式更改为“屏幕”，更改预设中的样式，提高开始大小数值，更改结束大小数值为 0，将光束的开始位置及结束位置进行调整，使其平行于文字放置在文字破裂处；添加 Saber 图层位置关键帧，在时间轴第 0 帧处将光束移出画面左侧外，在第 1 秒处将光束横穿文字移出至画面右侧外，并将进度条后移，制造出文字显现后再形成破坏的效果。具体参数设置如图 8-90 所示。

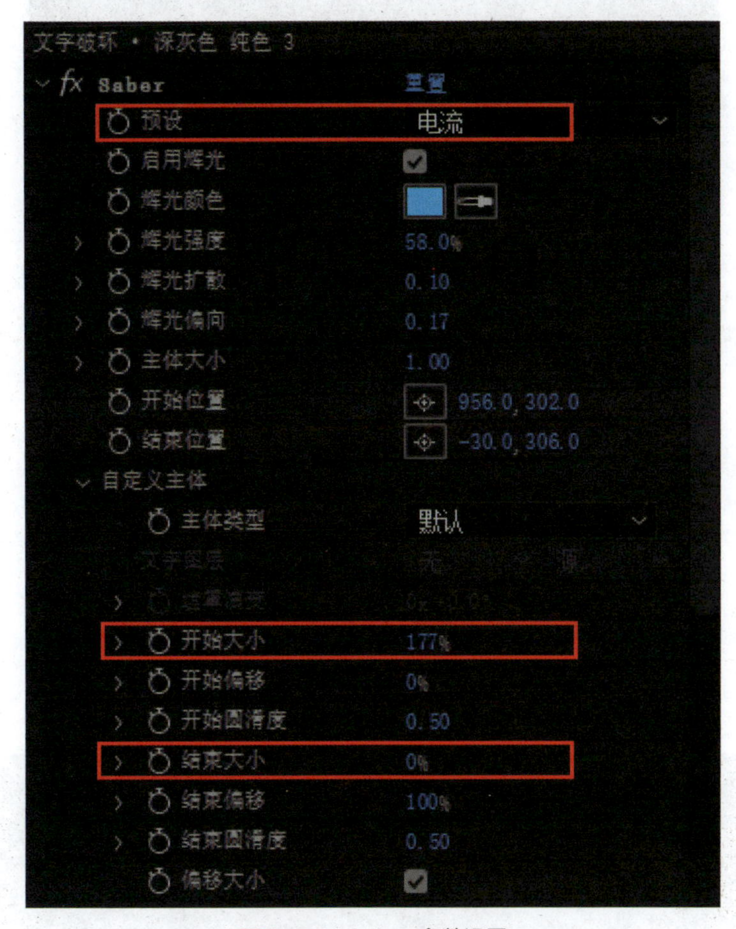

图 8-90　Saber 参数设置

步骤 14. 将 Saber 图层复制并重命名为“光斑”，将位置关键帧删除，将 Saber 参数中开始位置和结束位置移动在相近的位置上，缩短光束形成一个点，更改预设为“默认”，提高“辉光强度”数值，降低“渲染设置”中的“伽马”数值，提高图层的“缩放数值”，缩短图层进度条，将其放置在光束穿过文字中间的位置。具体参数如图 8-91 所示。

步骤 15. 选择“破裂边界”合成，将其进度条向后拖拽，在光束穿过文字时生成破裂边界效果。选择 Saber 图层，将其父级关联器拖拽至“破裂边界”合成上。效果如图 8-92 所示。

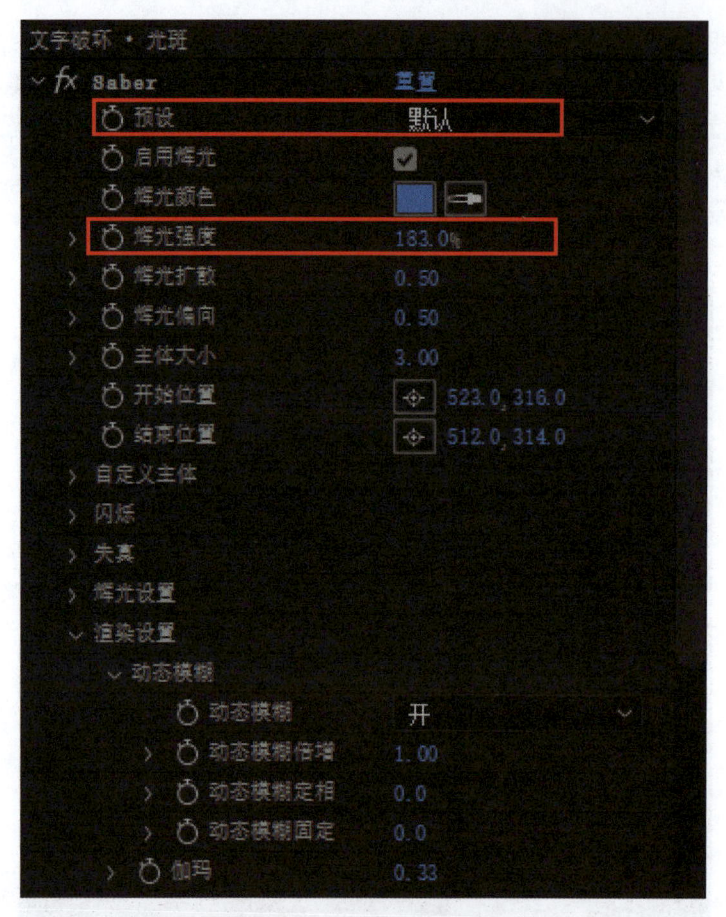

图 8-91　Saber 参数设置

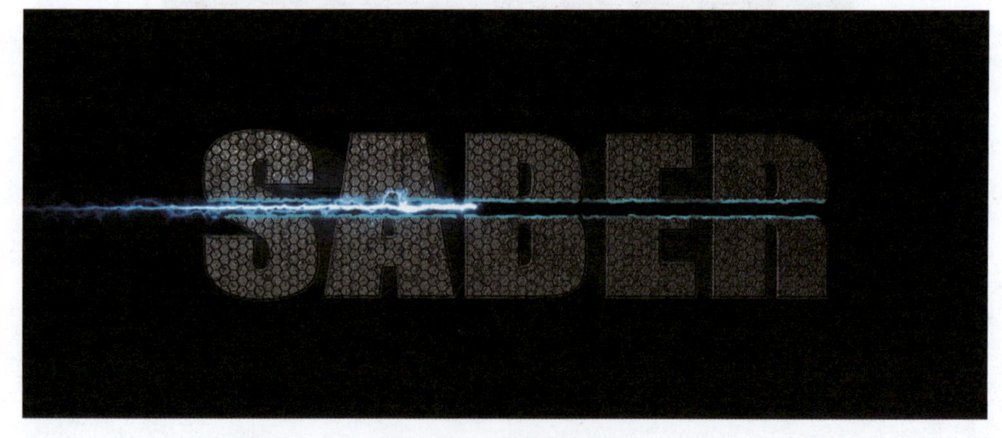

图 8-92　文字破裂效果

步骤 16. 选择总合成将其复制一份，重命名为“碎片”，取消其设置遮罩参数中的“反转遮罩”勾选，选择碎片合成，执行“效果→模拟→ CC Pixel Polly”，将设置遮罩的效果开关 fx 暂时关闭，调整“CC Pixel Polly”参数，提高“Force（压力）”数值，提高“Direction

Randomness（距离随机值）”数值，提高“Speed Randomness（速度随机值）”数值，降低“Grid Spacing（网格间距）”数值，提高“Star Time（sec）[开始时间（秒）]”数值，将设置遮罩效果开关开启。具体参数设置如图 8-93 所示。

步骤 17. 复制“碎片”合成，调整“CC Pixel Polly”参数，降低“Force（压力）”数值，降低“Gravity（重力）”数值，提高“Spinning（快速旋转）”数值，提高“Speed Randomness（速度随机值）”数值，降低“Grid Spacing（网格间距）”数值，使“碎片 2”合成的效果区别于“碎片”合成，形成碎小飘散的碎片效果。选择“碎片 2”合成，执行“效果→颜色校正→色调”，将白色映射到颜色，调整至与光束颜色一致；继续执行“效果→风格化→发光”，提高发光阈值数值，将“碎片”合成和“碎片 2”合成的运动模糊开关开启，至此案例全部制作完成。具体参数设置如图 8-94 所示，效果如图 8-95 所示。

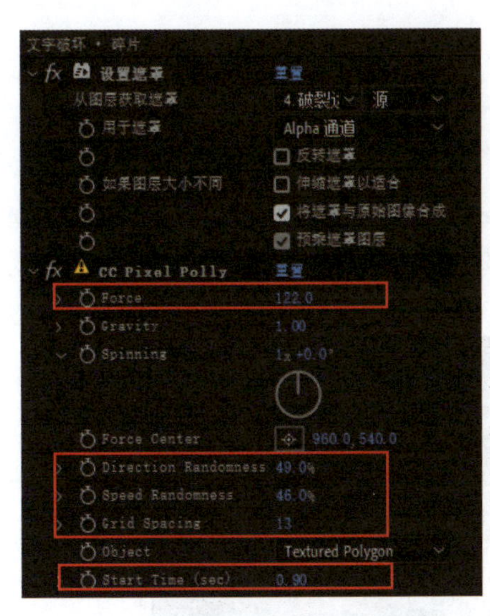

图 8-93　CC Pixel Polly 参数设置

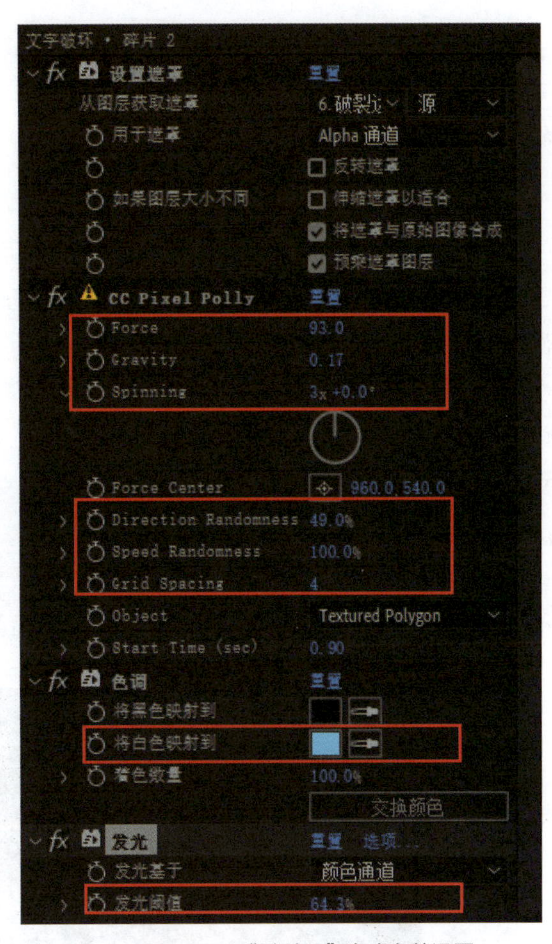

图 8-94　“碎片 2”合成参数设置

图 8-95　文字破坏效果

【课后拓展实训】

实训 1. 制作火焰文字动画

1. 实训目的

能够灵活掌握 Saber 插件中的参数设置，运用自定义主体中的文字图层熟练制作文字的 Saber 效果，结合预设中不同的效果设计制作出不同的光影特效，并且能够在 AE 中将 Saber 插件与 Particular 插件及 AE 中内置的特效联合制作。

2. 实训内容

① 文字火焰效果是使用 Saber 插件制作而成的，火焰效果在预设中，在自定义主体中需选择文字图层。粒子效果为 Particular 插件制作，粒子从文字层发射需在图层中选择“烈火少年”文字层，调整粒子菜单中的大小、颜色、方向、风等参数。

② 打开“\ 素材文件 \ 模块八 \ 火焰文字 \ 火焰文字 .avi”，观看“火焰文字”视频，该视频是由 Saber 插件及 Particular 插件共同制作完成的，其最终的视频画面如图 8-96 所示。

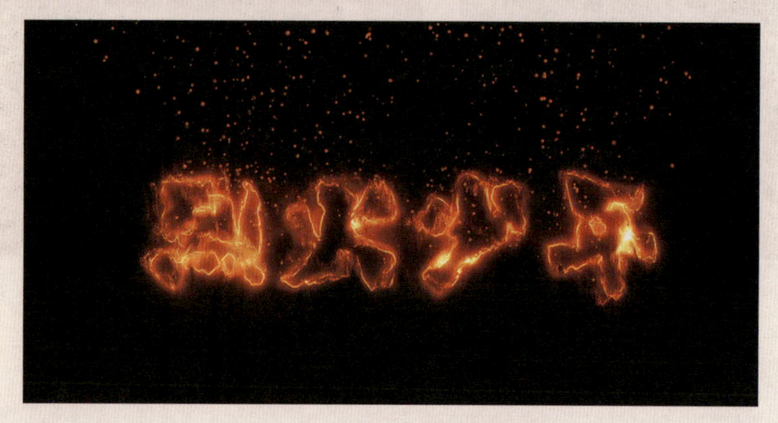

图 8-96　Saber 火焰文字效果

【课后拓展实训】

实训 2. 制作教堂描边光束动画

1. 实训目的

能够灵活掌握 Saber 插件中的参数设置，运用自定义主体中的遮罩图层熟练制作图形的 Saber 效果，结合预设中不同的效果设计制作出不同的光影特效，并且能够在 AE 中将 Saber 插件与内置特效联合制作。

2. 实训内容

① 教堂素材可从“\ 素材文件 \ 模块八 \Saber 光束描边 \”文件夹中调用。教堂光束描边是使用 Saber 插件制作而成的，光束效果在预设中可选择适合的效果制作，在自定义主体中需选择遮罩图层。教堂整体需用覆盖建筑的图层进行颜色变化，描边线条使用钢笔进行绘制，线条要流畅且细致。原视频素材需进行调色处理，整体制造出神秘、科幻的“赛博朋克”建筑光束描边视觉效果。

② 观看“神秘教堂”视频，该视频是由 Saber 插件制作完成的，其最终的视频画面如图 8-97 所示。

图 8-97 Saber 光束描边效果

任务描述

此任务中使用的 Element 3D 为一款外置插件，其功能极其强大，可制作逼真的三维立体模型，具备多种模型预设并可下载多款模型包使用，同时可进行灯光、材质的设置，并可制作三维动画。配合 AE 的特效加持，能够使三维立体视觉效果更加吸引眼球。Element 3D 结合 AE 制作效果如图 8-98 所示。

图 8-98　Element 3D 结合 AE 制作效果

一、Element 3D 插件的详解与设置

Element 3D 参数面板分为 Scene Setup（场景设置）和其他参数，场景设置面板内包含建模、灯光、材质等，如图 8-99、图 8-100 所示。

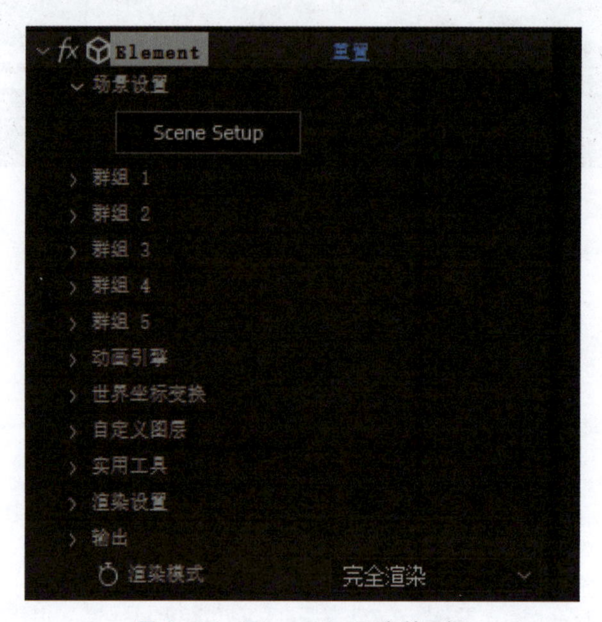

图 8-99　Element 3D 参数面板

图 8-100　Element 3D 场景设置面板

(一) AE 界面中的参数详解

1. Group (群组)

群组的参数见图 8-101。Group（群组）会对 Element 3D 的一个群组内的所有模型进行参数设置。

图 8-101　群组的参数

(1) Enable (启用): 默认开启。

(2) Particle Replicator (粒子复刻): 这里粒子指的是模型。

① Particle Count（粒子数量）：控制模型的复制数量。数值越高，被复制出来的模型越多。

② Replicator Shape（复制形状）：复制出的模型的排列形态。

③ Position XY（位置 XY）：复制出的模型整体在 XY 轴上的位置。

④ Position Z（位置 Z）：复制出的模型整体在 Z 轴上的位置。

⑤ Rotation（旋转），包含以下子选项。

a. X Rotation（X 轴旋转）：复制出的模型整体在 X 轴上的旋转角度。

b. Y Rotation（Y 轴旋转）：复制出的模型整体在 Y 轴上的旋转角度。

c. Z Rotation（Z 轴旋转）：复制出的模型整体在 Z 轴上的旋转角度。

⑥ Shape Options（形状选择），包含以下子选项。

a. Particle Order（粒子顺序）分为：Forward（向前）、Backwards（向后）、Mirror（镜像）、Random（随机）。

b. Particle Repeat（粒子重复）：数值越高，粒子重复数量越多。

c. Particle Offset（粒子偏移）：数值越高，粒子位置偏移越明显。

⑦ Replicator Effects（粒子复制效果），包含以下子选项。

a. Scatter（分散）：在整体上将复制出的模型进行分散。

b. X Scatter、Y Scatter、Z Scatter（X 轴分散、Y 轴分散、Z 轴分散）：分别在 X、Y、Z 轴上的分散，数值越大，模型之间分散的距离越远。

⑧ Position Noise（位置噪波），包含以下子选项。

a. Noise Evolution（噪波演变）：可制造模型之间的颤动效果。

b. Noise Count（噪波数量）：数值越高，模型之间位置颤动越剧烈。

c. Noise Amount XYZ（噪波数量 XYZ），参数如下。

ⓐ Noise Amount X：噪波在 X 轴上的数值，数值越大，X 轴上的模型位置颤动越剧烈。

ⓑ Noise Amount Y：噪波在 Y 轴上的数值，数值越大，Y 轴上的模型位置颤动越剧烈。

ⓒ Noise Amount Z：噪波在 Z 轴上的数值，数值越大，Z 轴上的模型位置颤动越剧烈。

d. Noise Scale（噪波缩放）：数值越大，模型位置颤动越错乱。

⑨ Random Seed（随机种子）：数值越大，噪波随机性越强烈。

（3）Particle Look（粒子样式）：控制粒子样式的变换。

① Particle Size（粒子大小）：数值越大，模型整体越大。

② Particle Size Random（粒子大小随机）：模型大小的随机数值越大，模型大小越随机。

③ Particle Size XYZ（粒子大小 XYZ）：模型分别在 X、Y、Z 轴上的大小。

④ Particle Rotation（粒子旋转），包含以下子选项。

a. Orientation（方向）：Along Surface（沿着表面）、Face Camera（面对摄像机）、Fixed（固定）。

b. X Rotation Particle（X 轴粒子旋转）：粒子在 X 轴上的旋转角度。

c. Y Rotation Particle（Y 轴粒子旋转）：粒子在 Y 轴上的旋转角度。

d. Z Rotation Particle（Z 轴粒子旋转）：粒子在 Z 轴上的旋转角度。

e. Rotation Random（旋转随机）：数值越高，粒子旋转的随机性越大。

f. Rotation Random XYZ（XYZ 轴旋转随机）：在 X、Y、Z 轴上的旋转角度随机，数值越大，随机效果越明显。其子选项包括：X Rotation Random（X 轴随机旋转）、Y Rotation

Random（Y 轴随机旋转）、Z Rotation Random（Z 轴随机旋转）。

g. Randomize Angle（随机角度）：其子选项包括 X Rotation Randomize（X 轴随机旋转角度）、Y Rotation Randomize（Y 轴随机旋转角度）、Z Rotation Randomize（Z 轴随机旋转角度）。

h. Rotation Noise（旋转噪波）：噪波数值越大，模型旋转抖动越大。

ⓐ Noise Evolution（噪波演变）：数值越大，模型在旋转上的颤动越明显。

ⓑ Noise Amount（噪波数量）：数值越大，模型在旋转上的颤动越明显。

ⓒ Noise Scale（噪波缩放）：数值越大，模型在旋转上的颤动越错乱。

⑤ Color Tint（色调）：在模型是白模的情况下，调整色调会使模型变色。

⑥ Force Opacity（强制不透明）：模型整体透明度，数值越小，模型越透明。

⑦ Baked Animation（烘焙动画）：普通渲染时软件会计算光照分布然后生成相应的图像，烘焙之后等于是把计算的结果直接生成新的贴图贴到物体上（比如某个位置是暗面，烘焙之后相应贴图的位置就会变成有阴影的贴图），所以再次渲染时速度会很快，因为不用再计算光照的分布了。

a. Loop Mode（循环模式）：包括 Loop（循环）、Random Loop（随机循环）、Freeze at End（冻结在终点）、Mirror（镜像）。

b. Playback Speed（播放速度）。

c. Frame Offset（帧偏移）。

d. Frame Offset Random（帧随机偏移）。

e. Random Seed（随机种子）。

⑧ Multi—Object（多物体）：启用多物体控会激活大小、旋转、置换、分散位置噪波等隐藏参数。

a. Size Random（大小随机）：数值越大，模型拆分越明显，随机值则会体现出拆分后的模型大小不一致。值得注意的是，此选项适合模型有丰富内部结构的情况，如模型较为单一则无效果。

b. Rotation（旋转）：模型被拆分后每一部分在各轴向上的旋转，增加随机旋转值后，模型旋转方向不一致。

c. Displace（置换）：即变换，拆分后模型的位置变换，增加随机值后，变换的位置不一致，可在 X、Y、Z 三个轴向上分别调整变换。

d. Scatter（分散）：与置换的区别在于分散更加具有拆分模型后的位置随机性，分散的距离与置换的距离不一致。

e. Position Noise（位置噪波）：可将拆分后的模型进行位置扰乱，类似于 Particular 内的扰乱场，包括以下子选项。

ⓐ Noise Evolution Multi（多对象噪波演化）：可将拆分后的粒子进行位置扰乱，多对象噪波数量可增加噪波的数量。

ⓑ Noise Amount Multi（多对象噪波数量）：可整体进行噪波数量调整，也可分别调整X、Y、Z各轴向上的数量。

ⓒ Noise Scale Multi（多对象噪波缩放）：可进行噪波缩小或放大。

f. Random Seed（随机种子）：数值越大，随机噪波效果越明显。

⑨ Deform（变形）：主要作用是将模型进行以下形态的变形，必须勾选启用后才能调节参数。

a. Taper（锥化）：勾选启用后可调节参数，将模型改为锥体形态。数量越大，模型首端与末尾锥化效果越明显。曲线数值越大，整体锥化效果越明显。起源中的方向为在不同轴向上的锥调整，偏移为在不同轴向上的偏移。

b. Twist（扭曲）：勾选启用后，调整参数可将模型进行扭曲，可分别在X、Y、Z三个不同轴向上进行扭曲，在这里强调的是模型需有较多的分段才能显现扭曲效果。

c. Bend（弯曲）：勾选启用后，调整参数可将模型进行弯曲，可分别在X、Y、Z三个不同轴向上进行弯曲。

d. Noise（噪波）：在模型表面进行扭曲，强度越大，扭曲越明显，缩放数值越大，表面破坏力越大。

e. Deform Offset（变形偏移）：适用于表面扭曲流动的动态效果。

⑩ Random Seed（随机种子）：随机及随机种子已在其他参数中讲解过，在此不再赘述。

（4）其他群组：其他群组参数均雷同，值得注意的是，在进入Element 3D场景设置中建立多个模型的情况下，设置其每一个模型的群组编号，即对应参数面板中的群组编号。可以一个群组内设置一个模型或多个模型，那么这个群组中的参数即控制一个或多个设置在其内的模型。

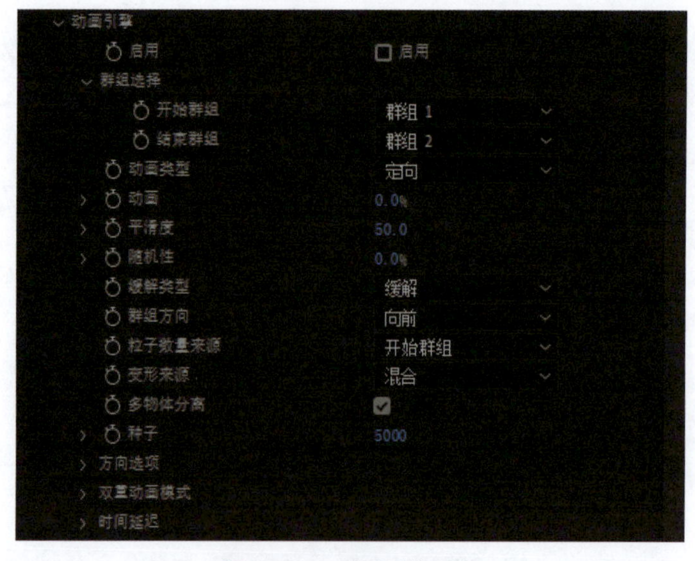

图8-102　动画引擎参数

2. Animation Engine（动画引擎）

动画引擎参数见图 8-102。

（1）群组选择：勾选 Enable（启用）后，调整参数可利用两个模型群组进行动画变换。

① Start Group（开始群组）：初始动画形态的模型群组。

② Finish Group（结束群组）：变换后最终形态模型群组。

（2）Animation Type（动画类型）：分为 Uniform（统一）、Directional（定向）、Radial（径向）、Random（随机）、Shape Order（形状顺序）。

（3）Animation（动画）：数值达到 100，群组 1 形态变换到群组 2 形态。

（4）Smoothness（平滑度）：数值越大，过渡越平滑。

（5）Randomness（随机性）：数值越大，随机变换性越大。

（6）Ease Type（缓解类型）：关闭即没有缓和流畅的过渡效果，缓解即为开始及结束都有缓和流畅的效果，加速即缓入，减速即缓出。分为 Off（关闭）、Ease（缓解）、Ease-in（加速）、Ease-out（减速）。

（7）Group Direction（群组方向）：向前即为群组 1 变化为群组 2，向后为群组 2 变化为群组 1，包含以下子选项。

① Forward（向前）。

② Backwards（向后）。

（8）Particle Count From（粒子数量来源）：开始群组为群组整体过渡，完成群组为一个模型过渡到另一个模型，包含以下子选项。

① Start Group（开始群组）。

② Finish Group（结束群组）。

（9）Deform From（变形来源）：包含以下子选项。

① Blend（混合）。

② Start Group（开始群组）。

③ Finish Group（结束群组）。

（10）Disconnect Multi—Object（多物体分离）：勾选后表示断开多重对象。

（11）Seed（种子）：随机数生成算法的一个起点或基础值。

（12）Directional Options（方向选项）：即水平方向和垂直方向进行过渡变化。

（13）Dual Animation Mode（双重动画模式）：可在一种动画模式下叠加另一种，如选择定向动画类型时，在此动画基础上双重动画模式中叠加随机模式，过渡动画就会产生既定向又随机的效果。

（14）Time Delay（时间延迟）：位置持续时间默认为 100，如减小到 0，在群组过渡动画中位置变化最生硬，反之数值为 100，位置过渡最流畅。位置偏移也是同理，即数值越高延迟的位置偏移越流畅；数值越低，位置偏移越生硬。其他参数与以上两项相同，不再赘述。

3. World Transform（世界坐标变换）

World Transform（世界坐标变换）即为模型群组的整体位置变换。世界坐标变换界面见图 8-103。

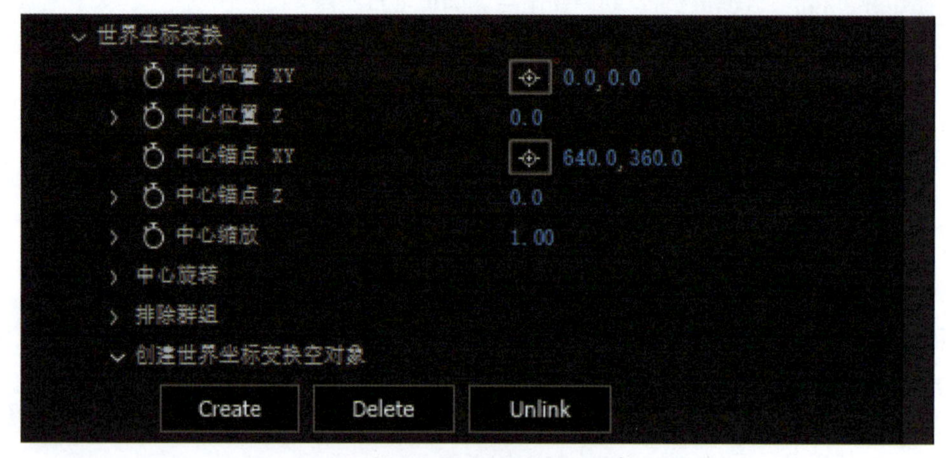

图 8-103 世界坐标变换界面

（1）**World Position XY（中心位置 XY）**：多个群组模型在 XY 轴上的位置坐标。

（2）**World Position Z（中心位置 Z）**：多个群组模型在 Z 轴上的位置坐标。

（3）**World Anchor Point XY（中心锚点 XY）**：所有群组模型的锚点在 XY 轴上的位置。

（4）**World Anchor Point Z（中心锚点 Z）**：所有群组模型的锚点在 Z 轴上的位置。

（5）**World Scale（中心缩放）**：所有模型群组的整体缩放。

（6）**World Rotation（中心旋转）**：所有群组模型的旋转。

（7）**Exclude Groups（排除群组）**：如位置、缩放、旋转需排除对某个或某几个群组模型的影响，在此勾选想要排除的群组。

（8）**Create World Transform Null（创建世界坐标变换空对象）**：即与 AE 中的空对象相同原理，利用一个空对象驱动群组对象模型。

4. Custom Layer（自定义图层界面）

自定义图层界面见图 8-104。

图 8-104 自定义图层界面

Custom Layer（自定义图层）参数面板分为 Custom Text and Mask（自定义文本与蒙版）和 Custom Texture Maps（自定义纹理贴图）。其作用是指定自定义的路径图层和指定纹理贴图。

5. Utilities（实用工具）

Utilities（实用工具）主要作用为在场景空间中生成定位点。选择 Select 2D Position（选择 2D 位置）：点击坐标点 ，在模型上点选位置，点击 Create 3D Null（创建 3D 空对象）Generate（生成）即会生成一个附着在模型表面的空对象。图层面板会生成名为 Element Position（元素定位点）的空对象图层，在此便可将其他子级图层链接到这个空对象图层，形成父子级关系。导出 OBJ 方法为：点击 Generate（生成），即可将模型导出 OBJ 格式。实用工具界面如图 8-105 所示。

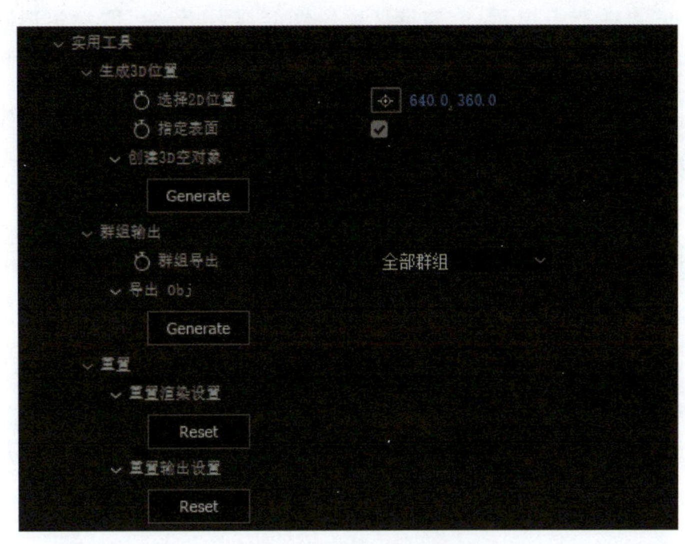

图 8-105　实用工具界面

6. 渲染设置

渲染设置界面如图 8-106 所示。

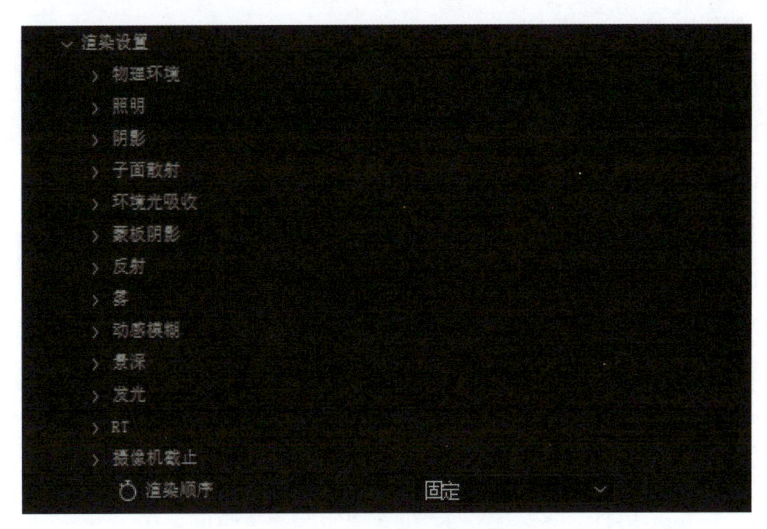

图 8-106　渲染设置界面

（1）Physical Environment（物理环境）：针对模型物理环境贴图进行调整。

① Exposure（曝光）：数值越大，环境贴图越亮。

② Gamma（伽马）：数值越大，对比度越大。

③ Tint（色调）：可改变物理环境贴图的颜色。

④ Lighting Influence（照明变化）：数值越大，灯光影响越小。

⑤ Overeide Layer（替换图层）：可替换一个纯色图层，图层的颜色会对环境产生影响。

⑥ Show in BG（在背景显示）：勾选环境贴图会显示出来，取消勾选则不会看到环境贴图。

⑦ Rotate Environment（旋转环境贴图）：可在 X、Y、Z 三个轴向上分别旋转环境贴图。

（2）Lighting（照明）：包含以下子选项。

① Add Lighting（添加照明）：其中可更换灯光类型。

② Additional Lighting（辅助照明）：其中可调节灯光亮度和灯光旋转角度。

（3）Shadows（阴影）：在有灯光的前提下才能有阴影效果。勾选 Enable（启用）后，将阴影模式更改为 Shadow Mapping（光线跟踪着色），Map Size（着色尺寸）数值越高，阴影锯齿越小，但电脑计算量也会更大。

（4）Subsurface Scattering（子面散射）：在此参数生成效果前需要设置灯光，勾选 Enable（启用），并且阴影模式为“光线跟踪着色”否则此参数不显示效果。

（5）Ambient Occlusion（环境光吸收）：其作用为产生模型与地面或模型间接触的阴影，需有灯光并勾选启用，可使模型在环境中更加立体。可在参数中调节强度、颜色、对比度等。

（6）Matte Shadows（蒙版阴影）：在勾选启用情况下，可将地面进行蒙版隐藏，只显示模型在地面的阴影部分。

（7）Reflection（反射）：指物理环境中的光反射，通常保持默认数值即可。

（8）Fog（雾）：在摄像机视角下，从近到远产生近亮远暗的效果，需勾选启用。可在参数中控制雾的颜色、透明度、开始距离、范围等。

（9）Motion Blur（动感模糊）：通常保持默认数值即可。

（10）Depth of Field（景深）：通常保持默认数值即可。

（11）发光：指模型可在场景中产生发光效果，需勾选使用发光。发光来源分为亮度和照明，如选择亮度则整个场景产生发光效果，选择照明则单个模型产生发光。在此强调，如选择照明模式，需开启场景设置中材质的“使用漫射颜色”，发光中的其他参数设置同于 AE 中的发光特效参数，如发光强度、发光半径等，在此不再赘述。

（12）Ray-Tracer（RT，光线追踪）：包含透明度及透明度采样。

（13）**Camera Cut-off（摄像机截止）**：指摄像机的视野范围，摄像机近平面数值越大，近平面被裁减掉得越多；摄像机远平面数值越小，远平面被裁减掉得越多。

7. Output（输出）

输出界面如图 8-107 所示。Output（输出）参数通常在所有前面参数调整完成后，在输出之前调整。部分参数介绍如下。

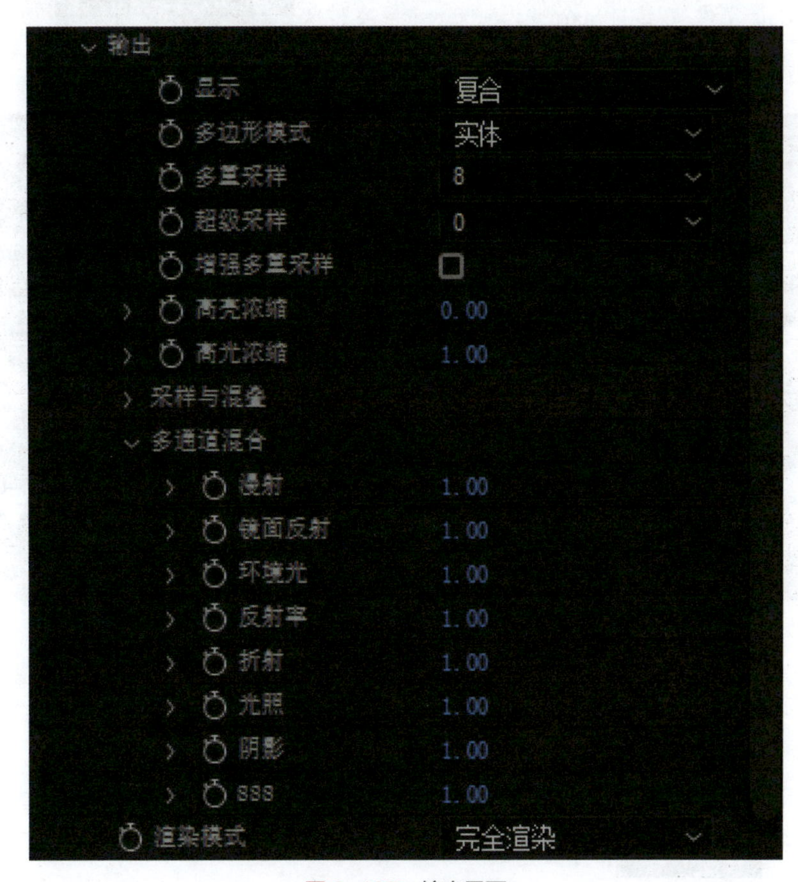

图 8-107　**输出界面**

① 显示：20 种不同的显示模式产生不同的输出效果。

② 多边形模式：包含线框和点云，线框模式模型会以线形式输出，点云以点模式输出。

③ 多重采样及超级采样：均可使模型锯齿降低，分辨率更高，但数值越高，计算机会越卡顿。

④ 多通道混合：其内的参数根据画面效果进行适当调节即可。

⑤ 渲染模式：通常为完全渲染，效果更好，但如果计算机在制作过程中稍显卡顿，则也可选择预览模式。

（二）Element 3D 建模与材质

（三）主菜单栏介绍

如图 8-108 中所示，Element 3D 中建模与材质均在 Scene Setup（场景设置）中，基础几何模型的建立可点击 Create（创建），内设 8 种基础模型，在模型预览面板可点击 Models 文件夹下的 Starter_Pack_Physical 文件夹，内设多个完整的较复杂模型，并可下载更多模型加载在此。

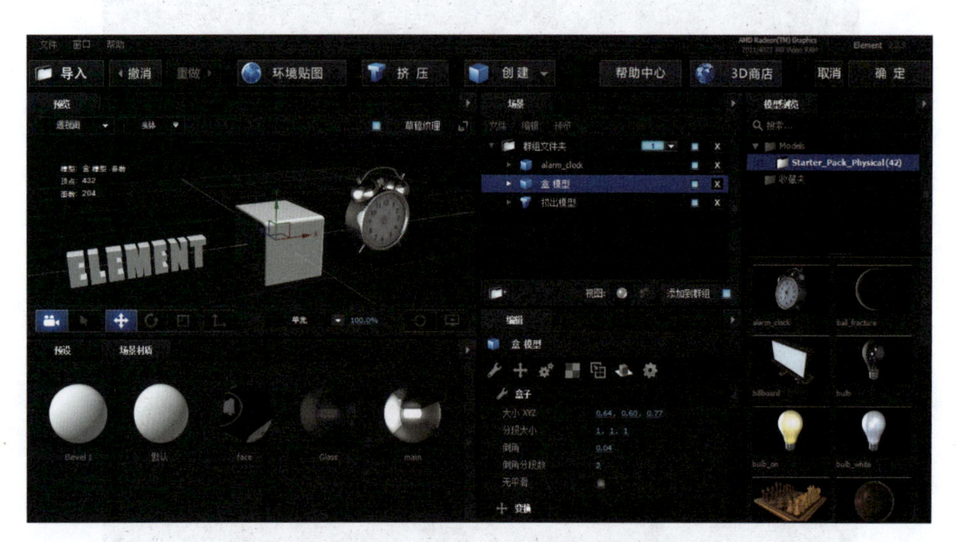

图 8-108　Element 3D 场景设置界面

Extrude（挤压）功能是配合文字进行使用的，可将在 AE 中输入的文字挤压成三维立体效果。挤压功能的具体操作为：在 AE 中输入文字，在自定义图层面板展开自定义文本与蒙版，在路径图层 1 中指定输入的文字图层，如图 8-109 所示；点击 Scene Setup（场景设置），点击“挤压”，便会生成立体文字，将模型调整好参数后，点击确定，具有环境贴图和灯光及材质属性的立体模型就会显示在 AE 合成面板上了，如图 8-110 所示。

为了更好地在 AE 合成面板中观察模型的立体效果，通常要建立摄像机，利用摄像机的旋转属性就可 360°观察三维模型了。除以上几种建模方式外，Element 3D 还可导入 OBJ 格式的模型、导入 Cinema 4D 中的模型、利用 Photoshop 绘制的路径进行路径图层指定后挤压生成三维模型，还可以在官方网站中购买多种多样的模型扩展包，总之 Element 3D 可生成各种形态、样式的三维模型，并且结合 AE 特效共同完成效果炫酷的三维特效动画。

（四）面板参数介绍

在 Scene Setup（场景设置）场景设置中有 5 个面板，分别为 Preview（预览）、Presets/ Scene Materials（预设 / 场景材质）、Scene（场景）、Edit（编辑）、Model Browser（模型浏览）。

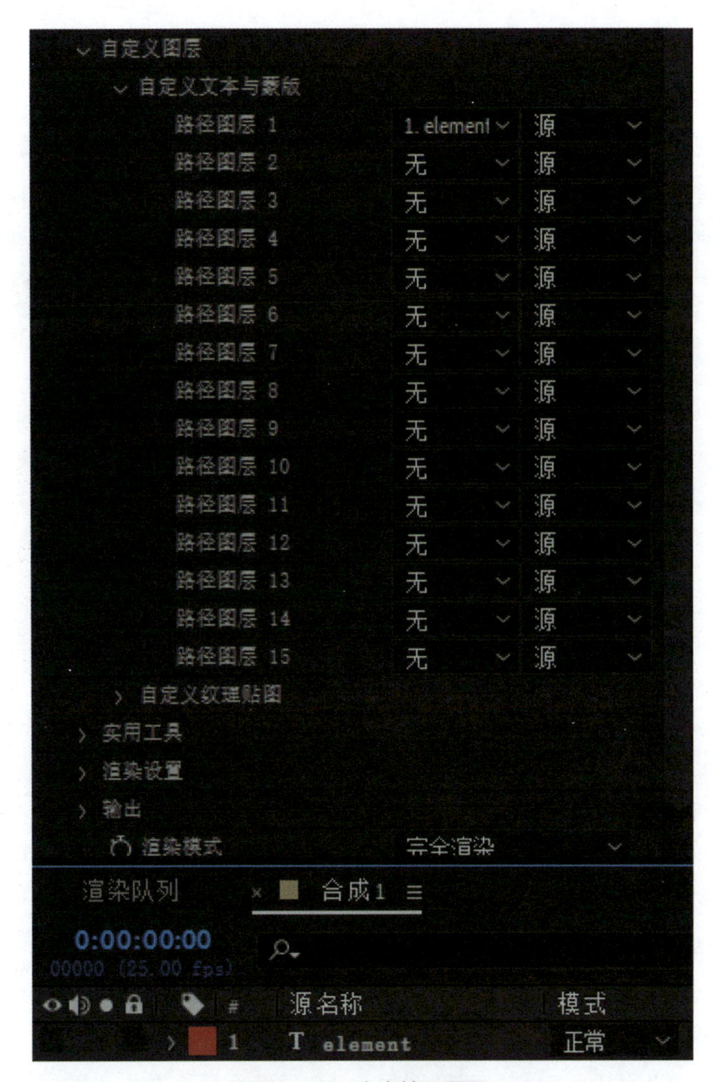

图 8-109　文字挤压界面

图 8-110　文字挤压效果

1. 预览

预览面板可在面板中360°观察模型。在场景中，可利用鼠标左键转动场景，鼠标滚轮可拉近或拉远视角，按住鼠标滚轮可拖动视角。视图视角设为透视图、顶视图、底视图、左视图、右视图、前视图、后视图。模型显示模式可为实体、线框、点。在预览面板中可将模型移动、缩放、旋转。可切换模型材质的不同灯光效果，预设中设有20种灯光效果，一键切换并且可调节灯光的明暗，数值越大，贴图材质越亮。预览面板如图8-111所示。

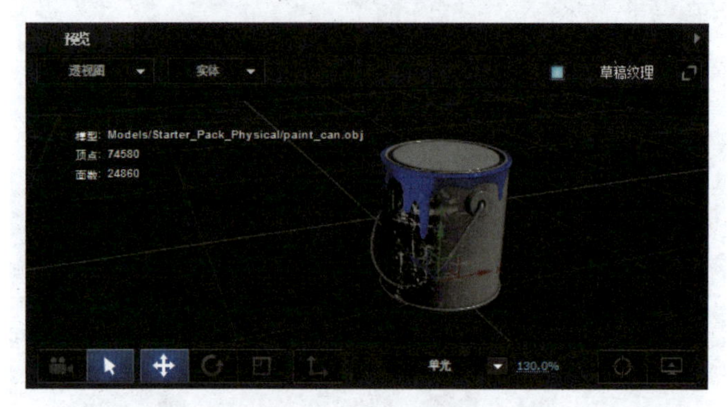

图8-111　预览面板

2. 预设 / 场景材质

在预设/场景材质面板中，预设内Bevels文件夹下的Physical文件夹内有33种文字材质贴图，环境贴图文件夹内设有39种贴图。这些环境贴图可改变模型在不同环境贴图下产生的材质反射。Materials文件夹下的Physical文件夹内有22种模型材质，以上所有这些材质可双击图标或者拖动材质到模型，均可以更换所选中的材质贴图。在场景材质中显示的材质球为当前模型的所有材质。

如果需要自定义材质，可将一张贴图导入AE项目面板内并拖入图层，在Element 3D参数面板中自定义图层下拉菜单的自定义纹理贴图中指定图层1为导入图片层，进入Scene Setup（场景设置）点击模型材质球，在编辑面板中点击漫射进入纹理通道，在自定义图下拉菜单选中导入图片，点击“OK”即可在模型上显示出自定义贴图。预设/场景材质面板如图8-112所示。

图8-112　预设/场景材质面板

3. 场景

在场景面板中设有群组文件夹 1 ~ 5 共 5 个，每个群组文件夹内可建立多个模型，群组文件夹内的所有模型都受此编号的文件夹参数控制。如将模型进行分组，可将群组文件夹后的下拉菜单点击开，更改群组号码，那么不同群组文件夹内的模型就会受不同群组的参数控制。群组文件夹展开后预览窗口内有所选模型的名称及模型的每个部分，蓝色方框为显示，点击后呈灰色，为不显示，“×”为删除模型。场景面板如图 8-113 所示。

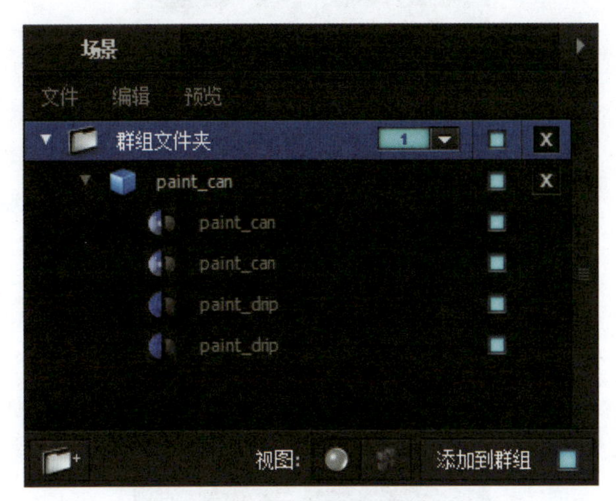

图 8-113 场景面板

4. 编辑

编辑面板如图 8-114 所示。在编辑面板内，选中模型情况下，可编辑模型的模式。

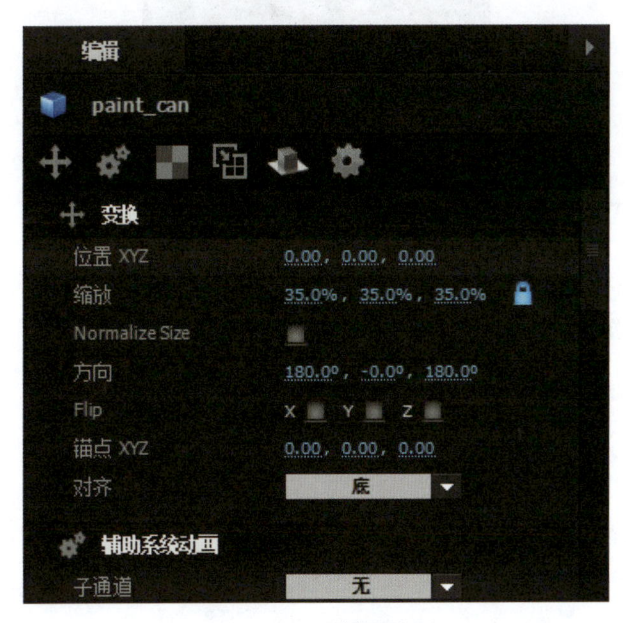

图 8-114 编辑面板

5. 模型浏览

模型浏览面板中，可在文件夹内选择预设的模型。这些模型均带有材质，并可在网上下载更多预设模型加载到收藏夹内。模型浏览面板如图 8-115 所示。

图 8-115　模型浏览面板

二、Element 3D 效果的应用

在 Element 3D 中能够建立模型、灯光、材质、环境等贴图，与其他三维软件中达到的效果一致，并且操作简单，可与 AE 其他特效及插件共同联合制作。

（一）星球与立体文字效果制作

【操作步骤】

步骤 1. 启动 After Effects，选择合成面板中的新建合成命令，新建一个合成：名称“星球与立体文字”，尺寸“1920px×1080px”，帧速率“25 帧 / 秒”，持续时间“6 秒”。

步骤 2. 新建纯色层，选择“纯色层”，执行“效果→生成→梯度渐变”的菜单命令。将

“起始颜色”设置为深蓝色，并将起始颜色“Y 轴位置”下移，使深蓝色在中心位置处；将“结束颜色”设置为黑色，渐变形状为径向渐变。梯度渐变参数设置如图 8-116 所示。

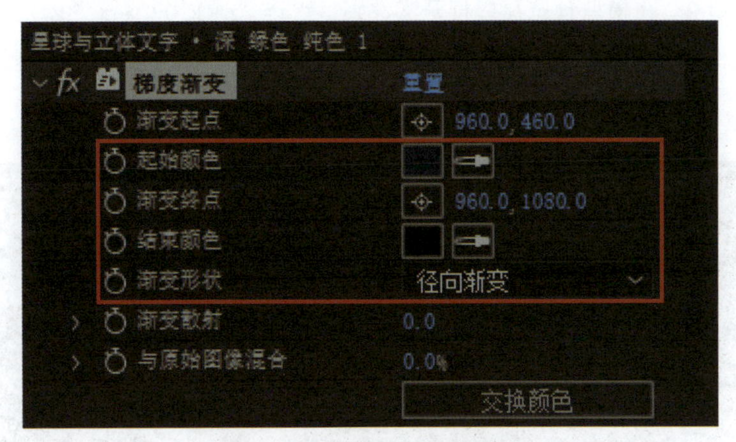

图 8-116 梯度渐变参数设置

步骤 3. 导入“\ 素材文件 \ 模块八 \ 星球与立体文字 \ 星球 .jpg”，调整好大小，放置在中心位置。

步骤 4. 新建纯色层，执行“效果→ Video Copilot → Element”，进入 Scene Setup（场景设置），点击“创建”，新建球体模型，点击“确定”。返回 AE 主菜单，调整群组 1 中的“粒子样式→粒子大小”，使球体模型与星球图片大小、位置一致。进入“Scene Setup（场景设置）”，点击球体材质，在编辑面板中将球体材质的“蒙版阴影”点亮，点击“确定”。此时，球体在 AE 合成画面中被隐藏，作为蒙版使用。参数设置见图 8-117。

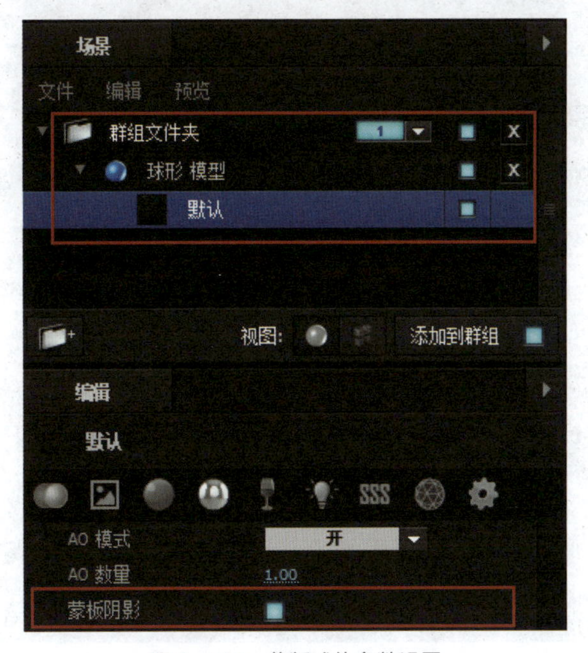

图 8-117 蒙版球体参数设置

步骤 5. 进入“Scene Setup（场景设置）”，在场景面板空白处双击，取消群组文件夹 1 的选择，点击新建群组文件夹标志生成新文件夹，并在此文件夹下拉菜单中选择 2，此文件夹就是群组 2。在模型预览窗口打开文件夹，点选“rock_02（石头 2）”确保石头模型生成在群组文件夹 2 中。点击预览面板中灯光的下拉菜单，选择“纯蓝”灯光，将灯光亮度调整为 85%，降低亮度，点击“确定”。石头模型显示在AE合成面板画面中，见图 8-118。

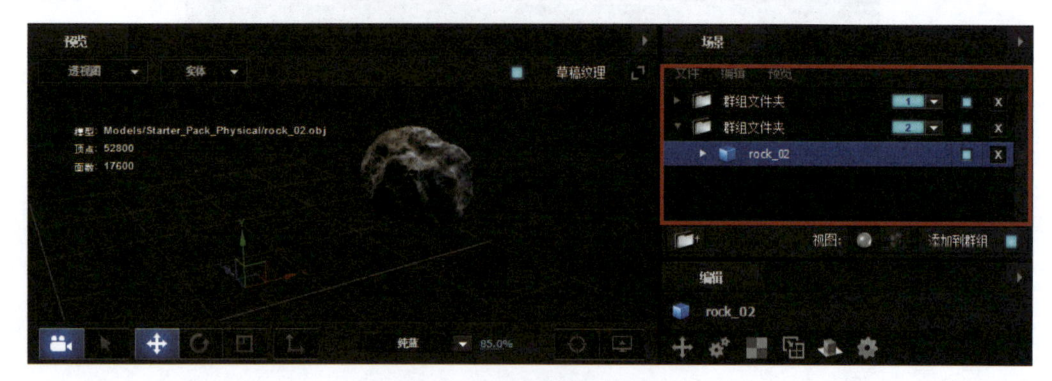

图 8-118　石头参数设置

步骤 6. 返回 AE 主画面，在群组 2 中调整石头“位置 XYZ”，让石头不被球体遮挡，调整粒子大小，使石头大小适中，调整色调为蓝色，使石头表面为蓝色色调。进入“Scene Setup（场景设置）”，调整编辑面板中的“方向”数值及“锚点 XYZ”数值，使锚点与石头有一定距离，点击“确定”，如图 8-119 所示。

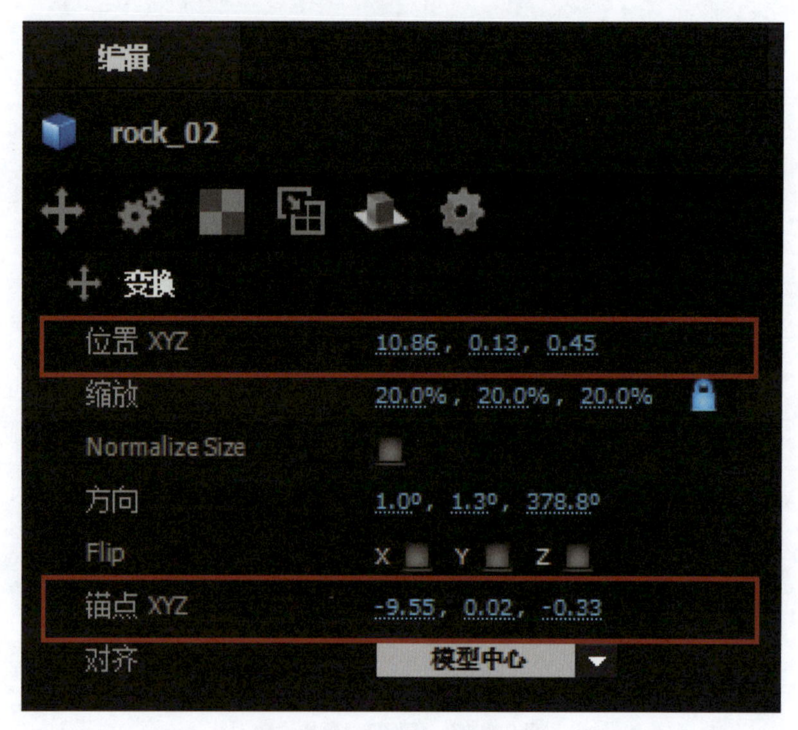

图 8-119　石头色调参数设置

步骤 7. 返回 AE 主画面，在时间轴第 0 帧点击“群组 2”中“Y 旋转粒子”秒表添加关键帧，数值为 -90°，使石头隐藏在球体后面，时间轴第 6 秒处设置“Y 旋转粒子”数值为 270°，使石头环绕球体一周，如图 8-120 所示。

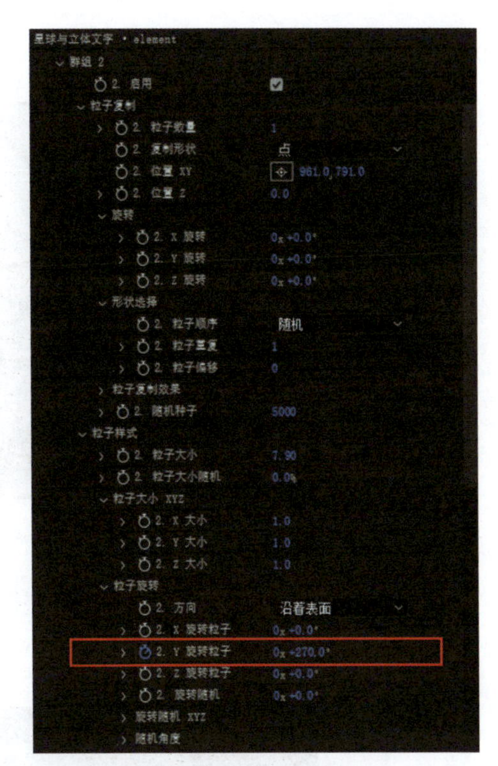

图 8-120　石头行进状态参数设置

步骤 8. 在 AE 合成画面中用文字工具输入标题文字，选择 Element 效果图层，展开“自定义图层”中的“自定义文本与蒙版”，在“路径图层 1”中指定文字图层。进入“Scene Setup（场景设置）”双击场景面板空白处，取消选择，点击“新建群组文件夹”，更改群组号码为 3，点击“挤压”，文字被加压成三维立体效果，并生成在群组文件夹 3 内。双击预设面板中“Bevels”文件夹下的“Physical”文件夹中的“Blue(蓝色)”材质，将文字赋予此材质，点击“确定”。三维立体文字生成在 AE 合成面板画面中，如图 8-121 所示。

图 8-121　立体文字参数设置

步骤 9. 返回 AE 主画面，在图层面板中隐藏文字图层，选择 Element 图层，在群组 3 中的时间轴第 0 帧处点击“位置 Z”秒表，添加关键帧，在时间轴第 4 秒处，更改“位置 Z”数值为 -1160，生成文字从球体后移动到球体前的动画。立体文字行进参数设置如图 8-122

所示。

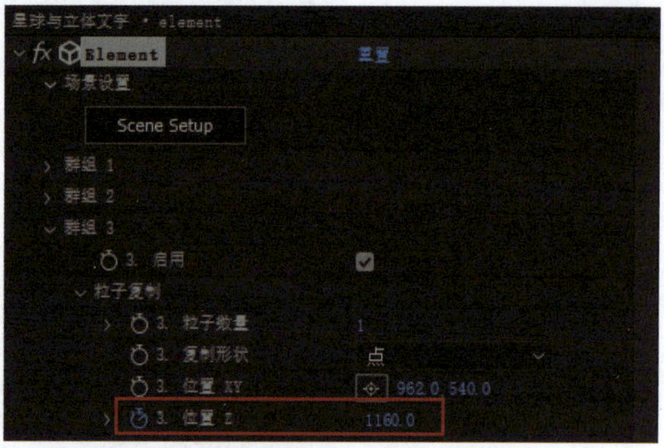

图 8-122　立体文字行进参数设置

步骤 10. 自备一段宇宙音效导入 AE 图层面板中，至此星球与三维文字动画完成，其效果如图 8-123 所示。

图 8-123　星球与立体文字动画效果

（二）球体变形效果制作

【操作步骤】

步骤 1. 启动 After Effects，选择合成面板中新建的合成命令，新建一个合成：名称“球体变形”，尺寸“1920px×1080px”，帧速率“25 帧 / 秒”，持续时间“5 秒”。

步骤 2. 新建纯色层，选择纯色层，执行“效果→Video Copilot→Element”，进入“Scene Setup（场景设置）”，点击“创建”，新建立方体模型。提高模型倒角数值，让边角更加圆滑。点击“确定”，返回 AE 界面。

步骤 3. 调整参数 AE 界面中的参数：“群组 1 →粒子复制→复制形状→球体”提高粒子数量，“粒子样式→粒子大小”降低粒子大小数值，“粒子复制→形状缩放”提高数值，让立方体不再重叠。具体参数如图 8-124 所示。

步骤 4. 新建摄像机，用摄像机推拉工具将视角拉远。

步骤 5. 继续调整群组 1 参数，“群组 1→形状选择→自动偏置”调整为负值，将立方体整齐排列，效果如图 8-125 所示。

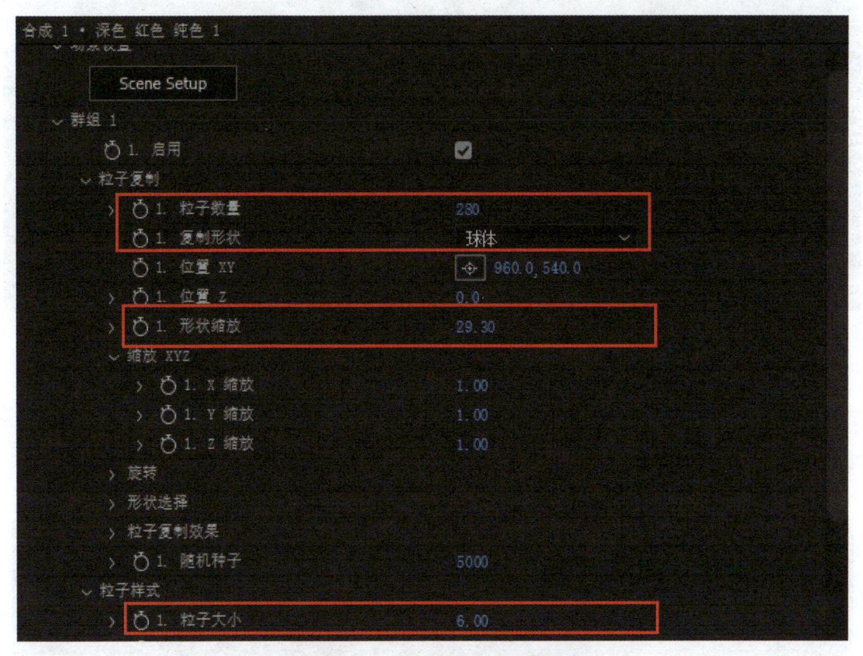

图 8-124　创建球体参数设置

步骤 6. 进入“Scene Setup（场景设置）”，选择群组文件夹，右键选择“复制所有”，将立方体文件夹复制并更改群组编号为 2，点击“确定”，返回 AE 界面。

图 8-125　模型粒子复制效果

步骤 7. 调整参数 AE 界面中的参数，“群组 2→粒子复制→复制形状→球体”提高粒子数量，“粒子样式→粒子大小”降低粒子大小数值，“粒子复制→形状缩放”提高数值，“形状选择→自动偏置”调整为负值。

步骤 8. 调整动画引擎中的参数：勾选启用，点击动画，在第 0 帧添加“动画”关键帧，在第 2 秒处更改动画数值为 100%。

步骤 9. 进入“Scene Setup（场景设置）”，选择群组 1 立方体材质球，在编辑面板中修改漫射颜色，修改“反射率”颜色，“反射率→强度”调整为 100%。点击“确定”，具体参数如图 8-126 所示。

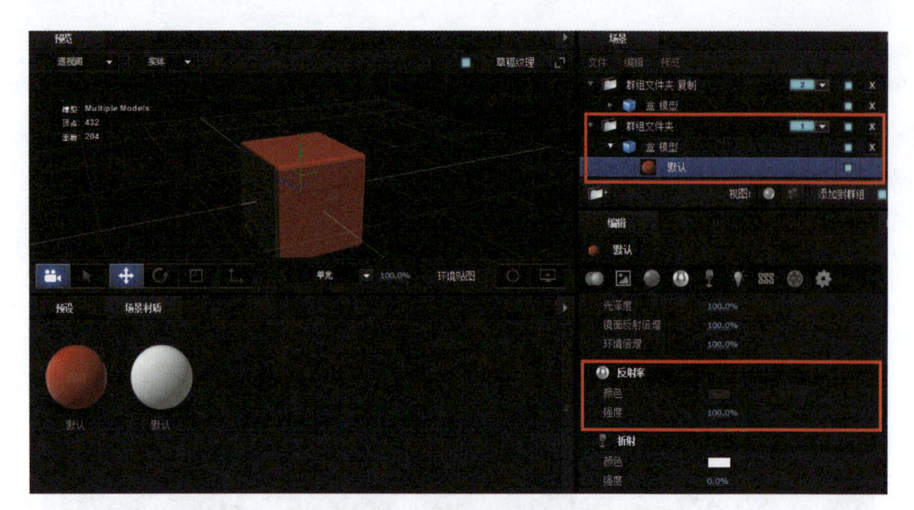

图 8-126　模型材质调整

步骤 10. 返回 AE 界面，继续调整参数，“动画引擎→平滑度”降低数值，“缓解类型”改为“减速”，“方向选项”中的“偏航”和“倾斜”均改为 50°。具体参数如图 8-127 所示。

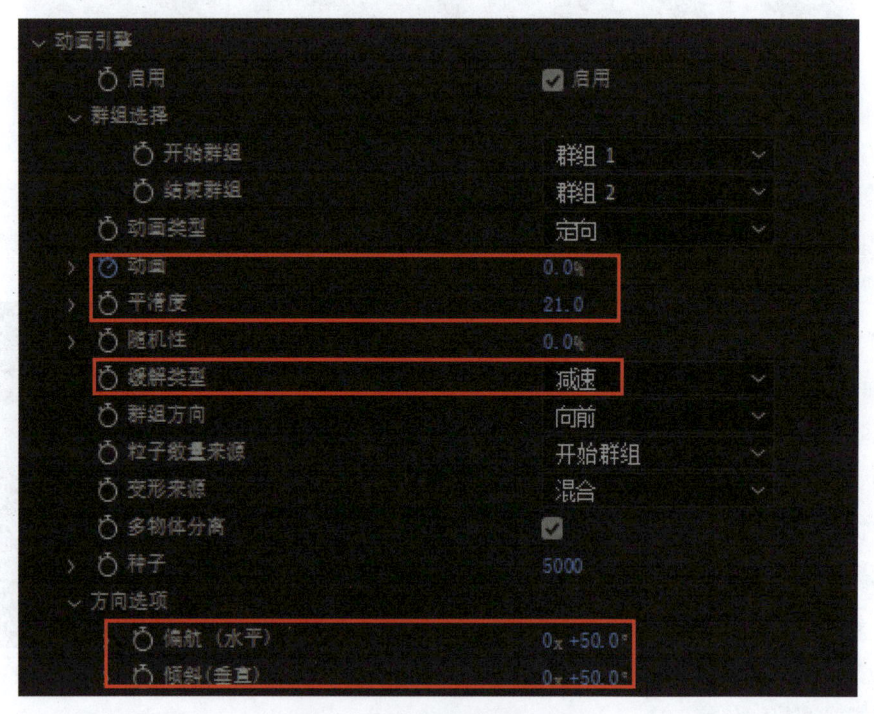

图 8-127　动画引擎参数调整

步骤 11. 调整群组 2 中模型的参数，进入“Scene Setup（场景设置）”，选择群组 2 立方体材质球，在“编辑”面板中修改“漫射颜色”，降低“光泽度”，提高“反射率→强度”，改变“光照→颜色”，提高“光照→强度”，降低“菲涅尔”数值，点击“确定”。群组 2 整体模型质感为反射较强的金属材质质感。具体参数如图 8-128 所示。

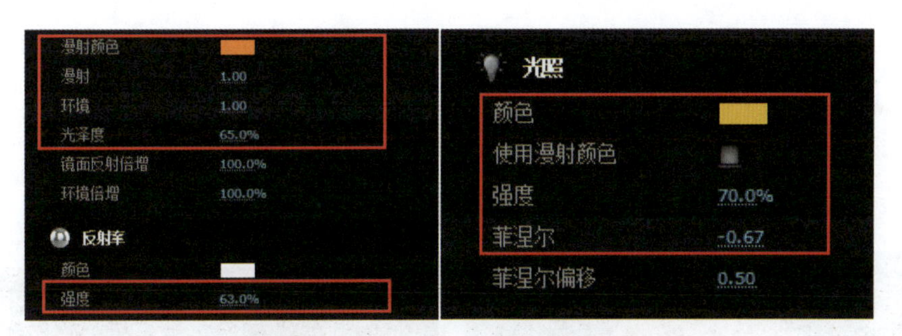

图 8-128 群组 2 模型参数调整

步骤 12. 返回 AE 界面，调整参数，“渲染设置→照明→添加照明”改为 100 环境，“环境光吸收”勾选“启用 AO”，提高“SSAO 强度”数值，具体参数如图 8-129 所示。

步骤 13. 进入“Scene Setup（场景设置）”，点击“预设”面板，选择“环境贴图→ Basic-2K → Basic-2K-01 贴图”，点击“确定”。

步骤 14. 返回 AE 界面，选择图层，执行“效果→颜色校正→曲线”，调整曲线，使整体明暗对比更加明显，球体模型更加立体突出，至此，案例制作全部完成。具体参数如图 8-130 所示，效果如图 8-131 所示，视频效果参见“\ 素材文件 \ 模块八 \ 球体变形 \ 球体变形 .avi”。

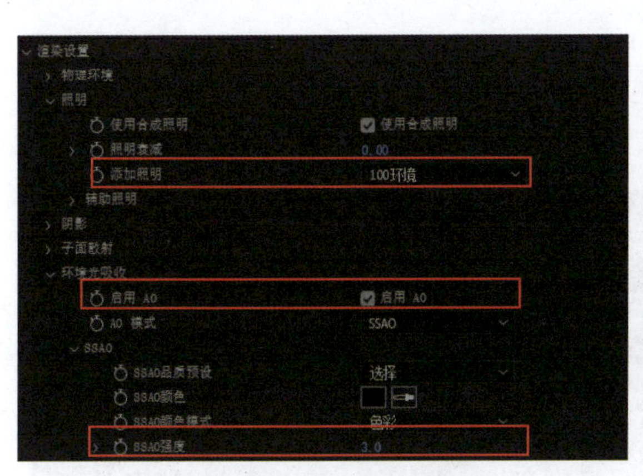

图 8-129 渲染设置参数调整

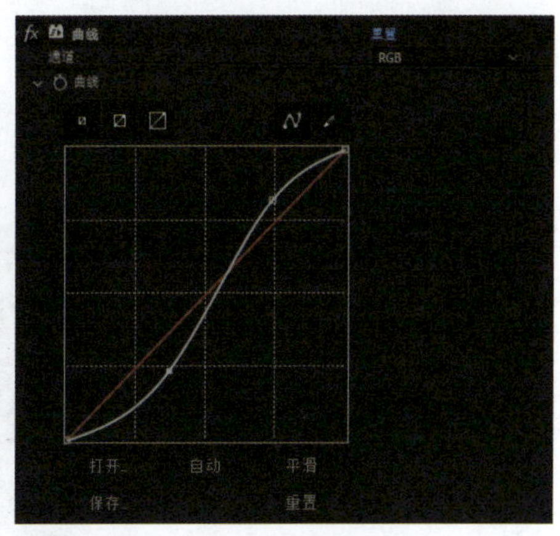

图 8-130 曲线参数调整

（三）文字片头效果制作

【操作步骤】

步骤 1. 启动 After Effects，选择合成面板中的新建合成命令，新建一个合成：名称“文字片头”，尺寸“1920px×1080px”，帧速率“25 帧 / 秒”，持续时间“10 秒”。

步骤 2. 新建纯色层，选择纯色层，执行“效果→ Video Copilot → Element”，在 AE 界面中输入文字作为片头主体，字体颜色为白色，调整文字字体样式、字号及位置，让文字以适当比例放置在画面中心。导入“素材文件 \ 模块八 \ 文字片头 \ 网格 .jpg”。将网格底图图层置于文字图层下，调整网格底图缩放值，使其覆盖所有文字部分，更改“轨道遮罩”模式为“亮度遮罩”，并将文字图层与网格底图全选中进行预合成，效果如图 8-132 所示。

步骤 3. 选择预合成，执行“图层→自动追踪”，点击“确定”，选择 Element 图层，点击“自定义图层→自定义文本与蒙版→路径图层 1”，选择预合成 1。

图 8-131　球体变形效果

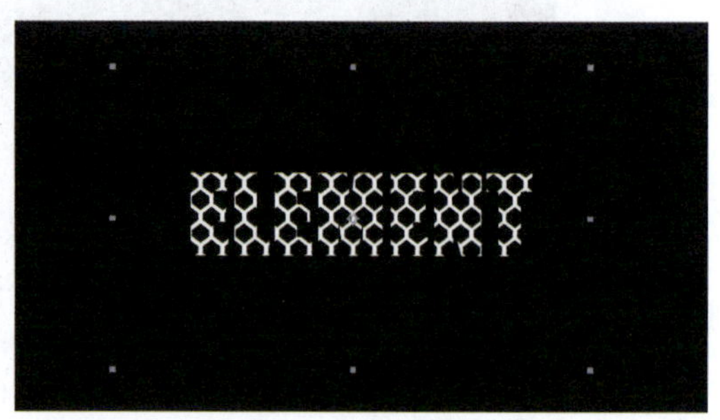

图 8-132　文字轨道遮罩效果

步骤 4. 打开“模块八 / 任务 3/ 文字片头文件夹 / 彩色贴图”，将图片导入项目并拖拽至新合成，新建纯色层，执行“效果→杂色和颗粒→湍流杂色”，降低“复杂度”，提高“缩放”数值，提高“对比度”，降低“亮度”，按住【Alt】键点击演化的秒表，添加表达式：time*150。湍流杂色参数设置如图 8-133 所示。

步骤 5. 将彩色贴图图层置于湍流杂色图层之下，更改轨道遮罩为“亮度遮罩”，返回总合成，将贴图合成导入并关闭显示。选择 Element 图层，点击“自定义图层→自定义纹理贴图→图层 1”，选择贴图。

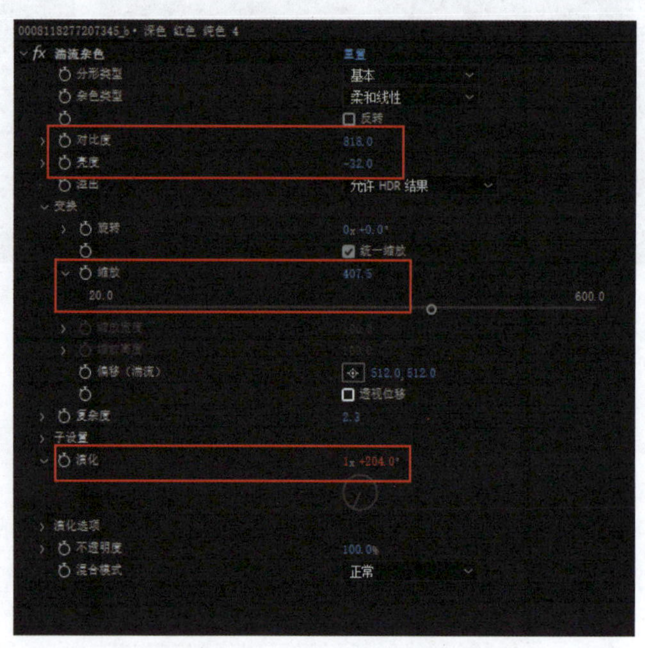

图 8-133　湍流杂色参数设置

步骤 6. 进入“Scene Setup（场景设置）”，点击“挤压”，文字会被挤压成立体模型，打开预设面板，点击“Bevels → Physical → Step”，更改模型材质贴图。然后更改环境贴图。点击“创建”，选择平面，为模型创建一个地面，将地面移动到文字模型位置下方，并调整适合比例。打开预设面板，点击“Materials → Physical”，双击“Black-Gloss 材质球”，为地面更改材质。选中地面模型，点击“编辑”面板，更改“反射模式”中“模式”为“镜像曲面”，地面会反射出文字模型的效果。选择地面材质球，点击编辑面板，勾选“高级设置”中的“蒙版反射”。地面参数设置及效果如图 8-134 所示。

图 8-134　地面参数设置

步骤 7. 调节字体模型材质参数，选择字体模型材质球，点击编辑面板，点击“纹理”中的“光泽度贴图”窗口，选择“Materials → Environment → V1-Environment”文件夹中的“Albedo-4K-qletl.jpg”图片，点击打开，点击“OK”，降低“光泽度”数值，在“反射率”“法线凹凸”中进行同样的贴图导入，并降低“反射率”和“法线凹凸”的数值，为文字模型更换斑驳质感的材质表面。文字模型纹理参数设置及效果如图 8-135 所示。

步骤 8. 选择文字模型材质球中的 Bevel3 白色材质球进行调整，点击“编辑”面板纹理中的“光照贴图”窗口，点击贴图导入的下拉三角箭头▼，选择自定义图 1，导入彩色贴图，点击“打开”，点击“OK”，提高“光照强度”的数值，使彩色贴图显现在文字模型发光边缘处，具体参数及效果如图 8-136 所示。

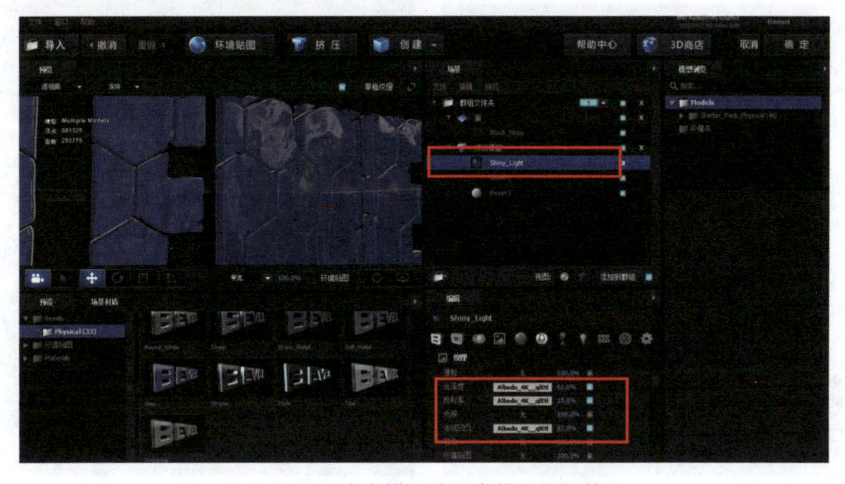

图 8-135　文字模型纹理参数设置及效果

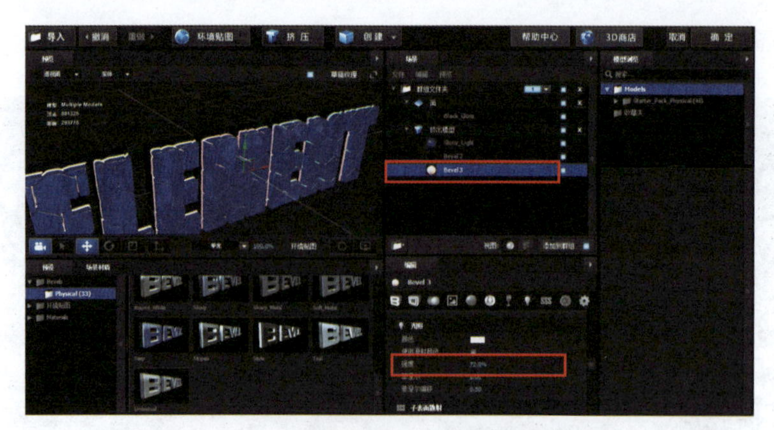

图 8-136　文字模型发光边缘参数设置及效果

步骤 9. 将文字模型复制更改为群组 2，地面模型更改为群组 3，隐藏群组 1 文字模型，点击“确定”，具体参数设置如图 8 -137 所示。

步骤 10. 返回 AE 界面调整 Element 图层效果参数，执行“群组 1 →粒子样式→多物体”，勾选“启用”，群组 2 执行同样操作。点击“动画引擎”，勾选“启用”，更改开始群组为“群组 2”，结束群组为“群组 1”，动画类型为“径向”，群组方向为“向后”，变形来源为“结束群组”，双重动画模式为“定向”。具体参数设置如图 8-138 所示。

步骤 11. 选择群组 1，将“粒子复制→位置 Z”数值调整为负数。执行“群组 2 →粒子样式→多物体→随机旋转多对象”，提高数值；“置换 XYZ →分散多对象”提高数值，“位置噪波→多对象噪波数量”提高数值；在时间轴第 0 帧添加“随机旋转多对象”“分散多对象”“多对象噪波数量”关键帧，执行“动画引擎→动画”，同样在第 0 帧添加关键帧，数值为 0。在第 5 秒处，更改动画关键帧数值为 100，“随机旋转多对象”“分散多对象”“多对象噪波数量”的数值均更改为 0。具体参数设置如图 8-139 所示。

图 8-137　模型群组设置

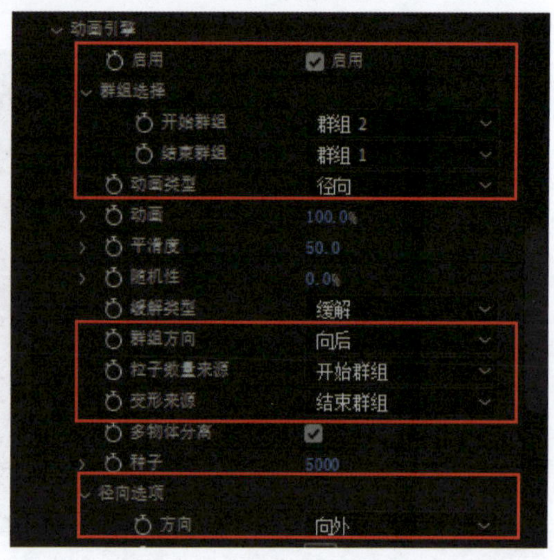

图 8-138　动画引擎参数设置

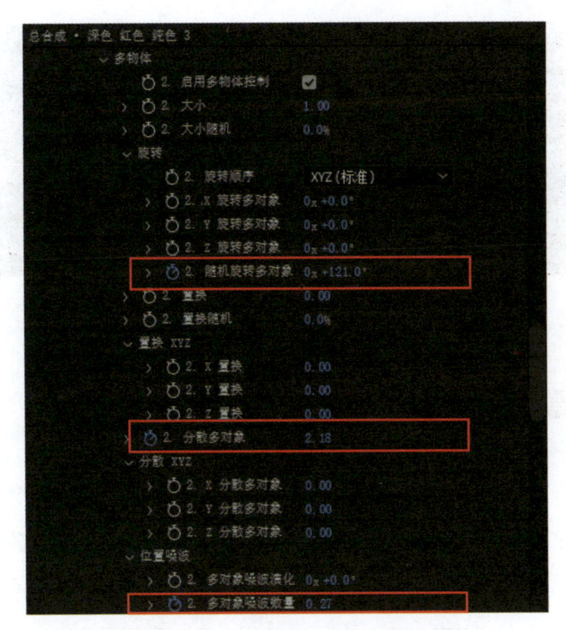

图 8-139　多物体参数关键帧设置

步骤 12. 点击“渲染设置→物理环境→曝光”，提高数值；“照明→添加照明”更改为“电影”，“辅助照明→旋转→X 旋转照明”提高数值，“环境光吸收”勾选“启用”，“AO 模式”更改为“光线追踪”。至此，案例制作全部完成，具体参数设置及效果如图 8-140、图 8-141 所示。

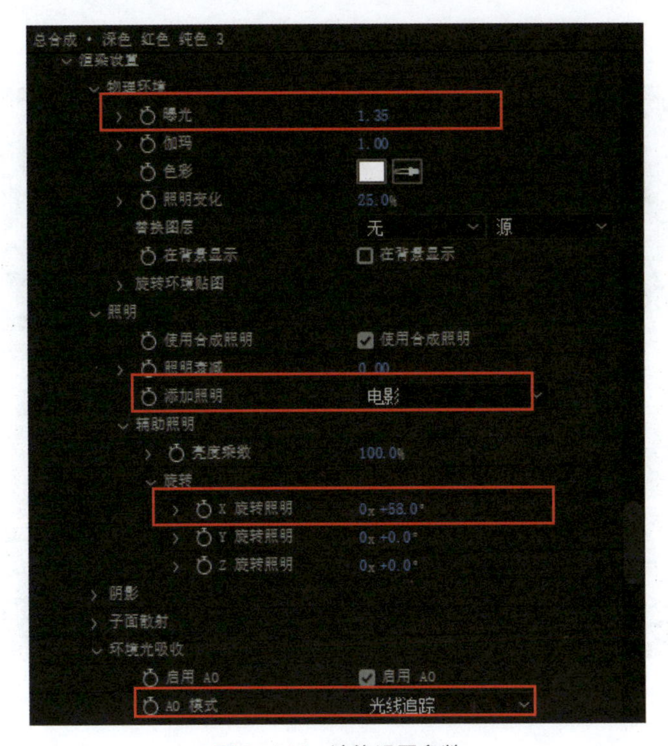

图 8-140　渲染设置参数

图 8-141　文字片头制作效果

（四）下雨地面场景效果制作

【操作步骤】

步骤 1. 启动 After Effects，选择合成面板中的新建合成命令，新建一个合成：名称“下雨地面场景”，尺寸“1920px×1080px”，帧速率“25 帧 / 秒”，持续时间“10 秒”。

步骤 2. 新建纯色层，选择纯色层，执行“效果→ Video Copilot → Element”，在项目面板中双击打开（素材文件\模块八\石子地面 .jpg），并拖拽至新合成，选择石子地面图层执行“效果→颜色校正→色调”。

步骤 3. 新建纯色层，选择纯色层，执行“效果→杂色和颗粒→湍流杂色”，调整参数，降低“复杂度”数值，提高“对比度”数值，提高“亮度”数值，将湍流杂色图层进行预合成，选择“将所有属性移动到新合成”，具体参数设置如图 8-142 所示。

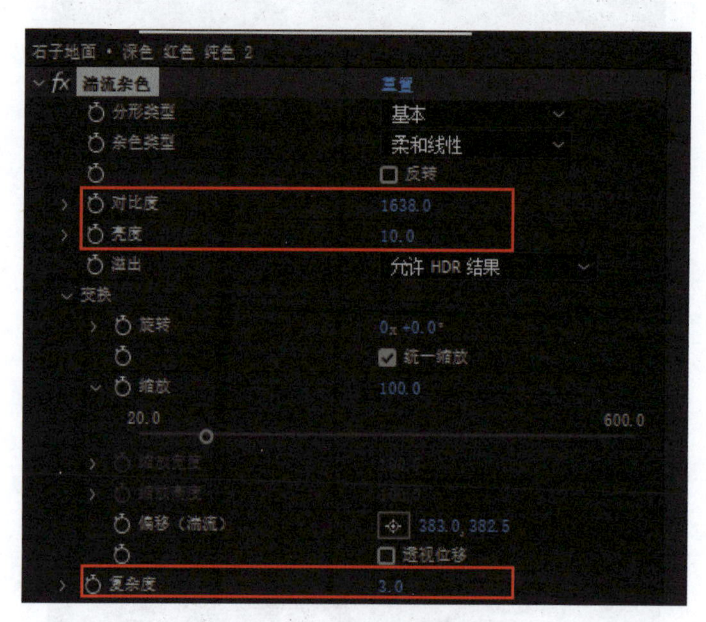

图 8-142　湍流杂色参数设置

步骤 4. 复制湍流杂色合成，将顶层湍流杂色合成显示关闭，第二层湍流杂色合成模式改为“相乘”。

步骤 5. 新建浅灰色纯色层制作水泡效果，选择纯色层，执行“效果→模拟→ CC Particle Systems Ⅱ”，调整参数，“Birth Rate（出生率）”降低数值，“Producer（生成）→ Radius X（半径 X）”“Radius Y（半径 Y）”提高数值，“Physics（物理）→ Velocity（速度）”改为 0，“Gravity（重力）”改为 0，“Particle（粒子）→Particle Type（粒子类型）”改为“Lens Bubble（镜头泡泡）”，“Birth Size（出生大小）”改为 0。具体参数设置如图 8-143 所示。

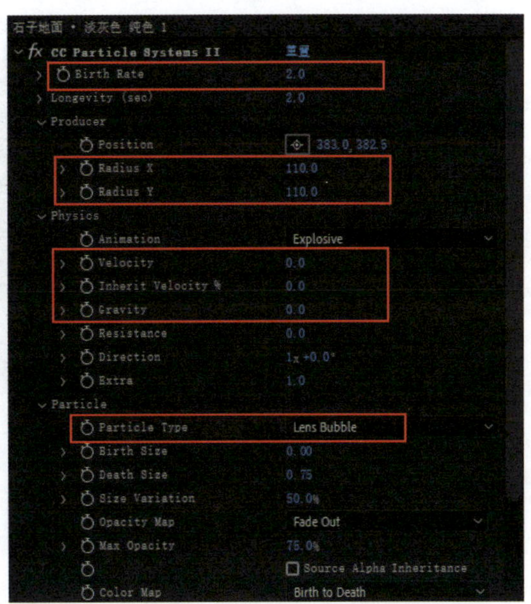

图 8-143　Particle Systems Ⅱ参数设置

步骤 6. 选择“Particle Systems Ⅱ”图层继续执行“效果→时间→残影”，调整参数，提高“残影时间”数值，提高“残影数量”数值，具体参数如图 8-144 所示。

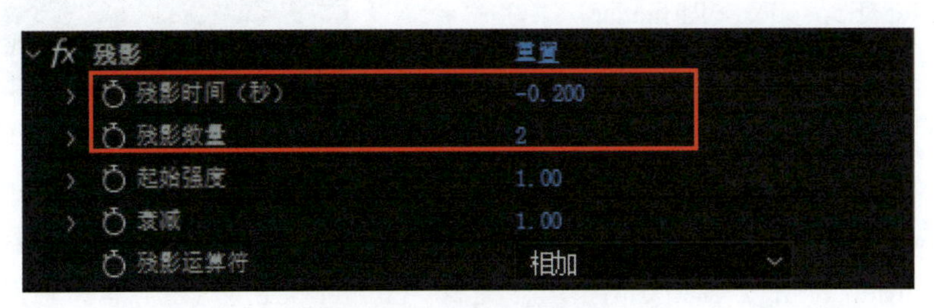

图 8-144　残影参数设置

步骤 7. 将隐藏的湍流杂色合成图层顺序调整至顶层，置于“Particle Systems Ⅱ”图层上，选择“Particle Systems Ⅱ”图层，调整“轨道遮罩”模式为“亮度反转遮罩”，返回总合成，将石子地面合成拖拽进来置于 Element 图层下，调整 Element 图层参数，点击“自定义图层→自定义纹理图层→图层 1”，选择石子地面合成。

步骤 8. 进入“Scene Setup（场景设置）”，点击“创建”，创建平面，点击编辑面板，提高“缩放”数值，将平面模型扩大，将“反射模式”中的“模式”改为“镜像曲面”，提高“UV 贴图”中“UV 重复”的数值，点击地面材质球，在“编辑”面板中点击“法线凹凸”的贴图通道，点击贴图导入的下拉三角箭头▾，选择“自定义图 1”，导入石子地面贴图，点击“打开”，勾选“凹凸转换”，点击“OK”。在基本设置中更改“漫射颜色”为“深灰色”，具体参数及效果如图 8-145 所示。

步骤 9. 点击环境贴图，点击贴图通道更改环境贴图为“Basic-2K-02.dds”，为整体环境制作冷色调效果，点击打开，点击“确定”，返回 AE 主画面。

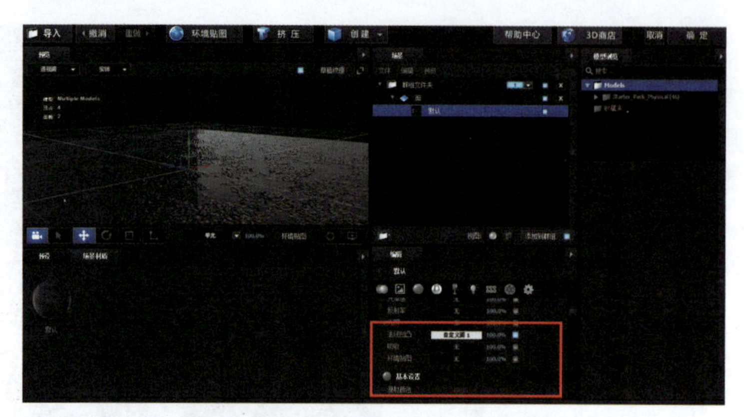

图 8-145 地面材质参数设置及效果

步骤 10. 新建摄像机，利用摄像机的“绕光标旋转工具”“在光标下移动工具”“向光标方向推拉镜头工具”调整画面至地面显现合适位置及比例。

步骤 11. 选择 E3D 图层，点击“渲染设置→照明→添加照明”，更改为“电影”。整体地面效果如图 8-146 所示。

图 8-146 地面模型效果

步骤 12. 新建纯色层，制作下雨效果，选择纯色层，点击“RG Trapcode → Particular”菜单命令，设置参数如下。

“Emitter（发射器）”面板参数：提高“Particles/sec（每秒粒子数量）”，“Emitter Type(发射器类型)”为“Box（盒子）”，“Velocity（速度）”数值改为 0，“Emitter Size XYZ（发射器尺寸）”调整为“XYZ Individual（XYZ 轴独立调整）”，提高“Emitter Size X（发射器 X 轴尺寸）”数值及“Emitter Size Z（发射器 Z 轴尺寸）”数值，让粒子扩散开。

“Particle（粒子）”面板参数：降低“Size（尺寸）”数值，降低“Opacity（透明度）”数值，提高“Opacity Random（透明度随机）”数值。

“Physics（物理）”面板参数：提高“Gravity（重力）”数值为正数，让粒子由上到下飘落。

“Rendering（渲染）”面板参数：“Motion Blur（运动模糊）”更改为“On（开启）”，提高“Shutter Angle（快门角度）”数值，使粒子有运动模糊并形成细长条的拖尾效果。具体参数如图 8-147、图 8-148 所示。

步骤 13. 新建纯色层作为被下雨粒子碰撞的地面，选择纯色层，开启图层三维图层开关，调整“X 轴旋转”为“-90°”，关闭图层显示。

步骤 14. 选择下雨粒子图层，调整粒子参数如下。

“Physics(物理)”面板参数：“Physics Model(物理模式)”改为“Bounce(反弹)”,“Bounce(反弹)”下拉菜单中更改“Floor Layer（地面图层）”为“碰撞地面图层”，更改“Collision Event（碰撞事件）”为“Kill（销毁）”。

“Aux System(辅助系统)”面板参数：“Emit(发射)”更改为“At Bounce Event(反弹事件)”,

提高 “Particles/collision (粒子 / 碰撞)” 数值，提高 “Particle Velocity (粒子速度)” 数值，降低 “Size (尺寸)” 数值，降低 “Opacity (透明度)” 数值，提高 “Opacity Random (透明度随机)” 数值。具体参数设置如图 8-149 所示。至此案例制作全部完成，整体效果如图 8-150 所示。

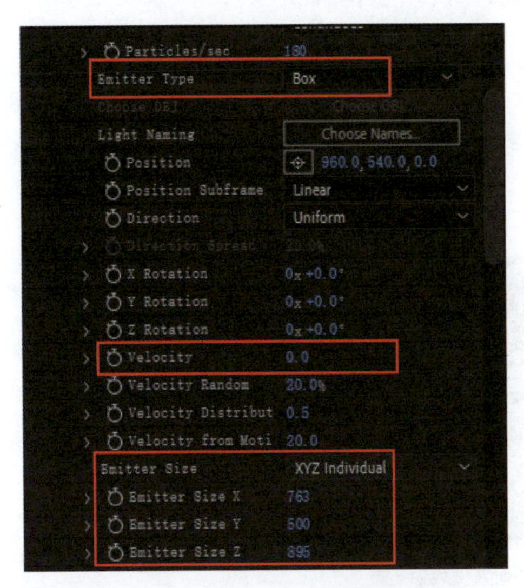

图 8-147　Particular 粒子图层参数设置（一）

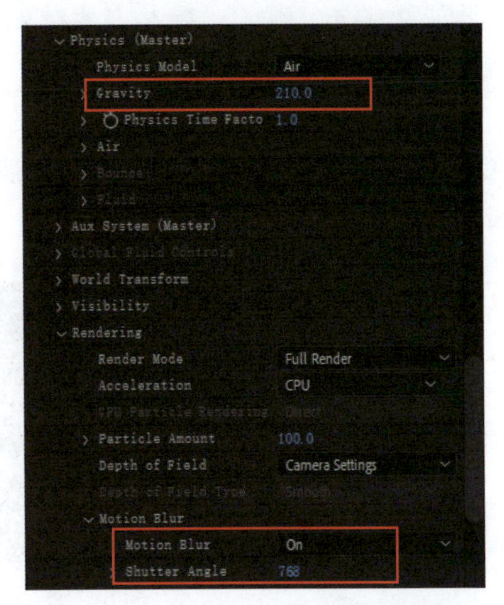

图 8-148　Particular 粒子图层参数设置（二）

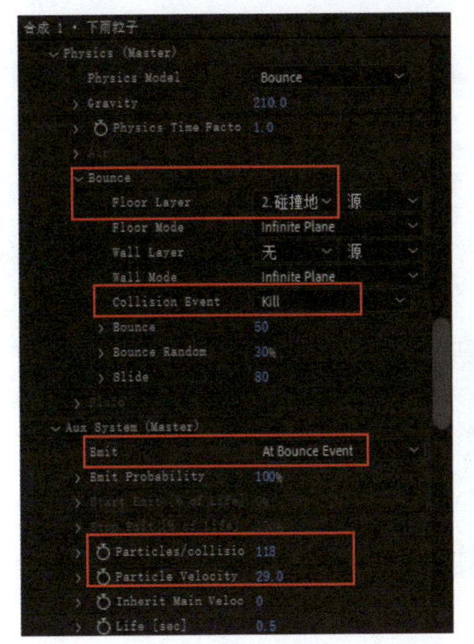

图 8-149　Particular 粒子图层参数设置（三）

图 8-150　下雨地面场景效果

（五）书法字片头效果制作

【操作步骤】

步骤 1. 启动 After Effects，选择合成面板中的新建合成命令，新建一个合成：名称 “书法字片头”，尺寸“1920px×1080px”，帧速率“25 帧 / 秒”，持续时间“10 秒”。

步骤 2. 在项目面板中双击打开“\ 素材文件 \ 模块八 \ 书法文字片头 \ 文字 .png”，并拖拽至合成，选择书法字体图层，执行“图层→自动追踪→通道: Alpha”。“模糊值”设为 1，“容差”设为 2，点击“确定”。导入“\ 素材文件 \ 模块八 \ 书法文字片头 \ 斑驳纹理 .jpg”，并拖拽至合成。

步骤 3. 新建纯色层制作背景，选择纯色层，执行“效果→生成→梯度渐变”，设置起始颜色及结束颜色，“渐变形状”更改为“径向渐变”，使颜色中心聚焦在画面中心。具体参数设置如图 8-151 所示。

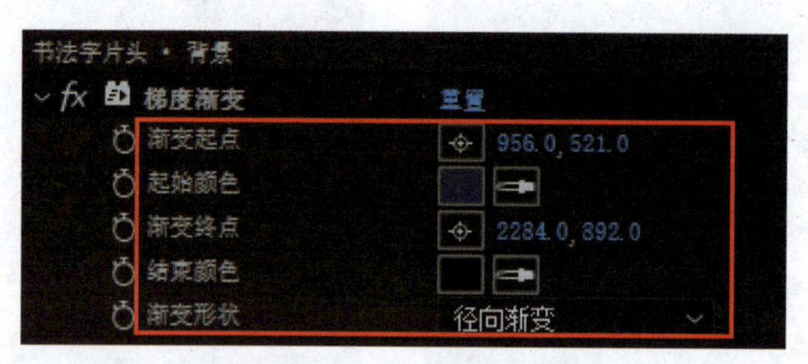

图 8-151　梯度渐变参数设置

步骤 4. 新建纯色层制作 Element 效果，选择纯色层，执行“效果→ Video Copilot → Element”，调整 Element 参数设置，点击“自定义图层→自定义文本与蒙版→路径图层 1”，选择书法文字图层。点击“自定义图层→自定义纹理贴图→图层 1”，选择斑驳纹理贴图。

步骤 5. 进入“Scene Setup（场景设置）”，点击“挤压”，将文字挤压成模型状态，在预览窗口中点击缩放开关，将文字 Z 轴进行压缩，使文字模型厚度变得较薄，在预设窗口中点击“Bevels → Physical → Universal”，更改模型材质贴图。选择文字材质球“Bevel1”。在编辑窗口中点击进入“法线凹凸贴图”通道，点击贴图导入的下拉三角箭头，选择“自定义图 1”。导入斑驳纹理贴图，点击“打开”，点击“OK”。降低“法线凹凸数值”，降低“光泽度”数值。具体参数设置如图 8-152 所示。

步骤 6. 点击场景窗口中的“挤出模型”，执行“右键→复制模型”，将文字模型复制出 5 份，将每一个模型分别拖拽出文件夹并更改文件夹群组编号为“1 ～ 5”，点击“确定”，返回 AE 主界面，具体设置如图 8-153 所示。

步骤 7. 选择 Element 图层，调整参数设置，“渲染设置→照明→添加照明”更改为 360，调整“旋转”中 X、Y、Z 旋转照明数值，使灯光照射模型更加凸显材质及立体效果。具体参数设置如图 8-154 所示。

步骤 8. 选择 Element 图层，调整参数设置。点击“群组 1 →粒子样式→变形→弯曲”，勾选“启用”，将“弯曲方向”数值更改为“90°”，降低“弯曲角度”数值，让文字模型成卷曲状。在时间轴第 0 帧处“添加弯曲角度”关键帧，在第 2 秒处更改“弯曲角度”数值为 0°，即制作出文字由卷曲到舒展的平铺动画。其他群组模型均按照“群组 1”的参数添加“弯曲角度”关键帧。需注意的是“弯曲角度”变为 0° 的关键帧需与前一群组的关键帧时间错开，以制造文字模型依次舒展开的效果，具体参数设置如图 8-155、图 8-156 所示。

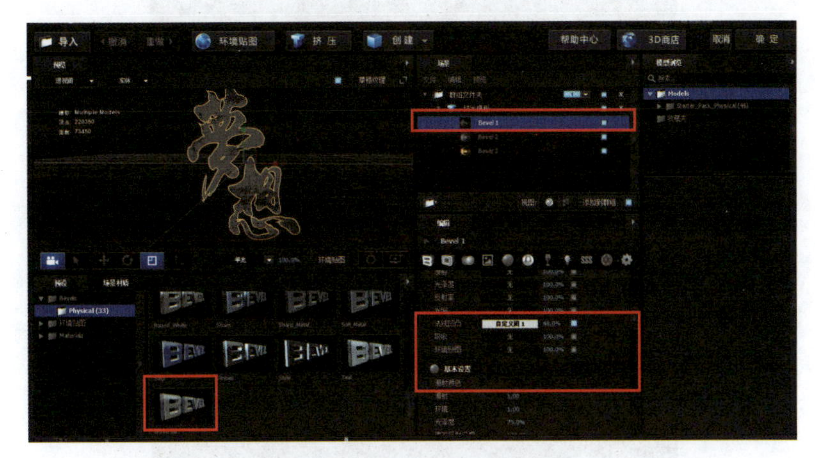

图 8-152　文字材质球参数设置

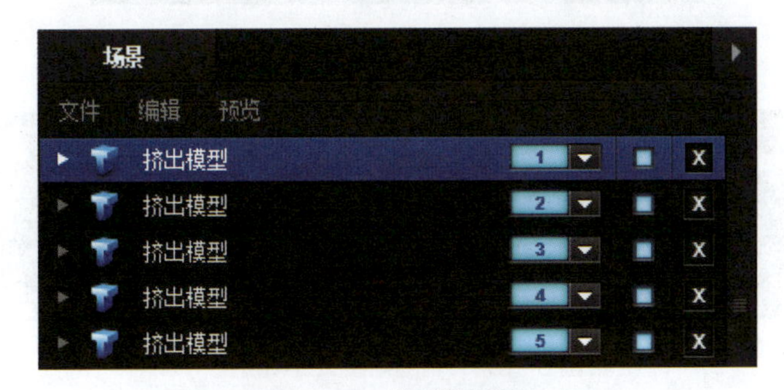

图 8-153　模型分组设置

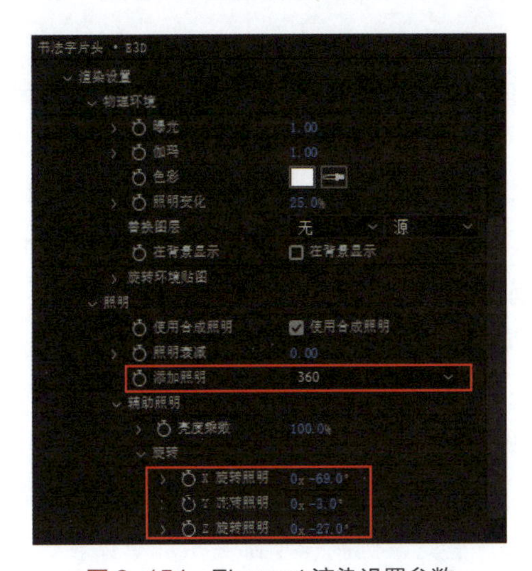

图 8-154　Element 渲染设置参数

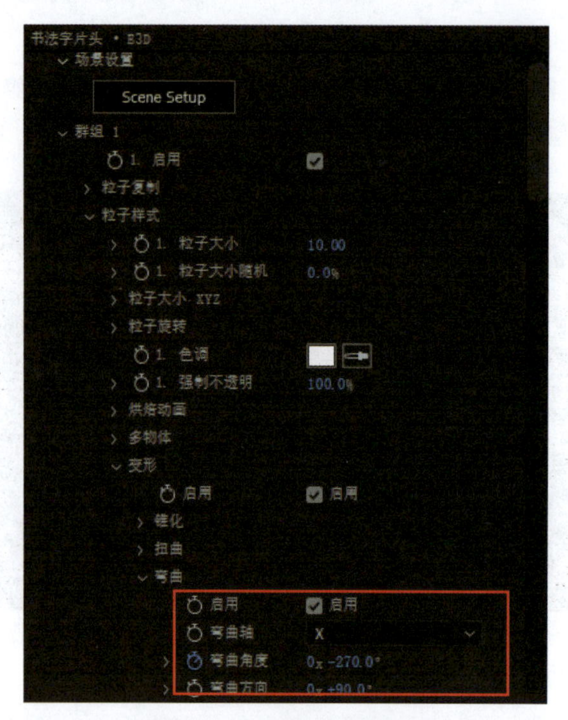

图 8-155　群组 1 参数设置

图 8-156　弯曲角度关键帧设置

步骤 9. 新建纯色层，制作下雨效果，选择纯色层，执行“RG Trapcode → Particular”菜单命令，设置参数如下。

“Emitter（发射器）”面板参数：提高“Particles/sec（每秒粒子数量）”子数量，“Emitter Type(发射器类型)”设为“Box（盒子）”，“Emitter Size XYZ（发射器尺寸）”调整为“XYZ Individual (XYZ 轴独立调整)”，提高“Emitter Size X (发射器 X 轴尺寸)”数值以及“Emitter Size Z（发射器 Z 轴尺寸）”数值，让粒子扩散开；提高“Emission Extras”中“Pre Run（预射）”的数值，让粒子提前发射。

“Particle (粒子)”面板参数：“Particle Type (粒子类型)”为“Cloudlet (云朵)”，降低“Size（尺寸）”数值，提高“Size Random（尺寸随机）”数值，降低“Opacity（透明度）”数值，提高“Opacity Random（透明度随机）”数值，更改“Color（颜色）”。

“Physics（物理）”面板参数：在“Air（空气）”中提高“Wind X（X 轴风向）”数值，让粒子从 X 轴方向吹散开，至此案例制作全部完成。具体参数设置及效果如图 8-157 ～图 8-159 所示。视频效果可参见“\ 素材文件 \ 模块八 \ 书法文字片头 \ 书法文字片头 .avi”。

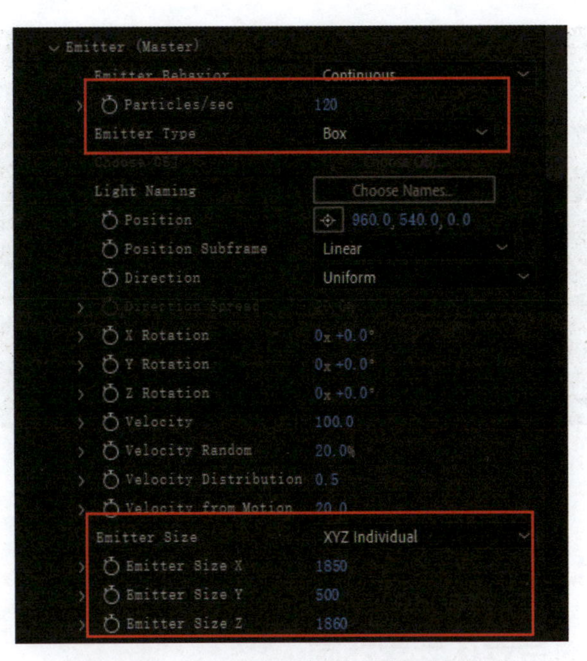

图 8-157　Particle（粒子）参数设置（一）

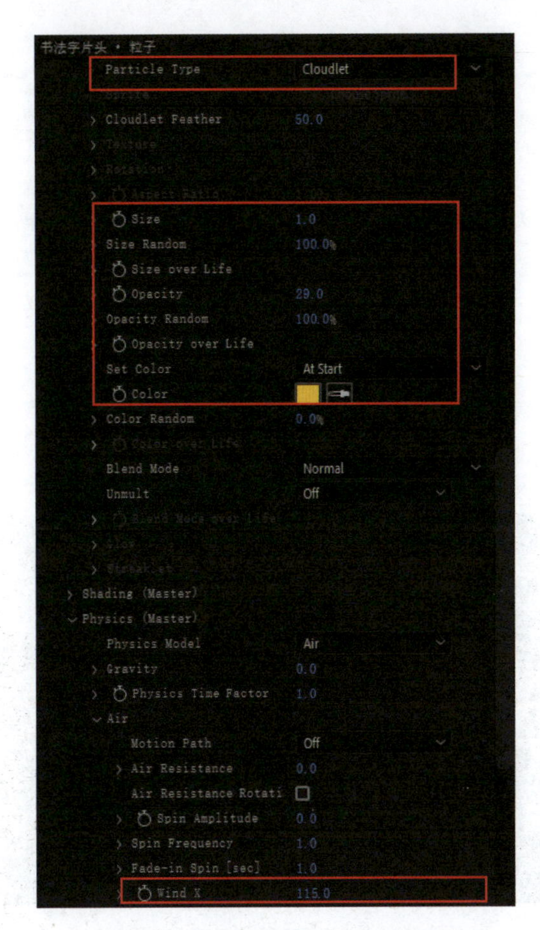

图 8-158　Particle（粒子）参数设置（二）

图 8-159　书法字体片头效果

【课后拓展实训】

实训 1. 制作灯泡与立体文字动画

1. 实训目的

能够熟练掌握 Element 3D 中的参数设置，在场景设置中建立模型、灯光、材质及环境贴图，并且配合 AE 中的特效联合制作。

2. 实训内容

① 运行 Element 3D 插件建立模型、灯光、材质，并且能够分组操作。

② 灯泡分为关灯灯泡和开灯灯泡，两个模型要分别放在群组 1 和群组 2 里，进行动画引擎制作，制造出两个模型间互相转换，即灯泡开关的动画效果。文字需在群组 3 中进行挤压建模操作，在多物体中进行置换动画操作。

③ 打开配套资源“模块八 / 课堂实训 \”文件夹，观看“灯泡与三维文字”视频，该视频应由 Element 3D 插件制作完成，其最终的视频画面如图 8-160 所示。

图 8-160　灯泡与立体文字动画效果

【课后拓展实训】

实训 2. 制作镂空立体文字动画

1. 实训目的

能够熟练掌握 E3D 中的参数设置，能够制作出具有镂空效果的立体文字，并且配合 AE 中的特效联合制作。

2. 实训内容

① 运行 E3D 插件建立模型、灯光、材质，并且能够分组操作。

② 文字能够制作出立体镂空效果，并进行材质调节，能够利用AE 中的特效制作出水波纹效果。

③ 打开配套资源“模块八 / 课堂实训”文件夹，观看“镂空立体文字”视频，该视频是由 Element3D 插件制作完成，其最终的视频画面如图 8-161 所示。

图 8-161　镂空立体文字效果

模块总结

本模块主要介绍了外置插件 Particular、Saber、Element 3D 的使用方法。在学完本章内容后，读者应重点掌握以下知识。

1.Particular 插件的应用

① 掌握粒子常用的参数设置，如：发射器、粒子、物理等参数面板的设置。

② 使用不同的粒子类型可制作丰富的效果，如发光球、星星、云雾、精灵等，尤其是精灵类型可加载自定义的图像作为粒子发射。

③ 粒子在设置参数过程中，稍加一些随机值，可让粒子的形态更多变，更自然，如随机尺寸、随机方向、随机透明度等。

④ 在粒子的图层发射器模式下，需要将图层的三维开关开启才能使用粒子效果。

2.Saber 插件的应用

① Saber 可制作光束感的文字及图形效果，需要在自定义主体中选择，制作遮罩图层时，图形需要预合成并自动追踪路径。

② Saber 可利用开始 / 结束偏移制作出流动线条的画面。

3.Element 3D 插件的应用

① Element 3D 可利用创建、挤压文字、导入路径挤压、模型浏览、下载模型包等多种方式建立模型。

② Element 3D 可利用不同的材质贴图塑造立体逼真的模型，除预设材质以外，还可自定义模型贴图。

③ Element3D 群组参数可控制调节群组内的一个或多个在此群组里的模型。

④ Element3D 参数中可利用多物体、动画引擎等制作出效果丰富的三维动画。

插件的使用可以使特效制作锦上添花，可达到 AE 内置特效无法实现的效果。几款插件及 AE 内置特效联合制作能使特效画面精美绝伦，但同时强调的是 AE 的外置插件不只本书中提到的三种，外置特效还有很多。学无止境，读者们不应将精力仅仅集中在这几款插件的学习，重点还是需要学习软件的原理及特效的设计。

拓展阅读

AE 其他常用插件介绍

（1）调色类： 调色插件是使用 After Effects 时常用的插件之一，现今无论短视频还是长视频，调色都是视频制作的必要手段之一，调色后的视频可增添视频的氛围感及视觉艺术性，Magic Bullet Suite 是红巨星出品的调色套装，包含 Looks 插件、Colorista 调色师插件、Film 电影质感插件、Mojo 快速调色插件、Cosmo 润肤磨皮插件、Denoiser 降噪插件、LUT Buddy 调色工具插件等。

（2）光效类： Video Copilot Optical Flares Bundle 是一款制作镜头光晕的插件，简单易操作，本书中“模块十”部分有此款插件的具体案例应用。

（3）绑定类： AE 本身是一款图形特效软件，可制作专业的二维动画，但在角色二维动画制作中需配合绑定插件才可制作效果逼真的动作。Duik 是 AE 中很常用的人物角色动画绑定插件，可制作人物角色眨眼、说话、行走、跑跳等多种绑定动画。

（4）粒子类： 除了大名鼎鼎的 Particular 以外，三维粒子插件 Aescripts Plexus 也是近些年较为流行的一款插件，可以控制各种参数，让粒子线条做出可视化动画效果。

After Effects 三维效果应用

【模块导读】

本模块对三维图层效果、摄像机、灯光的应用与相关参数进行了详解，并且对三维图层与二维图层的区别、摄像机拍摄的参数设置、摄像机工具的使用、灯光的类型及参数设置等进行了介绍。

【知识目标】

了解三维图层的效果应用

了解三维图层与二维图层的区别

了解三维图层的 Z 轴数值与其空间位置

了解三维图层的灯光及投影属性

了解摄像机的参数设置

了解灯光的参数设置

掌握三维图层、摄像机、灯光的具体应用

【能力目标】

能够灵活掌握三维图层的运用

能够运用摄像机制作模拟仿真拍摄效果

能够运用灯光制作不同光效及投影效果

任务一 三维层的属性设置

任务描述

After Effects 的一个合成中可以同时存在二维图层和三维图层，图层在开启三维图层开关后便有了三维属性，能够使一些三维效果得以应用，同时三维图层可配合灯光及摄像机来丰富整体的画面，使得画面更富有立体感和投影效果。

1. 二维图层与三维图层的区别

当图层由二维图层开启三维图层开关后，其图层中的参数较二维图层就会变多，锚点、位置、缩放、方向、旋转的参数都增加了 Z 轴，同时增加的材质属性使图层更加具备了三维图层的属性，里面包含了图层是否产生投影、是否透光、是否接受灯光照射，是否产生镜面反射效果等内容。具体参数对比如图 9-1、图 9-2 所示。

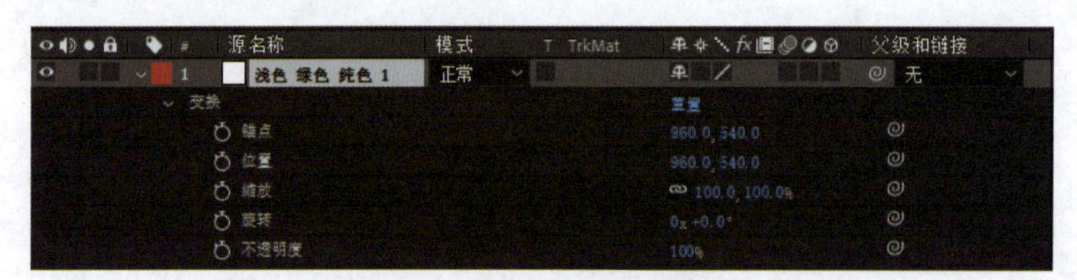

图 9-1　二维图层属性

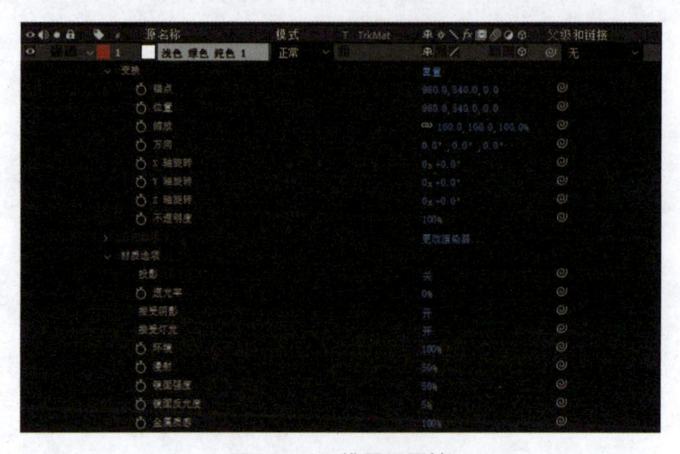

图 9-2　三维图层属性

2. 三维图层的位置关系

在开启了三维图层属性之后，最明显的参数变化是多了 Z 轴坐标，Z 轴参数的出现，使三维图层之间的相互位置有了具体指标。位置 Z 轴坐标越大，三维图层离屏幕越远。位置 Z 轴坐标越小，三维图层离屏幕越近。值得注意的是，三维图层位置 Z 轴数值改变达到的视觉效果是三维图层在纵深空间中的远近，并非图层大小的改变。图 9-3 为三维图层位置 Z 轴数值为 5000 的视觉效果，图 9 -4 为三维图层位置 Z 轴数值为 -500 的视觉效果。

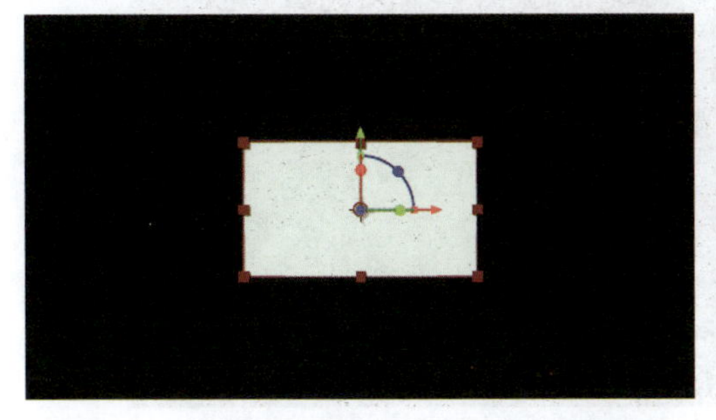

图 9-3　三维图层 Z 轴数值为 5000 的效果

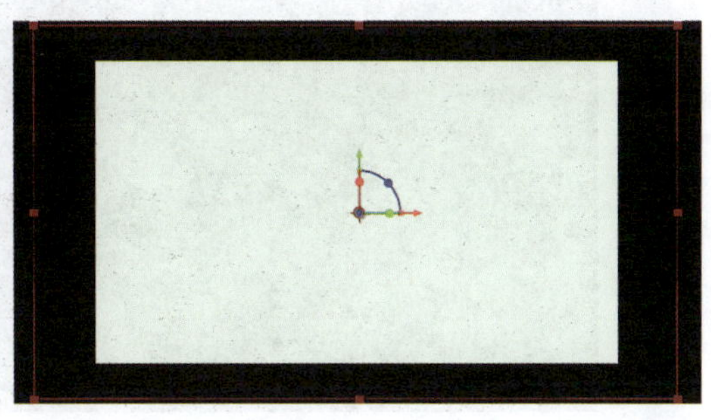

图 9-4　三维图层 Z 轴数值为 -500 的效果

3. 三维图层的灯光及投影属性

AE 软件中的灯光只对三维图层起效果。换句话说，使用灯光前，图层必须开启三维开关，否则灯光无法显示其效果。同时，合成中如果没有灯光，三维图层也和二维图层一样不受影响，如果该合成中有一个灯光，那么默认状态是所有三维图层都受到该灯光的影响。如果某一个三维图层完全没有被灯光照射到，那么该三维图层亮度就为 0，也就是全黑。

（1）投影：指定图层是否在其他图层上投影。阴影的方向和角度由光源的方向和角度决定。如果希望图层不可见但仍投影，需将“投影”设置为“仅投影”。

（2）透光率：透过图层的光照百分比，将图层的颜色投射在其他图层上作为阴影。0% 表示没有光照透过图层，从而投射黑色阴影。100% 表示将投影图层的全部颜色值投影到接受阴影的图层上。使用部分透光率可创建透过染色玻璃窗户的光照效果。

（3）接受阴影：指定图层是否显示其他图层在它之上投射的阴影。“接受阴影”中有一个“仅限”选项，当想在图层上仅渲染阴影时可使用该选项。

（4）接受灯光：指定到达它的光线是否影响图层的颜色。此设置不影响阴影。

（5）环境：图层的环境（非定向）反射。100% 表示最多的反射；0% 表示无环境反射。

（6）漫射：图层的漫（全向）反射。将漫射应用于图层就像在它之上放置暗淡的塑料片材。落在该图层上的光照向四面八方均匀反射。100% 表示最多的反射；0% 表示无漫反射。

（7）镜面强度：图层的镜面（定向）反射。镜面光照从图层反射就好像从镜子反射一样。100% 表示最多的反射；0% 表示无镜面反射。

（8）镜面反光度：确定镜面高光的大小。仅当“镜面”设置大于零时，此值才处于活动状态。100% 表示具有小镜面高光的反射。0% 表示具有大镜面高光的反射。

（9）金属质感：图层颜色对镜面高光颜色的贡献。100% 表示高光颜色是图层的颜色。例如，如果“金属质感”值为 100%，则金戒指的图像反射金光。0% 表示镜面高光的颜色是光源的颜色。例如，“金属质感”值为 0% 的位于白色光照下的图层具有白色高光。

三维图层的灯光及投影设置面板如图 9-5 所示。

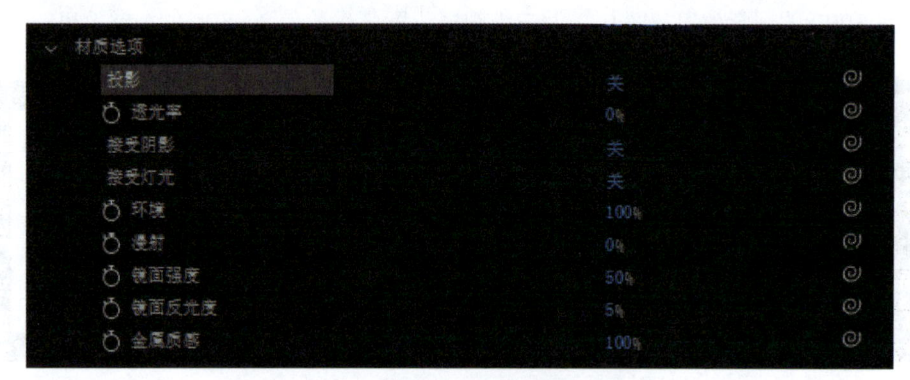

图 9-5　三维图层的灯光及投影设置面板

任务描述

AE 的强大之处在于，除了可以制作出绚丽的特效和拥有丰富的外置插件应用外，软件中还配备了摄像机功能，可以弥补前期拍摄的不足，实现一些现实拍摄不能达到的效果，使影像在视觉上观感更强，更具真实性。可以使用摄像机图层从任何角度和距离查看 3D 图层。就像现实世界中，在场景之中和场景周围移动摄像机比移动和旋转场景本身容易一样，通过设置摄像机图层并在合成中来回移动它来获得合成的不同视图通常最容易。

一、摄像机的创建、设置与相关命令

（一）认识摄像机

通过修改摄像机设置并为其制作动画来配置摄像机，可以使其与用于记录要与其合成的素材的真实摄像机和设置相匹配。应用中，可以使用摄像机设置将类似摄像机的行为（包括景深模糊以及平移和移动镜头）添加到合成效果和动画中。

摄像机仅影响其效果具有“合成摄像机”属性的 3D 图层和 2D 图层。使用具有“合成摄像机”属性的效果时，可以使用活动合成摄像机或光照来从各种角度查看或照亮效果以模拟更复杂的 3D 效果。

可以选择通过活动摄像机或通过指定的自定义摄像机来查看合成。活动摄像机是时间轴面板中在当前时间为其选择了“视频”开关的最顶端摄像机。活动摄像机视图是用于创建最终输出和嵌套合成的视点。如没有创建自定义摄像机，则活动摄像机与默认合成视图相同。

所有摄像机都列在合成面板底部的“3D 视图”菜单中，可以随时从中访问它们。

（二）摄像机的创建

摄像机的创建可通过执行“图层→新建→摄像机”完成，也可在图层面板单击“右键→新建→摄像机”。

（三）摄像机的设置

摄像机参数设置界面见图 9-6。

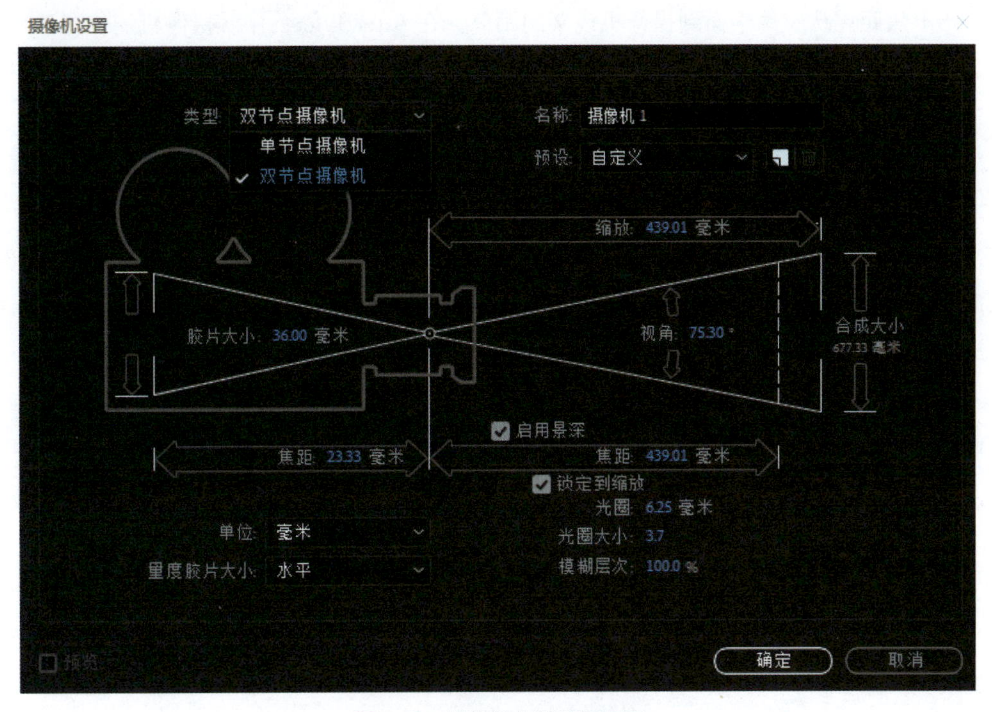

图 9-6　摄像机参数设置界面

（1）**类型**：具体分为以下几种。

① 单节点摄像机：只能操控摄像机本身。与一般图层一样，有位置、方向和旋转等变换属性。单节点摄像机适合制作直线运动等简单动画，复杂一点的动画一般建议使用双节

点摄像机。

② 双节点摄像机：双节点指的是目标点与摄像机相互约束来实现操控。相对于单节点摄像机，多出一个“目标点”属性。目标点总是对齐摄像机，用于锁定拍摄方位。与实质拍摄一样，既可以移动摄像机选择不同的目标点，也可以让摄像机围绕目标点推、拉、摇、移、升、降。可直接拖动摄像机图标，或按住【Ctrl】键拖动X（或Y、Z）轴，在改变摄像机位置的同时始终定向到目标点。

③ 提示：若在AE菜单“图层→变换→自动定向 Auto Orient”选项中不勾选“定向到目标点”，则转换为单节点摄像机，反之亦然。

（2）预设：预设主要是用于选择不同的镜头类型，不同的镜头有不同的视角和透视感。镜头的类型有广角（如15毫米）、标准（如50毫米）、中长焦（如200毫米）等几大类。广角镜头透视感强，画面显示范围大。标准镜头没有透视感，画面几乎为正常大小。中长焦镜头平面感强，画面显示范围小。35毫米、50毫米是比较常用的预设。

（3）单位：用于设置本对话框中所有参数的单位，包括毫米、英寸及像素等。提示：在时间轴面板的摄像机选项中，使用像素作为单位。

（4）量度胶片大小：包括水平大小、垂直大小及对角线大小等。

（5）焦距：从胶片平面到摄像机镜头的距离。在After Effects中，摄像机的位置表示镜头的中心。在修改焦距时，“变焦”值会更改以匹配真实摄像机的透视性。此外，“预设”“视角”和“光圈”值会相应更改。

（6）视角：调整视角，以改变捕获场景的多少。在图像中捕获场景的宽度。“焦距”“胶片大小”和“变焦”值可确定视角。较广的视角会创建与广角镜头相同的结果。

（7）景深：对“焦点距离”“光圈”“光圈大小”和“模糊层次”设置应用自定义变量。使用这些变量，可以操作景深来创建更逼真的摄像机聚焦效果。景深是图像在其中聚焦的距离范围。位于距离范围之外的图像将变得模糊。

（8）光圈：镜头孔径的大小。“光圈”设置也影响景深，增加光圈会增加景深模糊度。在修改光圈时，F-Stop的值会更改以匹配它。在真实摄像机中，增大光圈还允许进入更多光，这会影响曝光度。与大多数3D合成和动画应用程序一样，After Effects忽略此光圈值更改的结果。

（9）光圈大小：表示焦距与光圈的比例。大多数摄像机使用光圈大小测量值指定光圈大小。因此，许多摄影师喜欢以光圈大小值单位设置光圈大小。在修改光圈大小时，光圈会更改以匹配它。

（10）模糊层次：图像中景深模糊的程度。设置为100%将创建摄像机设置指示的自然模糊。降低值可减少模糊。

（11）胶片大小：胶片曝光区域的大小，它直接与合成的大小相关。在修改胶片大小时，“变焦”值会更改以匹配真实摄像机的透视性。

（四）摄像机的控制

在工具栏中有三个工具可以控制摄像机，分别为：旋转、移动、推拉。

① 在旋转工具中长按会显示：绕光标旋转工具、绕场景旋转工具、绕相机信息点旋转工具。

② 在移动工具中长按会显示：在光标下移动工具、平移摄像机 POL 工具。

③ 在推拉工具中长按会显示：向光标方向推拉镜头工具、推拉至光标工具、推拉至摄像机 POL 工具。值得注意的是，现实摄像机的拍摄也通常采用以上的“推、拉、摇、移”等手段。

摄像机图层下拉菜单中包含变换和摄像机选项两大参数。

①“变换”为摄像机的基本参数，包括以下选项：目标点是摄像机拍摄对准的位置，具有三维属性；位置为摄像机所在位置，具有三维属性；方向、旋转同样具有三维属性。

②“摄像机选项”也是摄像机的基本选项，摄像机选项内参数基本与摄像机设置内的参数相同，在此不再赘述。

摄像机的参数如图 9-7 所示。

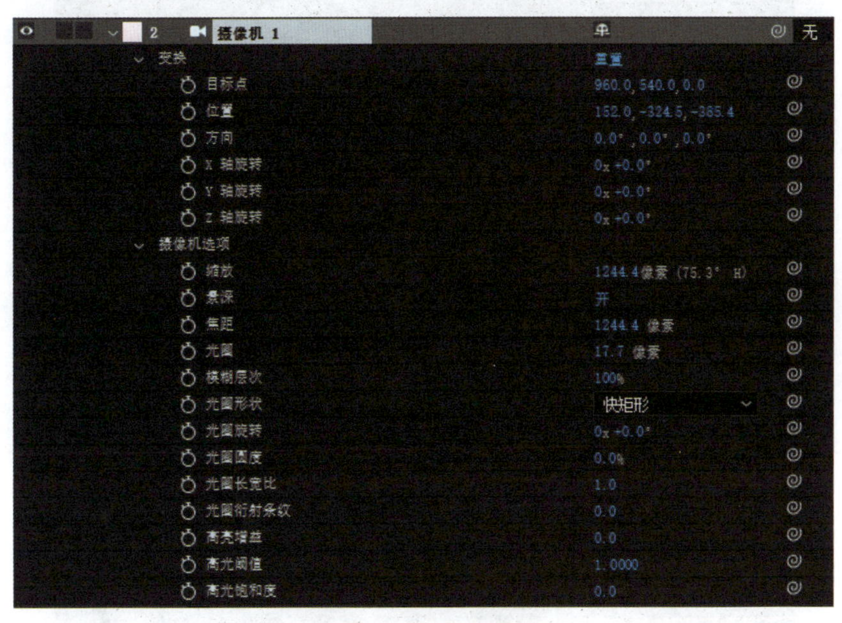

图 9-7　摄像机的参数

（五）摄像机的相关命令

（1）将焦距链接到目标点： 在选定摄像机图层的“焦距”属性上创建一个表达式，将该属性的值设置为摄像机与其目标点之间的距离。

（2）将焦距链接到图层： 在选定摄像机图层的“焦距”属性上创建一个表达式，属性的值为摄像机位置与另一图层之间的距离。此方法允许焦点自动跟随其他图层。

（3）**将焦距设置为图层**：将当前时间的“焦距”属性的值设置为当前时间摄像机与选定图层之间的距离。

二、摄像机的应用

（一）摄像机摇转效果的制作

【操作步骤】

步骤 1. 启动 After Effects，选择合成面板中的新建合成命令，新建一个合成：名称“旋转的粒子空间”，尺寸“1280px×720px”，帧速率“25 帧 / 秒”，持续时间“6 秒”。

步骤 2. 新建纯色层，执行“效果→RG Trapcode→Form”命令，“Base Form（基础form）”内参数设置如下：“Size”为“XYZ Individual”，调整“Size X（X 轴尺寸）”“Size Y（Y 轴尺寸）”数值，增加“Particles in X（粒子在 X 轴）”“Particles in Y（粒子在 Y 轴）”数值，调整“Position（位置）”数值，让粒子位于画面一侧，并分散开。具体参数如图 9-8 所示。

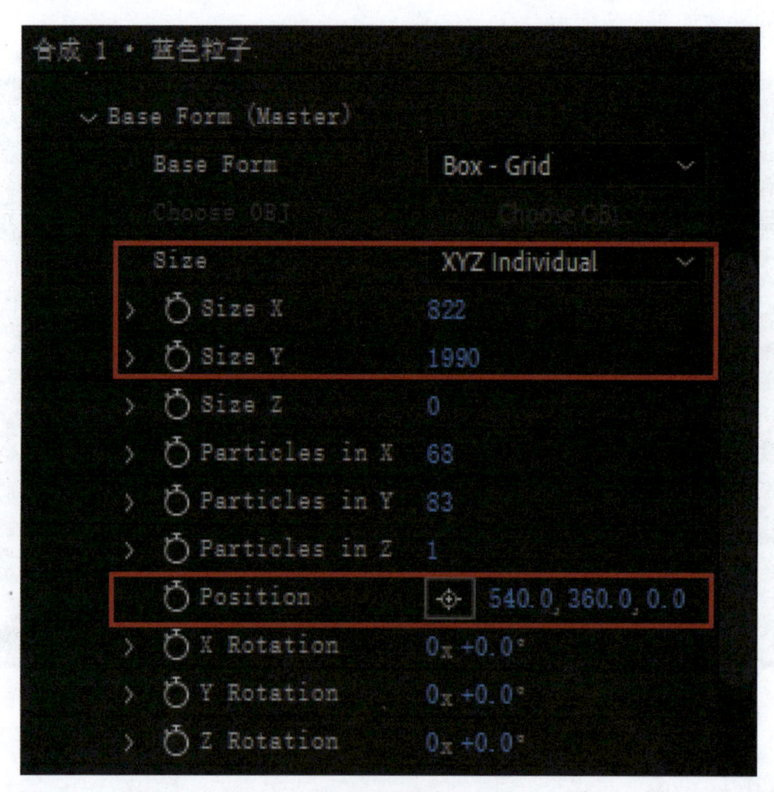

图 9-8　Form 参数设置（一）

步骤 3.“Particle（粒子）”内参数设置：调整“Size（大小）”数值，增大粒子尺寸，调整“Size Random（尺寸随机）”数值，调整“Color（色彩）”，让粒子呈大小不一的形态。具体参数如图 9-9 所示。

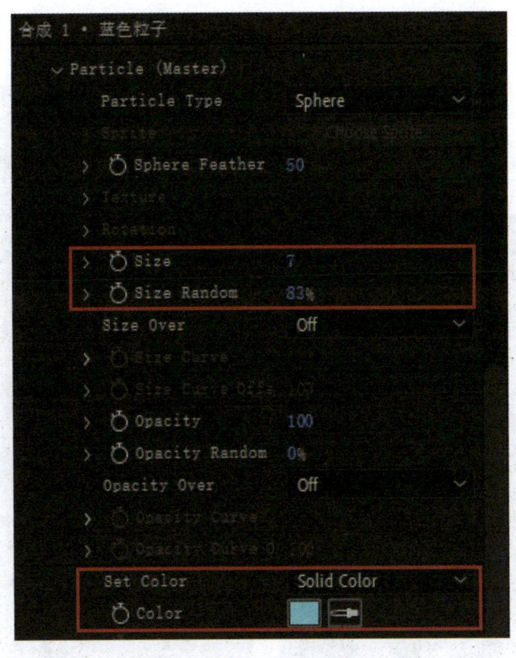

图 9-9　Form 参数设置（二）

步骤 4. 选中图层，执行“效果→风格化→发光”，调整“发光阈值”“发光半径”数值，如图 9-10 所示。

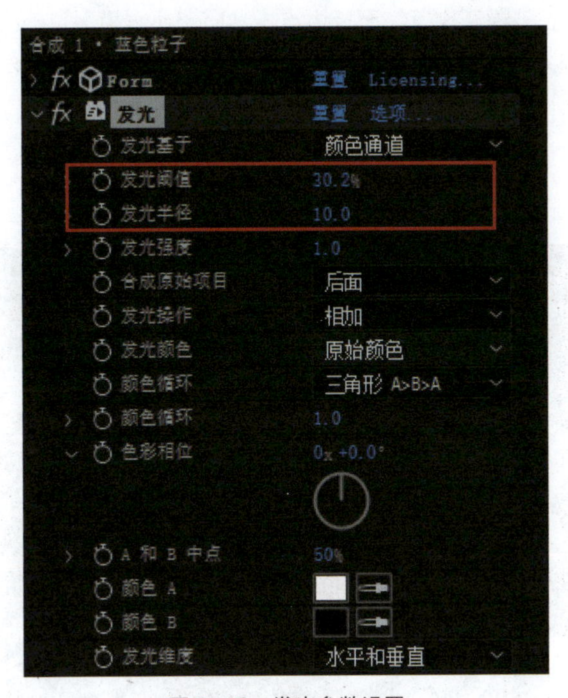

图 9-10　发光参数设置

步骤 5. 复制粒子图层，调整粒子位置、尺寸大小、尺寸随机、颜色，让两个图层的粒子互相分散。具体参数如图 9-11、图 9-12 所示。

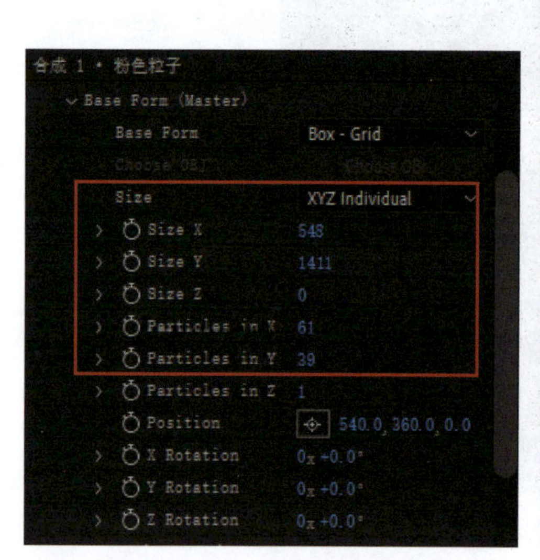

图 9-11　Form 参数设置（三）

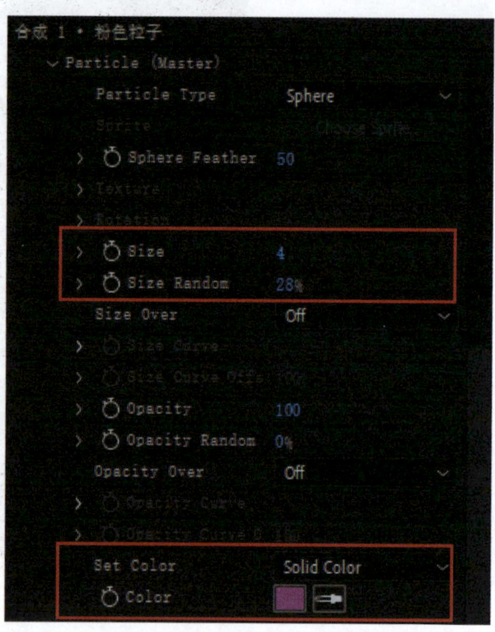

图 9-12　Form 参数设置（四）

步骤 6. 新建纯色层，执行“效果→Video Copilot→Element”命令，进入“Scene Setup（场景设置）”。在“模型浏览”面板中点击“Models（模型）”文件夹下的“Statue（雕像）”，在“预设”面板中的“Materials（材质）”文件夹内，双击材质球“Wireframe（线框）”，为雕像模型更换材质，点击“确定”，将模型导入到 AE 界面中。模型材质设置如图 9-13 所示。

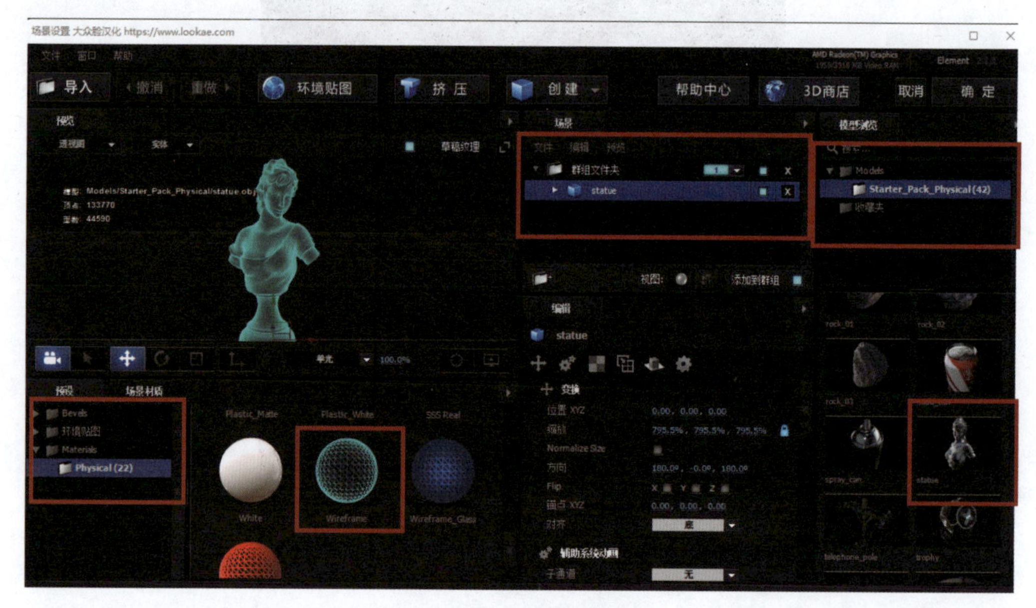

图 9-13　模型材质设置

步骤 7. 返回 AE 效果控件面板，在 Element 参数中群组 1 内展开粒子复制，调整位置 XY 数值，让模型在画面中心，调整 Y 旋转，让模型正对画面，调整粒子大小，使其比例适中。具体参数如图 9-14 所示。

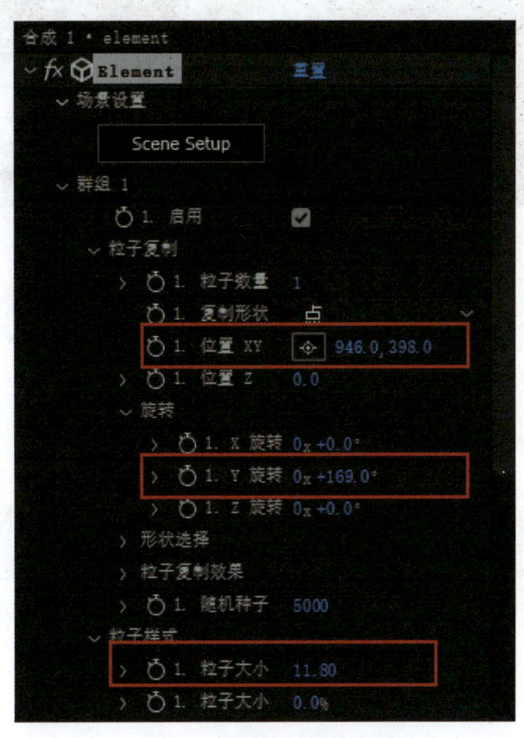

图 9-14　群组 1 参数设置

步骤 8. 新建 50 毫米摄像机，在时间轴第 0 帧处，点击摄像机图层下拉参数，在目标点和位置点击秒表记录关键帧，在时间轴第 6 秒处改变目标点 X 轴、位置 X 轴的数值，使摄像机进行目标点和位置的移动。具体参数如图 9-15、图 9-16 所示。

图 9-15　摄像机参数设置（一）

图 9-16　摄像机参数设置（二）

步骤 9. 导入音频素材，至此案例动画完成，动画效果如图 9-17 所示，其视频效果可参考“\ 素材文件 \ 模块九 \ 摄像机摇转 \ 摄像机摇转 .mp4”。

图 9-17　摄像机动画效果

（二）摄像机的推近效果制作

【操作步骤】

步骤 1. 启动 After Effects，选择合成面板中的新建合成命令，新建一个合成：名称“天空中的鸟”，尺寸“1280px×720px”，帧速率“25 帧 / 秒”，持续时间“10 秒”。

步骤 2. 在项目面板中双击打开“\ 素材文件 \ 模块九 \ 摄像机推近 \”中所有鸟和天空的图片，一并选择并同时拖拽至合成。将天空图片首先拖拽至图层作为背景图，调整图片缩放数值，并开启图层三维模式开关。

步骤 3. 新建摄像机，摄像机设置为：双节点摄像机、35 毫米，点击“确定”。在合成面板中将视图更改为：2 个视图，将图片的 Z 轴移动到较远位置，且图片缩放数值仍然能充满画面，具体效果如图 9-18 所示。

图 9-18　摄像机与天空图片位置关系

步骤 4. 将鸟图片中的一张拖拽至图层，放置于天空图层上并开启三维图层开关，调整图片缩放数值及位置，拖拽鸟图片使其与摄像机保持一定距离。其他鸟的图片同样重复以上操作，并且每一张鸟的图片位置相互错开，最重要的是每张图片要保持一定距离，具体效果如图 9-19 所示。

图 9-19　鸟图片素材 Z 轴位置

步骤 5. 选择摄像机图层，展开摄像机参数，在第 0 帧处添加目标点和位置关键帧，利用选取工具选择摄像机 Z 轴，在第 10 秒处将摄像机在 Z 轴上推至所有鸟图层位置，注意不要超过天空图层。将时间轴调整至第 1 秒处，利用摄像机“光标下移动工具”和“光标方向推拉工具”分别在每一个间隔时间段中将摄像机对准至每一张鸟的图片，达到摄像机有层次地推近拍摄的效果，摄像机目标点及位置运动轨迹如图 9-20 所示。

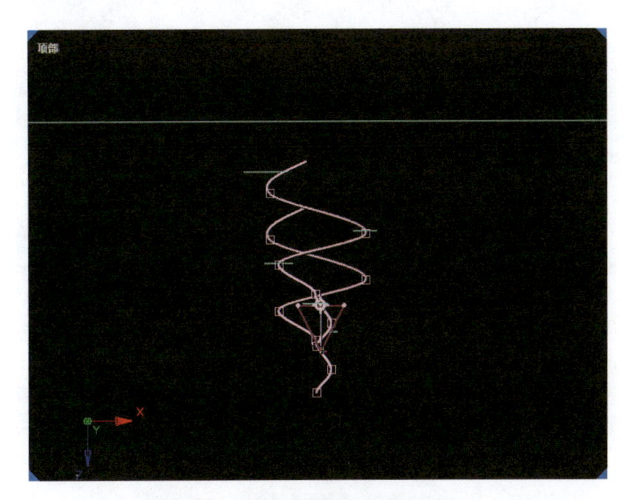

图 9-20　摄像机运动轨迹

步骤 6. 在时间轴第 0 帧处添加 Z 轴旋转关键帧，在第 3 秒处提高 Z 轴旋转数值，间隔时间后改变 Z 轴旋转数值为负数，在第 10 秒处将数值调整为 0。制造出摄像机镜头旋转的视觉效果。具体关键帧设置如图 9-21 所示。

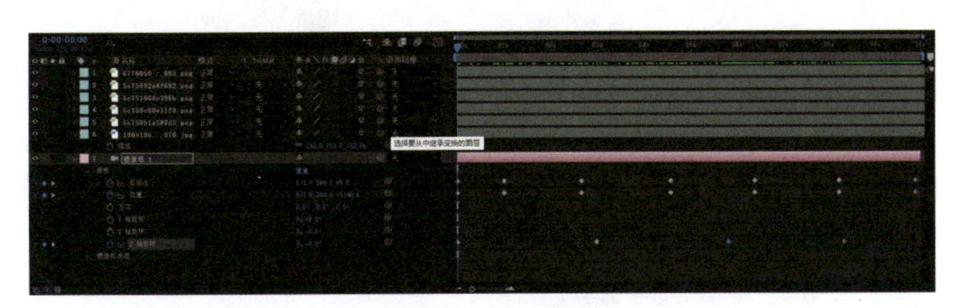

图 9-21　关键帧设置

步骤 7. 展开摄像机选项，将景深由关改为开，提高光圈数值，画面整体会模糊，降低焦距数值，让焦距保持在第一张鸟的图片前方，保证第一张鸟的图片清晰，其他鸟的图片具有景深的模糊效果，具体参数设置如图 9-22 所示。

图 9-22　焦距与光圈参数设置

步骤 8. 选择天空图层进行复制，将复制的天空图层选中，利用钢笔工具在一个云彩的范围内绘制蒙版，提高蒙版羽化值，将复制的云彩图层放置在所有鸟图层之上，并将图层的 Z 轴缩小使其覆盖一部分鸟进行遮挡，制造出摄像机穿过云彩拍摄鸟的视觉效果，效果如图 9-23 所示。

图 9-23　云彩遮挡效果

步骤 9. 导入一个鸟鸣声的音频文件，至此案例制作完成，效果如图 9-24 所示，其视频效果可参照“\ 素材文件 \ 模块九 \ 摄像机推近 \ 摄像机推近 .avi”。

图 9-24　天空中的鸟动画效果

【课后拓展实训】logo 拉近镜头动画

1. 实训目的

能够独立完成在视频中进行摄像机推、拉、摇、移几种拍摄手法的运用。

2. 实训内容

① 摄像机需在几何小元素出现处开始进行镜头拉近动画，镜头拉近速度要缓慢，需加载音效。

② 打开配套资源“模块九 / 课堂实训\”文件夹，观看“logo 近镜头”视频，其最终的视频画面如图 9-25 所示。

图 9-25　logo 动画效果

任务三 灯光的设置与应用

任务描述

AE 中除了配备摄像机模拟真实拍摄效果外，还设置了灯光，使三维图层可受到灯光的影响，进而画面会显示得更加立体逼真，同时在画面当中的模型则更具明暗关系和投影效果。可以通过将光照指定为调整图层来指定光照影响哪些 3D 图层：在时间轴面板中，将光照置于希望它照射到的图层的上方。在时间轴面板中，位于图层堆叠顺序中光照调整图层上方的图层不接收光照，而不管其在合成面板中的位置如何。三维图层设置灯光后效果如图 9-26 所示。

图 9-26　三维图层被灯光照射的效果

一、灯光的创建和设置

（一）灯光的创建

创建灯光可选择“图层→新建→灯光”，也可在图层面板点击“右键→新建→灯光”。

（二）灯光的设置

（1）灯光类型：灯光设置面板中的灯光类型包含：点光、平行光、聚光、环境光。

① 点光：点光源从一个点向四周360°发射光线，随着对象与光源距离变化，受到的照射程度也不同，这种灯光也会产生阴影。

② 平行光：平行光可以理解为太阳光，光照范围无限，可照亮场景中的任何地方，且光照强度无衰减，可产生阴影，并且有方向性。

③ 聚光：圆锥形发射光线，根据圆锥的角度确定照射范围，可通过“Cone Angle（圆锥角度）”调整范围，这种光容易生成有光区域和无光区域，同样具有阴影和方向性。

④ 环境光：没有发射点，没有方向性，也不会产生阴影，通过它可以调整整个画面的亮度，通常和其他灯光配合使用。

（2）颜色：可改变灯光的色彩，根据项目需求改变冷暖光调。

（3）强度：数值越高，光照越亮。

（4）锥形角度：光源周围锥形的角度，这确定远处光束的宽度。仅当选择“聚光”作为“光照类型”时，此控制才处于活动状态。“聚光”光照的锥形角度由合成面板中光照图标的形状指示。

（5）锥形羽化：聚光光照的边缘柔化。仅当选择“聚光”作为“光照类型”时，此控件才处于活动状态。

（6）衰减：平行光、聚光或点光的衰减类型。衰减描述光的强度如何随距离的增加而变小。衰减类型包括：无、平滑、反向平方限制。

① 无：在图层和光照之间的距离增加时，光亮不减弱。

② 平滑：指示从“衰减开始”半径开始并扩展至由“衰减距离”指定的长度的平滑线性衰减。

③ 反向平方限制：指示从“衰减开始”光照半径开始按比例减少到物体的照射，配合半径数值的增与减控制灯光衰减的范围。

（7）半径：指定光照衰减的半径。在此距离内，光照是不变的；在此距离外，光照衰减。

（8）衰减距离：指定光衰减的距离。

（9）投影：指定光源是否导致图层投影。

①“接受阴影”材质选项必须为“打开”，图层才能接受阴影，该设置是默认设置。

②“投影”材质选项必须为“打开”，图层才能投影，该设置不是默认设置。

（10）**阴影深度：** 设置阴影的深度。仅当选择了“投影”时，此控制才处于活动状态。

（11）**阴影扩散：** 根据阴影与阴影图层之间的视距，设置阴影的柔和度。较大的值可创建较柔和的阴影。仅当选择了“投影”时，此控件才处于活动状态。

灯光设置的参数如图 9-27 所示。

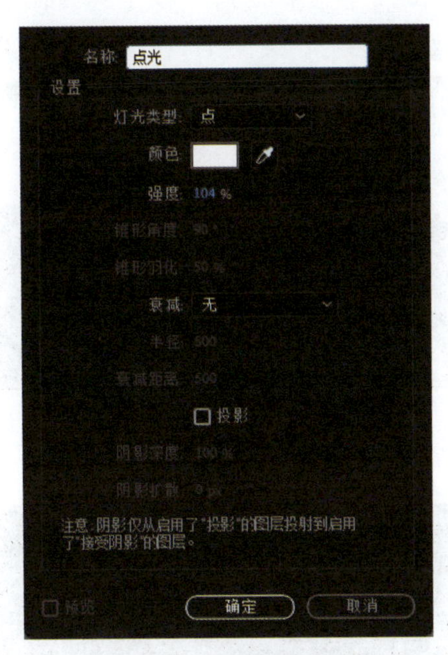

图 9-27　灯光设置的参数

灯光图层包含变换位置参数，灯光的位置参数为三维属性，可在 Z 轴调整纵深。灯光选项的所有参数与灯光设置一致，不再赘述。灯光变换与灯光选项参数如图 9-28 所示。

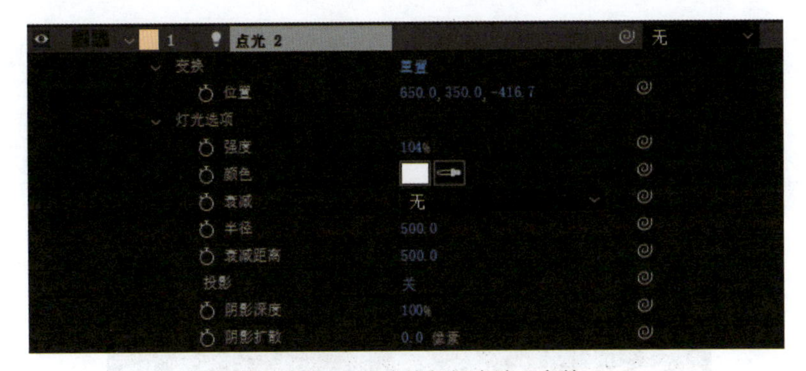

图 9-28　灯光变换与灯光选项参数

二、灯光的应用

不同的灯光类型可带来不一样的作用效果，灯光还可以配合 Particular 中的灯光发射粒子来完成一种特殊的运动粒子发射效果。

下面以霓虹灯牌效果的制作为例讲解灯光的应用。

【操作步骤】

步骤 1. 启动 After Effects，选择合成面板中的新建合成命令，新建一个合成：名称“霓虹灯”，尺寸“1920px×1080px”，帧速率“25 帧 / 秒”，持续时间“8 秒”，背景颜色为黑色。

步骤 2. 新建矩形形状图层，展开图层参数，在添加下拉菜单里点击“修剪路径”，对“修剪路径”内的“开始”“结束”“偏移”数值进行调整，最终矩形被修剪为下端有一段缺口。具体参数及形态如图 9-29、图 9-30 所示。

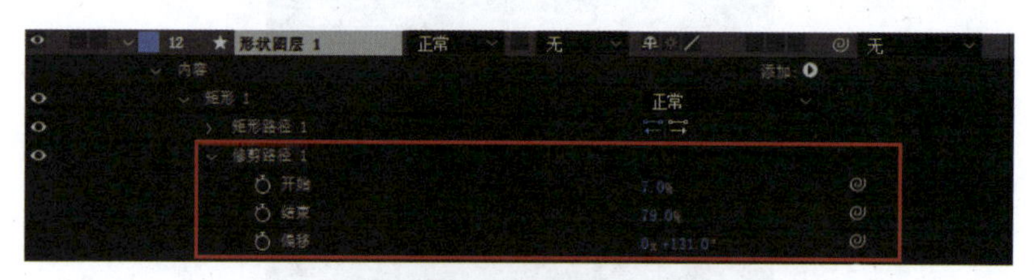

图 9-29　修剪路径参数设置

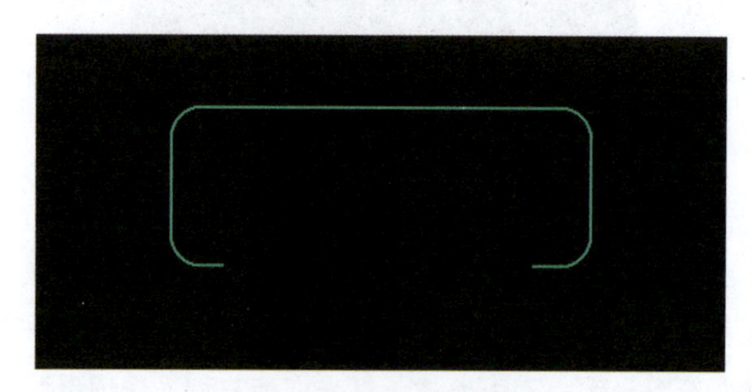
图 9-30　修剪路径效果

步骤 3. 新建圆形形状图层，并复制 5 个，将所有圆形形状图层的位置调整在矩形缺口处。

步骤 4. 新建文字图层，并将文字放置在矩形框内和圆形内，并将所有图层预合成，命名“霓虹灯”，效果如图 9-31 所示。

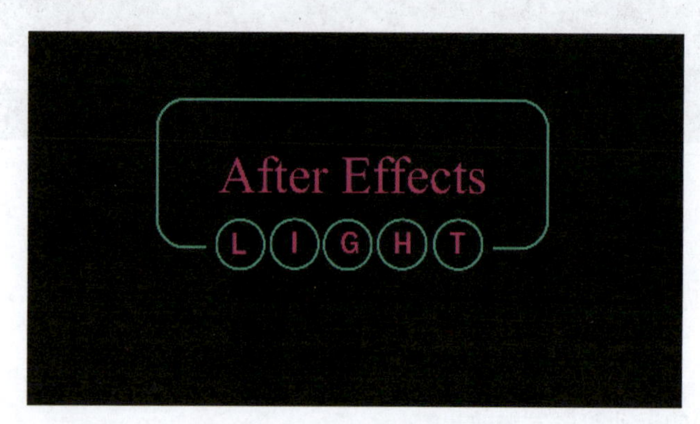

图 9-31　文字与修剪路径效果

步骤 5. 选择霓虹灯预合成，执行“效果→风格化→发光”，如需增强发光效果，可复制发光特效，发光参数如图 9-32 所示。

步骤 6. 将霓虹灯合成复制出一份，命名为“霓虹灯地面”并更改模式为“相加”。选中合成，执行“效果→模糊和锐化→快速方框模糊”，增强“模糊半径”，具体参数如图 9-33 所示。

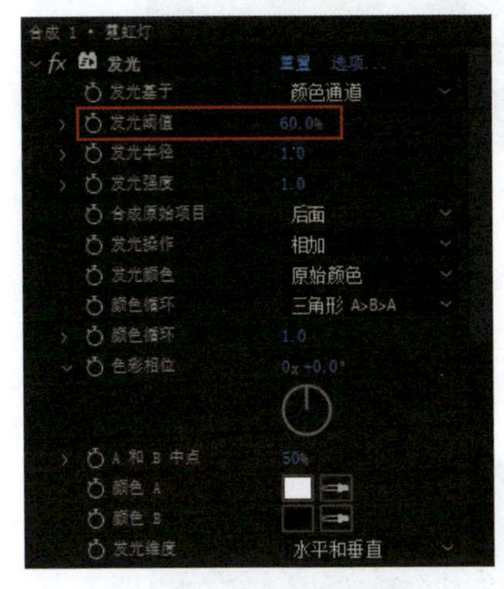

图 9-32　发光参数设置

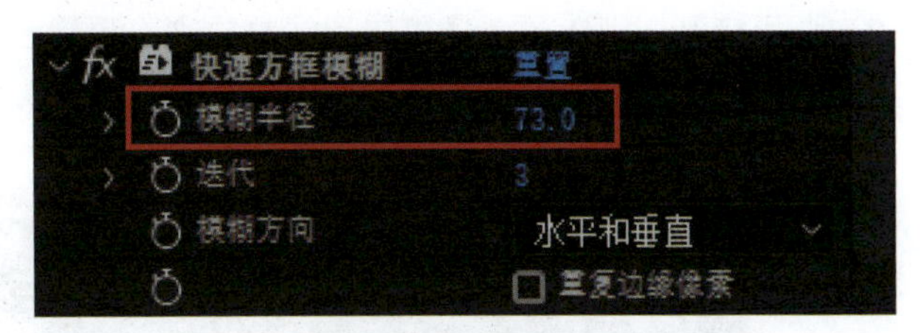

图 9-33　快速方框模糊参数设置

步骤 7. 将霓虹灯地面合成的三维开关开启，调整“变换”中的“位置”“X 轴旋转”，具体参数如图 9-34 所示，地面反射光影效果如图 9-35 所示。

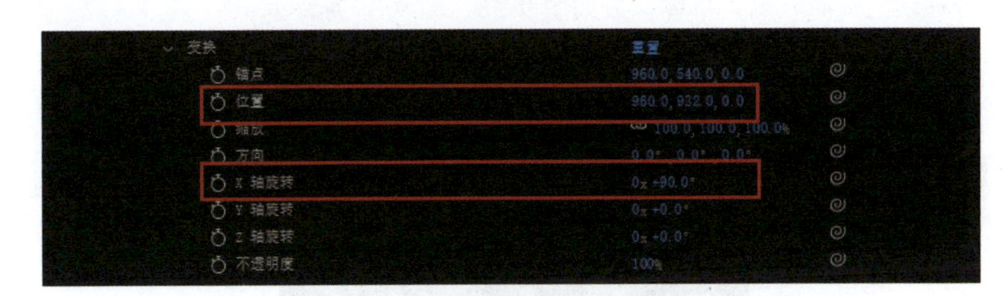

图 9-34　地面图层参数设置

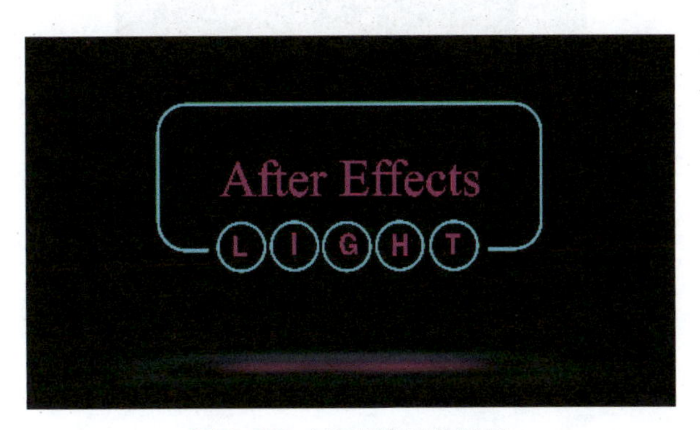

图 9-35　地面反射光影效果

步骤 8. 进入“霓虹灯”预合成，将矩形线框内的文字选中，执行下拉菜单“动画→全部变换属性→动画制作工具 1 →范围选择器→结束”进行关键帧动画制作，在进度条起始位置第 0 帧设置“结束”为 100%，第 15 帧为 0%，并将进度条后移，制作时间差，形成文字动画稍晚出现的效果。具体参数如图 9 -36 所示。

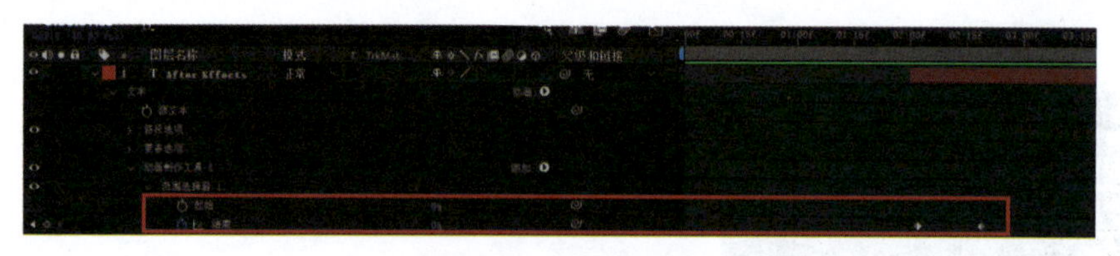

图 9-36 关键帧设置

步骤 9. 分别输入每一个圆圈内文字，将所有文字进度条拖后，并将每一个圆圈进度条依次调后错开，制造画面从黑屏到线框显现，再到圆圈依次显现，最后文字显现的时间差效果。具体参数如图 9-37 所示。

图 9-37 图层设置

步骤 10. 返回主合成 1，执行右键“新建→灯光→灯光类型：聚光”，并将灯光位置及目标点进行移动到画面一侧，具体参数如图 9-38、图 9-39 所示。

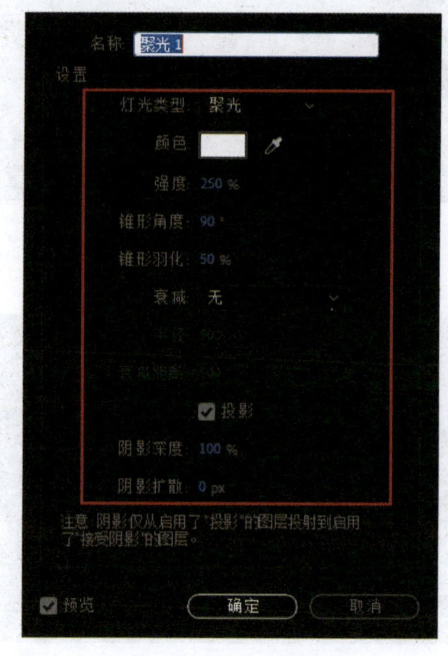

图 9-38 灯光设置

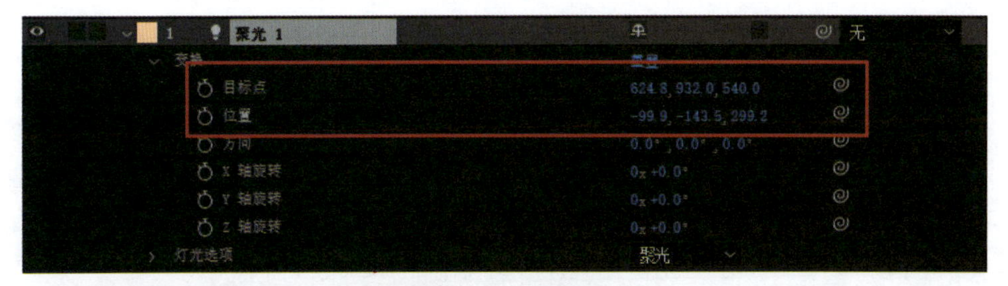

图 9-39　灯光参数设置

步骤 11. 灯光强度制作关键帧动画，在这里强调，制作出灯光闪烁的效果要比较快，因此关键帧时间要短，具体关键帧设置如图 9-40 所示。

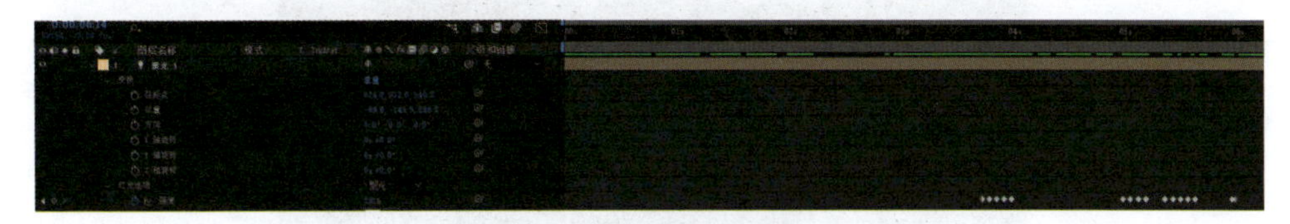

图 9-40　灯光关键帧设置

步骤 12. 最后添加电子音乐，动画制作完成，效果如图 9-41 所示。视频效果可参见“素材文件 \ 模块九 \ 霓虹灯牌 \ 霓虹灯牌 .avi”。

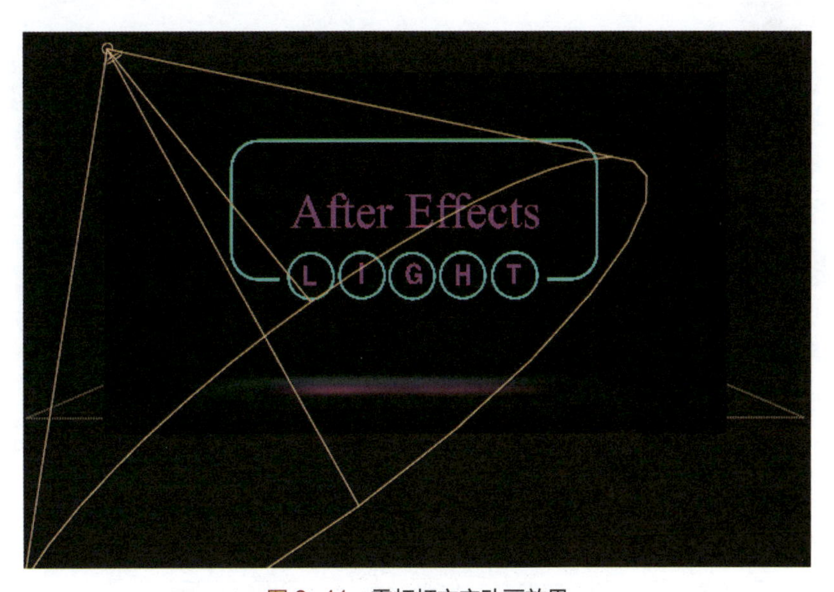

图 9-41　霓虹灯文字动画效果

【课后拓展实训】制作故宫光影灯光动画

1. 实训目的

能够在制作中熟练掌握灯光参数的应用，并且运用灯光的参数进行动画制作。

2. 实训内容

① 熟练操作设置灯光参数。

② 图片背景素材要进行色彩调整，制造整体昏暗的效果，灯光只在建筑正门处闪亮，灯光要具有闪光效果，强度关键帧时间要缩短，需加载音效。

③ 实训所用素材文件可由“素材文件\模块九\故宫光影灯光\”文件夹中导入，其最终效果可参考本文件夹中“故宫光影.avi”视频，其最终的视频画面如图9-42所示。

图9-42　故宫光影灯光效果

模块总结

本模块主要介绍了三维图层的属性、摄像机及灯光的使用方法。在学完本章内容后，读者应重点掌握以下知识。

① 二维图层与三维图层的区别，三维图层配合灯光及摄像机的使用方法。

② AE中的摄像机与真实摄像机无异，较多用于模拟真实摄像机常用的拍摄手法“推、拉、摇、移”。

③ 常用摄像机预设为35毫米和55毫米。

④ 利用摄像机的景深效果可以达到近实远虚或者近虚远实的空间效果。

⑤ 摄像机的目标点和位置是常用制作摄像机动画的参数。

⑥ 灯光使用前需开启图层的三维模式，如需产生灯光投影，需在灯光设置中开启投影。

⑦ 灯光不仅可以照亮画面，还可以通过颜色的调节制造冷暖光效果。

⑧ 灯光可配合Particular粒子插件制作灯光发射粒子的效果。

⑨ 更多丰富效果的灯光可下载安装插件进行制作，常用灯光插件为“Optical Flares”。

拓展阅读

几种常见的摄像机运动形式

(1) 推拉镜头： 摄像机做前后方向的运动；目标点可前后方向移动，也可原地不动。摄像机位置属性中的Z轴数值即控制镜头推拉。其中值得注意的是，在摄像机推拉过程中，位置不能超过摄像机的目标点，否则会发生偏转。

(2) 平移镜头：摄像机做左右方向的运动，位置与目标点同步做左右方向的运动。

(3) 升降镜头：摄像机做上下方向的运动，位置与目标点同步做上下方向的运动。

(4) 摇镜头：摇镜头指摄像机就像人一样做了一个摇头动作，从一个点看向另一个点，所以摄像机的位置不动，目标点从一个点运动到另一个点。由于 AE 中摄像机的目标点没有坐标轴，所以控制它的位置并不方便，这时候可以借助一个空对象来控制摄像机目标点，利用表达式将摄像机的目标点链接至空对象的位置，利用空对象来控制摄像机目标点的运动。

(5) 倾斜（侧滚）镜头：摄像机向左右方向倾斜，造成一种倾斜不稳定的效果，很有视觉冲击力，摄像机的位置及目标点都不运动，只制作摄像机的 Z 轴旋转动画。

(6) 俯仰镜头：摄像机沿着竖直方向做俯视目标或仰视目标的运动，摄像机位置做上下运动，目标点不动。

(7) 环绕镜头：摄像机在水平方向上，环绕目标做运动，这种镜头如环绕一周，可对目标物体进行 360° 拍摄。摄像机位置环绕目标运动，目标点不动。

(8) 晃动镜头：晃动镜头与稳定的拍摄镜头形成强烈对比，可在表达颤动、震荡、手持拍摄等效果时使用此种镜头手法。可以创建空对象，作为摄像机父级，给空对象的位置添加 wiggle 表达式。

(9) 变焦镜头：摄像机的焦距发生变化，比如从一个透视比较强烈的广角镜头变为一个长焦镜头。给摄像机的变焦参数设置关键帧，由于焦距发生变化，摄像机的视角也会发生很大变化，这时就要同时给摄像机的位置和目标点添加关键帧。

笔记

笔记

视频特效与后期合成

综合实例制作

【模块导读】

本模块通过两个完整视频特效案例，示例如何将本书中的重点内容（如特效、关键帧、灯光、摄像机、插件等）综合运用起来。

【知识目标】

了解 AE 中特效与插件的结合

了解完整视频特效的制作流程

了解视频特效综合制作的几个重要元素

掌握视频特效综合制作能力

【能力目标】

能够综合制作完整视频特效

运用 Particular 粒子制作出电影片头

运用 Element 3D 制作出三维动画效果的电影片段

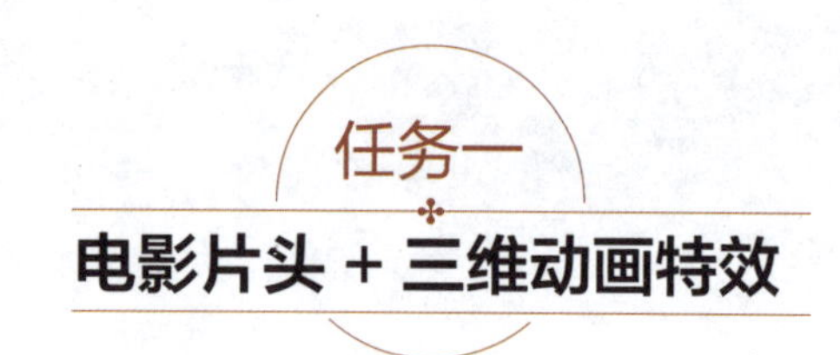

任务一

电影片头 + 三维动画特效

任务描述

此任务中使用 Particular 粒子制作电影效果片头，并穿插在短片中，制造飞散梦幻的粒子效果，运用 Element 3D 三维模型制作出石头环绕建筑物的特效短片，并结合 AE 中的其他特效，将短片进行剪辑、调色、配乐，最后综合输出。效果如图 10-1、图 10-2 所示。

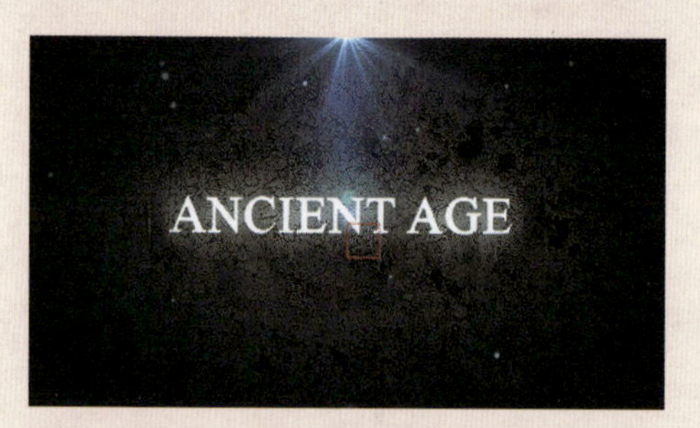

图 10-1　短片文字片头

图 10-2　短片 Element 3D 效果

【操作步骤】

步骤 1. 启动 After Effects，选择合成面板中的新建合成命令，新建一个合成：名称“电影片头”，尺寸“1920px×1080px”，帧速率“25 帧/秒”，持续时间“5 秒”，背景颜色为黑色。

步骤 2. 新建深灰色纯色层，将素材“斑驳纹理 .jpg”（\ 素材文件 \ 模块十 \ 电影片头 + 三维动画特效 \ 导入项目，拖拽至深灰色纯色层上，选中“斑驳纹理”图层，执行“效果→颜色校正→曲线”命令，拖拽曲线，调整整体背景图明暗，具体调整如图 10-3 所示。

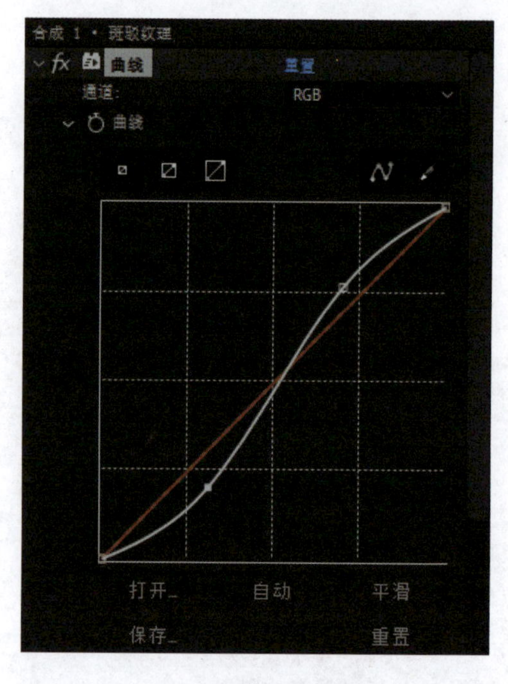

图 10-3　曲线参数设置

步骤 3. 继续为“斑驳纹理”图层执行“效果→颜色校正→色调”，“将白色映射到”改为灰色，着色数量为 100。继续为“斑驳纹理”图层执行“效果→模糊和锐化→锐化”，锐化量数值提高。具体参数如图 10-4 所示。

步骤 4. 选择“斑驳纹理”图层，用椭圆工具在画面中绘制一个较大的椭圆形，绘制蒙版，并将蒙版羽化值提高，制造出背景图周边较暗、中心较亮的暗角效果。暗角效果如图 10-5 所示。

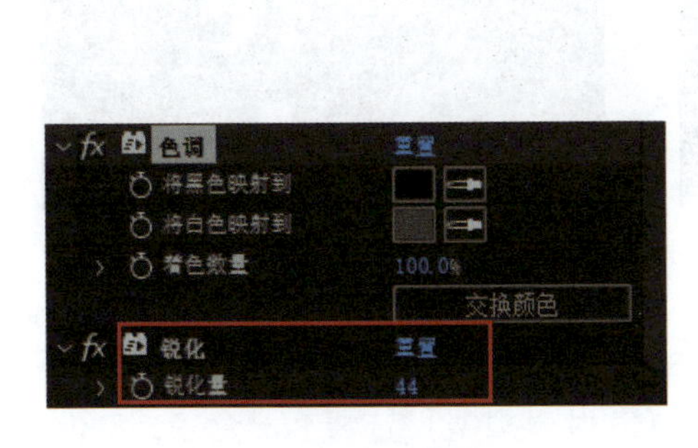

图 10-4 锐化参数设置

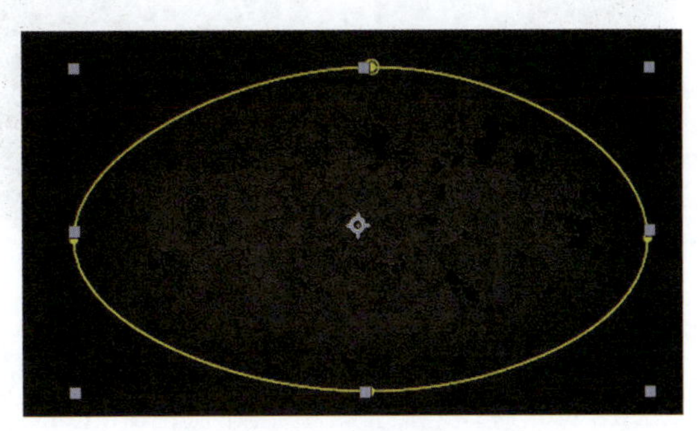

图 10-5 暗角效果

步骤 5. 新建合成，命名文字合成，合成尺寸 1200px×300px，在画面中用文字工具输入文字，返回电影片头合成，选择文字合成，执行“效果→生成→填充”，将颜色设置为白色，合成继续执行“效果→透视→径向阴影”，调整不透明度、投影距离、柔和度，具体参数如图 10-6 所示。

步骤 6. 文字合成继续执行“效果→透视→斜面 Alpha”，调整边缘厚度、灯光强度，具体参数如图 10-7 所示。

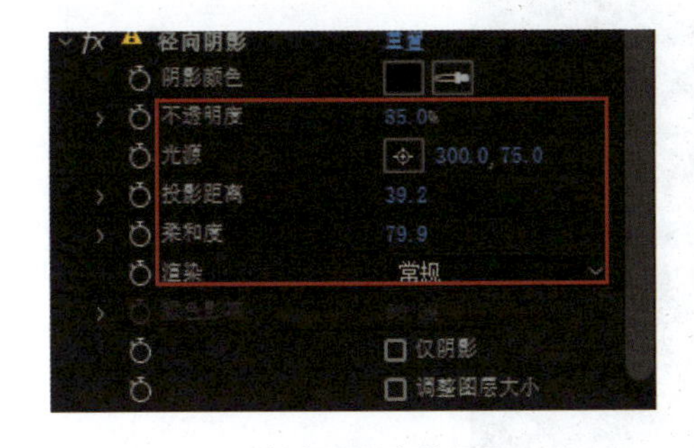

图 10-6 径向阴影参数设置

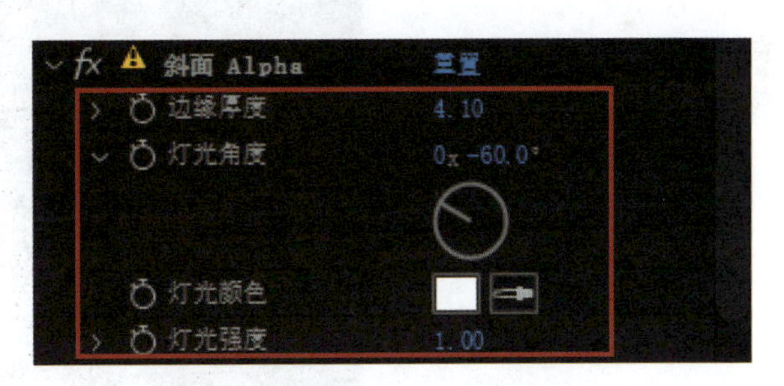

图 10-7 斜面 Alpha 参数设置

步骤 7. 新建空对象图层，将斑驳纹理图层与文字合成同时选中，并将父级关联器拖拽至空对象，目的是让空对象同时控制两个图层做动画。选择空对象图层，在第 0 帧位置增加缩放关键帧，在第 5 秒处增加缩放值为 110，制造斑驳纹理与文字同时缓慢放大的视觉效果，动画效果如图 10-8 所示。

步骤 8. 新建调整图层，执行“效果→风格化→发光”，调整发光阈值、发光半径、发光强度。具体参数如图 10-9 所示。

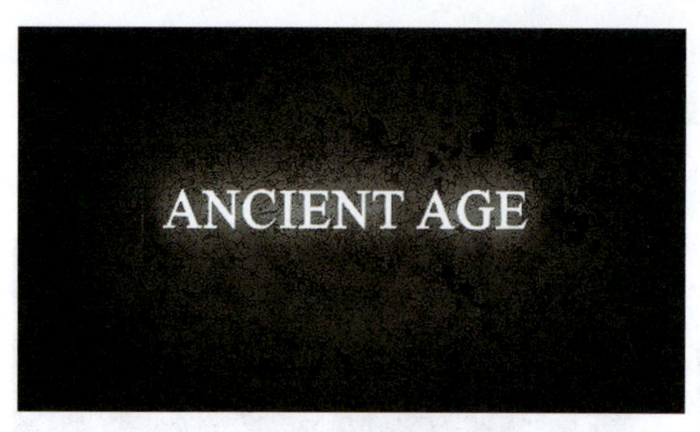

图 10-8　斑驳背景与文字

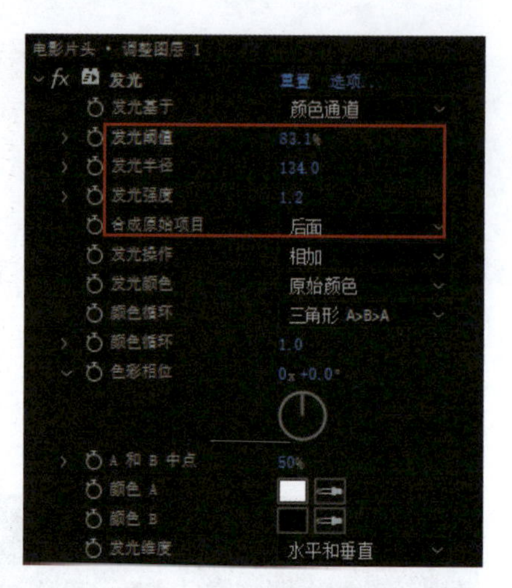

图 10-9　发光参数设置

步骤 9. 新建纯色层，执行“效果→RG Trapcode→Particular”，粒子参数设置：Particles/sec（每秒粒子数量）降低，Emitter Type（发射器类型）选择 Box 盒子，Emitter Size(发射器尺寸）选择 XYZ Individual，分别调整 X、Y、Z 轴的发射器尺寸数值，将数值提高，分散开粒子；Emission Extras（额外发射）Pre Run（预发射）提高数值，让粒子在第 0 帧即产生；Size(尺寸）提高数值，Size Random（尺寸随机）提高数值，Opacity（透明度）降低数值，Opacity Random（透明度随机）提高数值，Physics（物理）属性中的 Wind X（X 轴风）提高数值，让粒子在 X 轴上进行吹散，粒子整体效果为大小不一、透明度不一、飘散的光点效果。具体效果及参数如图 10-10～图 10-13 所示。

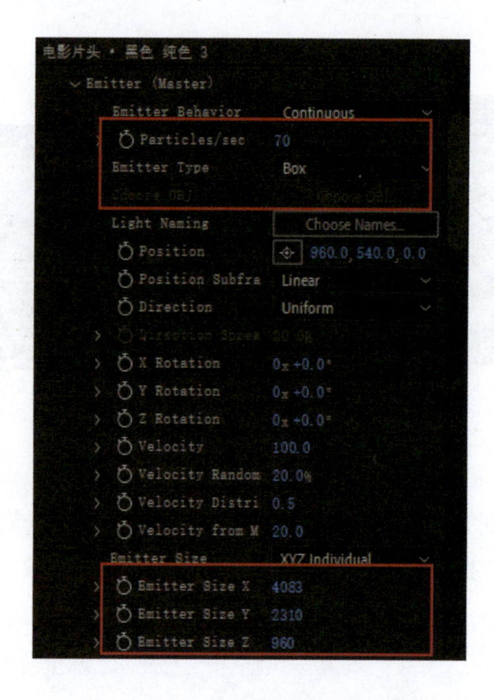

图 10-10　粒子发射器参数设置

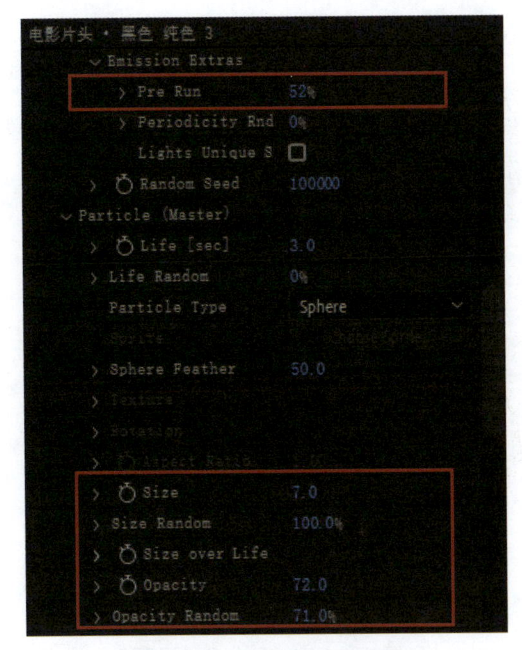

图 10-11　粒子参数设置

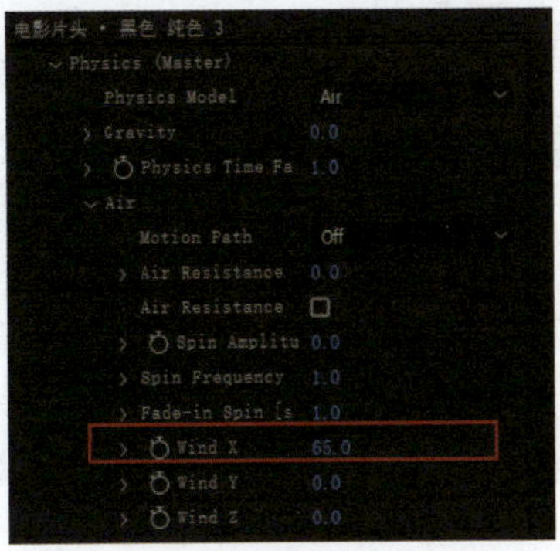

图 10-12　物理参数设置

图 10-13　粒子效果

步骤 10.Optical Flares 同 Saber 及 Element 一样都是 Video Copilot 旗下的一款较为简单

的插件，能够制作出与 AE 自带灯光不同的灯光视觉效果。新建纯色层，执行“效果→ Video Copilot → Optical Flares”，调整位置 XY 中的 Y 轴数值，让灯光位置靠上，调整中心位置 Y 轴的数值，让中心位置在文字处，调整大小，提高数值，在第 0 帧增加动画演变关键帧，在第 5 秒处提高数值，制作灯光演变动画。具体参数及效果如图 10-14、图 10-15 所示。

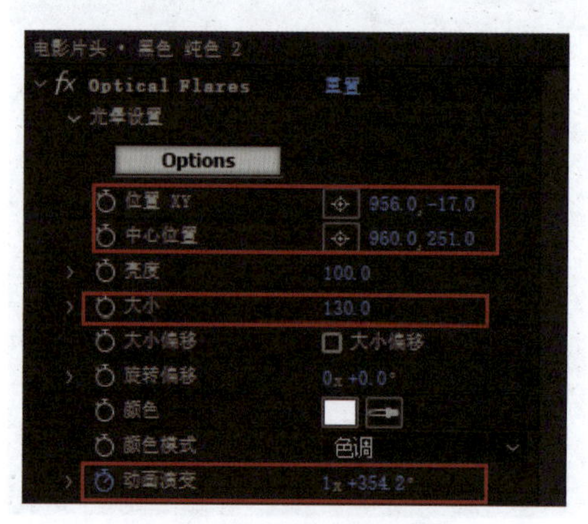

图 10-14　OP 光参数设置

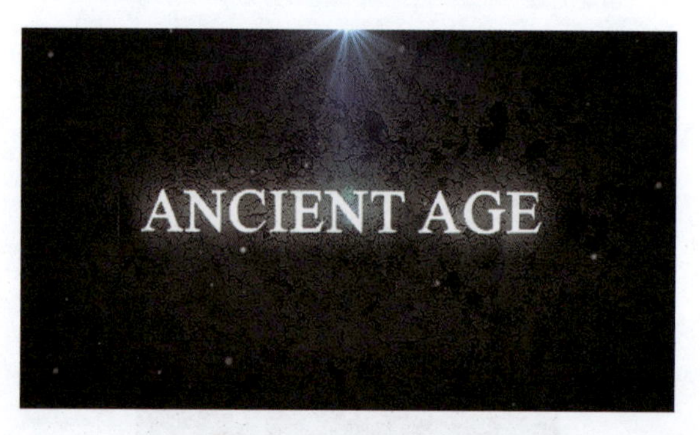

图 10-15　OP 光效果

步骤 11. 新建合成，命名为“三维短片”，新建纯色层，执行“效果→ Video Copilot → Element”，导入一个天空素材，并将其新建合成，放置在 Element 图层下方，关闭显示。点击 Element 图层，选择“自定义图层→自定义纹理贴图→图层 1”，将天空纹理指定给图层 1。参数如图 10-16 所示。

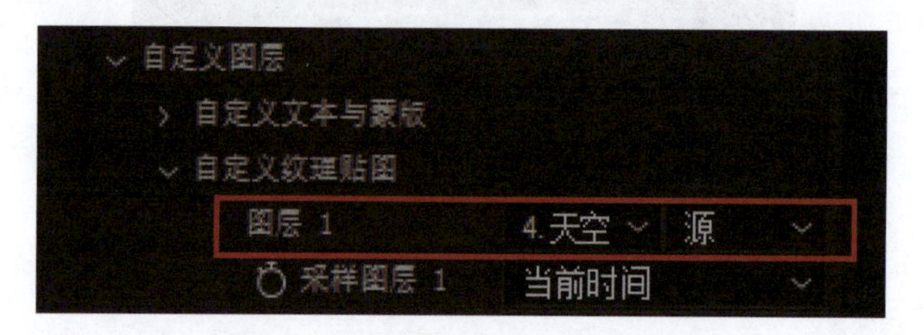

图 10-16　自定义纹理贴图参数设置

步骤 12. 进入 Scene Setup（场景设置）面板，创建“土堆”模型，添加“Gigantic Canyon Sandston（土堆模型）”并设置为第 5 组，在编辑中勾选“正常大小”和“优化网格”。并给土堆添加材质球，效果及参数如图 10-17 所示。

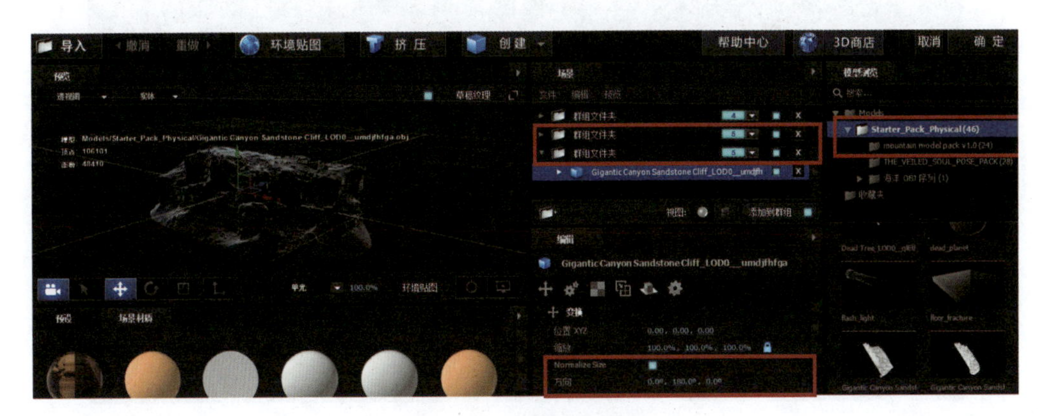

图 10-17　土堆模型设置

步骤 13. 设置天空环境，点击环境贴图，选择自定义天空 HDR 贴图，新建球体模型，并将其设置为第 4 群组，进入球面变换，将缩放改为 10000。点击材质球进入高级设置，勾选双面光照绘制背面。返回纹理设置，点击漫射，在纹理通道中选择自定义贴图并确定。天空环境模型设置及效果如图 10-18 所示。

图 10-18　天空环境模型设置及效果

步骤 14. 将海洋模型导入并设置为第 3 群组，展开海洋序列纹理，将纹理漫射鼠标右键复制到法线凹凸，将值设置为 2%。进入法线凹凸纹理通道，将 UV 重复度设置为 2，将反射率和折射率设置为全黑，强度 100%，点击“确定”，返回 AE 界面。海洋模型参数设置及效果如图 10-19 所示。

步骤 15. 新建 20 毫米摄像机，选择 Element 图层，隐藏海洋群组 3，调整土堆群组 5 的参数。增加粒子数量，复制形状选择平面，增加形状缩放，增加分散数值，增加随机种子，让土堆模型分散开。调整粒子大小，增加粒子大小随机值，增加 Y 旋转粒子数值，具体数值如图 10-20 所示。

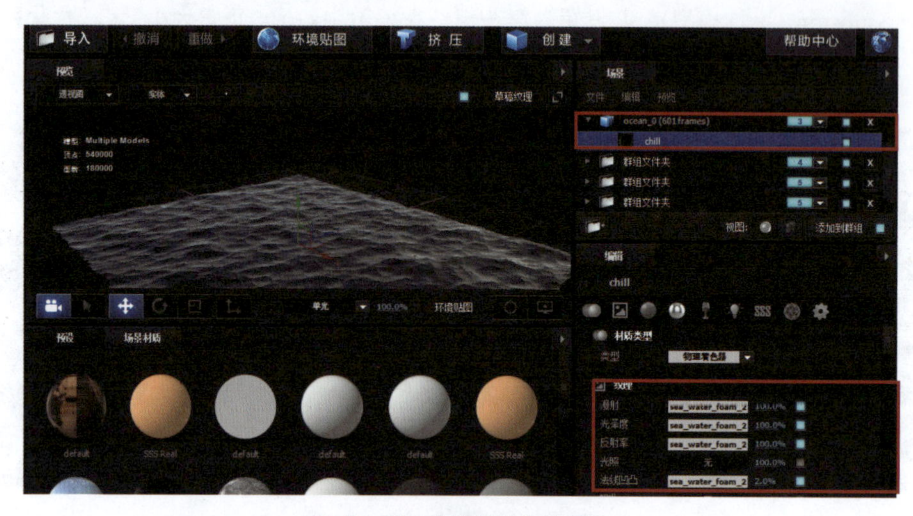

图 10-19　海洋模型参数设置

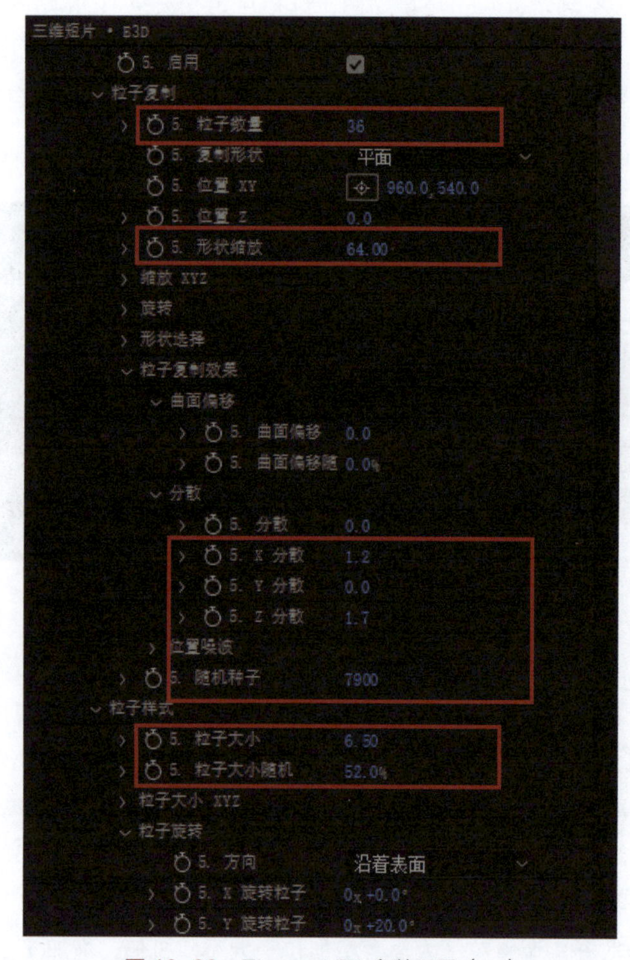

图 10-20　Element 3D 参数设置（一）

步骤 16. 显示海洋模型群组 3，复制形状选择平面，增加粒子数量并调整粒子大小到适合，增加形状缩放，调整位置 XY，使海面淹没一部分土堆。参数设置如图 10-21 所示。

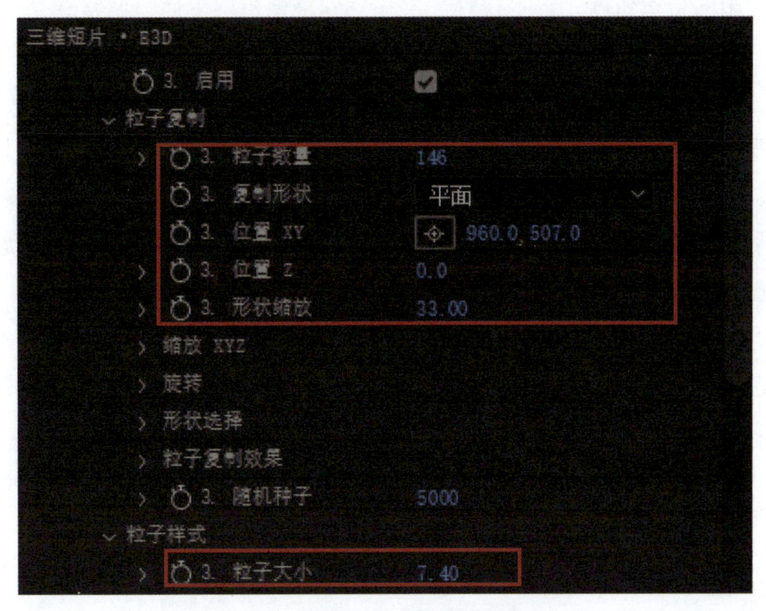

图 10-21　Element 3D 参数设置（二）

步骤 17. 进入 Scene Setup（场景设置）面板，创建山模型（素材见“\ 素材文件 \ 模块十 \ 电影片头 + 三维动画特效 \ 山模型包”），设置为群组 2，增加缩放数值，将“正常大小”和“优化网格”勾选，并将山地按住【Alt】键进行多个复制，注意调整每一座山的大小、旋转、位置，如图 10-22 所示。

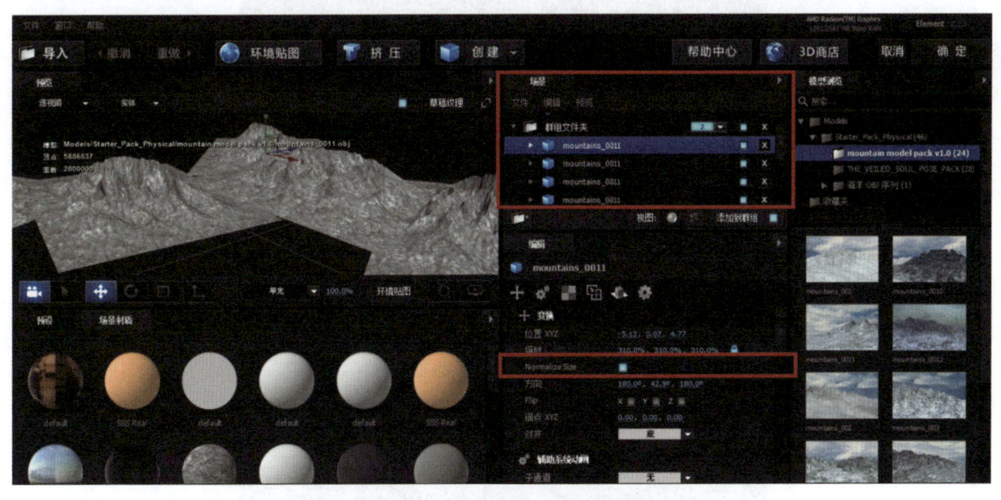

图 10-22　山体模型参数设置

步骤 18. 返回 AE 界面，新建灯光，灯光类型为平行光，颜色为浅黄色。

步骤 19. 进入 Scene Setup（场景设置）面板，选择群组中的球体模型，执行“右键→

辅助系统动画→通道 1”。

步骤 20. 选择群组 4，点击子通道，通道 1，调整摄像机到合适角度，调整通道 1，旋转到云彩和太阳的合适角度。将平行灯光层移动到摄像机层下面，调整灯光位置，并将目标点拖动到天空的太阳位置，选择 Element 图层，展开渲染设置，打开阴影，将阴影贴图大小改为 40%，展开平行光，阴影大小改为 4096，展开雾，改变雾的颜色为天空颜色，用吸管工具吸附即可，减小不透明度，打开环境光吸收，调整强度，具体参数如图 10-23 所示。

步骤 21. 进入 Scene Setup（场景设置）面板，导入雕像模型（素材见“\ 素材文件 \ 模块十 \ 电影片头 + 三维动画特效 \ 雕像模型”），设为群组 1，勾选正常大小及优化网格，为模型添加材质球，点击“确定”，如图 10-24 所示。

步骤 22. 返回 AE 界面，设置摄像机关键帧动画，分别添加摄像机目标点、位置、方向、Z 轴旋转关键帧。制造摄像机由海面拍摄到雕塑拍摄、由旋转拍摄到正对雕像拍摄、由拉镜头到推镜头拍摄的视觉效果，如图 10-25、图 10-26 所示。

步骤 23. 选择群组 1 雕塑模型，添加位置 XY 关键帧动画，让雕塑模型由水面下上升到水面上。具体参数如图 10-27 所示。

步骤 24. 新建名为“电影片头 + 三维动画”总合成，导入电影片头合成和三维短片合成，并导入电影音乐至底层，至此案例全部完成，效果如图 10-28 所示。

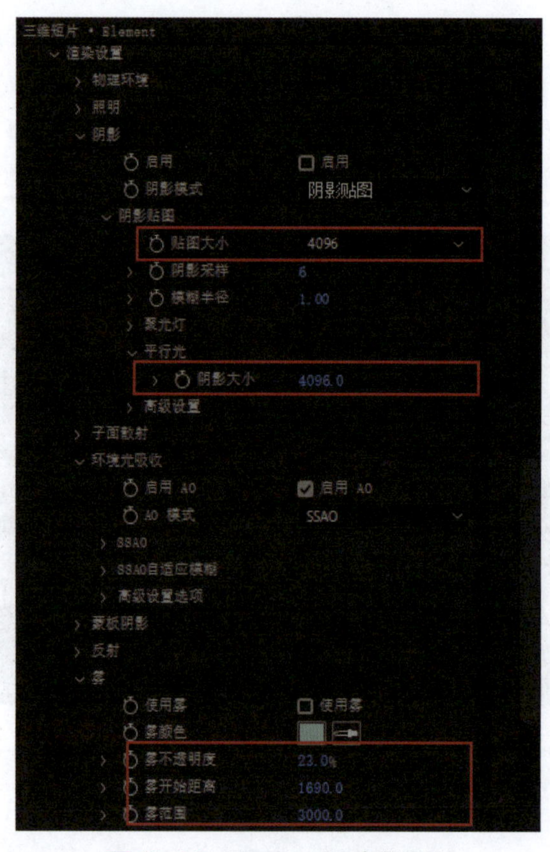

图 10-23　Element 3D 参数设置

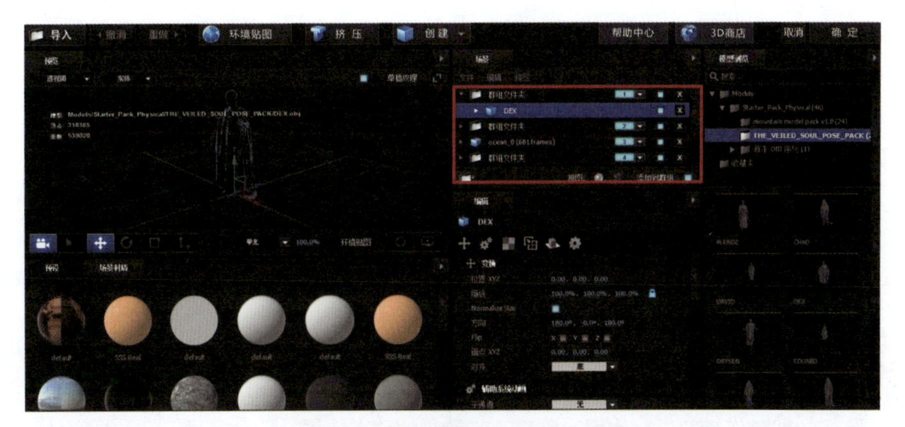

图 10-24　雕塑人物模型参数设置

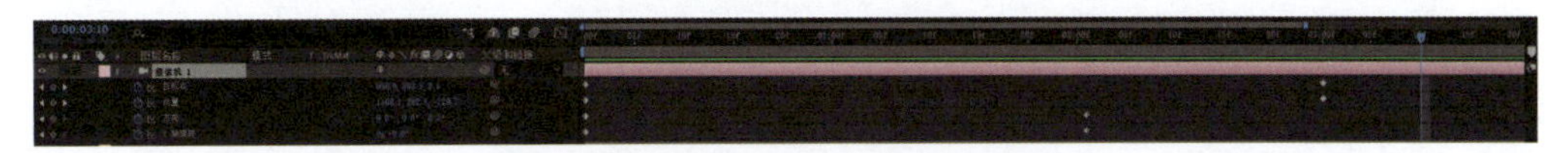

图 10-25　摄像机动画关键帧设置

图 10-26　摄像机拍摄效果

图 10-27　雕塑人物关键帧设置

图 10-28　动画短片效果

任务二 二维动画短片效果制作

任务描述

AE 除了能够制作特效外，也可以制作二维动画的动态效果，结合各类二维动画插件可制作角色二维动画、MG 动画、二维动画效果片头等。丰富的色彩效果及生动的动效容易吸引年轻人的视觉，这类二维效果的短片在当今市场上也较为流行。此案例由多个 AE 特效结合 Particular 粒子插件共同完成。完成效果如图 10-29 所示。

图 10-29　二维动画短片效果

【操作步骤】

步骤 1. 启动 After Effects，选择合成面板中的新建合成命令，新建一个合成：名称“芬达文字动画”，尺寸“1920px×1080px”，帧速率“25 帧 / 秒”，持续时间“4 秒”，背景颜色为黑色。

步骤 2. 新建合成，命名“文字”用文字工具输入文字，并调整大小、位置、字体样式等。选择“目标区域”▣在文字外围拖拽线框，线框大小可囊括进文字即可，接着执行“合成→将合成裁减到工作区，文字合成的大小随即会改变。选择文字图层，执行“效果→遮罩→简单阻塞”工具，在第 0 帧增加阻塞遮罩关键帧，数值为 100，间隔较短时间改变数值为 0。将文字合成拖入芬达文字动画合成中，并将图层三维开关开启。具体参数如图 10-30 所示。

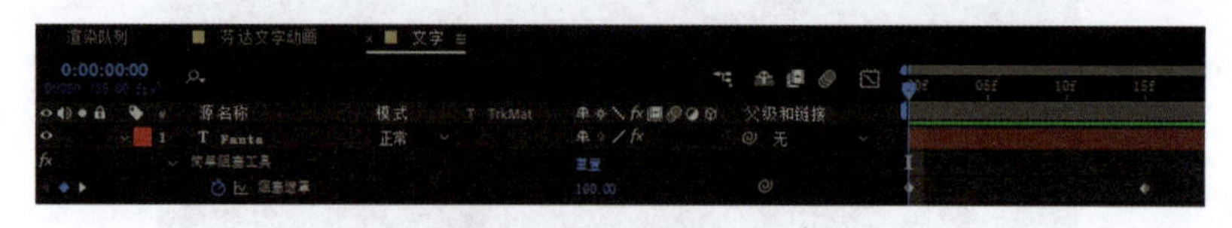

图 10-30　关键帧设置

步骤 3. 新建纯色层，执行"效果→ RG Trapcode → Particular"，参数调整：Particles/sec（每秒粒子数量）提高，Emitter Type（发射器类型）选择 Layer（图层），Layer Emitter（图层发射器）Layer（图层）选择文字合成，Emission Extras（额外发射）→ Pre Run（预发射）提高数值，让粒子在第 0 帧即产生。Life[sec]（粒子生命）降低，Particle Type（粒子类型）选择 Cloudlet（云朵），Size(尺寸）提高，Size Over Life（大小随生命进程的变化）选择 Presets（预设），如图 10-31 所示，Physics（物理）中的 Gravity（重力）提高数值，粒子形态如图 10-32 所示。

图 10-31 粒子生命值尺寸曲线

图 10-32 粒子效果

步骤 4. 选择文字合成层，在位置 Y 轴制作下降并弹跳的动画，在这里强调弹跳位置关键帧时间间隔要短，具体参数如图 10-33 所示。

图 10-33 文字位置动画关键帧设置

步骤 5. 复制粒子图层，重命名为小粒子，调整粒子参数，让粒子更有层次。增加粒子数量，降低粒子尺寸大小，具体参数如图 10-34 所示。

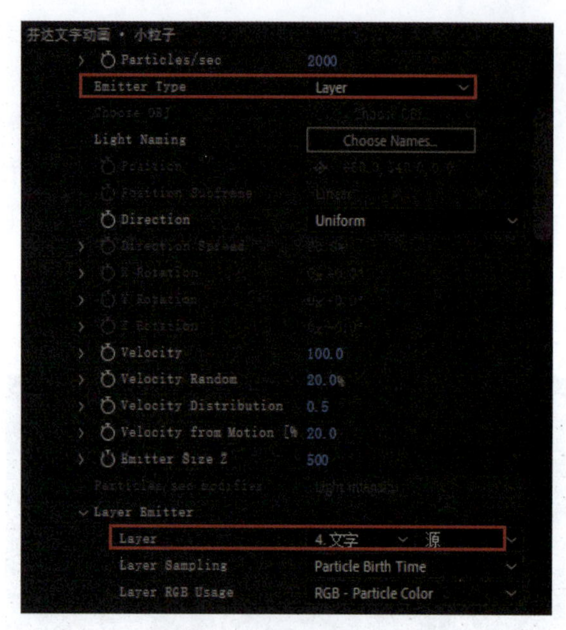

图 10-34　发射器参数设置

步骤 6. 新建合成，命名为“总合成 1”，将芬达文字动画合成拖入。

步骤 7. 复制“芬达文字动画”合成，生成“芬达文字动画 2”合成，单独显示小粒子图层。再一次复制“芬达文字动画 2”合成，生成“合成 3”。选中“芬达文字动画 2”合成，执行“效果→生成→填充”。选择深蓝色，并将“合成 3”移动位置，制造粒子的光影立体效果。具体效果如图 10-35 所示。

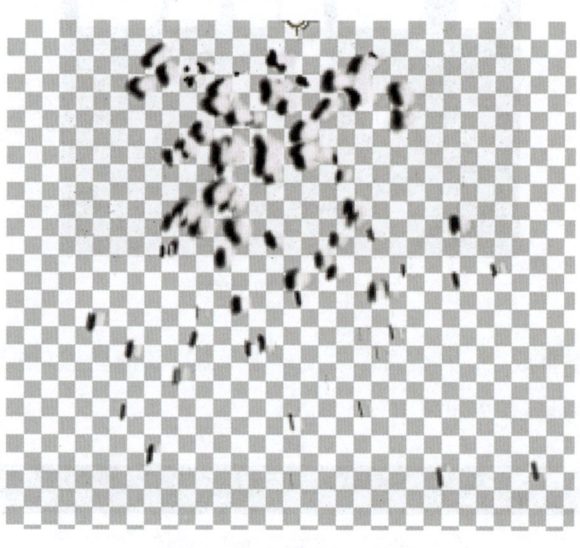

图 10-35　粒子光影效果

步骤 8. 选择芬达文字动画合成，执行“效果→颜色校正→色阶”，参数设置：通道为 Alpha，调整直方图内三角标，使整体色阶明显，如图 10-36 所示。

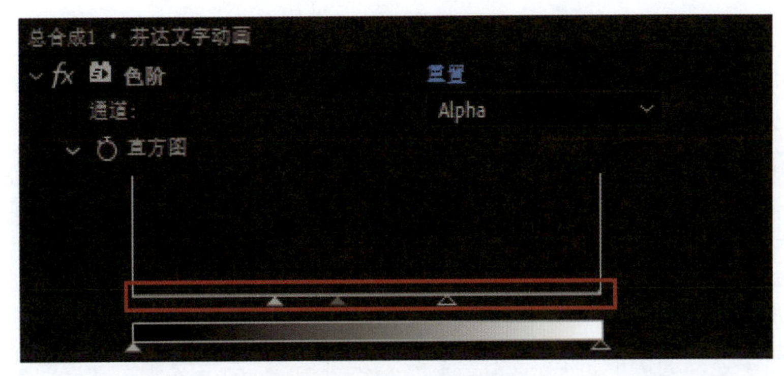

图 10-36　色阶参数设置

步骤 9. 导入橙子素材图（素材位于“\素材文件\模块十\二维动画短片\”，本节中其他素材均在此目录下），置于底层，调整橙子大小，放置在画面中间，增加旋转、缩放关键帧动画，在第 0 帧位置橙子旋转角度并缩小到 0%，较短时间后橙子放大并旋转摆正。如图 10-37 所示。

图 10-37　关键帧设置

步骤 10. 新建橘黄色纯色层置于最底层，命名为“背景”。

步骤 11. 新建浅黄色纯色层，置于最顶层，命名为“气泡”，执行“效果→模拟→CC Bubbles”，制作气泡效果，至此动画效果如图 10-38 所示。

图 10-38　气泡效果

步骤 12. 新建合成，命名为“总合成 2”，新建橘黄色纯色层作为背景，导入素材图瓶子。

步骤 13. 新建合成，命名为“水面”，新建矩形形状图层，面积要覆盖瓶子，执行“效果→扭曲→波形变形”，添加波形高度关键帧动画，在第 0 帧波形高度约为 20，间隔时间后，再次添加此关键帧，波形宽度约 150，方向 −50°，波形速度 0.5。具体参数如图 10-39 所示。

步骤 14. 选择形状图层，右键执行“图层样式→斜面浮雕和浮雕”，参数设置：大小约 12，高光不透明度 100%，阴影不透明度 100%。为形状图层添加位置关键帧动画，第 0 帧位置在覆盖瓶子处，间隔时间后，图层向下位移。将形状图层复制，并放在底层，改变色彩，删除图层样式，效果如图 10-40 所示。

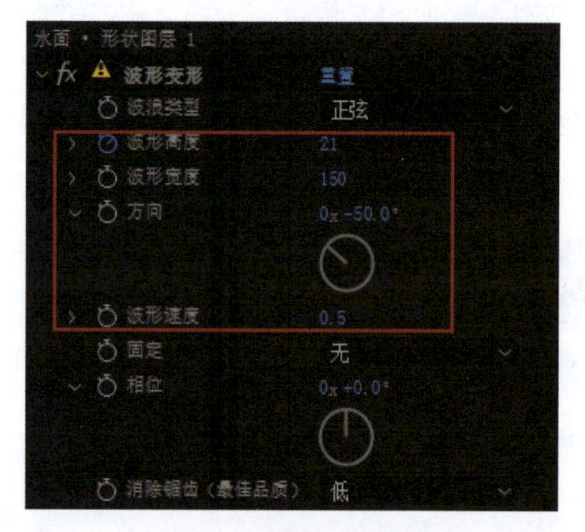

图 10-39 波形变形参数设置

图 10-40 两层形状图层效果

步骤 15. 返回“总合成 2”，将水面合成导入并放置在瓶子图层上，选择钢笔工具，沿着瓶子外形勾勒，绘制水面蒙版，让水面只出现在瓶子内，效果如图 10-41 所示。

图 10-41 蒙版效果

步骤 16. 导入标志素材，调整大小、位置，放置在水面合成上，位于瓶子中间。将标志图层、水面合成、瓶子图层全部选中，执行预合成，命名为“瓶子动画”。

步骤 17. 导入橙子瓣素材，放置于标志图层上，调整大小为覆盖瓶子，添加橙子瓣位置、旋转关键帧动画。首先把橙子瓣置于画面外，添加位置、旋转关键帧，约在水面下降至标志处后，将画面外的橙子瓣拖拽至另一侧画面外，生成位置关键帧，同时调整橙子瓣旋转数值为 1 圈，生成旋转关键帧。当橙子瓣完全遮挡住瓶子时，选择瓶子动画合成，添加缩放关键帧，缩放值为 100。在橙子瓣即将离开瓶子位置处，改变缩放值为 0，制造橙子瓣遮挡的转场效果，如图 10-42、图 10-43 所示。

图 10-42　橙子转场前效果

图 10-43　橙子转场后效果

步骤 18. 新建合成，命名为“融球”，新建三个圆形形状图层，颜色、大小要有区别，在最顶层新建调整图层，执行“效果→模糊和锐化→快速方框模糊”，提高模糊半径数值。在调整图层继续执行“效果→颜色校正→曲线”，通道改为 Alpha，调整曲线弯曲，具体参数如图 10-44 所示。

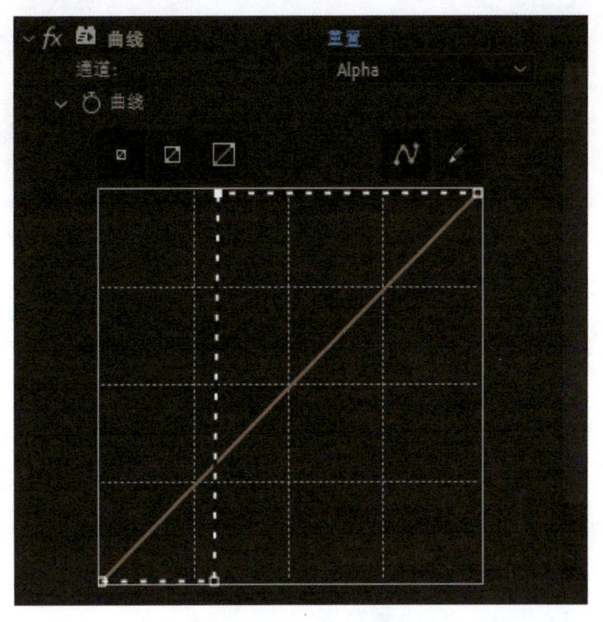

图 10-44　曲线效果

步骤 19. 为三个圆形图层添加位置关键帧，让三个球形无规律运动，制造三个球体融合并运动的视觉效果，并将融球合成导入至总合成 2 中，放置在橙瓣图层下，并将进度条拖拽至瓶子动画消失处，如图 10-45 所示。

图 10-45　融球效果

步骤 20. 导入元素 1 ～ 4 素材图，调整元素素材位置、大小，并将进度条依次错开，所有元素出现在融球动画开始后处。选择元素位置或旋转，按住【Alt】键点击秒表生成表达式，表达式书写为“wiggle（5，15）”进行抖动动画制作。同时可制作每个元素的位置进入动画或出现动画，整体效果如图 10-46 所示。

图 10-46　小元素动画效果

步骤 21. 新建合成，命名为“总合成 3”，导入标志，调整标志大小，开启图层三维开关。

步骤 22. 新建纯色层，执行“效果→ RG Trapcode → Particular”，调整粒子参数如下。Particles/sec（每秒粒子数量）添加关键帧动画，第 0 帧为 350，间隔时间后改为 0，制作出粒子由出现到消失的动画过程。Emitter Type（发射器类型）选择 Layer（图层），Layer Emitter（图层发射器）选择 Layer（图层）标志。Velocity（速率）添加关键帧，由第 0 帧调整为 −190，间隔时间后调整为 0。Size(粒子大小）数值提高，Size Random（大小随机）

为 100，Sphere Feather（球体羽化）为 0；在 Physics（物理）下的 Turbulence Field(扰乱场）中，Affect Size(影响大小）数值提高，Affect Position（影响位置）数值提高；在 World Transform（世界变换）中的 X Rotation W（X 轴整体旋转）添加关键帧动画，第 0 帧提高数值，间隔时间后数值调为 0。Z Offset W(Z 轴整体偏移）添加关键帧动画，第 0 帧为 -3000，间隔时间后，数值改为 0，制作粒子由远到近的反转动画效果。具体参数如图 10-47 ~ 图 10-51 所示。

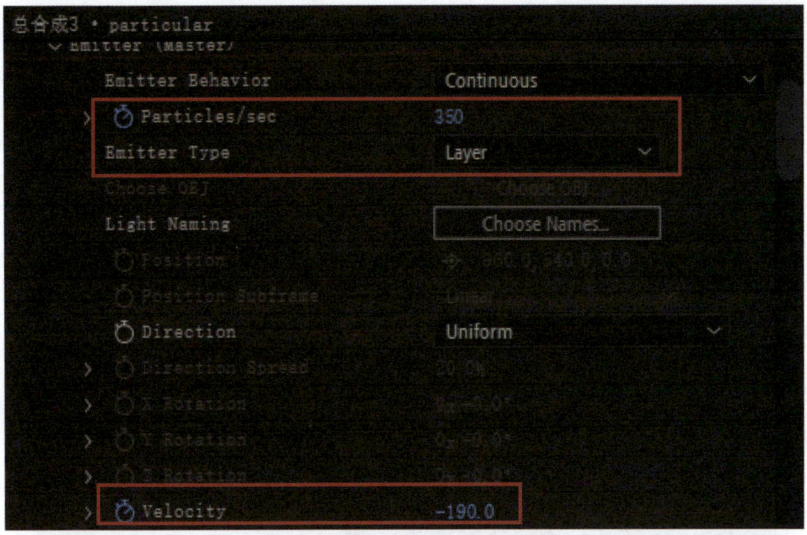

图 10-47　发射器参数设置

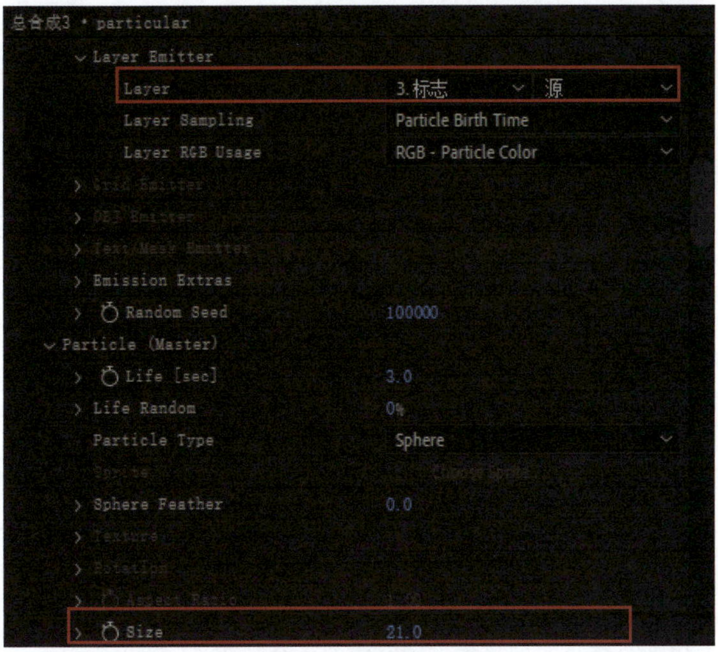

图 10-48　粒子参数设置

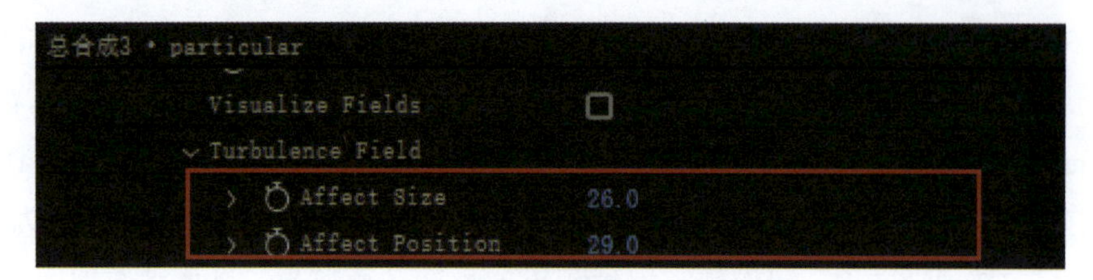

图 10-49 扰乱场参数设置

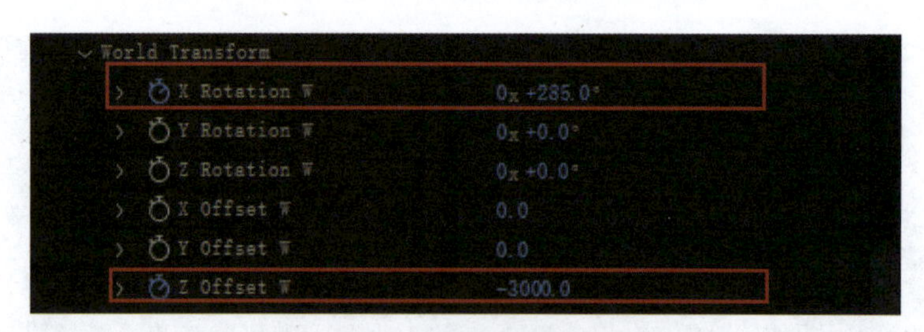

图 10-50 世界变换参数设置

图 10-51 关键帧设置

步骤 23. 新建合成，命名为“最终合成”，时长 16 秒，背景颜色橘黄色。将总合成 1、总合成 2、总合成 3 分别错开导入至最终合成，将一段欢快的背景音乐导入合成，此案例芬达二维动画全部完成。完成效果如图 10-52 所示。

图 10-52 动画效果

模块总结

本模块主要以两个综合实例将本书内容中的多个特效、关键帧动画、Particular 粒子插件、Element 3D 插件结合制作完成了三维动画特效制作和二维动画特效制作。在学完本章内容后，读者应重点掌握以下知识。

① 综合案例往往由多个效果及插件共同完成，在制作过程中一定养成分组设置合成，并标注合成及图层名称的好习惯，在图层众多时能够快速找到需要制作的图层，提高效率。

②能够掌握 AE 中不同特效的视觉效果，以便在设计特效过程中能够做到信手拈来。

③每一个参数的数值往往不是重点，最终得到的效果才是。

④优秀的视频制作离不开特效、剪辑、动画、音乐、色彩等元素，因此在学习视频制作过程中应该眼观六路，才能够做到综合运用。特效制作再精良，没有以上其他元素的配合也无法完成一段精彩的视频。

⑤ AE 第三方插件众多，每一款插件都有自己独特的作用，是 AE 内置效果无法达到的，但不用拘泥于将学习时间放在某几个插件上，更重要的是理解特效制作的原理。

⑥特效是一种为视频制作锦上添花的手段，制作绚丽特效的基础是拥有一个创意无限的想法，因此创意大于一切。

拓展阅读

特效技术与艺术密不可分

特效技术行业是最难将“技术”和“艺术”分开的行业之一，因此有些学习各类特效软件的学生们，经常把精力集中在软件操作的熟练程度上，而没有进行深入的视觉效果设计及在艺术修养层面上的提升，这是无法设计制作出具有艺术设计性的特效画面的。特效技术只不过是艺术的一种表现手段，属于形式层，而精神内涵才是艺术家真正需要表达和思考的内容。我们不能让形式侵蚀了思想，导致形式主义，这就需要艺术家摆脱经济利益的功利目的，不能一味地讨好大众的审美喜好而忽略人文关怀的传达。任何一个国际上享有盛名的特效师都是经过艺术的熏陶及大量美术课程学习的积累而成就的。比如好莱坞著名电影特效大师斯坦 · 温斯顿（Stan Winston），由他创作出来的经典荧幕电影形象《异形》《终结者 2》《侏罗纪公园》，这些影片为他赢得了三尊奥斯卡最佳视觉效果奖杯。他在 22 岁时辗转到迪士尼动画工作室当学徒，在自己独特的艺术领域里磨炼了 6000 个小时后离开迪士尼，随后组建了自己的工作室。他曾说：“当然，我在电影中做了许多特别的效果。虽然我用了一些虚拟的数字效果，但我制造这些特效是为角色服务的。当我还是孩子时，我最喜欢的电影是《金刚》和《绿野仙踪》。金刚是个特效，但同时它又是个巨大的角色。”这就是温斯顿的理论，他把自己非凡的才能运用到电影的特效艺术创造中去，同时又很好地把握住了角色的特性，不让它们简单地沦为只有技术而缺乏生命力的死物。

国内特效技术还处在初级起步阶段，虽然在影视领域中已常见特效制作并已有一定成就，但总体而言还有很长的路要走。特效技术应在更广阔的领域全面开花，如广告、建筑可视化、游戏、舞台、动画片、游戏制作、虚拟现实、短视频、平面设计等。因此，国内的特效技术发展前景还是非常乐观的。

笔记

笔记

参考文献

[1] 古城，刘焰 .Premiere Pro CC 实例教程 [M]. 北京：人民邮电出版社，2015.
[2] 陈紫旭，谭春林 .Premiere 短视频制作 [M]. 北京：人民邮电出版社，2021.
[3] 王禹，张耀华，陶莉 .After Effects 影视后期特效实战教程 [M]. 成都：四川大学出版社， 2018.
[4] 董明秀，张秀芳 .After Effects CC 影视特效与电视栏目包装案例解析 [M]. 北京：清华大学出版社，2014.